内 容 简 介

本书 2004 年被评为"**北京高等教育精品教材**". 本书是高等学校数学基础课"线性代数"课程的教材. 全书共分九章. 内容包括：线性方程组，行列式，n 元有序数组的向量空间，矩阵的运算，矩阵的相抵与相似，二次型与矩阵的合同，线性空间，线性映射，欧几里得空间和酉空间. 本书按节配置适量习题，书末附有习题答案与提示，供教师和学生参考.

本书既科学地阐述了线性代数的基本内容，又深入浅出、简明易懂. 本书精选了线性代数的内容，由具体到抽象地安排讲授体系，这使综合大学和师范院校的理科学生能由浅入深地学完全书；同时又使工科大学，经济类高校，以及大专院校学生只要学习本书前六章或前四章就可了解线性代数的概貌，掌握其最基本的内容.

本书在讲授知识的同时，注重培养学生数学的思维方式. 本书内容按照数学的思维方式组织和编写，既使学生容易学到知识，又使学生从中受到数学思维方式的熏陶，把今后肩负的工作做好，使学生终身受益.

本书可作为综合大学、师范院校、工科大学、经济类高校、大专院校以及自学考试的线性代数课程的教材. 教师可根据周学时数选用：周学时 4 可讲授全书各章；周学时 3 可讲授前六章；周学时 2 可讲授前四章.

作 者 简 介

丘维声 北京大学数学系教授、博士生导师，1966 年毕业于北京大学数学力学系，长期从事高等代数、线性代数、抽象代数与群表示论的教学工作，科研方向：代数组合论、编码和密码、群表示论，出版著作 26 部，发表学术论文 40 篇，发表教学改革论文 9 篇. 1997 年获宝钢教育基金会全国优秀教师特等奖，1997 年、2001 年分别获北京市高等教育教学成果一等奖、二等奖，1999 年、2001 年获北京大学最受学生爱戴的"十佳教师"，**2003 年获首届全国高等院校国家级教学名师奖。**

北京高等教育精品教材

高等学校数学基础课教材

简明线性代数

丘维声　编著

北京大学出版社
PEKING UNIVERSITY PRESS

图书在版编目(CIP)数据

简明线性代数/丘维声编著. —北京:北京大学出版社,2002.2
ISBN 978-7-301-05397-3

(北京高等教育精品教材)

Ⅰ.简… Ⅱ.丘… Ⅲ.线性代数-高等学校-教材 Ⅳ.O151.2

中国版本图书馆 CIP 数据核字(2002)第 002317 号

书　　　名：	简明线性代数
著作责任者：	丘维声　编著
责 任 编 辑：	刘　勇
标 准 书 号：	ISBN 978-7-301-05397-3/O・0528
出　版　者：	北京大学出版社
地　　　址：	北京市海淀区成府路 205 号　100871
网　　　址：	http://www.pup.cn
电　　　话：	邮购部 62752015　发行部 62750672　编辑部 62752021　出版部 62754962
电 子 邮 箱：	zpup@pup.pku.edu.cn
印　刷　者：	河北滦县鑫华书刊印刷厂
发　行　者：	北京大学出版社
经　销　者：	新华书店
	787mm×960mm　16 开本　17 印张　325 千字
	2002 年 2 月第 1 版　2023年11月第16次印刷
定　　　价：	42.00 元

未经许可,不得以任何方式复制或抄袭本书之部分或全部内容。
版权所有,侵权必究
举报电话:010-62752024　电子邮箱:fd@pup.pku.edu.cn

前 言

随着时代的发展,计算机的普及,线性代数这一数学分支显得越来越重要.现在几乎所有大专院校的大多数专业都在开设线性代数课程.如何教好、学好这门课程,关键是要有科学地阐述线性代数的基本内容、简明易懂的教材.这就是本书的编写目的.

线性代数是研究线性空间和线性映射的理论,它的初等部分是研究线性方程组和矩阵.本书精选了线性代数的内容,着重阐述其最基本的,应用广泛的那些内容;对于不那么基本,或者应用不那么广泛的内容则略为提及,不展开讲,或者不讲.

由于线性空间和线性映射比较抽象,因此本书先讲线性代数的初等部分:线性方程组和矩阵,以及具体的向量空间 K^n(数域 K 上 n 元有序数组形成的向量空间)和具体的欧几里得空间 $\mathbf{R}^n$;然后再讲抽象的线性空间和线性映射,以及抽象的欧几里得空间和酉空间.这样安排教学内容体系,既可以使读者能由浅入深,由具体到抽象地学好线性代数,又可以使课时较少的读者只要学习线性方程组和矩阵,以及具体的向量空间 K^n 和具体的欧几里得空间 $\mathbf{R}^n$ 就能了解线性代数的基本面貌,掌握其最基本的内容.

学好线性代数的关键是理解和掌握它的基本理论,在理论的指导下,通过分析去做习题或解决实际问题.如果没有理解基本理论,只是死记解题步骤,或者套题型做题,那么不仅容易忘记,连计算题也做不好,更不用说做证明题了.那么如何让广大读者在不感到困难的情况下掌握线性代数的基本理论呢?作者积 20 多年在北京大学、中央电视大学等高校讲授高等代数和线性代数课的经验,从学生熟悉的例子引出概念,以线性代数研究对象的内在联系为主线,简明易懂、深入浅出地阐述基本理论,广大学生感到道理讲得清楚,线性代数不难学.

本书还有一个鲜明的特色是,在讲授知识的同时,培养学生具有数学的思维方式.只有按照数学的思维方式去学习数学,才能学好数学.而且学会数学的思维方式,有助于他们把今后肩负的工作做好,从而使学生终生受益.什么是数学的思维方式?观察客观世界的现象,抓住其主要特征,抽象出概念或者建立模型;进行探索,通过直觉判断或者归纳推理、类比推理作出猜测;然后进行深入分析和逻辑推理,揭示事物的内在规律,从而使纷繁复杂的现象变得井然有序.这就是数学的思维方式.本书按照数学的思维方式编写每一节的内容,设立了"观察"、"抽象"、"探索"、"分析"、"论证"等小标题,使学生在学习线性代数知识的同时,受到数学思维方式的熏陶,日积月累地培养学生具有数学的思维方式,提高学生的素质.

学好线性代数必须做适量的、好的习题.本书的每一节都配备了经过精心挑选的习题.这些习题有助于学生加深理解和掌握线性代数的基本理论,有益于培养学生分析问题和解决问题的能力.为了使学生能判断自己所做的习题是否做对了,本书书末附有习题答案与提示. 为了帮助学生掌握线性代数的基本理论和基本解题方法,提高解题能力;学会如何在理论的指导下分析问题和解决问题,学会用线性代数的知识去解决实际问题,我们还编写了《线性代数解题指南》一书,与本教材配套出版.

本书可作为综合大学、理工科大学、师范院校和其他大专院校以及自学考试的线性代数课程的教材.如果周学时为 4,可讲授全书各章;如果周学时为 3,可讲授第一章至第六章;如果周学时为 2,可讲授第一章至第四章.书中打"*"号的内容和习题不作为教学要求.

各章的参考教学时数为：第一章 5 学时,第二章 9 学时,第三章 12 学时,第四章 11 学时,第五章 7 学时,第六章 6 学时,第七章 6 学时,第八章 6 学时,第九章 6 学时.

作者感谢本书的责任编辑刘勇同志,他为本书的编辑出版付出了辛勤的劳动.

作者热忱欢迎广大读者对本教材提出宝贵意见.

丘 维 声

于北京大学数学科学学院

2001 年 12 月

目 录

第一章 线性方程组 ··· (1)
   §1 解线性方程组的算法 ·· (2)
      习题 1.1 ··· (9)
   §2 线性方程组的解的情况及其判别准则 ·· (10)
      习题 1.2 ··· (14)
   §3 数域 ··· (15)
      习题 1.3 ··· (17)

第二章 行列式 ··· (18)
   §1 n 元排列 ·· (19)
      习题 2.1 ··· (21)
   §2 n 阶行列式的定义 ·· (22)
      习题 2.2 ··· (25)
   §3 行列式的性质 ·· (26)
      习题 2.3 ··· (34)
   §4 行列式按一行(列)展开 ··· (34)
      习题 2.4 ··· (41)
   §5 克莱姆(Cramer)法则 ··· (43)
      习题 2.5 ··· (47)
   §6 行列式按 k 行(列)展开 ··· (48)
      习题 2.6 ··· (52)

第三章 线性方程组的进一步理论 ·· (53)
   §1 n 维向量空间 K^n ·· (54)
      习题 3.1 ··· (58)
   §2 线性相关与线性无关的向量组 ··· (59)
      习题 3.2 ··· (65)
   §3 向量组的秩 ··· (67)
      习题 3.3 ··· (71)
   §4 矩阵的秩 ·· (72)
      习题 3.4 ··· (77)

§5 线性方程组有解的充分必要条件 ·· (78)
    习题 3.5 ·· (80)
§6 齐次线性方程组的解集的结构 ·· (81)
    习题 3.6 ·· (86)
§7 非齐次线性方程组的解集的结构 ··· (87)
    习题 3.7 ·· (90)
§8 基·维数 ·· (91)
    习题 3.8 ·· (94)

第四章 矩阵的运算 ··· (95)
§1 矩阵的运算 ·· (96)
    习题 4.1 ·· (105)
§2 特殊矩阵 ··· (107)
    习题 4.2 ·· (111)
§3 矩阵乘积的秩与行列式 ··· (112)
    习题 4.3 ·· (115)
§4 可逆矩阵 ··· (116)
    习题 4.4 ·· (122)
§5 矩阵的分块 ·· (123)
    习题 4.5 ·· (127)
§6 正交矩阵 ··· (128)
    习题 4.6 ·· (134)

第五章 矩阵的相抵与相似 ·· (137)
§1 矩阵的相抵 ·· (137)
    习题 5.1 ·· (139)
§2 矩阵的相似 ·· (139)
    习题 5.2 ·· (141)
§3 矩阵的特征值和特征向量 ·· (142)
    习题 5.3 ·· (148)
§4 矩阵可对角化的条件 ·· (149)
    习题 5.4 ·· (151)
§5 实对称矩阵的对角化 ·· (151)
    习题 5.5 ·· (156)

第六章 二次型·矩阵的合同 ··· (157)
§1 二次型和它的标准形 ·· (157)

　　　　习题 6.1 ··· (167)
　　§2　实二次型的规范形 ··· (168)
　　　　习题 6.2 ··· (171)
　　§3　正定二次型与正定矩阵 ·· (172)
　　　　习题 6.3 ··· (176)

第七章　线性空间 ··· (178)
　　§1　线性空间的结构 ·· (178)
　　　　习题 7.1 ··· (187)
　　§2　子空间的交与和·子空间的直和 ·· (188)
　　　　习题 7.2 ··· (194)
　　§3　线性空间的同构 ·· (196)
　　　　习题 7.3 ··· (198)

第八章　线性映射 ··· (199)
　　§1　线性映射及其运算 ··· (201)
　　　　习题 8.1 ··· (204)
　　§2　线性映射的矩阵表示 ··· (205)
　　　　习题 8.2 ··· (213)
　*§3　约当(Jordan)标准形 ··· (215)
　　　　习题 8.3 ··· (217)

第九章　欧几里得空间和酉空间 ··· (218)
　　§1　欧几里得空间的结构 ··· (218)
　　　　习题 9.1 ··· (223)
　　§2　正交补·正交投影 ··· (224)
　　　　习题 9.2 ··· (227)
　　§3　正交变换 ··· (228)
　　　　习题 9.3 ··· (229)
　　§4　酉空间 ·· (230)
　　　　习题 9.4 ··· (233)
　*§5　双线性函数 ··· (234)
　　　　习题 9.5 ··· (238)

习题答案与提示 ··· (239)

第一章 线性方程组

思考

某食品厂收到了某种食品 2000 kg 的订单，要求这种食品含脂肪 5%，碳水化合物 12%，蛋白质 15%。该厂准备用 5 种原料配制这种食品，其中每一种原料含脂肪、碳水化合物、蛋白质的百分比如下表所示（省写了"%"）。

	A_1	A_2	A_3	A_4	A_5
脂肪	8	6	3	2	4
碳水化合物	5	25	10	15	5
蛋白质	15	5	20	10	10

用上述 5 种原料能不能配制出 2000 kg 的这种食品？如果可以，那么有多少种配方？

分析

设所需要的原料（单位：kg）A_1, A_2, A_3, A_4, A_5 分别为 x_1, x_2, x_3, x_4, x_5，则根据题意得

$$\begin{cases} x_1 + x_2 + x_3 + x_4 + x_5 = 2000, \\ 8x_1 + 6x_2 + 3x_3 + 2x_4 + 4x_5 = 2000 \times 5, \\ 5x_1 + 25x_2 + 10x_3 + 15x_4 + 5x_5 = 2000 \times 12, \\ 15x_1 + 5x_2 + 20x_3 + 10x_4 + 10x_5 = 2000 \times 15. \end{cases} \quad (1)$$

如果这个方程组有解，并且 x_1, x_2, x_3, x_4, x_5 取的值都是正数，那么用这 5 种原料可以配制出 2000 kg 的这种食品。此时，方程组 (1) 的满足 $x_i > 0$ $(i=1,2,3,4,5)$ 的解的个数就是配方的个数。

抽象

上述方程组 (1) 的每个方程中，左端都是未知量 x_1, x_2, x_3, x_4, x_5 的一次齐次式，右端是常数，像这样的方程组称为**线性方程组**。每个未知量前面的数称为**系数**，右端的项称为**常数项**。

日常生活或生产实际中经常需要求一些量，用未知数 $x_1, x_2, \cdots$ 表示这些量，根据问题的实际情况列出方程组，有许多是线性方程组。数学的各个分支以及自然科学、工程技术中，有不少问题可以归结为线性方程组的问题。因此我们抽象出线性方程组这一数学模型，深入地研究它。

含 n 个未知量的线性方程组称为 n **元线性方程组**,它的一般形式是

$$\begin{cases} a_{11}x_1 + a_{12}x_2 + \cdots + a_{1n}x_n = b_1, \\ a_{21}x_1 + a_{22}x_2 + \cdots + a_{2n}x_n = b_2, \\ \cdots\cdots\cdots\cdots\cdots\cdots\cdots\cdots\cdots \\ a_{s1}x_1 + a_{s2}x_2 + \cdots + a_{sn}x_n = b_s, \end{cases} \tag{2}$$

其中 $a_{11}, a_{12}, \cdots, a_{sn}$ 是系数,$b_1, b_2, \cdots, b_s$ 是常数项,常数项一般写在等号的右边.方程的个数 s 与未知量的个数 n 可以相等,也可以 $s<n$ 或 $s>n$.

对于线性方程组(2),如果 $x_1, x_2, \cdots, x_n$ 分别用数 $c_1, c_2, \cdots, c_n$ 代入后,每个方程都变成恒等式,那么称 n 元有序数组 $(c_1, c_2, \cdots, c_n)$ 是线性方程组(2)的**一个解**.方程组(2)的所有解组成的集合称为这个方程组的**解集**.

从上述配制食品的问题看出,需要研究线性方程组的下列几个问题:

1. 线性方程组是否一定有解?有解时,有多少个解?
2. 如何求线性方程组的解?
3. 线性方程组有解时,它的每一个解是否都符合实际问题的需要?(符合实际问题需要的解称为**可行解**.)
4. 线性方程组的解不止一个时,这些解之间有什么关系?

这一章和第二、三章都是围绕这些问题展开讨论.

§1 解线性方程组的算法

思考

例1 求解线性方程组

$$\begin{cases} x_1 + 3x_2 + x_3 = 2, \\ 3x_1 + 4x_2 + 2x_3 = 9, \\ -x_1 - 5x_2 + 4x_3 = 10, \\ 2x_1 + 7x_2 + x_3 = 1. \end{cases} \tag{1}$$

分析

如果我们能设法消去未知量 x_1, x_2,剩下一个含 x_3 的一元一次方程,那么就能求出 x_3 的值.进而得到含 x_1, x_2 的方程组.类似地,可以求出 x_2, x_1 的值.所谓消去未知量 x_1,就是使 x_1 的系数变成 0.为了使线性方程组的求解方法能适用于未知量很多的方程组,用计算机编程序去计算,我们应当使解法有规律可循.今后我们用记号 ②+①·(-3) 表示把方程组的第 1 个方程的(-3)倍加到第 2 个方程上;用记号(②,④)表示把方程组的第 2、第 4

个方程互换位置；用记号③·$\frac{1}{3}$表示用$\frac{1}{3}$乘第③个方程.

示范

例 2 求线性方程组(1)的解.

解

$$\begin{array}{l} ②+①·(-3) \\ ③+①·1 \\ ④+①·(-2) \end{array} \begin{cases} x_1 + 3x_2 + x_3 = 2, \\ -5x_2 - x_3 = 3, \\ -2x_2 + 5x_3 = 12, \\ x_2 - x_3 = -3. \end{cases}$$

$$(②,④) \begin{cases} x_1 + 3x_2 + x_3 = 2, \\ x_2 - x_3 = -3, \\ -2x_2 + 5x_3 = 12, \\ -5x_2 - x_3 = 3. \end{cases}$$

$$\begin{array}{l} ③+②·2 \\ ④+②·5 \end{array} \begin{cases} x_1 + 3x_2 + x_3 = 2, \\ x_2 - x_3 = -3, \\ 3x_3 = 6, \\ -6x_3 = -12. \end{cases}$$

$$④+③·2 \begin{cases} x_1 + 3x_2 + x_3 = 2, \\ x_2 - x_3 = -3, \\ 3x_3 = 6, \\ 0 = 0. \end{cases} \quad (2)$$

$$③·\frac{1}{3} \begin{cases} x_1 + 3x_2 + x_3 = 2, \\ x_2 - x_3 = -3, \\ x_3 = 2, \\ 0 = 0. \end{cases}$$

$$\begin{array}{l} ①+③·(-1) \\ ②+③·1 \end{array} \begin{cases} x_1 + 3x_2 = 0, \\ x_2 = -1, \\ x_3 = 2, \\ 0 = 0. \end{cases}$$

$$①+②·(-3) \begin{cases} x_1 = 3, \\ x_2 = -1, \\ x_3 = 2, \\ 0 = 0. \end{cases} \quad (3)$$

因此，$(3,-1,2)$是线性方程组(1)的惟一的一个解.

评注

[1] 从例 2 的求解过程看出,我们对线性方程组作了三种变换:

Ⅰ. 把一个方程的倍数加到另一个方程上;

Ⅱ. 互换两个方程的位置;

Ⅲ. 用一个非零数乘某一个方程.

这三种变换称为**线性方程组的初等变换**.

[2] 在例 2 中,施行初等变换把线性方程组(1)先变成了方程组(2),像(2)这样的方程组称为**阶梯形方程组**. 对于阶梯形方程组(2)进一步施行初等变换,变成了方程组(3). 像(3)这样的方程组称为**简化阶梯形方程组**,从它立即看出解是(3,-1,2).

[3] 不难看出,线性方程组经过初等变换Ⅰ,得到的方程组的解集与原方程组的解集相等,此时称这两个方程组**同解**. 同样容易看出,初等变换Ⅱ(或Ⅲ)把线性方程组变成与它同解的方程组. 因此,**经过一系列初等变换变成的简化阶梯形方程组与原线性方程组同解**. 从而,例 1 中线性方程组(1)有惟一的一个解:(3,-1,2).

观察

例 2 的求解过程中,所有的计算都是对方程组的哪些对象做的?

分析

例 2 的求解过程中,只是对线性方程组的系数和常数项进行了运算. 因此,为了书写简便,对于一个线性方程组可以只写出它的系数和常数项,并且把它们按照原来的次序排成一张表,这张表称为线性方程组的**增广矩阵**. 而只列出系数的表称为方程组的**系数矩阵**. 例如,线性方程组(1)的增广矩阵和系数矩阵依次是:

$$\begin{bmatrix} 1 & 3 & 1 & 2 \\ 3 & 4 & 2 & 9 \\ -1 & -5 & 4 & 10 \\ 2 & 7 & 1 & 1 \end{bmatrix}, \begin{bmatrix} 1 & 3 & 1 \\ 3 & 4 & 2 \\ -1 & -5 & 4 \\ 2 & 7 & 1 \end{bmatrix}.$$

抽象

线性方程组可以用由它的系数和常数项排成的一张表来表示. 本章开头讲的配制食品的例子,5 种原料所含的脂肪、碳水化合物、蛋白质的百分比也可以用一张表来直观清晰地显示. 许许多多的实际问题,各种各样的数学研究对象都常常可以用一张表来表示. 因此我们有必要建立一个数学模型来统一深入地研究这种表.

定义 1 由 $s \cdot m$ 个数排成 s 行、m 列的一张表称为一个 $s \times m$ **矩阵**,其中的每一个数称为这个矩阵的**一个元素**,第 i 行与第 j 列交叉位置的元素称为矩阵的 (i,j) **元**.

例如,线性方程组(1)的增广矩阵的$(2,4)$元是 9,$(4,2)$元是 7.

矩阵通常用大写英文字母 $A,B,C,\cdots$ 表示. 一个 $s\times m$ 矩阵可以简单地记作 $A_{s\times m}$,它的 (i,j) 元记作 $A(i;j)$. 如果矩阵 A 的 (i,j) 元是 a_{ij},那么可以记作 $A=(a_{ij})$.

元素全为 0 的矩阵称为**零矩阵**,简记作 0. s 行 m 列的零矩阵可以记成 $0_{s\times m}$.

如果一个矩阵 A 的行数与列数相等,则称它为**方阵**. m 行 m 列的方阵也称为 **m 级矩阵**.

本章和第二、三章只围绕线性方程组来研究矩阵,第四、五、六章再深入地研究矩阵的运算和其他性质.

利用线性方程组的增广矩阵,我们可以把例 2 中的求解过程按照下述格式来写.

示范

例 3 求线性方程组(1)的解.

解

$$\begin{bmatrix} 1 & 3 & 1 & 2 \\ 3 & 4 & 2 & 9 \\ -1 & -5 & 4 & 10 \\ 2 & 7 & 1 & 1 \end{bmatrix} \xrightarrow[\substack{②+①\cdot(-3)\\③+①\cdot 1\\④+①\cdot(-2)}]{} \begin{bmatrix} 1 & 3 & 1 & 2 \\ 0 & -5 & -1 & 3 \\ 0 & -2 & 5 & 12 \\ 0 & 1 & -1 & -3 \end{bmatrix}$$

$$\xrightarrow{(②,④)} \begin{bmatrix} 1 & 3 & 1 & 2 \\ 0 & 1 & -1 & -3 \\ 0 & -2 & 5 & 12 \\ 0 & -5 & -1 & 3 \end{bmatrix} \xrightarrow[\substack{③+②\cdot 2\\④+②\cdot 5}]{} \begin{bmatrix} 1 & 3 & 1 & 2 \\ 0 & 1 & -1 & -3 \\ 0 & 0 & 3 & 6 \\ 0 & 0 & -6 & -12 \end{bmatrix}$$

$$\xrightarrow{④+③\cdot 2} \begin{bmatrix} 1 & 3 & 1 & 2 \\ 0 & 1 & -1 & -3 \\ 0 & 0 & 3 & 6 \\ 0 & 0 & 0 & 0 \end{bmatrix} \xrightarrow{③\cdot \frac{1}{3}} \begin{bmatrix} 1 & 3 & 1 & 2 \\ 0 & 1 & -1 & -3 \\ 0 & 0 & 1 & 2 \\ 0 & 0 & 0 & 0 \end{bmatrix}$$

$$\xrightarrow[\substack{②+③\cdot 1\\①+③\cdot(-1)}]{} \begin{bmatrix} 1 & 3 & 0 & 0 \\ 0 & 1 & 0 & -1 \\ 0 & 0 & 1 & 2 \\ 0 & 0 & 0 & 0 \end{bmatrix} \xrightarrow{①+②\cdot(-3)} \begin{bmatrix} 1 & 0 & 0 & 3 \\ 0 & 1 & 0 & -1 \\ 0 & 0 & 1 & 2 \\ 0 & 0 & 0 & 0 \end{bmatrix}.$$

以最后一个矩阵为增广矩阵的方程组是

$$\begin{cases} x_1 & = 3, \\ x_2 & = -1, \\ x_3 = 2, \\ 0 = 0. \end{cases}$$

因此,原线性方程组有惟一解:$(3,-1,2)$.

评注

　　[1] 从上述求解过程看出,我们对线性方程组的增广矩阵施行了三种变换:

　　Ⅰ. 把一行的倍数加到另一行上;

　　Ⅱ. 互换两行的位置;

　　Ⅲ. 用一个非零数乘某一行.

这三种变换称为**矩阵的初等行变换**.

　　[2] 在例 3 的求解过程中,先把增广矩阵经过初等行变换化成了下述矩阵

$$\begin{bmatrix} 1 & 3 & 1 & 2 \\ 0 & 1 & -1 & -3 \\ 0 & 0 & 3 & 6 \\ 0 & 0 & 0 & 0 \end{bmatrix},$$

像这种矩阵称为**阶梯形矩阵**. 它的特点是:

　　(1) 元素全为 0 的行(称为**零行**)在下方(如果有零行的话);

　　(2) 元素不全为 0 的行(称为**非零行**),从左边数起第一个不为 0 的元素(称为**主元**),它们的列指标随着行指标的递增而严格增大.

　　在例 3 的求解过程中,我们对阶梯形矩阵继续施行初等行变换,直至化成下述矩阵

$$\begin{bmatrix} 1 & 0 & 0 & 3 \\ 0 & 1 & 0 & -1 \\ 0 & 0 & 1 & 2 \\ 0 & 0 & 0 & 0 \end{bmatrix},$$

像这种矩阵称为**简化行阶梯形矩阵**,它的特点是:

　　(1) 它是阶梯形矩阵;

　　(2) 每个非零行的主元都是 1;

　　(3) 每个主元所在的列的其余元素都是 0.

　　[3] 在解线性方程组时,把它的增广矩阵经过初等行变换化成阶梯形矩阵,写出相应的阶梯形方程组,进行求解;或者一直化成简化行阶梯形矩阵,写出它表示的简化阶梯形方程组,从而立即得出解.

　　[4] 可以证明:任何一个矩阵都能经过一系列初等行变换化成阶梯形矩阵,并且能进一步用初等行变换化成简化行阶梯形矩阵. 证明的思路从例 3 的增广矩阵化成简化行阶梯形矩阵的过程可以看出,然后用数学归纳法写出证明.

示范

　　例 4 解线性方程组

$$\begin{cases} x_1 - x_2 + x_3 = 1, \\ x_1 - x_2 - x_3 = 3, \\ 2x_1 - 2x_2 - x_3 = 3. \end{cases}$$

解

$$\begin{bmatrix} 1 & -1 & 1 & 1 \\ 1 & -1 & -1 & 3 \\ 2 & -2 & -1 & 3 \end{bmatrix} \xrightarrow[\text{③}+\text{①}\cdot(-2)]{\text{②}+\text{①}\cdot(-1)} \begin{bmatrix} 1 & -1 & 1 & 1 \\ 0 & 0 & -2 & 2 \\ 0 & 0 & -3 & 1 \end{bmatrix}$$

$$\xrightarrow{\text{②}\cdot\left(-\frac{1}{2}\right)} \begin{bmatrix} 1 & -1 & 1 & 1 \\ 0 & 0 & 1 & -1 \\ 0 & 0 & -3 & 1 \end{bmatrix}$$

$$\xrightarrow{\text{③}+\text{②}\cdot 3} \begin{bmatrix} 1 & -1 & 1 & 1 \\ 0 & 0 & 1 & -1 \\ 0 & 0 & 0 & -2 \end{bmatrix}.$$

写出最后这个阶梯形矩阵表示的线性方程组：

$$\begin{cases} x_1 - x_2 + x_3 = 1, \\ \qquad\qquad x_3 = -1, \\ \qquad\qquad 0 = -2. \end{cases}$$

x_1, x_2, x_3 无论取什么值都不能满足第 3 个方程：$0 = -2$，因此，原线性方程组无解.

例 5 解线性方程组

$$\begin{cases} x_1 - x_2 + x_3 = 1, \\ x_1 - x_2 - x_3 = 3, \\ 2x_1 - 2x_2 - x_3 = 5. \end{cases}$$

解

$$\begin{bmatrix} 1 & -1 & 1 & 1 \\ 1 & -1 & -1 & 3 \\ 2 & -2 & -1 & 5 \end{bmatrix} \xrightarrow[\text{③}+\text{①}\cdot(-2)]{\text{②}+\text{①}\cdot(-1)} \begin{bmatrix} 1 & -1 & 1 & 1 \\ 0 & 0 & -2 & 2 \\ 0 & 0 & -3 & 3 \end{bmatrix}$$

$$\xrightarrow{\text{②}\cdot\left(-\frac{1}{2}\right)} \begin{bmatrix} 1 & -1 & 1 & 1 \\ 0 & 0 & 1 & -1 \\ 0 & 0 & -3 & 3 \end{bmatrix}$$

$$\xrightarrow{\text{③}+\text{②}\cdot 3} \begin{bmatrix} 1 & -1 & 1 & 1 \\ 0 & 0 & 1 & -1 \\ 0 & 0 & 0 & 0 \end{bmatrix}$$

$$\xrightarrow{\text{①}+\text{②}\cdot(-1)} \begin{bmatrix} 1 & -1 & 0 & 2 \\ 0 & 0 & 1 & -1 \\ 0 & 0 & 0 & 0 \end{bmatrix}.$$

最后这个简化行阶梯形矩阵表示的线性方程组是

$$\begin{cases} x_1 - x_2 = 2, \\ x_3 = -1, \\ 0 = 0. \end{cases}$$

从第 1 个方程看出,对于 x_2 每取一个值 c_2,可以求得 $x_1 = c_2 + 2$,从而得到原方程组的一个解:$(c_2+2, c_2, -1)$. 由于 c_2 可以取任意一个数,因此原方程组有无穷多个解. 我们可以用下述表达式来表示这无穷多个解:

$$\begin{cases} x_1 = x_2 + 2, \\ x_3 = -1. \end{cases}$$

这个表达式称为原线性方程组的**一般解**,其中以主元为系数的未知量 x_1, x_3 称为**主变量**,而其余未知量 x_2 称为**自由未知量**. 一般解就是用含自由未知量的式子表示主变量.

观察

从例 3、例 4、例 5 的求解过程,你能找出判别线性方程组有没有解的方法吗?方程组有解时,例 3 的方程组有惟一解,例 5 的方程组有无穷多个解,你能从它们的增广矩阵化成的阶梯形矩阵找出它们的不同之处吗?

评注

[1] 从例 4 看出,把线性方程组的增广矩阵经过初等行变换化成阶梯形矩阵,如果相应的阶梯形方程组出现"$0 = d$(其中 d 是非零数)"这样的方程,则原方程组无解. 从例 3 和例 5,我们猜想:如果相应的阶梯形方程组不出现"$0 = d$(其中 $d \neq 0$)"这种方程,则原方程组有解. 下一节将证明这个猜想是正确的.

[2] 例 3 的阶梯形矩阵的非零行个数为 3,与未知量个数相等. 例 5 的阶梯形矩阵的非零行个数为 2,小于未知量的个数. 由此猜想:在线性方程组有解的情况下,它的增广矩阵经过初等行变换化成的阶梯形矩阵中,如果非零行的个数等于方程组的未知量个数,则原方程组有惟一解;如果非零行的个数小于未知量的个数,则原方程组有无穷多个解. 在下一节将证明这个猜想也是正确的.

[3] 线性方程组有解时,把阶梯形矩阵经过初等行变换进一步化成简化行阶梯形矩阵,则可以立即写出原方程组的惟一解或者无穷多个解.

小结

解线性方程组的方法如下:

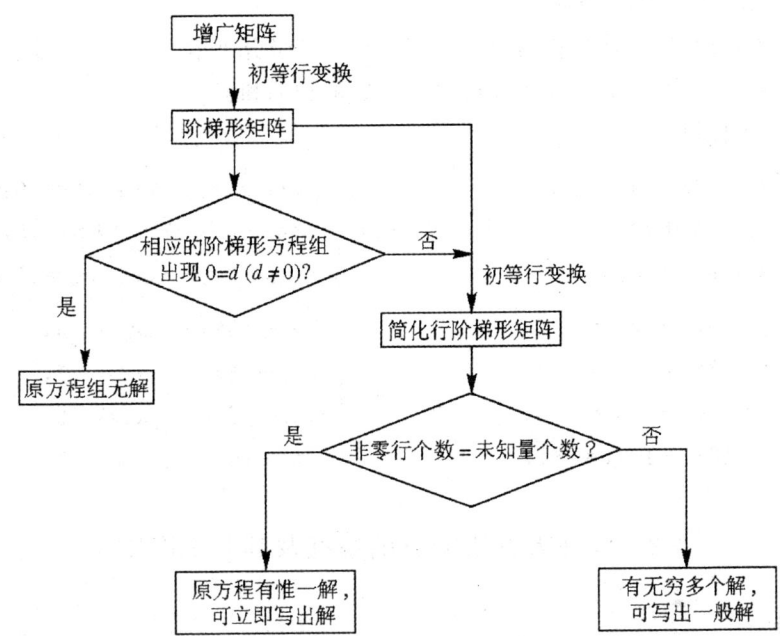

上述解线性方程组的方法称为**高斯(Gauss)-约当(Jordan)算法**.

习 题 1.1

1. 解下列线性方程组:

(1) $\begin{cases} x_1 - 3x_2 - 2x_3 = 3, \\ -2x_1 + x_2 - 4x_3 = -9, \\ -x_1 + 4x_2 - x_3 = -7; \end{cases}$

(2) $\begin{cases} x_1 + 3x_2 + 2x_3 = 1, \\ 2x_1 + 5x_2 + 5x_3 = 7, \\ 3x_1 + 7x_2 + x_3 = -8, \\ -x_1 - 4x_2 + x_3 = 10; \end{cases}$

(3) $\begin{cases} x_1 - 3x_2 - 2x_3 - x_4 = 6, \\ 3x_1 - 8x_2 + x_3 + 5x_4 = 0, \\ -2x_1 + x_2 - 4x_3 + x_4 = -12, \\ -x_1 + 4x_2 - x_3 - 3x_4 = 2; \end{cases}$

(4) $\begin{cases} x_1 + 3x_2 - 7x_3 = -8, \\ 2x_1 + 5x_2 + 4x_3 = 4, \\ -3x_1 - 7x_2 - 2x_3 = -3, \\ x_1 + 4x_2 - 12x_3 = -15; \end{cases}$

(5) $\begin{cases} x_1 - 2x_2 + 3x_3 - 4x_4 = 4, \\ x_1 + x_2 - x_3 + x_4 = -11, \\ x_1 + 3x_2 + x_4 = 1, \\ -7x_2 + 3x_3 + x_4 = -3. \end{cases}$

2. 一个投资者想把 1 万元投入给 3 个企业 A_1, A_2, A_3, 所得的利润率分别是 12%,

15%, 22%. 他想得到 2000 元的利润.

(1) 如果投入给 A_2 的钱是投给 A_1 的 2 倍,那么应当分别给 A_1, A_2, A_3 投资多少?

(2) 可不可以投给 A_3 的钱等于投给 A_1 与 A_2 的钱的和?

3. 解线性方程组:

(1) $\begin{cases} 2x_1 - 3x_2 + x_3 + 5x_4 = 6, \\ -3x_1 + x_2 + 2x_3 - 4x_4 = 5, \\ -x_1 - 2x_2 + 3x_3 + x_4 = -2; \end{cases}$
(2) $\begin{cases} 2x_1 - 3x_2 + x_3 + 5x_4 = 6, \\ -3x_1 + x_2 + 2x_3 - 4x_4 = 5, \\ -x_1 - 2x_2 + 3x_3 + x_4 = 11; \end{cases}$

(3) $\begin{cases} x_1 - 5x_2 - 2x_3 = 4, \\ 2x_1 - 3x_2 + x_3 = 7, \\ -x_1 + 12x_2 + 7x_3 = -5, \\ x_1 + 16x_2 + 13x_3 = -1; \end{cases}$
(4) $\begin{cases} x_1 - 5x_2 - 2x_3 = 4, \\ 2x_1 - 3x_2 + x_3 = 7, \\ -x_1 + 12x_2 + 7x_3 = -5, \\ x_1 + 16x_2 + 13x_3 = 1. \end{cases}$

§2 线性方程组的解的情况及其判别准则

回顾

上一节的例 3,例 4,例 5 的线性方程组分别有惟一解,无解,有无穷多个解.例 4 的阶梯形方程组出现 $0=-2$ 这个方程,从而无解.例 3 和例 5 的阶梯形方程组没有出现"$0=d$(其中 d 是非零数)"这种方程,它们分别有惟一解和无穷多个解.这启发我们猜想线性方程组的解只有三种可能:无解,有惟一解,有无穷多个解,而且猜想阶梯形方程组是否出现"$0=d$(其中 $d \neq 0$)"这种方程,是线性方程组无解还是有解的判别准则.

上一节的例 3 和例 5 的线性方程组都有解,但前者有惟一解,后者有无穷多个解.从它们的增广矩阵经过初等行变换化成的阶梯形矩阵的不同之处,我们猜想:在有解的情况下,当阶梯形矩阵的非零行个数 r 等于未知量个数 n 时,有惟一解;而当 $r < n$ 时,有无穷多个解.

上述猜想正确吗?

论证

由于线性方程组与对它进行初等变换得到的阶梯形方程组同解,因此我们只要讨论阶梯形方程组的解有几种可能及其判别准则.设阶梯形方程组有 n 个未知量.

情形 1 阶梯形方程组中出现"$0=d$(其中 $d \neq 0$)"这种方程.由于这种方程无解,从而阶梯形方程组无解.

情形 2 阶梯形方程组中不出现"$0=d$(其中 $d \neq 0$)"这种方程.我们设阶梯形方程组的增广矩阵中,非零行的个数为 r,则主元个数为 r.

情形 2.1 $r=n$. 此时 n 个未知量都是主变量. 由于 n 个主元应分布在不同的列, 因此阶梯形方程组一定是下述形式:

$$\begin{cases} c_{11}x_1 + c_{12}x_2 + \cdots + c_{1n}x_n = d_1, \\ \qquad\quad c_{22}x_2 + \cdots + c_{2n}x_n = d_2, \\ \qquad\qquad\qquad \cdots\cdots\cdots\cdots\cdots \\ \qquad\qquad\qquad\qquad\quad c_{nn}x_n = d_n, \\ \qquad\qquad\qquad\qquad\qquad 0 = 0, \\ \qquad\qquad\qquad\qquad\qquad \cdots\cdots\cdots \\ \qquad\qquad\qquad\qquad\qquad 0 = 0, \end{cases} \quad (1)$$

其中 $c_{11}, c_{22}, \cdots, c_{nn}$ 都不为零. 对于(1)的增广矩阵施行初等行变换化成的简化行阶梯矩阵一定形如

$$\begin{bmatrix} 1 & 0 & 0 & \cdots & 0 & 0 & d'_1 \\ 0 & 1 & 0 & \cdots & 0 & 0 & d'_2 \\ \vdots & \vdots & \vdots & & \vdots & \vdots & \vdots \\ 0 & 0 & 0 & \cdots & 0 & 1 & d'_n \\ 0 & 0 & 0 & \cdots & 0 & 0 & 0 \\ \vdots & \vdots & \vdots & & \vdots & \vdots & \vdots \\ 0 & 0 & 0 & \cdots & 0 & 0 & 0 \end{bmatrix}, \quad (2)$$

从而阶梯形方程组有惟一解: $(d'_1, d'_2, \cdots, d'_n)$.

情形 2.2 $r<n$. 此时阶梯形方程组形如

$$\begin{cases} c_{11}x_1 + c_{12}x_2 + \cdots\cdots\cdots\cdots\cdots + c_{1n}x_n = d_1, \\ \qquad\quad c_{2j_2}x_{j_2} + \cdots\cdots\cdots\cdots + c_{2n}x_n = d_2, \\ \qquad\qquad\qquad \cdots\cdots\cdots\cdots\cdots\cdots \\ \qquad\qquad\qquad\qquad c_{rj_r}x_{j_r} + \cdots + c_{rn}x_n = d_r, \\ \qquad\qquad\qquad\qquad\qquad 0 = 0, \\ \qquad\qquad\qquad\qquad\qquad \cdots\cdots\cdots \\ \qquad\qquad\qquad\qquad\qquad 0 = 0, \end{cases} \quad (3)$$

其中 $c_{11}, c_{2j_2}, \cdots, c_{rj_r}$ 都不为 0. 这时 $x_1, x_{j_2}, \cdots, x_{j_r}$ 是主变量, 其余 $n-r$ 个未知量是自由未知量. 任意给 $n-r$ 个自由未知量一组值, 则方程组(3)的第 r 个方程变成 x_{j_r} 的一元一次方程, 可解出 x_{j_r}; 将 x_{j_r} 的值代入前 $r-1$ 个方程中, 从第 $r-1$ 个方程可解出 $x_{j_{r-1}}$; 依次往上代入, 可解出 $x_{j_{r-2}}, \cdots, x_{j_2}, x_1$. 从而得到方程组的一个解. 由于这 $n-r$ 个自由未知量可以取无穷多组值, 因此方程组(3)有无穷多个解. 这无穷多个解可以用一般解表示:

$$\begin{cases} x_1 = c'_{1k}x_k + \cdots + c'_{1l}x_l + d'_1, \\ x_{j_2} = c'_{2k}x_k + \cdots + c'_{2l}x_l + d'_2, \\ \cdots\cdots\cdots\cdots\cdots\cdots\cdots\cdots \\ x_{j_r} = c'_{rk}x_k + \cdots + c'_{rl}x_l + d'_r, \end{cases} \tag{4}$$

其中 $x_k, \cdots, x_l$ 是自由未知量.

情形 2.3 $r>n$. n 元阶梯形方程组的增广矩阵共有 $n+1$ 列,由于 r 个主元应当分布在不同的列,因此 $r \leqslant n+1$. 于是 $r=n+1$. 这时有 $n+1$ 个主元,分别位于第 $1, 2, \cdots, n+1$ 列. 于是第 $n+1$ 行的主元 c_{n+1} 位于第 $n+1$ 列. 从而第 $n+1$ 个方程为 $0 = c_{n+1}$, 这与情形 2 的已知条件矛盾. 因此 $r>n$ 是不可能的.

综上述,我们得到下面的结论:

定理 1 n 元线性方程组的解的情况只有三种可能:无解,有惟一解,有无穷多个解. 把 n 元线性方程组的增广矩阵经过初等行变换化成阶梯形矩阵,如果相应的阶梯形方程组出现 "$0 = d$ (其中 d 是非零数)" 这样的方程,则原方程组无解;否则,有解. 当有解时,如果阶梯形矩阵的非零行个数 r 等于未知量个数 n,则原方程组有惟一解;如果非零行个数 $r<n$,则原方程组有无穷多个解. ∎

如果一个线性方程组有解,则称它是**相容的**;否则,称它是**不相容的**.

示范

例 1 a 为何值时,线性方程组

$$\begin{cases} 3x_1 + x_2 - x_3 - 2x_4 = 2, \\ x_1 - 5x_2 + 2x_3 + x_4 = -1, \\ 2x_1 + 6x_2 - 3x_3 - 3x_4 = a+1, \\ -x_1 - 11x_2 + 5x_3 + 4x_4 = -4 \end{cases} \tag{5}$$

有解? 当有解时,求出它的所有解.

解

$$\begin{bmatrix} 3 & 1 & -1 & -2 & 2 \\ 1 & -5 & 2 & 1 & -1 \\ 2 & 6 & -3 & -3 & a+1 \\ -1 & -11 & 5 & 4 & -4 \end{bmatrix} \xrightarrow{(①,②)} \begin{bmatrix} 1 & -5 & 2 & 1 & -1 \\ 3 & 1 & -1 & -2 & 2 \\ 2 & 6 & -3 & -3 & a+1 \\ -1 & -11 & 5 & 4 & -4 \end{bmatrix}$$

$$\xrightarrow[\substack{②+①\cdot(-3)\\③+①\cdot(-2)\\④+①}]{} \begin{bmatrix} 1 & -5 & 2 & 1 & -1 \\ 0 & 16 & -7 & -5 & 5 \\ 0 & 16 & -7 & -5 & a+3 \\ 0 & -16 & 7 & 5 & -5 \end{bmatrix}$$

$$\xrightarrow[④+②]{③+②\cdot(-1)} \begin{bmatrix} 1 & -5 & 2 & 1 & -1 \\ 0 & 16 & -7 & -5 & 5 \\ 0 & 0 & 0 & 0 & a-2 \\ 0 & 0 & 0 & 0 & 0 \end{bmatrix}.$$

原线性方程组有解当且仅当 $a-2=0$，即 $a=2$. 此时再施行初等行变换化成简化行阶梯形：

$$\begin{bmatrix} 1 & -5 & 2 & 1 & -1 \\ 0 & 16 & -7 & -5 & 5 \\ 0 & 0 & 0 & 0 & 0 \\ 0 & 0 & 0 & 0 & 0 \end{bmatrix} \rightarrow \begin{bmatrix} 1 & 0 & -\frac{3}{16} & -\frac{9}{16} & \frac{9}{16} \\ 0 & 1 & -\frac{7}{16} & -\frac{5}{16} & \frac{5}{16} \\ 0 & 0 & 0 & 0 & 0 \\ 0 & 0 & 0 & 0 & 0 \end{bmatrix}.$$

因此原方程组的一般解是

$$\begin{cases} x_1 = \frac{3}{16}x_3 + \frac{9}{16}x_4 + \frac{9}{16}, \\ x_2 = \frac{7}{16}x_3 + \frac{5}{16}x_4 + \frac{5}{16}, \end{cases}$$

其中 x_3, x_4 是自由未知量.

观察

线性方程组

$$\begin{cases} x_1 + 3x_2 - 4x_3 + 2x_4 = 0, \\ 3x_1 - x_2 + 2x_3 - x_4 = 0, \\ -2x_1 + 4x_2 - x_3 + 3x_4 = 0, \\ 3x_1 + 9x_2 - 7x_3 + 6x_4 = 0 \end{cases} \tag{6}$$

有什么特点？它是否一定有解？

评注

[1] 线性方程组(6)的每个方程的常数项都为 0. 常数项全为 0 的线性方程组称为**齐次线性方程组**. 显然，$(0,0,0,0)$ 是齐次线性方程组(6)的一个解，这个解称为**零解**. 任何一个齐次线性方程组都有零解. 如果一个齐次线性方程组除了零解外，还有其他的解，则称其他的解为**非零解**. 根据定理 1 的前半部分得出，如果一个齐次线性方程组有非零解，那么它就有无穷多个解.

[2] 如何判断一个齐次线性方程组有没有非零解？运用定理 1 便得出

推论 2 n 元齐次线性方程组有非零解的充分必要条件是：它的系数矩阵经过初等行变换化成的阶梯形矩阵中，非零行的个数 $r<n$. ∎

从推论 2 又可得到

推论 3 n 元齐次线性方程组如果方程的个数 $s<n$，那么它一定有非零解.

证明 把齐次线性方程组的系数矩阵经过初等行变换化成阶梯形矩阵，它的非零行的个数 $r \leqslant s<n$，因此齐次线性方程组有非零解. ∎

示范

例 2 判断齐次线性方程组(6)有无非零解. 如果有非零解，求出它的一般解.

解 齐次线性方程组的增广矩阵的最后一列元素全为 0，在对它作初等行变换时，所得到的矩阵的最后一列元素也总是全为 0. 因此我们只要对系数矩阵进行初等行变换化成阶梯形矩阵.

$$\begin{bmatrix} 1 & 3 & -4 & 2 \\ 3 & -1 & 2 & -1 \\ -2 & 4 & -1 & 3 \\ 3 & 9 & -7 & 6 \end{bmatrix} \xrightarrow{\text{初等行变换}} \begin{bmatrix} 1 & 3 & -4 & 2 \\ 0 & -10 & 14 & -7 \\ 0 & 0 & 5 & 0 \\ 0 & 0 & 0 & 0 \end{bmatrix}.$$

阶梯形矩阵的非零行个数为 3，它小于未知量个数 4，因此原齐次线性方程组有非零解. 由于经过初等行变换有

$$\begin{bmatrix} 1 & 3 & -4 & 2 \\ 0 & -10 & 14 & -7 \\ 0 & 0 & 5 & 0 \\ 0 & 0 & 0 & 0 \end{bmatrix} \rightarrow \begin{bmatrix} 1 & 0 & 0 & -\frac{1}{10} \\ 0 & 1 & 0 & \frac{7}{10} \\ 0 & 0 & 1 & 0 \\ 0 & 0 & 0 & 0 \end{bmatrix},$$

因此原齐次线性方程组的一般解是

$$\begin{cases} x_1 = \dfrac{1}{10} x_4, \\ x_2 = -\dfrac{7}{10} x_4, \\ x_3 = 0, \end{cases}$$

其中 x_4 是自由未知量.

习 题 1.2

1. a 为何值时，下述线性方程组有解？当有解时，求出它的所有解.

$$\begin{cases} x_1 - 4x_2 + 2x_3 = -1, \\ -x_1 + 11x_2 - x_3 = 3, \\ 3x_1 - 5x_2 + 7x_3 = a. \end{cases}$$

2. a 为何值时,下述线性方程组有惟一解? a 为何值时,此方程组无解?
$$\begin{cases} x_1 + x_2 + x_3 = 3, \\ x_1 + 2x_2 - ax_3 = 9, \\ 2x_1 - x_2 + 3x_3 = 6. \end{cases}$$

3. (1) 下述线性方程组有无解? 有多少个解?
$$\begin{cases} x + y = 1, \\ x - 3y = -1, \\ 10x - 4y = 3; \end{cases}$$

(2) 改变第(1)小题中方程组的一个方程的某一个系数,使得新的方程组没有解;

(3) 在平面直角坐标系 Oxy 里,画出第(1)小题中各个方程表示的图形.

4. a 为何值时,下述线性方程组有解? 当有解时,求它的所有解.
$$\begin{cases} x_1 + x_2 + x_3 + x_4 = -7, \\ x_1 + 3x_3 - x_4 = 8, \\ x_1 + 2x_2 - x_3 + x_4 = 2a + 2, \\ 3x_1 + 3x_2 + 3x_3 + 2x_4 = -11, \\ 2x_1 + 2x_2 + 2x_3 + x_4 = 2a. \end{cases}$$

*5. 当 c 与 d 取什么值时,下述线性方程组有解? 当有解时,求它的所有解.
$$\begin{cases} x_1 + x_2 + x_3 + x_4 + x_5 = 1, \\ 3x_1 + 2x_2 + x_3 + x_4 - 3x_5 = c, \\ x_2 + 2x_3 + 2x_4 + 6x_5 = 3, \\ 5x_1 + 4x_2 + 3x_3 + 3x_4 - x_5 = d. \end{cases}$$

*6. 是否存在二次函数 $f(x) = ax^2 + bx + c$ 其图像经过下述 4 个点: $P(1,2), Q(-1,3), M(-4,5), N(0,2)$?

7. 下列齐次线性方程组有无非零解? 若有非零解,求出它的一般解.

(1) $\begin{cases} 3x_1 - 5x_2 + x_3 - 2x_4 = 0, \\ 2x_1 + 3x_2 - 5x_3 + x_4 = 0, \\ -x_1 + 7x_2 - 4x_3 + 3x_4 = 0, \\ 4x_1 + 15x_2 - 7x_3 + 9x_4 = 0; \end{cases}$ (2) $\begin{cases} 5x_1 - 2x_2 + 4x_3 - 3x_4 = 0, \\ -3x_1 + 5x_2 - x_3 + 2x_4 = 0, \\ x_1 - 3x_2 + 2x_3 + x_4 = 0. \end{cases}$

§3 数 域

思考

下述线性方程组在有理数集范围内有解吗? 在整数集范围内呢?

$$\begin{cases} 2x + y = 2, \\ 4x - 3y = -1. \end{cases} \tag{1}$$

分析

在有理数集范围内解线性方程组(1)：

$$\begin{bmatrix} 2 & 1 & 2 \\ 4 & -3 & -1 \end{bmatrix} \to \begin{bmatrix} 2 & 1 & 2 \\ 0 & -5 & -5 \end{bmatrix} \to \begin{bmatrix} 2 & 1 & 2 \\ 0 & 1 & 1 \end{bmatrix}$$

$$\to \begin{bmatrix} 2 & 0 & 1 \\ 0 & 1 & 1 \end{bmatrix} \xrightarrow{\text{①} \cdot \frac{1}{2}} \begin{bmatrix} 1 & 0 & \frac{1}{2} \\ 0 & 1 & 1 \end{bmatrix},$$

于是方程组的解为 $(1/2, 1)$.

如果在整数集范围内解方程组(1)，那么上述求解过程中最后一步是行不通的(因为 $1/2$ 不是整数，所以不能用 $1/2$ 乘第①个方程. 或者说，由于整数集对除法不封闭，即任意两个整数的商有可能不是整数，因此不能用 2 去除第①个方程). 这样在整数集范围内，方程组(1)没有解.

从上述例子看出，由于矩阵的初等行变换Ⅲ需要用一个非零数乘某一个方程，以便使阶梯形矩阵的主元变成 1，因此为了使初等行变换能畅通无阻地施行，就应当要求所考虑的数集对于加法、减法、乘法、除法(除数不为 0)都封闭. 即，该数集内任意两个数的和、差、积、商(除数不为 0)仍在这个数集. 我们在前面两节讨论线性方程组的解法和解的情况的判定时，已经假定了所取的数集具有这个性质. 现在我们把它明确地说出来.

抽象

定义 1　设 K 是复数集的一个子集，如果 K 满足：

(1) $0, 1 \in K$；

(2) 对于任意的 $a, b \in K$，都有 $a \pm b, ab \in K$；并且当 $b \neq 0$ 时，有 $\frac{a}{b} \in K$，

那么称 K 是一个**数域**.

数域 K 满足的第(2)个条件可以说成：K 对于加、减、乘、除四种运算**封闭**.

显然，有理数集 **Q**，实数集 **R**，复数集 **C** 都是数域，分别称 **Q**, **R**, **C** 为有**理数域**，**实数域**，**复数域**. 但是整数集 **Z** 不是数域.

除了 **Q**, **R**, **C** 外，还有很多数域. 例如，令

$$\mathbf{Q}(\sqrt{2}) = \{a + b\sqrt{2} \mid a, b \in \mathbf{Q}\},$$

显然，$0 = 0 + 0\sqrt{2} \in \mathbf{Q}(\sqrt{2})$，$1 = 1 + 0\sqrt{2} \in \mathbf{Q}(\sqrt{2})$；并且容易验证 $\mathbf{Q}(\sqrt{2})$ 对于加、减、乘、除四种运算封闭，因此，$\mathbf{Q}(\sqrt{2})$ 是一个数域.

观察

上面列举的数域 $\mathbf{Q},\mathbf{R},\mathbf{C},\mathbf{Q}(\sqrt{2})$ 哪个最小？（即，哪个数域是所有数域的子集？）

命题 1 任一数域都包含有理数域．

证明 设 K 是一个数域，则 $0,1\in K$．从而
$$2=1+1\in K, 3=2+1\in K, \cdots, n=(n-1)+1\in K.$$
即，任一正整数 $n\in K$．又由于
$$-n=0-n\in K,$$
因此任一负整数 $-n\in K$．从而 $\mathbf{Z}\subseteq K$，于是任一分数
$$\frac{a}{b}\in K \quad (\text{其中 } b\neq 0),$$
因此，$\mathbf{Q}\subseteq K$．∎

从现在起，我们取定一个数域 K，所讨论的线性方程组都是数域 K 上的，即它的全部系数和常数项都属于 K，并且在数域 K 里求它的解，从而它的每一个解都是数域 K 里的数组成的有序数组．所讨论的矩阵，它的全部元素都属于 K，称它为数域 K 上的矩阵．做矩阵的初等行变换时，"倍数"、"非零数"都属于 K．

习 题 1.3

1. 令 $\mathbf{Q}(\mathrm{i})=\{a+b\mathrm{i}\,|\,a,b\in\mathbf{Q}\}$，证明 $\mathbf{Q}(\mathrm{i})$ 是一个数域．
2. 最大的数域是哪一个？（即，哪一个数域包含了所有的数域？）

第二章 行 列 式

思考

第一章 §1 定理 1 给出了线性方程组有没有解,有多少解的判别准则,它需要首先把方程组的增广矩阵经过初等行变换化成阶梯形矩阵.能不能直接用原来的线性方程组的系数和常数项判断它有没有解,有多少解呢?

探索

先研究两个方程的二元一次方程组:

$$\begin{cases} a_{11}x_1 + a_{12}x_2 = b_1, \\ a_{21}x_1 + a_{22}x_2 = b_2, \end{cases} \tag{1}$$

其中 a_{11}, a_{21} 不全为 0,不妨设 $a_{11} \neq 0$.将它的增广矩阵经过初等行变换化成阶梯形矩阵:

$$\begin{bmatrix} a_{11} & a_{12} & b_1 \\ a_{21} & a_{22} & b_2 \end{bmatrix} \xrightarrow{② + ① \cdot \left(-\frac{a_{21}}{a_{11}}\right)} \begin{bmatrix} a_{11} & a_{12} & b_1 \\ 0 & a_{22} - \frac{a_{21}}{a_{11}}a_{12} & b_2 - \frac{a_{21}}{a_{11}}b_1 \end{bmatrix}.$$

情形 1 $a_{11}a_{22} - a_{12}a_{21} \neq 0$.此时原方程组有惟一解:

$$\left[\frac{b_1 a_{22} - b_2 a_{12}}{a_{11}a_{22} - a_{12}a_{21}}, \quad \frac{a_{11}b_2 - a_{21}b_1}{a_{11}a_{22} - a_{12}a_{21}}\right]. \tag{2}$$

情形 2 $a_{11}a_{22} - a_{12}a_{21} = 0$.此时原方程组无解或者有无穷多个解.

综上所述得出

命题 1 两个方程的二元一次方程组(1)有惟一解的充分必要条件是:$a_{11}a_{22} - a_{12}a_{21} \neq 0$.此时,惟一解如(2)式所示.

为了便于记忆表达式 $a_{11}a_{22} - a_{12}a_{21}$,我们把它记成

$$\begin{vmatrix} a_{11} & a_{12} \\ a_{21} & a_{22} \end{vmatrix}, \tag{3}$$

于是表达式 $a_{11}a_{22} - a_{12}a_{21}$ 就是(3)中主对角线(从左上至右下的对角线)上两个元素的乘积减去反对角线(从右上至左下的对角线)上两个元素的乘积.

表达式 $a_{11}a_{22} - a_{12}a_{21}$ 称为 **2 阶行列式**,它可以用记号(3)来简洁地表示.

令

$$A = \begin{bmatrix} a_{11} & a_{12} \\ a_{21} & a_{22} \end{bmatrix}, \tag{4}$$

则 2 阶行列式 $a_{11}a_{22} - a_{12}a_{21}$ 也可称为 **2 级矩阵 A 的行列式**,简洁地记作 $|A|$ 或者 $\det(A)$.

利用 2 阶行列式的概念，(2) 式中的两个分数的分子可以分别简洁地记成

$$\begin{vmatrix} b_1 & a_{12} \\ b_2 & a_{22} \end{vmatrix}, \quad \begin{vmatrix} a_{11} & b_1 \\ a_{21} & b_2 \end{vmatrix}. \tag{5}$$

有了 2 阶行列式的概念，我们可以把命题 1 叙述成：

命题 1' 两个方程的二元一次方程组 (1) 有惟一解的充分必要条件是：它的系数行列式（即系数矩阵 A 的行列式）$|A| \neq 0$，此时它的惟一解是

$$\left[\frac{\begin{vmatrix} b_1 & a_{12} \\ b_2 & a_{22} \end{vmatrix}}{\begin{vmatrix} a_{11} & a_{12} \\ a_{21} & a_{22} \end{vmatrix}}, \frac{\begin{vmatrix} a_{11} & b_1 \\ a_{21} & b_2 \end{vmatrix}}{\begin{vmatrix} a_{11} & a_{12} \\ a_{21} & a_{22} \end{vmatrix}} \right]. \tag{6}$$

公式 (6) 中的第一个分数的分子是将系数行列式的第 1 列换成方程组的常数项得到的 2 阶行列式，而第二个分数的分子是将系数行列式的第 2 列换成常数项得到的 2 阶行列式.

命题 1' 告诉我们，两个方程的二元一次方程组有没有惟一解可以用它的系数行列式来判断；有惟一解时，解可以用系数行列式以及用常数项替换其相应的列得到的行列式来表示.

对于 n 个方程的 n 元线性方程组有没有类似的结论？这需要有 n 阶行列式概念. 这一章我们就来介绍 n 阶行列式的概念和性质，并且回答上述问题.

§1 n 元 排 列

观察

2 阶行列式

$$\begin{vmatrix} a_{11} & a_{12} \\ a_{21} & a_{22} \end{vmatrix} = a_{11}a_{22} - a_{12}a_{21}, \tag{1}$$

表达式的第 1 项前面带正号，第 2 项前面带负号，这是由什么决定的？第 1 项中两个数乘积 $a_{11}a_{22}$ 其行指标依次是 1,2，列指标依次是 1,2；而第 2 项中 $a_{12}a_{21}$ 的行指标依次是 1,2，列指标却依次是 2,1. 由此看出，当每一项的两个数按照行指标由小到大排好后，它的列指标形成的排列决定了该项前面所带的符号. 这启发我们，为了得到 n 阶行列式的概念，需要首先讨论 n 个自然数组成的全排列的性质.

抽象

定义 1 n 个不同的自然数的一个全排列称为一个 **n 元排列**.

例如，自然数 1,2,3 形成的 3 元排列有

$$123, \quad 132, \quad 213, \quad 231, \quad 312, \quad 321.$$

给定 n 个不同的自然数,它们形成的全排列有 $n!$ 个.因此对于给定的 n 个不同的自然数,n 元排列的总数是 $n!$.

我们在大多数情形下,考虑的是自然数 $1,2,\cdots,n$ 形成的 n 元排列,在某些情形下也需要考虑某 n 个不同的自然数形成的 n 元排列.下面讨论的 n 元排列的性质,如果没有特别声明,考虑的是 $1,2,\cdots,n$ 形成的 n 元排列,但对任意 n 个不同的自然数形成的 n 元排列也成立.

4 元排列 2341 中,2 与 3 形成的数对 23,小的数在前,大的数在后,此时称这一对数构成一个**顺序**;而 2 与 1 形成的数对 21,大的数在前,小的数在后,此时称这一对数构成一个**逆序**.排列 2341 中,构成逆序的数对有 21,31,41,共 3 对,此时我们称排列 2341 的**逆序数**是 3,记作 $\tau(2341)=3$.

上述顺序、逆序、逆序数的概念也适用于任一 n 元排列.

4 元排列 2143 中,构成逆序的数对有 21,43,共 2 对.于是
$$\tau(2143) = 2.$$

逆序数为奇数的排列称为**奇排列**,逆序数为偶数的排列称为**偶排列**.

上述例子中,2341 是奇排列,2143 是偶排列.

把排列 2341 的 3 和 1 互换位置,其余数不动,便得到排列 2143.像这样的变换称为一个**对换**,记作 $(3,1)$.对换的概念也适用于 n 元排列.

奇排列 2341 经过对换 $(3,1)$ 变成的排列 2143 是偶排列.由此猜想有下述结论:

定理 1 对换改变 n 元排列的奇偶性.

证明 先看对换的两个数在 n 元排列中相邻的情形:

$$\cdots\cdots\ i\ j\ \cdots\cdots \quad (\mathrm{I})$$
$$\downarrow (i,j)$$
$$\cdots\cdots\ j\ i\ \cdots\cdots \quad (\mathrm{II})$$

i 和 j 以外的数构成的数对是顺序还是逆序,在(I)与(II)中是一样的;i 和 j 以外的数与 i(或 j)构成的数对是顺序还是逆序,在(I)与(II)中也是一样的.只有数对 ij,如果它在(I)中是顺序,那么它在(II)中是逆序;如果它在(I)中是逆序,那么它在(II)中是顺序.前一情形,(II)比(I)多一个逆序;后一情形,(II)比(I)少一个逆序.因此(I)与(II)的奇偶性相反.

再看一般情形:

$$\cdots\cdots\ i\ k_1\ \cdots\ k_s\ j\ \cdots\cdots \quad (\mathrm{III})$$
$$\downarrow (i,j)$$
$$\cdots\cdots\ j\ k_1\ \cdots\ k_s\ i\ \cdots\cdots \quad (\mathrm{IV})$$

从(III)变成(IV)可以经过下列相邻两数的对换来实现:
$$(i,k_1),\cdots,(i,k_s),(i,j),(k_s,j),\cdots,(k_1,j).$$

这一共作了 $s+1+s=2s+1$ 次相邻两数的对换.由于奇数次相邻两数的对换会改变排列的奇偶性,因此(III)与(IV)的奇偶性相反. ∎

有时需要把一个 n 元排列经过若干次对换变成自然序排列 $123\cdots n$. 这是否总能办到？先看一个 5 元排列的例子：
$$34521 \xrightarrow{(5,1)} 34125 \xrightarrow{(4,2)} 32145 \xrightarrow{(3,1)} 12345.$$
上述过程的第一步是作一个对换，把 5 换到最后的位置，第二步作一个对换，把 4 放到倒数第二个位置，依次类推. 显然这一方法对于任何一个 n 元排列也适用. 这就肯定地回答了上述问题.

进一步我们看到把排列 34521 变成 12345 共作了 3 次对换，而 $\tau(34521)=7$. 这表明在这个例子中，所作对换的次数与原来的排列有相同的奇偶性. 这个结论对于任意 n 元排列也成立，理由如下：

设 n 元排列 $j_1 j_2 \cdots j_n$ 经过 s 次对换变成 $123\cdots n$. 显然 $123\cdots n$ 是偶排列. 因此如果 $j_1 j_2 \cdots j_n$ 是奇排列，则 s 必为奇数，才能把奇排列变成偶排列；如果 $j_1 j_2 \cdots j_n$ 是偶排列，则 s 必为偶数，才能保持排列的奇偶性不变.

显然，如果 n 元排列 $j_1 j_2 \cdots j_n$ 经过 s 次对换变成自然序排列 $123\cdots n$，那么 $123\cdots n$ 经过上述 s 次对换（次序相反）就变成排列 $j_1 j_2 \cdots j_n$.

综上所述得

定理 2 任一 n 元排列与排列 $123\cdots n$ 可以经过一系列对换互变，并且所作对换的次数与这个 n 元排列有相同的奇偶性. ∎

习 题 2.1

1. 求下列各个排列的逆序数，并且指出它们的奇偶性：
(1) 315462；　　　(2) 365412；　　　(3) 654321；
(4) 7654321；　　(5) 87654321；　　(6) 987654321；
(7) 123456789；　(8) 518394267；　(9) 518694237.

2. 求下列 n 元排列的逆序数：
(1) $(n-1)(n-2)\cdots 21n$；　　(2) $23\cdots(n-1)n1$.

3. 写出把排列 315462 变成排列 123456 的那些对换.

4. 求 n 元排列 $n(n-1)\cdots 321$ 的逆序数，并且讨论它的奇偶性.

*5. 如果 n 元排列 $j_1 j_2 \cdots j_{n-1} j_n$ 的逆序数为 r，求 n 元排列 $j_n j_{n-1} \cdots j_2 j_1$ 的逆序数.

6. 计算下列 2 阶行列式：
(1) $\begin{vmatrix} 3 & -1 \\ 5 & 2 \end{vmatrix}$；　(2) $\begin{vmatrix} 0 & 0 \\ 1 & 4 \end{vmatrix}$；　(3) $\begin{vmatrix} -2 & 5 \\ 4 & -10 \end{vmatrix}$.

7. 利用 2 阶行列式，判断下述二元一次方程组是否有惟一解？并且当有惟一解时，求出这个解.
$$\begin{cases} 2x_1 - 3x_2 = 7, \\ 5x_1 + 4x_2 = 6. \end{cases}$$

§2 n 阶行列式的定义

思考

2 阶行列式是一个表达式：

$$\begin{vmatrix} a_{11} & a_{12} \\ a_{21} & a_{22} \end{vmatrix} = a_{11}a_{22} - a_{12}a_{21}. \tag{1}$$

如何定义 3 阶行列式？它应该是什么样的表达式？

分析

从(1)式看到，2 阶行列式的每一项是位于不同行、不同列的两个元素的乘积；第 1 项 $a_{11}a_{22}$ 前面带正号，此时这两个元素按行指标成自然序排好，其列指标所成排列是偶排列；第 2 项 $-a_{12}a_{21}$ 带负号，其行指标成自然序排列，列指标的排列 21 是奇排列。由于 2 元排列共 2! 个，因此 2 阶行列式共有 2! 项，即 2 项。

从 2 阶行列式的上述特点受到启发，我们定义 3 阶行列式是如下的表达式：

$$\begin{vmatrix} a_{11} & a_{12} & a_{13} \\ a_{21} & a_{22} & a_{23} \\ a_{31} & a_{32} & a_{33} \end{vmatrix} \stackrel{\text{def}}{=\!=} a_{11}a_{22}a_{33} + a_{12}a_{23}a_{31} + a_{13}a_{21}a_{32}$$

$$- a_{13}a_{22}a_{31} - a_{12}a_{21}a_{33} - a_{11}a_{23}a_{32}, \tag{2}$$

即 3 阶行列式是 3! 项的代数和，其中每一项都是位于不同行、不同列的 3 个元素的乘积，把每一项的 3 个元素按行指标成自然序排好位置，当列指标形成的排列是偶排列时，该项带正号；奇排列时，该项带负号(注意：123,231,312 都是偶排列；而 321,213,132 都是奇排列).

3 阶行列式的 6 项及其所带符号可以采用下图来记忆：

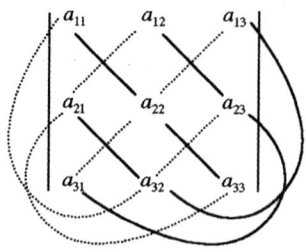

3 阶行列式的每一项的 3 个元素的乘积都是形如

$$a_{1j_1}a_{2j_2}a_{3j_3},$$

其中 $j_1j_2j_3$ 是一个 3 元排列. 这一项前面所带的符号由排列 $j_1j_2j_3$ 的奇偶性决定：奇排列时，带负号；偶排列时，带正号. 于是可以用

来确定该项前面所带的符号. 从而 3 阶行列式的每一项都是形如

$$(-1)^{\tau(j_1j_2j_3)}a_{1j_1}a_{2j_2}a_{3j_3}. \tag{3}$$

由于 $j_1j_2j_3$ 可以取遍 3! 个 3 元排列,因此 3 阶行列式是形如(3)的 3! 项的和. 我们用 $\sum$ 表示求和,称 $\sum$ 是连加号. 于是 3 阶行列式的定义可以简洁地写成

$$\begin{vmatrix} a_{11} & a_{12} & a_{13} \\ a_{21} & a_{22} & a_{23} \\ a_{31} & a_{32} & a_{33} \end{vmatrix} \xlongequal{\text{def}} \sum_{j_1j_2j_3}(-1)^{\tau(j_1j_2j_3)}a_{1j_1}a_{2j_2}a_{3j_3}, \tag{4}$$

其中 $\sum_{j_1j_2j_3}$ 表示对于所有 3 元排列求和.

类似地,我们可以给出 n 阶行列式的定义.

抽象

定义 1 n 阶行列式

$$\begin{vmatrix} a_{11} & a_{12} & \cdots & a_{1n} \\ a_{21} & a_{22} & \cdots & a_{2n} \\ \vdots & \vdots & & \vdots \\ a_{n1} & a_{n2} & \cdots & a_{nn} \end{vmatrix}$$

是 $n!$ 项的代数和,其中每一项都是位于不同行、不同列的 n 个元素的乘积,把这 n 个元素按照行指标成自然序排好位置,当列指标所成排列是偶排列时,该项带正号;奇排列时,该项带负号. 即

$$\begin{vmatrix} a_{11} & a_{12} & \cdots & a_{1n} \\ a_{21} & a_{22} & \cdots & a_{2n} \\ \vdots & \vdots & & \vdots \\ a_{n1} & a_{n2} & \cdots & a_{nn} \end{vmatrix} \xlongequal{\text{def}} \sum_{j_1j_2\cdots j_n}(-1)^{\tau(j_1j_2\cdots j_n)}a_{1j_1}a_{2j_2}\cdots a_{nj_n}, \tag{5}$$

其中 $j_1j_2\cdots j_n$ 是一个 n 元排列,$\sum_{j_1j_2\cdots j_n}$ 表示对所有 n 元排列求和. (5)式称为 n 阶行列式的**完全展开式**.

令

$$A = \begin{bmatrix} a_{11} & a_{12} & \cdots & a_{1n} \\ a_{21} & a_{22} & \cdots & a_{2n} \\ \vdots & \vdots & & \vdots \\ a_{n1} & a_{n2} & \cdots & a_{nn} \end{bmatrix}, \tag{6}$$

则 n 阶行列式(5)也称为 n 级**矩阵 A 的行列式**,简记作 $|A|$ 或者 $\det(A)$.

注意 n 级矩阵 A 是指形如(6)的一张表,而 n 阶行列式 $|A|$ 是指形如(5)的一个表达

式,不要混淆它们.

按照定义 1,1 阶行列式 $|a|=a$.

思考

如何运用行列式的定义计算 4 阶行列式

$$\begin{vmatrix} a_{11} & a_{12} & a_{13} & a_{14} \\ 0 & a_{22} & a_{23} & a_{24} \\ 0 & 0 & a_{33} & a_{34} \\ 0 & 0 & 0 & a_{44} \end{vmatrix} \tag{7}$$

的值?

分析

上述 4 阶行列式的主对角线下方的元素全为 0,像这样的行列式称为**上三角形行列式**.

按照行列式的定义,行列式(7)的每一项是取自不同行、不同列的 4 个元素的乘积. 由于第 4 行有 3 个 0,因此第 4 行只有取 a_{44} 才有可能使乘积项不为 0,此时第 3 行只有取 a_{33} 才有可能使乘积项不为 0(注意第 4 行已经取了第 4 列的元素 a_{44},因此第 3 行不能取第 4 列元素 a_{34}). 类似,第 2 行只能取 a_{22},第 1 行只能取 a_{11} 才有可能使乘积项不为 0,这一项 $a_{11}a_{22}a_{33}a_{44}$ 前面带正号.因此

$$\begin{vmatrix} a_{11} & a_{12} & a_{13} & a_{14} \\ 0 & a_{22} & a_{23} & a_{24} \\ 0 & 0 & a_{33} & a_{34} \\ 0 & 0 & 0 & a_{44} \end{vmatrix} = a_{11}a_{22}a_{33}a_{44}. \tag{8}$$

类似的方法可以得出

$$\begin{vmatrix} a_{11} & a_{12} & \cdots & a_{1n} \\ 0 & a_{22} & \cdots & a_{2n} \\ \vdots & \vdots & & \vdots \\ 0 & 0 & \cdots & a_{nn} \end{vmatrix} = a_{11}a_{22}\cdots a_{nn}, \tag{9}$$

即 n 阶上三角形行列式的值等于它的主对角线上 n 个元素的乘积.

评注

在 3 阶行列式的定义中,我们把每一项的 3 个元素的乘积按照行指标成自然序排好位置,但是数的乘法有交换律,因此我们可以按任一次序排它们的位置,这时该项所带的符号怎么表达呢?例如,(2)式中的第 2 项为 $a_{12}a_{23}a_{31}$,它前面带正号.我们把这 3 个元素相乘的次序改变成 $a_{23}a_{12}a_{31}$,这时如何用行指标所成排列与列指标所成排列的奇偶性来表达该项前

面所带的正号呢？它的行指标所成排列 213 的逆序数是 1，列指标所成排列 321 的逆序数是 3，$(-1)^{1+3}=1$，这正好表达了该项前面所带的正号．因此这一项也可以写成

$$(-1)^{\tau(213)+\tau(321)}a_{23}a_{12}a_{31}.$$

3 阶行列式的其他各项也有类似的表达方式．由此我们猜想：n 阶行列式的每一项

$$(-1)^{\tau(j_1j_2\cdots j_n)}a_{1j_1}a_{2j_2}\cdots a_{nj_n}, \tag{10}$$

也可以写成

$$(-1)^{\tau(i_1i_2\cdots i_n)+\tau(k_1k_2\cdots k_n)}a_{i_1k_1}a_{i_2k_2}\cdots a_{i_nk_n}. \tag{11}$$

证明可以参看《高等代数（上册）》（丘维声编著，高等教育出版社出版）第 35 页至第 36 页．从而 n 阶行列式也可以把它的每一项中 n 个元素按列指标成自然序排好位置．这时用行指标所成排列的奇偶性来决定该项前面所带的符号．即 n 阶行列式(5)又可以写成下述表达式：

$$\begin{vmatrix} a_{11} & a_{12} & \cdots & a_{1n} \\ a_{21} & a_{22} & \cdots & a_{2n} \\ \vdots & \vdots & & \vdots \\ a_{n1} & a_{n2} & \cdots & a_{nn} \end{vmatrix} = \sum_{i_1i_2\cdots i_n}(-1)^{\tau(i_1i_2\cdots i_n)}a_{i_11}a_{i_22}\cdots a_{i_nn}. \tag{12}$$

(12)式与(5)式表明：行列式中行与列的地位是对称的．

习 题 2.2

1. 按定义计算下列行列式：

(1) $\begin{vmatrix} 0 & 0 & 0 & a_{14} \\ 0 & 0 & a_{23} & a_{24} \\ 0 & a_{32} & a_{33} & a_{34} \\ a_{41} & a_{42} & a_{43} & a_{44} \end{vmatrix};$

(2) $\begin{vmatrix} 0 & 0 & \cdots & 0 & a_1 \\ 0 & 0 & \cdots & a_2 & 0 \\ \vdots & \vdots & & \vdots & \vdots \\ 0 & a_{n-1} & \cdots & 0 & 0 \\ a_n & 0 & \cdots & 0 & 0 \end{vmatrix};$

(3) $\begin{vmatrix} 0 & b_1 & 0 & \cdots & 0 \\ 0 & 0 & b_2 & \cdots & 0 \\ \vdots & \vdots & \vdots & & \vdots \\ 0 & 0 & 0 & \cdots & b_{n-1} \\ b_n & 0 & 0 & \cdots & 0 \end{vmatrix};$

(4) $\begin{vmatrix} 0 & 0 & \cdots & 0 & a_1 & 0 \\ 0 & 0 & \cdots & a_2 & 0 & 0 \\ \vdots & \vdots & & \vdots & \vdots & \vdots \\ a_{n-1} & 0 & \cdots & 0 & 0 & 0 \\ 0 & 0 & \cdots & 0 & 0 & a_n \end{vmatrix};$

(5) $\begin{vmatrix} 0 & 0 & 0 & 1 & 0 \\ 0 & 0 & 2 & 0 & 0 \\ 0 & 3 & 8 & 0 & 0 \\ 4 & 9 & 0 & 7 & 0 \\ 6 & 0 & 0 & 0 & 5 \end{vmatrix}.$

2. 计算下列 3 阶行列式：

(1) $\begin{vmatrix} 1 & 4 & 2 \\ 3 & 5 & 1 \\ 2 & 1 & 6 \end{vmatrix}$;

(2) $\begin{vmatrix} 2 & -1 & 5 \\ 3 & 1 & -2 \\ 1 & 4 & 6 \end{vmatrix}$;

(3) $\begin{vmatrix} a_{11} & a_{12} & a_{13} \\ 0 & a_{22} & a_{23} \\ 0 & 0 & a_{33} \end{vmatrix}$;

(4) $\begin{vmatrix} c & 0 & 0 \\ 0 & a_1 & a_2 \\ 0 & b_1 & b_2 \end{vmatrix}$.

*3. 用行列式定义计算：

$$\begin{vmatrix} a_1 & a_2 & a_3 & a_4 & a_5 \\ b_1 & b_2 & b_3 & b_4 & b_5 \\ c_1 & c_2 & 0 & 0 & 0 \\ d_1 & d_2 & 0 & 0 & 0 \\ e_1 & e_2 & 0 & 0 & 0 \end{vmatrix}.$$

4. n 阶行列式的反对角线上 n 个元素的乘积一定带负号吗？

§3 行列式的性质

观察

从行列式的定义知道，n 阶行列式是 $n!$ 项的代数和，其中每一项是位于不同行、不同列的 n 个元素的乘积. 当 n 增大时，$n!$ 极其迅速地增大. 例如

$$5! = 120, \quad 10! = 3\ 628\ 800.$$

如果直接用行列式的定义计算一个 n 阶行列式，其计算量是相当大的. 因此我们必须研究行列式的性质，利用行列式的性质来简化行列式的计算，并且利用行列式的性质来研究线性方程组有惟一解的条件.

探索与论证

行列式有哪些性质呢？先看 2 阶行列式有哪些性质.

$$\begin{vmatrix} a_1 & a_2 \\ b_1 & b_2 \end{vmatrix} = a_1 b_2 - a_2 b_1,$$

$$\begin{vmatrix} a_1 & b_1 \\ a_2 & b_2 \end{vmatrix} = a_1 b_2 - a_2 b_1.$$

由此看出，2 阶行列式的行与列互换（即第 1 行变成第 1 列，第 2 行变成第 2 列，得到一个新的行列式），其行列式的值不变. n 阶行列式也有此性质：

性质 1 行列互换，行列式的值不变. 即

$$\begin{vmatrix} a_{11} & a_{12} & \cdots & a_{1n} \\ a_{21} & a_{22} & \cdots & a_{2n} \\ \vdots & \vdots & & \vdots \\ a_{n1} & a_{n2} & \cdots & a_{nn} \end{vmatrix} = \begin{vmatrix} a_{11} & a_{21} & \cdots & a_{n1} \\ a_{12} & a_{22} & \cdots & a_{n2} \\ \vdots & \vdots & & \vdots \\ a_{1n} & a_{2n} & \cdots & a_{nn} \end{vmatrix}. \tag{1}$$

证明 把(1)式右边的行列式按照本章§2的公式(12)展开(注意元素的第1个下标是列指标,第2个下标是行指标):

$$右边 = \sum_{i_1 i_2 \cdots i_n} (-1)^{\tau(i_1 i_2 \cdots i_n)} a_{1 i_1} a_{2 i_2} \cdots a_{n i_n}.$$

把(1)式左边的行列式按照定义展开(注意第1个下标是行指标):

$$左边 = \sum_{i_1 i_2 \cdots i_n} (-1)^{\tau(i_1 i_2 \cdots i_n)} a_{1 i_1} a_{2 i_2} \cdots a_{n i_n}.$$

因此(1)式成立. ∎

性质1进一步表明了行列式的行与列的**地位是对称的**.因此,行列式有关行的性质,对于列也同样成立.今后我们只研究行列式有关行的性质,读者可以把它们"翻译"成有关列的性质.

对于2阶行列式,有

$$\begin{vmatrix} a_1 & a_2 \\ kb_1 & kb_2 \end{vmatrix} = a_1(kb_2) - a_2(kb_1) = k(a_1 b_2 - a_2 b_1) = k \begin{vmatrix} a_1 & a_2 \\ b_1 & b_2 \end{vmatrix}.$$

n阶行列式也有此性质:

性质2 行列式一行的公因子可以提出去.即

$$\begin{vmatrix} a_{11} & a_{12} & \cdots & a_{1n} \\ \vdots & \vdots & & \vdots \\ ka_{i1} & ka_{i2} & \cdots & ka_{in} \\ \vdots & \vdots & & \vdots \\ a_{n1} & a_{n2} & \cdots & a_{nn} \end{vmatrix} = k \begin{vmatrix} a_{11} & a_{12} & \cdots & a_{1n} \\ \vdots & \vdots & & \vdots \\ a_{i1} & a_{i2} & \cdots & a_{in} \\ \vdots & \vdots & & \vdots \\ a_{n1} & a_{n2} & \cdots & a_{nn} \end{vmatrix}. \tag{2}$$

证明

$$左边 = \sum_{j_1 j_2 \cdots j_n} (-1)^{\tau(j_1 j_2 \cdots j_n)} a_{1 j_1} \cdots (k a_{i j_i}) \cdots a_{n j_n}$$

$$= k \sum_{j_1 j_2 \cdots j_n} (-1)^{\tau(j_1 j_2 \cdots j_n)} a_{1 j_1} \cdots a_{i j_i} \cdots a_{n j_n}$$

$$= 右边. \ ∎$$

在性质2中,当$k=0$时,得出:如果行列式中有一行为零(即有一行的元素全为0),则行列式的值为0.

对于2阶行列式,有

$$\begin{vmatrix} a_1 & a_2 \\ b_1+c_1 & b_2+c_2 \end{vmatrix} = a_1(b_2+c_2) - a_2(b_1+c_1)$$

$$= (a_1 b_2 - a_2 b_1) + (a_1 c_2 - a_2 c_1)$$
$$= \begin{vmatrix} a_1 & a_2 \\ b_1 & b_2 \end{vmatrix} + \begin{vmatrix} a_1 & a_2 \\ c_1 & c_2 \end{vmatrix}.$$

n 阶行列式也有此性质：

性质 3 行列式中若有某一行是两组数的和，则此行列式等于两个行列式的和，这两个行列式的这一行分别是第一组数和第二组数，而其余各行与原来行列式的相应各行相同. 即

$$\begin{vmatrix} a_{11} & a_{12} & \cdots & a_{1n} \\ \vdots & \vdots & & \vdots \\ b_1+c_1 & b_2+c_2 & \cdots & b_n+c_n \\ \vdots & \vdots & & \vdots \\ a_{n1} & a_{n2} & \cdots & a_{nn} \end{vmatrix} \text{（第 } i \text{ 行）}$$

$$= \begin{vmatrix} a_{11} & a_{12} & \cdots & a_{1n} \\ \vdots & \vdots & & \vdots \\ b_1 & b_2 & \cdots & b_n \\ \vdots & \vdots & & \vdots \\ a_{n1} & a_{n2} & \cdots & a_{nn} \end{vmatrix} + \begin{vmatrix} a_{11} & a_{12} & \cdots & a_{1n} \\ \vdots & \vdots & & \vdots \\ c_1 & c_2 & \cdots & c_n \\ \vdots & \vdots & & \vdots \\ a_{n1} & a_{n2} & \cdots & a_{nn} \end{vmatrix}. \tag{3}$$

证明

$$\text{左边} = \sum_{j_1 j_2 \cdots j_n} (-1)^{\tau(j_1 j_2 \cdots j_n)} a_{1 j_1} \cdots (b_{j_i} + c_{j_i}) \cdots a_{n j_n}$$
$$= \sum_{j_1 j_2 \cdots j_n} (-1)^{\tau(j_1 j_2 \cdots j_n)} a_{1 j_1} \cdots b_{j_i} \cdots a_{n j_n} + \sum_{j_1 j_2 \cdots j_n} (-1)^{\tau(j_1 j_2 \cdots j_n)} a_{1 j_1} \cdots c_{j_i} \cdots a_{n j_n}$$
$$= \text{右边}. \blacksquare$$

对于 2 阶行列式，有

$$\begin{vmatrix} a_1 & a_2 \\ b_1 & b_2 \end{vmatrix} = a_1 b_2 - a_2 b_1,$$

$$\begin{vmatrix} b_1 & b_2 \\ a_1 & a_2 \end{vmatrix} = b_1 a_2 - b_2 a_1 = -(a_1 b_2 - a_2 b_1),$$

因此

$$\begin{vmatrix} a_1 & a_2 \\ b_1 & b_2 \end{vmatrix} = - \begin{vmatrix} b_1 & b_2 \\ a_1 & a_2 \end{vmatrix}.$$

n 阶行列式也有此性质：

性质 4 两行互换，行列式反号. 即

$$\begin{vmatrix} a_{11} & a_{12} & \cdots & a_{1n} \\ \vdots & \vdots & & \vdots \\ a_{i1} & a_{i2} & \cdots & a_{in} \\ \vdots & \vdots & & \vdots \\ a_{k1} & a_{k2} & \cdots & a_{kn} \\ \vdots & \vdots & & \vdots \\ a_{n1} & a_{n2} & \cdots & a_{nn} \end{vmatrix} = - \begin{vmatrix} a_{11} & a_{12} & \cdots & a_{1n} \\ \vdots & \vdots & & \vdots \\ a_{k1} & a_{k2} & \cdots & a_{kn} \\ \vdots & \vdots & & \vdots \\ a_{i1} & a_{i2} & \cdots & a_{in} \\ \vdots & \vdots & & \vdots \\ a_{n1} & a_{n2} & \cdots & a_{nn} \end{vmatrix} \begin{matrix} \\ \\ \text{第}i\text{行} \\ \\ \\ \text{第}k\text{行} \\ \\ \end{matrix} . \qquad (4)$$

证明 注意(4)式右边的行列式的第 i 行元素的第 1 个下标是 k,而第 k 行元素的第 1 个下标是 i,据行列式的定义,我们有

$$\text{右边} = -\sum_{j_1\cdots j_i\cdots j_k\cdots j_n}(-1)^{\tau(j_1\cdots j_i\cdots j_k\cdots j_n)}a_{1j_1}\cdots a_{kj_i}\cdots a_{ij_k}\cdots a_{nj_n}$$

$$= -\sum_{j_1\cdots j_k\cdots j_i\cdots j_n}(-1)\cdot(-1)^{\tau(j_1\cdots j_k\cdots j_i\cdots j_n)}a_{1j_1}\cdots a_{ij_k}\cdots a_{kj_i}\cdots a_{nj_n}$$

$$= \sum_{j_1\cdots j_k\cdots j_i\cdots j_n}(-1)^{\tau(j_1\cdots j_k\cdots j_i\cdots j_n)}a_{1j_1}\cdots a_{ij_k}\cdots a_{kj_i}\cdots a_{nj_n}$$

$$= \text{左边}. \quad \blacksquare$$

性质 5 两行相同,行列式的值为 0. 即

$$\begin{matrix} \\ \\ \text{第}i\text{行} \\ \\ \\ \text{第}k\text{行} \\ \\ \end{matrix} \begin{vmatrix} a_{11} & a_{12} & \cdots & a_{1n} \\ \vdots & \vdots & & \vdots \\ a_{i1} & a_{i2} & \cdots & a_{in} \\ \vdots & \vdots & & \vdots \\ a_{i1} & a_{i2} & \cdots & a_{in} \\ \vdots & \vdots & & \vdots \\ a_{n1} & a_{n2} & \cdots & a_{nn} \end{vmatrix} = 0. \qquad (5)$$

证明 把(5)式左边的行列式的第 i 行与第 k 行互换,据性质 4 得

$$\begin{vmatrix} a_{11} & a_{12} & \cdots & a_{1n} \\ \vdots & \vdots & & \vdots \\ a_{i1} & a_{i2} & \cdots & a_{in} \\ \vdots & \vdots & & \vdots \\ a_{i1} & a_{i2} & \cdots & a_{in} \\ \vdots & \vdots & & \vdots \\ a_{n1} & a_{n2} & \cdots & a_{nn} \end{vmatrix} = - \begin{vmatrix} a_{11} & a_{12} & \cdots & a_{1n} \\ \vdots & \vdots & & \vdots \\ a_{i1} & a_{i2} & \cdots & a_{in} \\ \vdots & \vdots & & \vdots \\ a_{i1} & a_{i2} & \cdots & a_{in} \\ \vdots & \vdots & & \vdots \\ a_{n1} & a_{n2} & \cdots & a_{nn} \end{vmatrix},$$

从而(5)式左边行列式的 2 倍等于 0,因此(5)式左边行列式的值为 0. $\blacksquare$

性质 6 两行成比例,行列式的值为 0. 即

$$\begin{vmatrix} a_{11} & a_{12} & \cdots & a_{1n} \\ \vdots & \vdots & & \vdots \\ a_{i1} & a_{i2} & \cdots & a_{in} \\ \vdots & \vdots & & \vdots \\ la_{i1} & la_{i2} & \cdots & la_{in} \\ \vdots & \vdots & & \vdots \\ a_{n1} & a_{n2} & \cdots & a_{nn} \end{vmatrix} = 0. \tag{6}$$

(第 i 行;第 k 行)

证明 把 (6) 式左边行列式的第 k 行的公因子 l 提出去,所得行列式有两行相同,从而它的值为 0. ∎

性质 7 把一行的倍数加到另一行上,行列式的值不变. 即

$$\begin{vmatrix} a_{11} & a_{12} & \cdots & a_{1n} \\ \vdots & \vdots & & \vdots \\ a_{i1} & a_{i2} & \cdots & a_{in} \\ \vdots & \vdots & & \vdots \\ a_{k1}+la_{i1} & a_{k2}+la_{i2} & \cdots & a_{kn}+la_{in} \\ \vdots & \vdots & & \vdots \\ a_{n1} & a_{n2} & \cdots & a_{nn} \end{vmatrix} = \begin{vmatrix} a_{11} & a_{12} & \cdots & a_{1n} \\ \vdots & \vdots & & \vdots \\ a_{i1} & a_{i2} & \cdots & a_{in} \\ \vdots & \vdots & & \vdots \\ a_{k1} & a_{k2} & \cdots & a_{kn} \\ \vdots & \vdots & & \vdots \\ a_{n1} & a_{n2} & \cdots & a_{nn} \end{vmatrix}. \tag{7}$$

证明

$$\text{左边} = \begin{vmatrix} a_{11} & a_{12} & \cdots & a_{1n} \\ \vdots & \vdots & & \vdots \\ a_{i1} & a_{i2} & \cdots & a_{in} \\ \vdots & \vdots & & \vdots \\ a_{k1} & a_{k2} & \cdots & a_{kn} \\ \vdots & \vdots & & \vdots \\ a_{n1} & a_{n2} & \cdots & a_{nn} \end{vmatrix} + \begin{vmatrix} a_{11} & a_{12} & \cdots & a_{1n} \\ \vdots & \vdots & & \vdots \\ a_{i1} & a_{i2} & \cdots & a_{in} \\ \vdots & \vdots & & \vdots \\ la_{i1} & la_{i2} & \cdots & la_{in} \\ \vdots & \vdots & & \vdots \\ a_{n1} & a_{n2} & \cdots & a_{nn} \end{vmatrix}$$

$$= \begin{vmatrix} a_{11} & a_{12} & \cdots & a_{1n} \\ \vdots & \vdots & & \vdots \\ a_{i1} & a_{i2} & \cdots & a_{in} \\ \vdots & \vdots & & \vdots \\ a_{k1} & a_{k2} & \cdots & a_{kn} \\ \vdots & \vdots & & \vdots \\ a_{n1} & a_{n2} & \cdots & a_{nn} \end{vmatrix} = \text{右边}. \quad \blacksquare$$

评注

[1] 设 n 级矩阵 A 为

$$A = \begin{bmatrix} a_{11} & a_{12} & \cdots & a_{1n} \\ a_{21} & a_{22} & \cdots & a_{2n} \\ \vdots & \vdots & & \vdots \\ a_{n1} & a_{n2} & \cdots & a_{nn} \end{bmatrix},$$

把 A 的行与列互换得到的矩阵

$$\begin{bmatrix} a_{11} & a_{21} & \cdots & a_{n1} \\ a_{12} & a_{22} & \cdots & a_{n2} \\ \vdots & \vdots & & \vdots \\ a_{1n} & a_{2n} & \cdots & a_{nn} \end{bmatrix} \tag{8}$$

称为 A 的**转置**,记作 A'(或 A^{T},或 A^{t}).

由上述定义,立即得出

$$A'(i;j) = A(j;i), \tag{9}$$

其中 $1 \leqslant i \leqslant n$, $1 \leqslant j \leqslant n$.

据行列式的性质 1 得

$$|A'| = |A|. \tag{10}$$

[2] 设 A 是 n 级矩阵. 根据行列式的性质 7,得

$$\text{如果 } A \xrightarrow{\;\⃝{k}+\⃝{i}\cdot l\;} B, \quad \text{则 } |B|=|A|. \tag{11}$$

根据行列式的性质 4,得

$$\text{如果 } A \xrightarrow{\;(\⃝{i},\⃝{k})\;} B, \quad \text{则 } |B|=-|A|. \tag{12}$$

根据行列式的性质 2,得

$$\text{如果 } A \xrightarrow{\;\⃝{i}\cdot c\;} B, \quad \text{则 } |B|=c|A|, \tag{13}$$

其中 $c \neq 0$.

从 (11),(12),(13) 得

$$\text{如果 } A \xrightarrow{\;\text{初等行变换}\;} B, \quad \text{则 } |B|=l|A|, \tag{14}$$

其中 l 是某个非零数.

[3] 行列式的性质 2 至性质 7 是对于行来叙述的,根据行列式的性质 1,容易推出它们对于列也成立. 例如,行列式一列的公因子可以提出去;两列互换,行列式反号;把一列的倍数加到另一列上,行列式的值不变;等等.

[4] 利用行列式的性质 7、性质 4、性质 2,可以把一个行列式化成上三角形行列式的非零数倍. 而上三角形行列式的值就等于它的主对角线上所有元素的乘积,这很容易计算. 因

此把行列式化成上三角形行列式,是计算行列式的基本方法之一.

[5] 行列式的性质 3 在计算行列式中也起着重要作用.

示范

例1 计算行列式
$$\begin{vmatrix} 1 & -3 & 2 \\ -2 & 3 & 1 \\ -203 & 300 & 105 \end{vmatrix}.$$

解
$$原式 = \begin{vmatrix} 1 & -3 & 2 \\ -2 & 3 & 1 \\ -200-3 & 300+0 & 100+5 \end{vmatrix}$$

$$= \begin{vmatrix} 1 & -3 & 2 \\ -2 & 3 & 1 \\ -200 & 300 & 100 \end{vmatrix} + \begin{vmatrix} 1 & -3 & 2 \\ -2 & 3 & 1 \\ -3 & 0 & 5 \end{vmatrix}$$

$$= 0 + \begin{vmatrix} 1 & -3 & 2 \\ 0 & -3 & 5 \\ 0 & -9 & 11 \end{vmatrix} = \begin{vmatrix} 1 & -3 & 2 \\ 0 & -3 & 5 \\ 0 & 0 & -4 \end{vmatrix}$$

$$= 1 \cdot (-3) \cdot (-4) = 12.$$

例2 计算 n 阶行列式
$$\begin{vmatrix} a & b & b & \cdots & b \\ b & a & b & \cdots & b \\ b & b & a & \cdots & b \\ \vdots & \vdots & \vdots & & \vdots \\ b & b & b & \cdots & a \end{vmatrix}.$$

解 这个 n 阶行列式的特点是:每一行的元素之和等于常数 $a+(n-1)b$. 因此,把第 2 列、第 3 列、……、第 n 列分别加到第 1 列上,就可以使第 1 列有公因子 $a+(n-1)b$,把它提出去,则第 1 列元素全为 1. 从而用行列式的性质 7 容易化成上三角形行列式. 今后我们约定对于行列式的行进行变换的记号写在等号上面,而对于列进行变换的记号写在等号下面.

当 $n \geqslant 2$ 时,有

$$原式 \underset{\substack{①+② \\ ①+③ \\ \cdots\cdots \\ ①+⑩}}{=\!=\!=} \begin{vmatrix} a+(n-1)b & b & b & \cdots & b \\ a+(n-1)b & a & b & \cdots & b \\ a+(n-1)b & b & a & \cdots & b \\ \vdots & \vdots & \vdots & & \vdots \\ a+(n-1)b & b & b & \cdots & a \end{vmatrix}$$

$$= [a+(n-1)b] \begin{vmatrix} 1 & b & b & \cdots & b \\ 1 & a & b & \cdots & b \\ 1 & b & a & \cdots & b \\ \vdots & \vdots & \vdots & & \vdots \\ 1 & b & b & \cdots & a \end{vmatrix}$$

$$\xrightarrow[\substack{②+①\cdot(-1) \\ ③+①\cdot(-1) \\ \cdots\cdots \\ ⓝ+①\cdot(-1)}]{} [a+(n-1)b] \begin{vmatrix} 1 & b & b & \cdots & b \\ 0 & a-b & 0 & \cdots & 0 \\ 0 & 0 & a-b & \cdots & 0 \\ \vdots & \vdots & \vdots & & \vdots \\ 0 & 0 & 0 & \cdots & a-b \end{vmatrix}$$

$$= [a+(n-1)b](a-b)^{n-1}.$$

当 $n=1$ 时,上述公式也成立.

例 3 证明:

$$\begin{vmatrix} a_1+b_1 & b_1+c_1 & c_1+a_1 \\ a_2+b_2 & b_2+c_2 & c_2+a_2 \\ a_3+b_3 & b_3+c_3 & c_3+a_3 \end{vmatrix} = 2 \begin{vmatrix} a_1 & b_1 & c_1 \\ a_2 & b_2 & c_2 \\ a_3 & b_3 & c_3 \end{vmatrix}.$$

证明

$$\text{左边} = \begin{vmatrix} a_1 & b_1+c_1 & c_1+a_1 \\ a_2 & b_2+c_2 & c_2+a_2 \\ a_3 & b_3+c_3 & c_3+a_3 \end{vmatrix} + \begin{vmatrix} b_1 & b_1+c_1 & c_1+a_1 \\ b_2 & b_2+c_2 & c_2+a_2 \\ b_3 & b_3+c_3 & c_3+a_3 \end{vmatrix}$$

$$= \begin{vmatrix} a_1 & b_1 & c_1+a_1 \\ a_2 & b_2 & c_2+a_2 \\ a_3 & b_3 & c_3+a_3 \end{vmatrix} + \begin{vmatrix} a_1 & c_1 & c_1+a_1 \\ a_2 & c_2 & c_2+a_2 \\ a_3 & c_3 & c_3+a_3 \end{vmatrix}$$

$$+ \begin{vmatrix} b_1 & b_1 & c_1+a_1 \\ b_2 & b_2 & c_2+a_2 \\ b_3 & b_3 & c_3+a_3 \end{vmatrix} + \begin{vmatrix} b_1 & c_1 & c_1+a_1 \\ b_2 & c_2 & c_2+a_2 \\ b_3 & c_3 & c_3+a_3 \end{vmatrix}$$

$$= \begin{vmatrix} a_1 & b_1 & c_1 \\ a_2 & b_2 & c_2 \\ a_3 & b_3 & c_3 \end{vmatrix} + 0 + 0 + 0 + 0 + 0 + \begin{vmatrix} b_1 & c_1 & a_1 \\ b_2 & c_2 & a_2 \\ b_3 & c_3 & a_3 \end{vmatrix}$$

$$= \begin{vmatrix} a_1 & b_1 & c_1 \\ a_2 & b_2 & c_2 \\ a_3 & b_3 & c_3 \end{vmatrix} - \begin{vmatrix} a_1 & c_1 & b_1 \\ a_2 & c_2 & b_2 \\ a_3 & c_3 & b_3 \end{vmatrix} = \text{右边}. \blacksquare$$

习 题 2.3

1. 计算下列行列式：

(1) $\begin{vmatrix} 5 & -1 & 3 \\ 2 & 2 & 2 \\ 196 & 203 & 199 \end{vmatrix}$;

(2) $\begin{vmatrix} -1 & 203 & 1/3 \\ 3 & 298 & 1/2 \\ 5 & 399 & 2/3 \end{vmatrix}$;

(3) $\begin{vmatrix} 1 & 0 & -3 & 2 \\ -4 & -1 & 0 & -5 \\ 2 & 3 & -1 & -6 \\ 3 & 3 & -4 & 1 \end{vmatrix}$;

(4) $\begin{vmatrix} 1 & 2 & 3 & 4 \\ 2 & 3 & 4 & 1 \\ 3 & 4 & 1 & 2 \\ 4 & 1 & 2 & 3 \end{vmatrix}$.

2. 计算下列 n 阶行列式：

(1) $\begin{vmatrix} a & 1 & 1 & \cdots & 1 \\ 1 & a & 1 & \cdots & 1 \\ \vdots & \vdots & \vdots & & \vdots \\ 1 & 1 & 1 & \cdots & a \end{vmatrix}$;

(2) $\begin{vmatrix} a_1-b & a_2 & \cdots & a_n \\ a_1 & a_2-b & \cdots & a_n \\ \vdots & \vdots & & \vdots \\ a_1 & a_2 & \cdots & a_n-b \end{vmatrix}$.

3. 证明：

(1) $\begin{vmatrix} a_1-b_1 & b_1-c_1 & c_1-a_1 \\ a_2-b_2 & b_2-c_2 & c_2-a_2 \\ a_3-b_3 & b_3-c_3 & c_3-a_3 \end{vmatrix} = 0$;

(2) $\begin{vmatrix} a_1+b_1 & a_1+b_2 & a_1+b_3 \\ a_2+b_1 & a_2+b_2 & a_2+b_3 \\ a_3+b_1 & a_3+b_2 & a_3+b_3 \end{vmatrix} = 0$.

*4. 计算下列 n 阶行列式：

(1) $\begin{vmatrix} a_1 & a_2 & a_3 & \cdots & a_n \\ b_2 & 1 & 0 & \cdots & 0 \\ b_3 & 0 & 1 & \cdots & 0 \\ \vdots & \vdots & \vdots & & \vdots \\ b_n & 0 & 0 & \cdots & 1 \end{vmatrix}$;

(2) $\begin{vmatrix} x_1-a_1 & x_2 & x_3 & \cdots & x_n \\ x_1 & x_2-a_2 & x_3 & \cdots & x_n \\ x_1 & x_2 & x_3-a_3 & \cdots & x_n \\ \vdots & \vdots & \vdots & & \vdots \\ x_1 & x_2 & x_3 & \cdots & x_n-a_n \end{vmatrix}$,

其中 $a_i \neq 0$, $i=1,2,\cdots,n$.

§4 行列式按一行(列)展开

观察

研究 3 阶行列式与 2 阶行列式的关系：

$$\begin{vmatrix} 2 & 1 & 3 \\ 0 & 5 & 6 \\ 0 & 4 & 7 \end{vmatrix} = 2\times 5\times 7 + 1\times 6\times 0 + 3\times 0\times 4$$
$$-3\times 5\times 0 - 1\times 0\times 7 - 2\times 6\times 4$$

$$= 2\times(5\times 7-6\times 4)+1\times(6\times 0-0\times 7)+3\times(0\times 4-5\times 0)$$

$$= 2\times\begin{vmatrix}5 & 6\\ 4 & 7\end{vmatrix}-1\times\begin{vmatrix}0 & 6\\ 0 & 7\end{vmatrix}+3\times\begin{vmatrix}0 & 5\\ 0 & 4\end{vmatrix}. \tag{1}$$

(1)式中,$\begin{vmatrix}5 & 6\\ 4 & 7\end{vmatrix}$是划去 3 阶行列式的第 1 行和第 1 列,剩下的元素按原来次序组成的 2 阶行列式,称它为 $(1,1)$ 元的余子式. 类似地,(1)式中第 2 个行列式是 $(1,2)$ 元的余子式,第 3 个行列式是 $(1,3)$ 元的余子式. 为了使(1)式中各项所带的符号都变成正号,我们把(1)式写成

$$2\times(-1)^{1+1}\begin{vmatrix}5 & 6\\ 4 & 7\end{vmatrix}+1\times(-1)^{1+2}\begin{vmatrix}0 & 6\\ 0 & 7\end{vmatrix}+3\times(-1)^{1+3}\begin{vmatrix}0 & 5\\ 0 & 4\end{vmatrix}. \tag{2}$$

把(2)式中的

$$(-1)^{1+1}\begin{vmatrix}5 & 6\\ 4 & 7\end{vmatrix},\quad (-1)^{1+2}\begin{vmatrix}0 & 6\\ 0 & 7\end{vmatrix},\quad (-1)^{1+3}\begin{vmatrix}0 & 5\\ 0 & 4\end{vmatrix}$$

分别称为 $(1,1)$ 元的**代数余子式**,$(1,2)$ 元的**代数余子式**,$(1,3)$ 元的**代数余子式**. 于是从上面的讨论得出:

3 阶行列式等于它的第 1 行元素与自己的代数余子式的乘积之和.

我们猜想这一结论对于 n 阶行列式的任意一行也成立.

论证

n 阶行列式中,划去第 i 行和第 j 列,剩下的元素按原来次序组成的 $n-1$ 阶行列式称为 (i,j) 元的**余子式**,记作 M_{ij}. 令

$$A_{ij}=(-1)^{i+j}M_{ij},$$

称 A_{ij} 是 (i,j) 元的**代数余子式**.

定理 1 n 阶行列式 $|A|$ 等于它的第 i 行元素与自己的代数余子式的乘积之和. 即

$$|A|=a_{i1}A_{i1}+a_{i2}A_{i2}+\cdots+a_{in}A_{in}=\sum_{j=1}^{n}a_{ij}A_{ij}, \tag{3}$$

其中 $i\in\{1,2,\cdots,n\}$,$\sum_{j=1}^{n}$ 表示对于 $j=1,2,3,\cdots,n$ 求和. (3)式称为 n 阶行列式按第 i 行的展开式.

我们来证明 4 阶行列式按第 2 行的展开式,其方法也适用于 n 阶行列式的一般情形.

把 4 阶行列式 $|A|$ 的 4! 项按照第 2 行的 4 个元素分成 4 组:

$$|A|=\sum_{k_1jk_3k_4}(-1)^{\tau(k_1jk_3k_4)}a_{1k_1}a_{2j}a_{3k_3}a_{4k_4}$$

$$=\sum_{j=1}^{4}a_{2j}\Big(\sum_{k_1k_3k_4}(-1)(-1)^{\tau(jk_1k_3k_4)}a_{1k_1}a_{3k_3}a_{4k_4}\Big)$$

$$= \sum_{j=1}^{4} a_{2j}(-1)\Big(\sum_{k_1k_3k_4}(-1)^{(j-1)+\tau(k_1k_3k_4)}a_{1k_1}a_{3k_3}a_{4k_4}\Big)$$

$$= \sum_{j=1}^{4} a_{2j}(-1)(-1)^{j-1}\Big(\sum_{k_1k_3k_4}(-1)^{\tau(k_1k_3k_4)}a_{1k_1}a_{3k_3}a_{4k_4}\Big)$$

$$= \sum_{j=1}^{4} a_{2j}(-1)^{2+j}M_{2j} = \sum_{j=1}^{4} a_{2j}A_{2j}.$$

这就证明了 4 阶行列式 $|A|$ 等于它的第 2 行元素与自己的代数余子式的乘积之和. ▌

由于行列式中行与列的地位是对称的,因此从定理 1 和性质 1 可以得出

定理 2 n 阶行列式 $|A|$ 等于它的第 j 列元素与自己的代数余子式的乘积之和. 即

$$|A| = a_{1j}A_{1j} + a_{2j}A_{2j} + \cdots + a_{nj}A_{nj} = \sum_{i=1}^{n} a_{ij}A_{ij}, \tag{4}$$

其中 $j \in \{1, 2, \cdots, n\}$. (4)式称为行列式按第 j 列的展开式. ▌

利用行列式的性质 7 等可以把行列式的某一行(或某一列)的许多元素变成 0,然后按这一行(或这一列)展开就可把 n 阶行列式转化为 $n-1$ 阶行列式,减少计算量. 这是计算行列式的又一个基本方法.

示范

例 1 计算行列式

$$\begin{vmatrix} 2 & -3 & 7 \\ -4 & 1 & -2 \\ 9 & -2 & 3 \end{vmatrix}.$$

解 为了尽量避免分数运算,尽可能选择 1 或 -1 所在的行(或列),把该行(或列)的许多元素变成 0,然后按这一行(或列)展开. 现在选择 1 所在的第 2 行.

$$\text{原式} \xupequal[\text{③}+\text{②}\cdot 2]{\text{①}+\text{②}\cdot 4} \begin{vmatrix} -10 & -3 & 1 \\ 0 & 1 & 0 \\ 1 & -2 & -1 \end{vmatrix} = 1 \cdot (-1)^{2+2} \begin{vmatrix} -10 & 1 \\ 1 & -1 \end{vmatrix} = 9.$$

例 2 计算行列式

$$\begin{vmatrix} \lambda-6 & 2 & -2 \\ 2 & \lambda-3 & -4 \\ -2 & -4 & \lambda-3 \end{vmatrix}.$$

解

$$\text{原式} \xupequal{\text{③}+\text{②}\cdot 1} \begin{vmatrix} \lambda-6 & 2 & -2 \\ 2 & \lambda-3 & -4 \\ 0 & \lambda-7 & \lambda-7 \end{vmatrix}$$

$$\xlongequal{\text{②}+\text{③}\cdot(-1)} \begin{vmatrix} \lambda-6 & 4 & -2 \\ 2 & \lambda+1 & -4 \\ 0 & 0 & \lambda-7 \end{vmatrix}$$

$$= (\lambda-7)(-1)^{3+3}\begin{vmatrix} \lambda-6 & 4 \\ 2 & \lambda+1 \end{vmatrix}$$

$$= (\lambda-7)(\lambda^2-5\lambda-14) = (\lambda-7)^2(\lambda+2).$$

例 3 计算 n 阶行列式 $(n>1)$

$$\begin{vmatrix} a & b & 0 & 0 & \cdots & 0 & 0 & 0 \\ 0 & a & b & 0 & \cdots & 0 & 0 & 0 \\ 0 & 0 & a & b & \cdots & 0 & 0 & 0 \\ \vdots & \vdots & \vdots & \vdots & & \vdots & \vdots & \vdots \\ 0 & 0 & 0 & 0 & \cdots & 0 & a & b \\ b & 0 & 0 & 0 & \cdots & 0 & 0 & a \end{vmatrix}.$$

解 先按第 1 列展开,得

$$\text{原式} = a\begin{vmatrix} a & b & 0 & \cdots & 0 & 0 & 0 \\ 0 & a & b & \cdots & 0 & 0 & 0 \\ \vdots & \vdots & \vdots & & \vdots & \vdots & \vdots \\ 0 & 0 & 0 & \cdots & 0 & a & b \\ 0 & 0 & 0 & \cdots & 0 & 0 & a \end{vmatrix} + b(-1)^{n+1}\begin{vmatrix} b & 0 & 0 & \cdots & 0 & 0 & 0 \\ a & b & 0 & \cdots & 0 & 0 & 0 \\ 0 & a & b & \cdots & 0 & 0 & 0 \\ \vdots & \vdots & \vdots & & \vdots & \vdots & \vdots \\ 0 & 0 & 0 & \cdots & 0 & a & b \end{vmatrix}$$

$$= aa^{n-1} + (-1)^{n+1}bb^{n-1}$$

$$= a^n + (-1)^{n+1}b^n.$$

观察

把下述 3 阶行列式 $|A|$ 的第 1 行元素与第 2 行相应元素的代数余子式相乘,然后相加,结果如何呢?

$$|A| = \begin{vmatrix} a_1 & a_2 & a_3 \\ b_1 & b_2 & b_3 \\ c_1 & c_2 & c_3 \end{vmatrix},$$

$$a_1 A_{21} + a_2 A_{22} + a_3 A_{23} = a_1(-1)^{2+1}\begin{vmatrix} a_2 & a_3 \\ c_2 & c_3 \end{vmatrix} + a_2(-1)^{2+2}\begin{vmatrix} a_1 & a_3 \\ c_1 & c_3 \end{vmatrix} + a_3(-1)^{2+3}\begin{vmatrix} a_1 & a_2 \\ c_1 & c_2 \end{vmatrix}$$

$$= \begin{vmatrix} a_1 & a_2 & a_3 \\ a_1 & a_2 & a_3 \\ c_1 & c_2 & c_3 \end{vmatrix} = 0.$$

这表明 3 阶行列式的第 1 行元素与第 2 行相应元素的代数余子式的乘积之和等于 0. 我们猜想对于 n 阶行列式也有类似的结论.

论证

定理 3 n 阶行列式 $|A|$ 的第 i 行元素与第 k 行 ($k\neq i$) 相应元素的代数余子式的乘积之和等于零. 即当 $k\neq i$ 时,有

$$\sum_{j=1}^{n} a_{ij}A_{kj} = 0, \tag{5}$$

其中 $i,k \in \{1,2,\cdots,n\}$.

证明 设

$$|A| = \begin{vmatrix} a_{11} & a_{12} & \cdots & a_{1n} \\ \vdots & \vdots & & \vdots \\ a_{i1} & a_{i2} & \cdots & a_{in} \\ \vdots & \vdots & & \vdots \\ a_{k1} & a_{k2} & \cdots & a_{kn} \\ \vdots & \vdots & & \vdots \\ a_{n1} & a_{n2} & \cdots & a_{nn} \end{vmatrix} \begin{matrix} \\ \\ \text{第 } i \text{ 行} \\ \\ \text{第 } k \text{ 行} \\ \\ \end{matrix}.$$

把 $|A|$ 中的第 k 行的元素换成第 i 行的元素,得下述行列式,然后下述 n 阶行列式按第 k 行展开,并且注意它的 (k,j) 元的代数余子式与 $|A|$ 的 (k,j) 元的代数余子式 A_{kj} 一样,因此有

$$0 = \begin{vmatrix} a_{11} & a_{12} & \cdots & a_{1n} \\ \vdots & \vdots & & \vdots \\ a_{i1} & a_{i2} & \cdots & a_{in} \\ \vdots & \vdots & & \vdots \\ a_{i1} & a_{i2} & \cdots & a_{in} \\ \vdots & \vdots & & \vdots \\ a_{n1} & a_{n2} & \cdots & a_{nn} \end{vmatrix} \xrightarrow{\text{按第 } k \text{ 行展开}} \sum_{j=1}^{n} a_{ij}A_{kj}. \blacksquare$$

由于行列式的行与列的地位对称,因此也有

定理 4 n 阶行列式 $|A|$ 的第 j 列元素与第 l 列 ($l\neq j$) 相应元素的代数余子式的乘积之和等于零. 即当 $l\neq j$ 时,有

$$\sum_{i=1}^{n} a_{ij}A_{il} = 0, \tag{6}$$

其中 $j,l \in \{1,2,\cdots,n\}$. $\blacksquare$

公式 (3),(5) 与公式 (4),(6) 可以分别写成

$$\sum_{j=1}^{n} a_{ij} A_{kj} = \begin{cases} |A|, & \text{当 } k = i, \\ 0, & \text{当 } k \neq i; \end{cases} \quad (7)$$

$$\sum_{i=1}^{n} a_{ij} A_{il} = \begin{cases} |A|, & \text{当 } l = j, \\ 0, & \text{当 } l \neq j. \end{cases} \quad (8)$$

观察

n 阶行列式

$$\begin{vmatrix} 1 & 1 & 1 & \cdots & 1 \\ a_1 & a_2 & a_3 & \cdots & a_n \\ a_1^2 & a_2^2 & a_3^2 & \cdots & a_n^2 \\ \vdots & \vdots & \vdots & & \vdots \\ a_1^{n-2} & a_2^{n-2} & a_3^{n-2} & \cdots & a_n^{n-2} \\ a_1^{n-1} & a_2^{n-1} & a_3^{n-1} & \cdots & a_n^{n-1} \end{vmatrix} \quad (9)$$

有什么特点?

它的第 1 行元素全是 1,第 2 行元素是 n 个数,第 3 行元素是这 n 个数的平方,$\cdots$,第 n 行元素是这 n 个数的 $(n-1)$ 次方. 这样的行列式称为**范德蒙(Vandermonde)行列式**. 它的值等于什么呢?

探索

当 $n=2$ 时,
$$\begin{vmatrix} 1 & 1 \\ a_1 & a_2 \end{vmatrix} = a_2 - a_1.$$

当 $n=3$ 时,
$$\begin{vmatrix} 1 & 1 & 1 \\ a_1 & a_2 & a_3 \\ a_1^2 & a_2^2 & a_3^2 \end{vmatrix} \xrightarrow[\text{③}+\text{①}\cdot(-a_1^2)]{\text{②}+\text{①}\cdot(-a_1)} \begin{vmatrix} 1 & 1 & 1 \\ 0 & a_2 - a_1 & a_3 - a_1 \\ 0 & a_2^2 - a_1^2 & a_3^2 - a_1^2 \end{vmatrix}$$

$$= \begin{vmatrix} a_2 - a_1 & a_3 - a_1 \\ (a_2-a_1)(a_2+a_1) & (a_3-a_1)(a_3+a_1) \end{vmatrix}$$

$$= (a_2 - a_1)(a_3 - a_1) \begin{vmatrix} 1 & 1 \\ a_2 + a_1 & a_3 + a_1 \end{vmatrix}$$

$$= (a_2 - a_1)(a_3 - a_1)[(a_3 + a_1) - (a_2 + a_1)]$$

$$= (a_2 - a_1)(a_3 - a_1)(a_3 - a_2).$$

由上述受到启发,我们猜想 n 阶范德蒙列式($n \geq 2$)的值为

$$\begin{vmatrix} 1 & 1 & 1 & \cdots & 1 \\ a_1 & a_2 & a_3 & \cdots & a_n \\ a_1^2 & a_2^2 & a_3^2 & \cdots & a_n^2 \\ \vdots & \vdots & \vdots & & \vdots \\ a_1^{n-2} & a_2^{n-2} & a_3^{n-2} & \cdots & a_n^{n-2} \\ a_1^{n-1} & a_2^{n-1} & a_3^{n-1} & \cdots & a_n^{n-1} \end{vmatrix} = \prod_{1 \leqslant j < i \leqslant n}(a_i - a_j), \tag{10}$$

其中 $\prod$ 是连乘号,

$$\prod_{1 \leqslant j < i \leqslant n}(a_i - a_j) = (a_2 - a_1)(a_3 - a_1) \cdots (a_{n-1} - a_1)(a_n - a_1)$$
$$\cdot (a_3 - a_2) \cdots (a_{n-1} - a_2)(a_n - a_2)$$
$$\cdot \cdots\cdots\cdots\cdots$$
$$\cdot (a_{n-1} - a_{n-2})(a_n - a_{n-2})$$
$$\cdot (a_n - a_{n-1}).$$

证明 对范德蒙行列式的阶数 n 作数学归纳法.

当 $n=2$ 时,上面已证明结论成立.

假设对于 $n-1$ 阶范德蒙行列式结论成立. 我们来看 n 阶范德蒙行列式的情形. 把第 $n-1$ 行的 $(-a_1)$ 倍加到第 n 行上,然后把第 $n-2$ 行的 $(-a_1)$ 倍加到第 $n-1$ 行上,依次类推,最后把第 1 行的 $(-a_1)$ 倍加到第 2 行上,得到

$$原式 = \begin{vmatrix} 1 & 1 & 1 & \cdots & 1 \\ 0 & a_2 - a_1 & a_3 - a_1 & \cdots & a_n - a_1 \\ 0 & a_2^2 - a_1 a_2 & a_3^2 - a_1 a_3 & \cdots & a_n^2 - a_1 a_n \\ \vdots & \vdots & \vdots & & \vdots \\ 0 & a_2^{n-2} - a_1 a_2^{n-3} & a_3^{n-2} - a_1 a_3^{n-3} & \cdots & a_n^{n-2} - a_1 a_n^{n-3} \\ 0 & a_2^{n-1} - a_1 a_2^{n-2} & a_3^{n-1} - a_1 a_3^{n-2} & \cdots & a_n^{n-1} - a_1 a_n^{n-2} \end{vmatrix}$$

$$= \begin{vmatrix} a_2 - a_1 & a_3 - a_1 & \cdots & a_n - a_1 \\ a_2(a_2 - a_1) & a_3(a_3 - a_1) & \cdots & a_n(a_n - a_1) \\ \vdots & \vdots & & \vdots \\ a_2^{n-3}(a_2 - a_1) & a_3^{n-3}(a_3 - a_1) & \cdots & a_n^{n-3}(a_n - a_1) \\ a_2^{n-2}(a_2 - a_1) & a_3^{n-2}(a_3 - a_1) & \cdots & a_n^{n-2}(a_n - a_1) \end{vmatrix}$$

$$= (a_2 - a_1)(a_3 - a_1) \cdots (a_n - a_1) \begin{vmatrix} 1 & 1 & \cdots & 1 \\ a_2 & a_3 & \cdots & a_n \\ \vdots & \vdots & & \vdots \\ a_2^{n-3} & a_3^{n-3} & \cdots & a_n^{n-3} \\ a_2^{n-2} & a_3^{n-2} & \cdots & a_n^{n-2} \end{vmatrix}$$

$$\xlongequal{\text{用归纳假设}} (a_2 - a_1)(a_3 - a_1)\cdots(a_n - a_1) \prod_{2 \leqslant j < i \leqslant n} (a_i - a_j)$$

$$= \prod_{2 \leqslant j < i \leqslant n} (a_i - a_j).$$

据数学归纳法原理,对一切大于 1 的正整数,结论都成立. ∎

范德蒙行列式在许多实际问题中出现,我们可以用公式(10)立即写出它的值. 从(10)式看出,当 $a_1, a_2, \cdots, a_n$ 两两不同时,范德蒙行列式的值不等于零.

习 题 2.4

1. 计算下列行列式:

(1) $\begin{vmatrix} 1 & -2 & 0 & 4 \\ 2 & -5 & 1 & -3 \\ 4 & 1 & -2 & 6 \\ -3 & 2 & 7 & 1 \end{vmatrix}$; (2) $\begin{vmatrix} 2 & -4 & -3 & 5 \\ -3 & 1 & 4 & -2 \\ 7 & 2 & 5 & 3 \\ 4 & -3 & -2 & 6 \end{vmatrix}$;

(3) $\begin{vmatrix} \lambda-2 & -2 & 2 \\ -2 & \lambda-5 & 4 \\ 2 & 4 & \lambda-5 \end{vmatrix}$;

(4) $\begin{vmatrix} \lambda-2 & -3 & -2 \\ -1 & \lambda-8 & -2 \\ 2 & 14 & \lambda+3 \end{vmatrix}$.

2. 计算 n 阶行列式

$$\begin{vmatrix} a_1 & a_2 & a_3 & \cdots & a_{n-1} & a_n \\ 1 & -1 & 0 & \cdots & 0 & 0 \\ 0 & 2 & -2 & \cdots & 0 & 0 \\ \vdots & \vdots & \vdots & & \vdots & \vdots \\ 0 & 0 & 0 & \cdots & n-1 & 1-n \end{vmatrix}.$$

3. 计算 n 阶行列式($n \geqslant 2$)

$$\begin{vmatrix} 1 & a_1 & a_1^2 & \cdots & a_1^{n-1} \\ 1 & a_2 & a_2^2 & \cdots & a_2^{n-1} \\ \vdots & \vdots & \vdots & & \vdots \\ 1 & a_n & a_n^2 & \cdots & a_n^{n-1} \end{vmatrix}.$$

4. 用数学归纳法证明:对一切 $n \geqslant 2$,有

$$\begin{vmatrix} x & 0 & 0 & \cdots & 0 & 0 & a_0 \\ -1 & x & 0 & \cdots & 0 & 0 & a_1 \\ 0 & -1 & x & \cdots & 0 & 0 & a_2 \\ \vdots & \vdots & \vdots & & \vdots & \vdots & \vdots \\ 0 & 0 & 0 & \cdots & -1 & x & a_{n-2} \\ 0 & 0 & 0 & \cdots & 0 & -1 & x+a_{n-1} \end{vmatrix}$$

$$= x^n + a_{n-1}x^{n-1} + \cdots + a_1 x + a_0.$$

5. 计算 n 阶行列式

$$D_n = \begin{vmatrix} 2 & -1 & 0 & 0 & \cdots & 0 & 0 & 0 \\ -1 & 2 & -1 & 0 & \cdots & 0 & 0 & 0 \\ 0 & -1 & 2 & -1 & \cdots & 0 & 0 & 0 \\ \vdots & \vdots & \vdots & \vdots & & \vdots & \vdots & \vdots \\ 0 & 0 & 0 & 0 & \cdots & -1 & 2 & -1 \\ 0 & 0 & 0 & 0 & \cdots & 0 & -1 & 2 \end{vmatrix}.$$

6. 计算 n 阶行列式

$$\begin{vmatrix} 2a & a^2 & 0 & 0 & \cdots & 0 & 0 & 0 \\ 1 & 2a & a^2 & 0 & \cdots & 0 & 0 & 0 \\ 0 & 1 & 2a & a^2 & \cdots & 0 & 0 & 0 \\ \vdots & \vdots & \vdots & \vdots & & \vdots & \vdots & \vdots \\ 0 & 0 & 0 & 0 & \cdots & 1 & 2a & a^2 \\ 0 & 0 & 0 & 0 & \cdots & 0 & 1 & 2a \end{vmatrix}.$$

*7. 解方程

$$\begin{vmatrix} 1 & 1 & \cdots & 1 \\ x & a_1 & \cdots & a_{n-1} \\ x^2 & a_1^2 & \cdots & a_{n-1}^2 \\ \vdots & \vdots & & \vdots \\ x^{n-1} & a_1^{n-1} & \cdots & a_{n-1}^{n-1} \end{vmatrix} = 0,$$

其中 $a_1, a_2, \cdots, a_{n-1}$ 是两两不同的数.

*8. 计算 n 阶行列式

$$\begin{vmatrix} 1 & 2 & 2 & \cdots & 2 & 2 & 2 \\ 2 & 2 & 2 & \cdots & 2 & 2 & 2 \\ 2 & 2 & 3 & \cdots & 2 & 2 & 2 \\ \vdots & \vdots & \vdots & & \vdots & \vdots & \vdots \\ 2 & 2 & 2 & \cdots & 2 & n-1 & 2 \\ 2 & 2 & 2 & \cdots & 2 & 2 & n \end{vmatrix}.$$

§5 克莱姆(Cramer)法则

回顾

在本章开头的命题 $1'$ 里,我们证明了:两个方程的二元一次方程组有惟一解的充分必要条件是它的系数行列式 $|A|\neq 0$,此时它的惟一解是

$$\left(\frac{|B_1|}{|A|},\frac{|B_2|}{|A|}\right),$$

其中 $|B_1|$ 是把 $|A|$ 中第 1 列换成常数项,第 2 列不动得到的行列式, $|B_2|$ 是把 $|A|$ 中第 2 列换成常数项,第 1 列不动得到的行列式.

上述结论对于 n 个方程的 n 元线性方程组是否成立?本节就来探讨这个问题.

探索

数域 K 上 n 个方程的 n 元线性方程组

$$\begin{cases} a_{11}x_1 + a_{12}x_2 + \cdots + a_{1n}x_n = b_1, \\ a_{21}x_1 + a_{22}x_2 + \cdots + a_{2n}x_n = b_2, \\ \cdots\cdots\cdots\cdots\cdots\cdots\cdots\cdots\cdots\cdots\cdots \\ a_{n1}x_1 + a_{n2}x_2 + \cdots + a_{nn}x_n = b_n \end{cases} \tag{1}$$

的系数矩阵用 A 表示,增广矩阵用 $\widetilde{A}$ 表示,显然 $\widetilde{A}$ 是在 A 的右边添上由常数项组成的一列.

对增广矩阵 $\widetilde{A}$ 施行初等行变换化成阶梯形矩阵,记作 $\widetilde{J}$,则系数矩阵 A 经过这些初等行变换也被化成阶梯形矩阵,记作 J,显然 J 比 $\widetilde{J}$ 少了最后一列.

据本章 §3 的评注[2]得, $|J|=l|A|$,其中 l 是 K 中某个非零数.

情形 1 设 $|A|\neq 0$,则 $|J|\neq 0$.于是 J 没有零行,因此 J 的 n 行都是非零行.从而 J 有 n 个主元.由于 J 只有 n 列,因此 J 的 n 个主元分别位于第 $1,2,\cdots,n$ 列.从而 J 必定形如

$$J = \begin{bmatrix} c_{11} & c_{12} & \cdots & c_{1n} \\ 0 & c_{22} & \cdots & c_{2n} \\ \vdots & \vdots & & \vdots \\ 0 & 0 & \cdots & c_{nn} \end{bmatrix},$$

其中 $c_{11}c_{22}\cdots c_{nn} \neq 0$. 由于 $\tilde{J}$ 比 J 多一列, 因此 $\tilde{J}$ 形如

$$\tilde{J} = \begin{bmatrix} c_{11} & c_{12} & \cdots & c_{1n} & d_1 \\ 0 & c_{22} & \cdots & c_{2n} & d_2 \\ \vdots & \vdots & & \vdots & \vdots \\ 0 & 0 & \cdots & c_{nn} & d_n \end{bmatrix}.$$

由此看出原方程组(1)有解. 由于 $\tilde{J}$ 的非零行个数等于未知量个数 n, 从而原方程组(1)有惟一解.

情形 2 设 $|A|=0$, 则 $|J|=0$. 我们断言 J 必有零行(否则, J 的 n 行全是非零行. 据情形 1 的讨论过程知道, 此时 $|J|=c_{11}c_{22}\cdots c_{nn} \neq 0$, 矛盾). 因此 J 的非零行个数 $r<n$. 从而 J 必定形如

$$J = \begin{bmatrix} c_{11} & \cdots & \cdots & \cdots & \cdots & \cdots & \cdots & c_{1n} \\ 0 & \cdots & 0 & c_{2j_2} & \cdots & \cdots & \cdots & c_{2n} \\ \vdots & & \vdots & & & & & \vdots \\ 0 & \cdots & 0 & 0 & \cdots & 0 & c_{rj_r} & \cdots & c_{rn} \\ 0 & \cdots & 0 & 0 & \cdots & 0 & 0 & \cdots & 0 \\ 0 & \cdots & 0 & 0 & \cdots & 0 & 0 & \cdots & 0 \\ \vdots & & \vdots & & & \vdots & & & \vdots \\ 0 & \cdots & 0 & 0 & \cdots & 0 & 0 & \cdots & 0 \end{bmatrix},$$

其中 $c_{11}c_{2j_2}\cdots c_{rj_r} \neq 0$. 于是 $\tilde{J}$ 形如

$$\tilde{J} = \begin{bmatrix} c_{11} & \cdots & \cdots & \cdots & \cdots & \cdots & c_{1n} & d_1 \\ 0 & \cdots & 0 & c_{2j_2} & \cdots & \cdots & c_{2n} & d_2 \\ \vdots & & \vdots & & & & \vdots & \vdots \\ 0 & \cdots & 0 & 0 & \cdots & c_{rj_r} & \cdots & c_{rn} & d_r \\ 0 & \cdots & 0 & 0 & \cdots & 0 & 0 & d_{r+1} \\ 0 & \cdots & 0 & 0 & \cdots & 0 & 0 & 0 \\ \vdots & & \vdots & & & \vdots & & \vdots \\ 0 & \cdots & 0 & 0 & \cdots & 0 & 0 & 0 \end{bmatrix}.$$

当 $d_{r+1} \neq 0$ 时, 原方程组(1)无解; 当 $d_{r+1}=0$ 时, 原方程组有解; 由于 $\tilde{J}$ 的非零行个数 $r<n$,

因此原方程组(1)有无穷多个解.

综上所述,我们得到了下述结论:

定理 1 n 个方程的 n 元线性方程组,如果它的系数行列式 $|A|\neq 0$,则它有惟一解;如果它的系数行列式 $|A|=0$,则它无解或者有无穷多个解. 从而 n 个方程的 n 元线性方程组有惟一解的充分必要条件是它的系数行列式不等于 0. ▮

把定理 1 应用到齐次线性方程组上便得到下述结论.

推论 2 n 个方程的 n 元齐次线性方程组只有零解的充分必要条件是它的系数行列式不等于 0. 从而 n 个方程的 n 元齐次线性方程组有非零解的充分必要条件是它的系数行列式等于零. ▮

定理 1 使得我们对于 n 个方程的 n 元线性方程组不用对它的增广矩阵进行初等行变换,而只需计算它的系数行列式,就可以判断方程组是否有惟一解.

推论 2 使得我们对于 n 个方程的 n 元齐次线性方程组不用对它的系数矩阵进行初等行变换,只需计算它的系数行列式,就可以判断齐次线性方程组有没有非零解.

示范

例 1 判断下述线性方程组是否有惟一解:

$$\begin{cases} a_1 x_1 + a_2 x_2 + \cdots + a_n x_n = b_1, \\ a_1^2 x_1 + a_2^2 x_2 + \cdots + a_n^2 x_n = b_2, \\ \cdots\cdots\cdots\cdots\cdots\cdots\cdots\cdots\cdots \\ a_1^n x_1 + a_2^n x_2 + \cdots + a_n^n x_n = b_n, \end{cases} \quad (2)$$

其中 $a_1, a_2, \cdots, a_n$ 是两两不同的非零数.

解 方程组(2)的方程个数等于未知量个数 n,考虑系数行列式:

$$\begin{vmatrix} a_1 & a_2 & \cdots & a_n \\ a_1^2 & a_2^2 & \cdots & a_n^2 \\ \vdots & \vdots & & \vdots \\ a_1^n & a_2^n & \cdots & a_n^n \end{vmatrix} = a_1 a_2 \cdots a_n \begin{vmatrix} 1 & 1 & \cdots & 1 \\ a_1 & a_2 & \cdots & a_n \\ \vdots & \vdots & & \vdots \\ a_1^{n-1} & a_2^{n-1} & \cdots & a_n^{n-1} \end{vmatrix}.$$

由于 $a_1, a_2, \cdots, a_n$ 两两不同,而且它们都不等于 0,因此上述行列式不等于 0. 从而方程组(2)有惟一解.

例 2 当 λ 取什么值时,下述齐次线性方程组有非零解?

$$\begin{cases} (\lambda - 6)x_1 + 2x_2 - 2x_3 = 0, \\ 2x_1 + (\lambda - 3)x_2 - 4x_3 = 0, \\ -2x_1 - 4x_2 + (\lambda - 3)x_3 = 0. \end{cases} \quad (3)$$

解 先计算齐次线性方程组的系数行列式:

$$\begin{vmatrix} \lambda - 6 & 2 & -2 \\ 2 & \lambda - 3 & -4 \\ -2 & -4 & \lambda - 3 \end{vmatrix} = \begin{vmatrix} \lambda - 6 & 2 & -2 \\ 2 & \lambda - 3 & -4 \\ 0 & \lambda - 7 & \lambda - 7 \end{vmatrix}$$

$$= \begin{vmatrix} \lambda-6 & 4 & -2 \\ 2 & \lambda+1 & -4 \\ 0 & 0 & \lambda-7 \end{vmatrix} = (\lambda-7) \begin{vmatrix} \lambda-6 & 4 \\ 2 & \lambda+1 \end{vmatrix}$$

$$= (\lambda-7)(\lambda^2-5\lambda-14) = (\lambda-7)^2(\lambda+2).$$

于是

齐次线性方程组(3)有非零解
$$\Leftrightarrow (\lambda-7)^2(\lambda+2) = 0$$
$$\Leftrightarrow \lambda = 7 \text{ 或 } \lambda = -2.$$

观察

为了探讨 n 个方程的 n 元线性方程组有惟一解时,这个解是什么,我们需要了解连加号 $\sum$ 的性质.

设有 $m \cdot n$ 个数相加:
$$\begin{aligned} S = & c_{11} + c_{12} + \cdots + c_{1n} \\ & + c_{21} + c_{22} + \cdots + c_{2n} \\ & + \cdots\cdots\cdots\cdots\cdots\cdots \\ & + c_{m1} + c_{m2} + \cdots + c_{mn}. \end{aligned} \tag{4}$$

我们可以按照(4)式的行分组,先分别把第 1 行,第 2 行,$\cdots$,第 m 行的 n 个元素相加,然后再求所得数的和:
$$S = \left(\sum_{j=1}^n c_{1j}\right) + \left(\sum_{j=1}^n c_{2j}\right) + \cdots + \left(\sum_{j=1}^n c_{mj}\right) = \sum_{i=1}^m \left(\sum_{j=1}^n c_{ij}\right). \tag{5}$$

我们也可以按照(4)式的列分组,先分别把第 1 列、第 2 列、$\cdots$、第 n 列的 m 个元素相加,然后再求所得数的和:
$$S = \left(\sum_{i=1}^m c_{i1}\right) + \left(\sum_{i=1}^m c_{i2}\right) + \cdots + \left(\sum_{i=1}^m c_{in}\right) = \sum_{j=1}^n \left(\sum_{i=1}^m c_{ij}\right). \tag{6}$$

从(5)式和(6)式得
$$\sum_{i=1}^m \left(\sum_{j=1}^n c_{ij}\right) = \sum_{j=1}^n \left(\sum_{i=1}^m c_{ij}\right). \tag{7}$$

公式(7)在下面将用到,以后也经常用到.

论证

定理 3 n 个方程的 n 元线性方程组(1)有惟一解时,这个解是
$$\left(\frac{|B_1|}{|A|}, \frac{|B_2|}{|A|}, \cdots, \frac{|B_n|}{|A|}\right), \tag{8}$$
其中 $|A|$ 是方程组的系数行列式,并且

$$|B_j| = \begin{vmatrix} a_{11} & \cdots & a_{1,j-1} & b_1 & a_{1,j+1} & \cdots & a_{1n} \\ a_{21} & \cdots & a_{2,j-1} & b_2 & a_{2,j+1} & \cdots & a_{2n} \\ \vdots & & \vdots & \vdots & \vdots & & \vdots \\ a_{n1} & \cdots & a_{n,j-1} & b_n & a_{n,j+1} & \cdots & a_{nn} \end{vmatrix}, \quad j=1,2,\cdots,n. \tag{9}$$

证明 为了证有序数组(8)是方程组(1)的解,只要把它们代入(1)的每一个方程,看是否变成恒等式. 对于 $i \in \{1,2,\cdots,n\}$,把(8)式代入第 i 个方程,计算它的左边的值:

$$a_{i1}\frac{|B_1|}{|A|}+a_{i2}\frac{|B_2|}{|A|}+\cdots+a_{in}\frac{|B_n|}{|A|}=\sum_{j=1}^n a_{ij}\frac{|B_j|}{|A|}=\frac{1}{|A|}\sum_{j=1}^n a_{ij}|B_j|. \tag{10}$$

把(9)式中的行列式按照第 j 列展开,注意它的 (k,j) 元的代数余子式与 $|A|$ 的 (k,j) 元的代数余子式 A_{kj} 一致,因此得到

$$|B_j|=b_1A_{1j}+b_2A_{2j}+\cdots+b_nA_{nj}=\sum_{k=1}^n b_k A_{kj}. \tag{11}$$

把(11)式代入(10)式,第 i 个方程的左边的值为

$$\frac{1}{|A|}\sum_{j=1}^n a_{ij}|B_j| = \frac{1}{|A|}\sum_{j=1}^n a_{ij}\left(\sum_{k=1}^n b_k A_{kj}\right)$$
$$= \frac{1}{|A|}\sum_{j=1}^n \left(\sum_{k=1}^n a_{ij}b_k A_{kj}\right) = \frac{1}{|A|}\sum_{k=1}^n \left(\sum_{j=1}^n a_{ij}b_k A_{kj}\right)$$
$$= \frac{1}{|A|}\sum_{k=1}^n \left(b_k \sum_{j=1}^n a_{ij}A_{kj}\right)$$
$$= \frac{1}{|A|}(b_1\cdot 0 + \cdots + b_{i-1}\cdot 0 + b_i|A| + b_{i+1}\cdot 0 + \cdots + b_n\cdot 0)$$
$$= b_i.$$

b_i 是第 i 个方程的右边的值. 因此,有序数组 (8) 是方程组 (1) 的解. ∎

定理 1 的充分性和定理 3 合起来称为**克莱姆(Cramer)法则**. 定理 1 的必要性是本书作者给出的.

利用行列式的性质和按一行(列)展开的定理,我们解决了 n 个方程的 n 元线性方程组有惟一解的判定和解的公式表示. 行列式的应用远不止于线性方程组,它在几何、分析等各个数学分支以及实际问题中都有重要应用.

习 题 2.5

1. 判断下述线性方程组有无解?有多少解?
$$\begin{cases} x_1 + 4x_2 + 9x_3 = b_1, \\ x_1 + 8x_2 + 27x_3 = b_2, \\ x_1 + 16x_2 + 81x_3 = b_3. \end{cases}$$

2. 判断下述线性方程组有无解？有多少解？
$$\begin{cases} a_1^2 x_1 + a_2^2 x_2 + \cdots + a_n^2 x_n = b_1, \\ a_1^3 x_1 + a_2^3 x_2 + \cdots + a_n^3 x_n = b_2, \\ \cdots\cdots\cdots\cdots\cdots\cdots\cdots\cdots\cdots\cdots\cdots \\ a_1^{n+1} x_1 + a_2^{n+1} x_2 + \cdots + a_n^{n+1} x_n = b_n, \end{cases}$$
其中 $a_1, a_2, \cdots, a_n$ 是两两不同的非零数.

3. 当 λ 取什么值时，下述齐次线性方程组有非零解？
$$\begin{cases} (\lambda - 2) x_1 - 3 x_2 - 2 x_3 = 0, \\ - x_1 + (\lambda - 8) x_2 - 2 x_3 = 0, \\ 2 x_1 + 14 x_2 + (\lambda + 3) x_3 = 0. \end{cases}$$

4. 当 a, b 取什么值时，下述齐次线性方程组有非零解？
$$\begin{cases} a x_1 + x_2 + x_3 = 0, \\ x_1 + b x_2 + x_3 = 0, \\ x_1 + 2 b x_2 + x_3 = 0. \end{cases}$$

5. 当 a, b 取什么值时，下述线性方程组有惟一解？
$$\begin{cases} a x_1 + x_2 + x_3 = 2, \\ x_1 + b x_2 + x_3 = 1, \\ x_1 + 2 b x_2 + x_3 = 2. \end{cases}$$

*6. 对于第 5 题中的线性方程组，当 a, b 为何值时，方程组无解？当 a, b 为何值时，方程组有无穷多个解？

*7. 讨论下述线性方程组何时有惟一解？有无穷多个解？无解？
$$\begin{cases} a_1 x_1 + x_2 + x_3 = 2, \\ x_1 + b x_2 + x_3 = 1, \\ x_1 + 2 b x_2 + x_3 = 1. \end{cases}$$

§6 行列式按 k 行(列)展开

回顾

我们在本章 §4 讲了行列式按一行(列)展开定理. 例如，3 阶行列式 $|A|$ 按第 1 行展开得
$$|A| = \begin{vmatrix} a_{11} & a_{12} & a_{13} \\ a_{21} & a_{22} & a_{23} \\ a_{31} & a_{32} & a_{33} \end{vmatrix}$$

$$= a_{11}(-1)^{1+1}\begin{vmatrix} a_{22} & a_{23} \\ a_{32} & a_{33} \end{vmatrix} + a_{12}(-1)^{1+2}\begin{vmatrix} a_{21} & a_{23} \\ a_{31} & a_{33} \end{vmatrix} + a_{13}(-1)^{1+3}\begin{vmatrix} a_{21} & a_{22} \\ a_{31} & a_{32} \end{vmatrix}, \quad (1)$$

其中 3 个二阶行列式依次为 (1,1) 元、(1,2) 元、(1,3) 元的余子式. 现在我们反过来看, 把这 3 个二阶行列式都称为 $|A|$ 的**子式**, 而把 3 个一阶行列式 $|a_{11}|, |a_{12}|, |a_{13}|$ 分别叫做这 3 个子式的**余子式**. $|A|$ 的子式

$$\begin{vmatrix} a_{22} & a_{23} \\ a_{32} & a_{33} \end{vmatrix} \quad (2)$$

是由 $|A|$ 的第 2,3 行与第 2,3 列交叉处的元素按原来的排法组成的二阶行列式, 我们把它记作

$$A\begin{pmatrix} 2,3 \\ 2,3 \end{pmatrix}, \quad (3)$$

其中括号内上面一行是行指标, 下面一行是列指标. 子式 (3) 的余子式 $|a_{11}|$ 是 $|A|$ 的 1 阶子式, 类似地把它记成 $A\begin{pmatrix} 1 \\ 1 \end{pmatrix}$. 把

$$(-1)^{(2+3)+(2+3)} A\begin{pmatrix} 1 \\ 1 \end{pmatrix} \quad (4)$$

称为子式 (3) 的**代数余子式**. $|A|$ 中第 2,3 行元素组成的二阶子式共有 3 个, 它们都出现在公式 (1) 的右端. 运用子式和代数余子式的术语, 3 阶行列式按第 1 行展开的公式 (1) 又可以叙述成:

3 阶行列式 $|A|$ 中取定两行: 第 2,3 行, 这两行元素形成的所有 2 阶子式与它们自己的代数余子式的乘积之和等于 $|A|$.

3 阶行列式 $|A|$ 中取定其他两行, 也有类似的结论. 这称为 3 阶行列式 $|A|$ **按两行展开**.

对于 n 阶行列式是否也有类似的结论?

抽象

n 阶行列式 $|A|$ 中任意取定 k 行、k 列 ($1 \leqslant k < n$), 位于这些行和列的交叉处的 k^2 个元素按原来的排法组成的 k 阶行列式, 称为 $|A|$ 的一个 k **阶子式**. 如果取定第 $i_1, i_2, \cdots, i_k$ 行 ($i_1 < i_2 < \cdots < i_k$), 取定第 $j_1, j_2, \cdots, j_k$ 列 ($j_1 < j_2 < \cdots < j_k$), 则所得到的 k 阶子式记作

$$A\begin{pmatrix} i_1, i_2, \cdots, i_k \\ j_1, j_2, \cdots, j_k \end{pmatrix}. \quad (5)$$

划去子式 (5) 所在的第 $i_1, i_2, \cdots, i_k$ 行, 第 $j_1, j_2, \cdots, j_k$ 列, 剩下的元素按原来的排法组成的 $(n-k)$ 阶行列式, 称为子式 (5) 的**余子式**. 它前面乘以

$$(-1)^{(i_1+i_2+\cdots+i_k)+(j_1+j_2+\cdots+j_k)} \quad (6)$$

则称为子式 (5) 的**代数余子式**.

例如，5 阶行列式

$$|A| = \begin{vmatrix} a_{11} & a_{12} & a_{13} & a_{14} & a_{15} \\ a_{21} & a_{22} & a_{23} & a_{24} & a_{25} \\ a_{31} & a_{32} & a_{33} & a_{34} & a_{35} \\ a_{41} & a_{42} & a_{43} & a_{44} & a_{45} \\ a_{51} & a_{52} & a_{53} & a_{54} & a_{55} \end{vmatrix}. \tag{7}$$

取定 $|A|$ 的 1,2 行，第 4,5 列得到的 2 阶子式为

$$A\begin{pmatrix} 1,2 \\ 4,5 \end{pmatrix} = \begin{vmatrix} a_{14} & a_{15} \\ a_{24} & a_{25} \end{vmatrix}. \tag{8}$$

子式(8)的余子式为

$$A\begin{pmatrix} 3,4,5 \\ 1,2,3 \end{pmatrix} = \begin{vmatrix} a_{31} & a_{32} & a_{33} \\ a_{41} & a_{42} & a_{43} \\ a_{51} & a_{52} & a_{53} \end{vmatrix}. \tag{9}$$

子式(8)的代数余子式为

$$(-1)^{(1+2)+(4+5)} A\begin{pmatrix} 3,4,5 \\ 1,2,3 \end{pmatrix}. \tag{10}$$

5 阶行列式 $|A|$ 中，取定第 1,2 行，这两行元素形成的 2 阶子式的个数为

$$C_5^2 = \frac{5 \times 4}{2!} = 10.$$

当取定第 j_1, j_2 列 $(j_1 < j_2)$ 时，所得到的 2 阶子式为

$$A\begin{pmatrix} 1,2 \\ j_1, j_2 \end{pmatrix}. \tag{11}$$

子式(11)的余子式为

$$A\begin{pmatrix} 3,4,5 \\ j_1', j_2', j_3' \end{pmatrix}, \tag{12}$$

其中 $\{j_1', j_2', j_3'\}$ 是 $\{j_1, j_2\}$ 对于全集 $\{1,2,3,4,5\}$ 的补集，并且

$$j_1' < j_2' < j_3'.$$

论证

定理 1 (Laplace) 在 n 阶行列式 $|A|$ 中，取定 k 行：第 $i_1, i_2, \cdots, i_k$ 行 $(i_1 < i_2 < \cdots < i_k$，且 $1 \leqslant k < n)$，则这 k 行元素形成的所有 k 阶子式与它们自己的代数余子式的乘积之和等于 $|A|$. ■

我们对于 5 阶行列式 $|A|$ 来叙述证明的思路，这一思路对于 n 阶行列式也行得通.

在 5 阶行列式 $|A|$ 中，取定两行：第 i_1, i_2 行 $(i_1 < i_2)$，要证明下式成立：

$$|A| = \sum_{1\leqslant j_1<j_2\leqslant 5} A\begin{pmatrix}i_1,i_2\\j_1,j_2\end{pmatrix}(-1)^{(i_1+i_2)+(j_1+j_2)} A\begin{pmatrix}i_1',i_2',i_3'\\j_1',j_2',j_3'\end{pmatrix}, \qquad (13)$$

其中 $\{i_1',i_2',i_3'\}$ 是 $\{i_1,i_2\}$ 对于全集 $\{1,2,3,4,5\}$ 的补集，且 $i_1'<i_2'<i_3'$；$\{j_1',j_2',j_3'\}$ 是 $\{j_1,j_2\}$ 对于全集 $\{1,2,3,4,5\}$ 的补集，且 $j_1'<j_2'<j_3'$。

证明思路如下：(13) 式左端 $|A|$ 是 5! 项的代数和。我们来看右端是多少项的代数和。右端中的 2 阶子式是 2! 项的代数和，3 阶子式是 3! 项的代数和，它们的乘积展开后为 2! 3! 项的代数和。又由于右端连加号中求和的项数为 C_5^2，因此右端的代数和中的项数为

$$C_5^2 \cdot 2!\, 3! = \frac{5!}{2!\,3!} 2!\,3! = 5!.$$

这证明了 (13) 式右端的项数等于左端的项数。如果我们能进一步证明右端的每一项都是左端的某一项，那么右端的 5! 项的代数和就正好是左端的 5! 项的代数和，从而右端与左端相等。这第二步的证明可以看丘维声编著的《高等代数（上册）》（高等教育出版社出版）的第 72~73 页。

定理 1 称为行列式按 k 行展开定理，也称为**拉普拉斯定理**。

由于行列式中行与列的地位对称，因此也有行列式按 k 列展开定理：

定理 2 n 阶行列式 $|A|$ 中，取定 k 列，则这 k 列元素形成的所有 k 阶子式与它们自己的代数余子式的乘积之和等于 $|A|$。∎

行列式按 k 行（列）展开定理在计算某些特殊类型的行列式时发挥着重要作用。看下面的例子。

示范

例 1 证明下式成立：

$$\begin{vmatrix} a_{11} & \cdots & a_{1k} & 0 & \cdots & 0 \\ \vdots & & \vdots & \vdots & & \vdots \\ a_{k1} & \cdots & a_{kk} & 0 & \cdots & 0 \\ c_{11} & \cdots & c_{1k} & b_{11} & \cdots & b_{1r} \\ \vdots & & \vdots & \vdots & & \vdots \\ c_{r1} & \cdots & c_{rk} & b_{r1} & \cdots & b_{rr} \end{vmatrix} = \begin{vmatrix} a_{11} & \cdots & a_{1k} \\ \vdots & & \vdots \\ a_{k1} & \cdots & a_{kk} \end{vmatrix} \cdot \begin{vmatrix} b_{11} & \cdots & b_{1r} \\ \vdots & & \vdots \\ b_{r1} & \cdots & b_{rr} \end{vmatrix}. \qquad (14)$$

证明 把 (14) 式左端的行列式按前 k 行展开，这 k 行元素形成的 k 阶子式中，只有左上角的 k 阶子式的值可能不为零，其余的 k 阶子式一定包含零列，从而其值为零。左上角的 k 阶子式的余子式正好是右下角的 r 阶子式，并且

$$(-1)^{(1+2+\cdots+k)+(1+2+\cdots+k)} = 1,$$

因此 (14) 式成立。

令

$$A_1 = \begin{bmatrix} a_{11} & \cdots & a_{1k} \\ \vdots & & \vdots \\ a_{k1} & \cdots & a_{kk} \end{bmatrix}, \quad A_2 = \begin{bmatrix} b_{11} & \cdots & b_{1r} \\ \vdots & & \vdots \\ b_{r1} & \cdots & b_{rr} \end{bmatrix}, \quad C = \begin{bmatrix} c_{11} & \cdots & c_{1k} \\ \vdots & & \vdots \\ c_{r1} & \cdots & c_{rk} \end{bmatrix},$$

则(14)式可以简洁地写成

$$\begin{vmatrix} A_1 & 0 \\ C & A_2 \end{vmatrix} = |A_1||A_2|. \tag{15}$$

注意(15)式中 A_1, A_2 都必须是方阵.

公式(15)是非常有用的.

习 题 2.6

1. 计算行列式

$$\begin{vmatrix} 2 & 3 & 0 & 0 & 0 \\ -1 & 4 & 0 & 0 & 0 \\ 37 & 85 & 1 & 2 & 0 \\ 29 & 73 & 0 & 3 & 4 \\ 19 & 67 & 1 & 0 & 2 \end{vmatrix}.$$

2. 计算行列式

$$\begin{vmatrix} a_{11} & \cdots & a_{1k} & c_{11} & \cdots & c_{1r} \\ \vdots & & \vdots & \vdots & & \vdots \\ a_{k1} & \cdots & a_{kk} & c_{k1} & \cdots & c_{kr} \\ 0 & \cdots & 0 & b_{11} & \cdots & b_{1r} \\ \vdots & & \vdots & \vdots & & \vdots \\ 0 & \cdots & 0 & b_{r1} & \cdots & b_{rr} \end{vmatrix}.$$

*3. 计算行列式

$$\begin{vmatrix} 0 & \cdots & 0 & a_{11} & \cdots & a_{1k} \\ \vdots & & \vdots & \vdots & & \vdots \\ 0 & \cdots & 0 & a_{k1} & \cdots & a_{kk} \\ b_{11} & \cdots & b_{1r} & c_{11} & \cdots & c_{1k} \\ \vdots & & \vdots & \vdots & & \vdots \\ b_{r1} & \cdots & b_{rr} & c_{r1} & \cdots & c_{rk} \end{vmatrix}.$$

*4. 设 $|A|$ 是关于 $1, 2, \cdots, n$ 这 n 个数的范德蒙行列式. 计算:

(1) $A\begin{pmatrix} 1, 2, \cdots, n-1 \\ 2, 3, \cdots, n \end{pmatrix}$;

(2) $A\begin{pmatrix} 1, 2, \cdots, n-1 \\ 1, 3, \cdots, n \end{pmatrix}$.

第三章 线性方程组的进一步理论

思考

为了直接用线性方程组的系数和常数项判断方程组有没有解,有多少解,我们在第二章给出了用系数行列式判断 n 个方程的 n 元线性方程组有惟一解的充分必要条件.这一判定方法只适用于方程个数与未知量个数相等的线性方程组;而且当系数行列式等于零时,只能得出方程组无解或有无穷多个解的结论,没有区分出何时无解,何时有无穷多个解.能不能对于任意的线性方程组,给出直接从它的系数和常数项判断方程组有没有解,有多少解的方法呢?为此,我们需要探讨和建立线性方程组的进一步理论.这一理论还将使我们能弄清楚线性方程组有无穷多个解时解集的结构.

探索

判断下述线性方程组有没有解?有多少解?

$$\begin{cases} x_1 - x_2 = -2, \\ x_1 - 2x_2 = -5, \\ 3x_1 - 4x_2 = -9. \end{cases}$$

我们按照第一章给出的方法,把方程组的增广矩阵经过初等行变换化成阶梯形矩阵:

$$\begin{bmatrix} 1 & -1 & -2 \\ 1 & -2 & -5 \\ 3 & -4 & -9 \end{bmatrix} \rightarrow \begin{bmatrix} 1 & -1 & -2 \\ 0 & -1 & -3 \\ 0 & -1 & -3 \end{bmatrix} \rightarrow \begin{bmatrix} 1 & -1 & -2 \\ 0 & -1 & -3 \\ 0 & 0 & 0 \end{bmatrix},$$

由此看出,方程组有解,并且有惟一解.

在上述化成阶梯形矩阵的过程中,需要把一行的倍数加到另一行上.例如,把第 1 行的 (-3) 倍加到第 3 行上.第 1 行的 (-3) 倍可以写成

$$(-3)(1, -1, -2) = (-3, 3, 6), \tag{1}$$

再把它加到第 3 行上,可以写成

$$(-3, 3, 6) + (3, -4, -9) = (0, -1, -3). \tag{2}$$

从上述例子受到启发,为了研究直接从线性方程组的系数和常数项判断它有没有解,有多少解的问题,需要在所有 n 元有序数组组成的集合中,规定像(2)式那样的加法运算,以及像(1)式那样的数量乘法运算.因此这一章我们将研究规定了加法和数量乘法运算的 n 元有序数组的集合的结构,然后利用它研究如何直接从线性方程组的系数和常数项判断方程组有无解,有多少解的问题,以及方程组有无穷多个解时解集的结构问题.

§1　n 维向量空间 K^n

抽象

取定一个数域 K, 设 n 是任意给定的一个正整数. 令

$$K^n \xlongequal{\text{def}} \{(a_1, a_2, \cdots, a_n) \mid a_i \in K, i = 1, 2, \cdots, n\}.$$

K^n 中的两个元素 $(a_1, a_2, \cdots, a_n)$ 与 $(b_1, b_2, \cdots, b_n)$ 称为**相等**, 如果它们满足: $a_1 = b_1, a_2 = b_2, \cdots, a_n = b_n$.

K^n 中的元素用小写希腊字母 $\alpha, \beta, \gamma, \cdots$ 表示.

在 K^n 中规定加法运算如下:

$$(a_1, a_2, \cdots, a_n) + (b_1, b_2, \cdots, b_n) \xlongequal{\text{def}} (a_1 + b_1, a_2 + b_2, \cdots, a_n + b_n). \tag{1}$$

在 K 的元素与 K^n 的元素之间规定数量乘法运算如下:

$$k(a_1, a_2, \cdots, a_n) \xlongequal{\text{def}} (ka_1, ka_2, \cdots, ka_n), \quad k \in K. \tag{2}$$

容易直接验证加法和数量乘法满足下述 8 条运算法则: 对于任意 $\alpha, \beta, \gamma \in K^n$, 以及任意 $k, l \in K$, 有

1° $\alpha + \beta = \beta + \alpha$ （加法**交换律**）;

2° $(\alpha + \beta) + \gamma = \alpha + (\beta + \gamma)$ （加法**结合律**）;

3° 把元素 $(0, 0, \cdots, 0)$ 记作 0, 它使得

$$0 + \alpha = \alpha + 0 = \alpha,$$

称 0 是 K^n 的**零元素**;

4° 对于 $\alpha = (a_1, a_2, \cdots, a_n) \in K^n$, 令

$$-\alpha \xlongequal{\text{def}} (-a_1, -a_2, \cdots, -a_n) \in K^n,$$

我们有

$$\alpha + (-\alpha) = (-\alpha) + \alpha = 0,$$

称 $-\alpha$ 是 α 的**负元素**;

5° $1\alpha = \alpha$;

6° $(kl)\alpha = k(l\alpha)$;

7° $(k+l)\alpha = k\alpha + l\alpha$;

8° $k(\alpha + \beta) = k\alpha + k\beta$.

定义 1　数域 K 上所有 n 元有序数组组成的集合 K^n, 连同定义在它上面的加法运算和数量乘法运算及其满足的 8 条运算法则一起, 称为数域 K 上的一个 **n 维向量空间**. K^n 的元素称为 **n 维向量**; 设向量 $\alpha = (a_1, a_2, \cdots, a_n)$, 称 a_i 是 α 的第 i 个**分量**.

在 n 维向量空间 K^n 中,可以定义减法运算如下:
$$\alpha - \beta \xlongequal{\text{def}} \alpha + (-\beta). \tag{3}$$
在 n 维向量空间 K^n 中,容易直接验证下述 4 条性质:
$$0\alpha = 0; \tag{4}$$
$$(-1)\alpha = -\alpha; \tag{5}$$
$$k0 = 0; \tag{6}$$
$$k\alpha = 0 \implies k = 0 \text{ 或者 } \alpha = 0. \tag{7}$$

n 元有序数组可以写成一行:$(a_1, a_2, \cdots, a_n)$,称它为**行向量**. 也可以把 n 元有序数组写成一列:
$$\begin{bmatrix} a_1 \\ a_2 \\ \vdots \\ a_n \end{bmatrix},$$
称它为**列向量**. 把写成列的所有 n 元有序数组组成的集合仍记作 K^n,并且在 K^n 中类似地定义加法运算,在 K 的元素与 K^n 的元素之间定义数量乘法运算,它们仍满足 8 条运算法则,因此这时 K^n 也是数域 K 上的一个 n 维向量空间. 它与前面所说的 n 维向量空间 K^n 没有本质的区别,只是元素的写法不同而已.

例如,数域 K 上的 $s \times n$ 矩阵
$$A = \begin{bmatrix} a_{11} & a_{12} & \cdots & a_{1n} \\ a_{21} & a_{22} & \cdots & a_{2n} \\ \vdots & \vdots & & \vdots \\ a_{s1} & a_{s2} & \cdots & a_{sn} \end{bmatrix},$$
A 的每一行是 n 维行向量,把第 i 个行向量 $(a_{i1}, a_{i2}, \cdots, a_{in})$ 记作 γ_i,则 $\gamma_1, \gamma_2, \cdots, \gamma_s$ 称为 A 的**行向量组**. A 的每一列是 s 维列向量,把第 j 个列向量
$$\begin{bmatrix} a_{1j} \\ a_{2j} \\ \vdots \\ a_{sj} \end{bmatrix}$$
记作 α_j,则 $\alpha_1, \alpha_2, \cdots, \alpha_n$ 称为 A 的**列向量组**.

观察

在 K^3 中,设
$$\alpha_1 = \begin{bmatrix} 1 \\ -1 \\ 2 \end{bmatrix}, \quad \alpha_2 = \begin{bmatrix} 0 \\ 5 \\ -3 \end{bmatrix},$$

则
$$3\alpha_1 + 2\alpha_2 = 3\begin{bmatrix}1\\-1\\2\end{bmatrix} + 2\begin{bmatrix}0\\5\\-3\end{bmatrix} = \begin{bmatrix}3\\7\\0\end{bmatrix}. \tag{8}$$

我们把 $3\alpha_1 + 2\alpha_2$ 称为 α_1, α_2 的一个**线性组合**. 记
$$\beta = \begin{bmatrix}3\\7\\0\end{bmatrix},$$

从(8)式知道, $\beta = 3\alpha_1 + 2\alpha_2$, 我们称 β 可以由 α_1, α_2 **线性表出**.

抽象

在 K^n 中, 给定向量组 $\alpha_1, \alpha_2, \cdots, \alpha_s$, 任给 K 中一组数 $k_1, k_2, \cdots, k_s$, 我们把 $k_1\alpha_1 + k_2\alpha_2 + \cdots + k_s\alpha_s$ 称为向量组 $\alpha_1, \alpha_2, \cdots, \alpha_s$ 的一个**线性组合**, 把 $k_1, k_2, \cdots, k_s$ 称为**系数**.

对于 $\beta \in K^n$, 如果存在 K 中一组数 $c_1, c_2, \cdots, c_s$ 使得
$$\beta = c_1\alpha_1 + c_2\alpha_2 + \cdots + c_s\alpha_s, \tag{9}$$

则称 β 可以由 $\alpha_1, \alpha_2, \cdots, \alpha_s$ **线性表出**.

分析

利用向量的加法运算和数量乘法运算, 我们可以把数域 K 上的 n 元线性方程组
$$\begin{cases}a_{11}x_1 + a_{12}x_2 + \cdots + a_{1n}x_n = b_1,\\ a_{21}x_1 + a_{22}x_2 + \cdots + a_{2n}x_n = b_2,\\ \cdots\cdots\cdots\cdots\cdots\cdots\cdots\cdots\cdots\cdots\cdots\cdots\\ a_{s1}x_1 + a_{s2}x_2 + \cdots + a_{sn}x_n = b_s\end{cases} \tag{10}$$

写成
$$x_1\begin{bmatrix}a_{11}\\a_{21}\\\vdots\\a_{s1}\end{bmatrix} + x_2\begin{bmatrix}a_{12}\\a_{22}\\\vdots\\a_{s2}\end{bmatrix} + \cdots + x_n\begin{bmatrix}a_{1n}\\a_{2n}\\\vdots\\a_{sn}\end{bmatrix} = \begin{bmatrix}b_1\\b_2\\\vdots\\b_s\end{bmatrix}. \tag{11}$$

令
$$\alpha_1 = \begin{bmatrix}a_{11}\\a_{21}\\\vdots\\a_{s1}\end{bmatrix}, \alpha_2 = \begin{bmatrix}a_{12}\\a_{22}\\\vdots\\a_{s2}\end{bmatrix}, \cdots, \alpha_n = \begin{bmatrix}a_{1n}\\a_{2n}\\\vdots\\a_{sn}\end{bmatrix}, \beta = \begin{bmatrix}b_1\\b_2\\\vdots\\b_s\end{bmatrix},$$

则线性方程组(10)可以写成
$$x_1\alpha_1 + x_2\alpha_2 + \cdots + x_n\alpha_n = \beta, \tag{12}$$

其中 $\alpha_1, \alpha_2, \cdots, \alpha_n$ 是方程组的系数矩阵的列向量组, β 是常数项组成的列向量. 于是

数域 K 上的线性方程组 $x_1\alpha_1+x_2\alpha_2+\cdots+x_n\alpha_n=\beta$ **有解**

$\iff K$ 中存在一组数 $c_1,c_2,\cdots,c_n$，使得下式成立：
$$c_1\alpha_1+c_2\alpha_2+\cdots+c_n\alpha_n=\beta$$

$\iff \beta$ 可以由 $\alpha_1,\alpha_2,\cdots,\alpha_n$ **线性表出**. (13)

这样我们把线性方程组有没有解的问题归结为：**常数项列向量 β 能不能由系数矩阵的列向量组线性表出**. 这个结论具有双向作用：一方面，为了从理论上研究线性方程组有没有解，就需要去研究 β 能否由 $\alpha_1,\alpha_2,\cdots,\alpha_n$ 线性表出；另一方面，对于 K^n 中给定的向量组 $\alpha_1,\alpha_2,\cdots,\alpha_n$，以及给定的 β，为了判断 β 能否由 $\alpha_1,\alpha_2,\cdots,\alpha_n$ 线性表出，就可以去判断线性方程组 $x_1\alpha_1+x_2\alpha_2+\cdots+x_n\alpha_n=\beta$ 是否有解（用第一章给出的判定方法）.

示范

例 1 在 K^3 中，设
$$\alpha_1=\begin{bmatrix}1\\2\\-3\end{bmatrix},\quad \alpha_2=\begin{bmatrix}5\\-5\\12\end{bmatrix},\quad \alpha_3=\begin{bmatrix}1\\-3\\6\end{bmatrix},\quad \beta=\begin{bmatrix}2\\-1\\3\end{bmatrix},$$

判断 β 能否由向量组 $\alpha_1,\alpha_2,\alpha_3$ 线性表出？若能够，写出它的一种表出方式.

解 把线性方程组 $x_1\alpha_1+x_2\alpha_2+x_3\alpha_3=\beta$ 的增广矩阵经过初等行变换化成阶梯形矩阵：
$$\begin{bmatrix}1&5&1&2\\2&-5&-3&-1\\-3&12&6&3\end{bmatrix}\rightarrow\begin{bmatrix}1&5&1&2\\0&3&1&1\\0&0&0&0\end{bmatrix}.$$

由此看出，线性方程组有解. 从而 β 能够由向量组 $\alpha_1,\alpha_2,\alpha_3$ 线性表出. 为了写出一种表出方式，我们把阶梯形矩阵进一步化成简化行阶梯形矩阵：
$$\begin{bmatrix}1&5&1&2\\0&3&1&1\\0&0&0&0\end{bmatrix}\rightarrow\begin{bmatrix}1&0&-\frac{2}{3}&\frac{1}{3}\\0&1&\frac{1}{3}&\frac{1}{3}\\0&0&0&0\end{bmatrix},$$

于是方程组的一般解为
$$\begin{cases}x_1=\frac{2}{3}x_3+\frac{1}{3},\\ x_2=-\frac{1}{3}x_3+\frac{1}{3},\end{cases}$$

其中 x_3 是自由未知量. 令 $x_3=1$，得 $x_1=1,x_2=0$. 于是
$$\beta=\alpha_1+\alpha_3.$$

由于方程组有无穷多个解，因此 β 由 $\alpha_1,\alpha_2,\alpha_3$ 线性表出的方式有无穷多种.

习 题 3.1

1. 在 K^4 中,设

$$\alpha_1 = \begin{bmatrix} 1 \\ -2 \\ 5 \\ 3 \end{bmatrix}, \quad \alpha_2 = \begin{bmatrix} 4 \\ 7 \\ -2 \\ 6 \end{bmatrix}, \quad \alpha_3 = \begin{bmatrix} -10 \\ -25 \\ 16 \\ -12 \end{bmatrix}.$$

求 $\alpha_1, \alpha_2, \alpha_3$ 的以下列各组数为系数的线性组合 $k_1\alpha_1 + k_2\alpha_2 + k_3\alpha_3$:

(1) $k_1 = -2$, $k_2 = 3$, $k_3 = 1$;

(2) $k_1 = 0$, $k_2 = 0$, $k_3 = 0$.

2. 在 K^4 中,设 $\alpha = (6, -2, 0, 4)'$, $\beta = (-3, 1, 5, 7)'$. 求向量 γ 使得 $2\alpha + \gamma = 3\beta$.

3. 在 K^4 中,判断向量 β 能否由下列向量组 $\alpha_1, \alpha_2, \alpha_3$ 线性表出. 若能,写出它的一种表示方式.

(1) $\alpha_1 = \begin{bmatrix} -1 \\ 3 \\ 0 \\ -5 \end{bmatrix}, \quad \alpha_2 = \begin{bmatrix} 2 \\ 0 \\ 7 \\ -3 \end{bmatrix}, \quad \alpha_3 = \begin{bmatrix} -4 \\ 1 \\ -2 \\ 6 \end{bmatrix}, \quad \beta = \begin{bmatrix} 8 \\ 3 \\ -1 \\ -25 \end{bmatrix};$

(2) $\alpha_1 = \begin{bmatrix} -2 \\ 7 \\ 1 \\ 3 \end{bmatrix}, \quad \alpha_2 = \begin{bmatrix} 3 \\ -5 \\ 0 \\ -2 \end{bmatrix}, \quad \alpha_3 = \begin{bmatrix} -5 \\ -6 \\ 3 \\ -1 \end{bmatrix}, \quad \beta = \begin{bmatrix} -8 \\ -3 \\ 7 \\ -10 \end{bmatrix};$

(3) $\alpha_1 = \begin{bmatrix} 3 \\ -5 \\ 2 \\ -4 \end{bmatrix}, \quad \alpha_2 = \begin{bmatrix} -1 \\ 7 \\ -3 \\ 6 \end{bmatrix}, \quad \alpha_3 = \begin{bmatrix} 3 \\ 11 \\ -5 \\ 10 \end{bmatrix}, \quad \beta = \begin{bmatrix} 2 \\ -30 \\ 13 \\ -26 \end{bmatrix}.$

4. 在 K^n 中,令

$$\varepsilon_1 = \begin{bmatrix} 1 \\ 0 \\ 0 \\ \vdots \\ 0 \\ 0 \end{bmatrix}, \quad \varepsilon_2 = \begin{bmatrix} 0 \\ 1 \\ 0 \\ \vdots \\ 0 \\ 0 \end{bmatrix}, \quad \cdots, \quad \varepsilon_n = \begin{bmatrix} 0 \\ 0 \\ 0 \\ \vdots \\ 0 \\ 1 \end{bmatrix}.$$

证明: K^n 中任一向量 $\alpha = (a_1, a_2, \cdots, a_n)'$ 能够由向量组 $\varepsilon_1, \varepsilon_2, \cdots, \varepsilon_n$ 线性表出,并且表出方式惟一,写出这种表出方式.

5. 在 K^4 中,设

$$\alpha_1 = \begin{bmatrix} 1 \\ 0 \\ 0 \\ 0 \end{bmatrix}, \quad \alpha_2 = \begin{bmatrix} 1 \\ 1 \\ 0 \\ 0 \end{bmatrix}, \quad \alpha_3 = \begin{bmatrix} 1 \\ 1 \\ 1 \\ 0 \end{bmatrix}, \quad \alpha_4 = \begin{bmatrix} 1 \\ 1 \\ 1 \\ 1 \end{bmatrix}.$$

证明：K^4 中任一向量 $\alpha=(a_1,a_2,a_3,a_4)'$ 可以由向量组 $\alpha_1,\alpha_2,\alpha_3,\alpha_4$ 线性表出，并且表出方式惟一，写出这种表出方式.

6. 证明：向量组 $\alpha_1,\alpha_2,\cdots,\alpha_s$ 中任一向量 α_i 可以由这个向量组线性表出.

§2 线性相关与线性无关的向量组

观察

在上一节中，我们把线性方程组有没有解的问题归结为：常数项列向量能不能由系数矩阵的列向量组线性表出. 如何研究 K^n 中一个向量能不能由一个向量组线性表出呢？

实数域 **R** 上的 3 维向量空间 $\mathbf{R}^3$ 的元素是 3 元有序实数组. 在几何空间（由所有以原点为起点的向量组成）中，取定一个坐标系后，每个 3 元有序实数组表示一个向量. 因此可以把 $\mathbf{R}^3$ 看成几何空间. 这样我们可以从几何空间受到启发，来研究 K^n 中一个向量能否由向量组线性表出的问题.

几何空间中，设 α_1,α_2 不共线. 如果 α_3 可以由 α_1,α_2 线性表出，则 $\alpha_1,\alpha_2,\alpha_3$ 共面；如果 α_4 不能由 α_1,α_2 线性表出，则 $\alpha_1,\alpha_2,\alpha_4$ 不共面. 如图 3-1 所示. 从解析几何知道（参看丘维声编《解析几何》（北京大学出版社出版）第 8 页）

$\alpha_1,\alpha_2,\alpha_3$ 共面的充分必要条件是有不全为零的实数 k_1,k_2,k_3 使得

$$k_1\alpha_1 + k_2\alpha_2 + k_3\alpha_3 = 0.$$

$\alpha_1,\alpha_2,\alpha_4$ 不共面的充分必要条件是：从

$$k_1\alpha_1 + k_2\alpha_2 + k_4\alpha_4 = 0$$

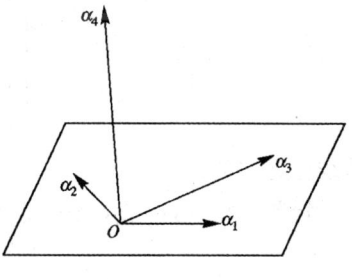

图 3-1

可以推出 $k_1=0, k_2=0, k_4=0$.

从几何空间的上述例子受到启发，在 K^n 中为了研究一个向量能不能由一个向量组线性表出，就需要研究像上述两种类型的向量组.

抽象

定义 1 K^n 中向量组 $\alpha_1,\alpha_2,\cdots,\alpha_s(s\geqslant 1)$ 称为是**线性相关**的，如果有 K 中不全为零的数 $k_1,k_2,\cdots,k_s$ 使得

$$k_1\alpha_1 + k_2\alpha_2 + \cdots + k_s\alpha_s = 0. \tag{1}$$

定义 2 K^n 中向量组 $\alpha_1, \alpha_2, \cdots, \alpha_s (s \geqslant 1)$ 如果不是线性相关的,则称为**线性无关**的. 即, 如果从

$$k_1\alpha_1 + k_2\alpha_2 + \cdots + k_s\alpha_s = 0$$

可以推出所有系数 $k_1, k_2, \cdots, k_s$ 全为 0,则称向量组 $\alpha_1, \alpha_2, \cdots, \alpha_s$ 是**线性无关**的.

根据定义 1 和定义 2 以及解析几何的结论得,几何空间中,共面的三个向量是线性相关的,不共面的三个向量是线性无关的;共线的两个向量是线性相关的,不共线的两个向量是线性无关的.

下面看几个简单的例子.

(1) 包含零向量的向量组一定线性相关. 这是因为

$$1 \cdot 0 + 0\alpha_2 + \cdots + 0\alpha_s = 0.$$

(2) 单个向量 α 线性相关

$\Longleftrightarrow$ 存在 $k \neq 0$ 使得 $k\alpha = 0$

$\Longleftrightarrow \alpha = 0$.

由此立即得出

单个向量 α 线性无关 $\Longleftrightarrow \alpha \neq 0$.

(3) 在 K^n 中,向量组

$$\varepsilon_1 = \begin{bmatrix} 1 \\ 0 \\ 0 \\ \vdots \\ 0 \\ 0 \end{bmatrix}, \quad \varepsilon_2 = \begin{bmatrix} 0 \\ 1 \\ 0 \\ \vdots \\ 0 \\ 0 \end{bmatrix}, \quad \cdots, \quad \varepsilon_n = \begin{bmatrix} 0 \\ 0 \\ 0 \\ \vdots \\ 0 \\ 1 \end{bmatrix}$$

是线性无关的.

证明 设 $k_1\varepsilon_1 + k_2\varepsilon_2 + \cdots + k_n\varepsilon_n = 0$,即

$$k_1 \begin{bmatrix} 1 \\ 0 \\ 0 \\ \vdots \\ 0 \\ 0 \end{bmatrix} + k_2 \begin{bmatrix} 0 \\ 1 \\ 0 \\ \vdots \\ 0 \\ 0 \end{bmatrix} + \cdots + k_n \begin{bmatrix} 0 \\ 0 \\ 0 \\ \vdots \\ 0 \\ 1 \end{bmatrix} = \begin{bmatrix} 0 \\ 0 \\ 0 \\ \vdots \\ 0 \\ 0 \end{bmatrix}.$$

从而

$$\begin{bmatrix} k_1 \\ k_2 \\ k_3 \\ \vdots \\ k_n \end{bmatrix} = \begin{bmatrix} 0 \\ 0 \\ 0 \\ \vdots \\ 0 \end{bmatrix}.$$

由此得出, $k_1=0, k_2=0, k_3=0, \cdots, k_n=0$. 因此向量组 $\varepsilon_1, \varepsilon_2, \cdots, \varepsilon_n$ 是线性无关的. ∎

评注

K^n 中线性相关的向量组与线性无关的向量组的本质区别可以从以下几个方面刻画.

1. 从线性组合看.

  (1) 向量组 $\alpha_1, \alpha_2, \cdots, \alpha_s (s \geqslant 1)$ **线性相关**

    $\Longleftrightarrow$ 它们**有系数不全为零**的线性组合等于**零向量**.

  (2) 向量组 $\alpha_1, \alpha_2, \cdots, \alpha_s (s \geqslant 1)$ **线性无关**

    $\Longleftrightarrow$ 它们**只有系数全为零**的线性组合才会等于**零向量**.

2. 从线性表出看.

  (1) 向量组 $\alpha_1, \alpha_2, \cdots, \alpha_s (s \geqslant 2)$ **线性相关**

    $\Longleftrightarrow$ 其中至少**有一个向量**可以由**其余向量**线性表出.

  证明　**必要性**　设向量组 $\alpha_1, \alpha_2, \cdots, \alpha_s (s \geqslant 2)$ 线性相关, 由定义 1 得, 有 K 中不全为零的数 $k_1, k_2, \cdots, k_s$, 使得

$$k_1\alpha_1 + k_2\alpha_2 + \cdots + k_s\alpha_s = 0. \tag{2}$$

设 $k_i \neq 0$, 由(2)式得

$$\alpha_i = -\frac{k_1}{k_i}\alpha_1 - \cdots - \frac{k_{i-1}}{k_i}\alpha_{i-1} - \frac{k_{i+1}}{k_i}\alpha_{i+1} - \cdots - \frac{k_s}{k_i}\alpha_s,$$

这表明 α_i 可以由向量组的其余向量(除去 α_i 以外的向量)线性表出.

  充分性　设向量组 $\alpha_1, \alpha_2, \cdots, \alpha_s (s \geqslant 2)$ 中有一个向量 α_j 可以由其余向量线性表出, 即

$$\alpha_j = l_1\alpha_1 + \cdots + l_{j-1}\alpha_{j-1} + l_{j+1}\alpha_{j+1} + \cdots + l_s\alpha_s.$$

移项得

$$l_1\alpha_1 + \cdots + l_{j-1}\alpha_{j-1} - \alpha_j + l_{j+1}\alpha_{j+1} + \cdots + l_s\alpha_s = 0. \tag{3}$$

(3)式左端的系数中至少有一个数 $-1 \neq 0$, 因此 $\alpha_1, \alpha_2, \cdots, \alpha_s$ 线性相关.

  (2) 向量组 $\alpha_1, \alpha_2, \cdots, \alpha_s (s \geqslant 2)$ **线性无关**

    $\Longleftrightarrow$ 其中**每一个向量**都不能由**其余向量**线性表出.

3. 从齐次线性方程组看.

  (1) 列向量组 $\alpha_1, \alpha_2, \cdots, \alpha_s (s \geqslant 1)$ **线性相关**

    $\Longleftrightarrow$ 有 K 中不全为零的数 $k_1, k_2, \cdots, k_s$ 使得

$$k_1\alpha_1 + k_2\alpha_2 + \cdots + k_s\alpha_s = 0$$

    $\Longleftrightarrow$ 齐次线性方程组 $x_1\alpha_1 + x_2\alpha_2 + \cdots + x_s\alpha_s = 0$ **有非零解**.

  (2) 列向量组 $\alpha_1, \alpha_2, \cdots, \alpha_s (s \geqslant 1)$ **线性无关**

    $\Longleftrightarrow$ 齐次线性方程组 $x_1\alpha_1 + x_2\alpha_2 + \cdots + x_s\alpha_s = 0$ **只有零解**.

4. 从行列式看.

  (1) n 个 n 维列向量 $\alpha_1, \alpha_2, \cdots, \alpha_n$ **线性相关**

⟺ 以 $\alpha_1, \alpha_2, \cdots, \alpha_n$ 为列向量组的矩阵的**行列式等于零**.

(2) n 个 n 维列向量 $\alpha_1, \alpha_2, \cdots, \alpha_n$ **线性无关**

⟺ 以 $\alpha_1, \alpha_2, \cdots, \alpha_n$ 为列向量组的矩阵的**行列式不等于零**.

由于行向量组 $\alpha_1, \alpha_2, \cdots, \alpha_n$ 线性相关当且仅当列向量组 $\alpha_1', \alpha_2', \cdots, \alpha_n'$ 线性相关,并且 $|A| = |A'|$,因此也有

n 个 n 维行向量 $\alpha_1, \alpha_2, \cdots, \alpha_n$ 线性相关(线性无关)

⟺ 以 $\alpha_1, \alpha_2, \cdots, \alpha_n$ 为行向量组的矩阵的行列式等于零(不等于零).

示范

例1 证明:如果向量组的一个部分组线性相关,则整个向量组也线性相关.

证明 设向量组 $\alpha_1, \alpha_2, \cdots, \alpha_t, \alpha_{t+1}, \cdots, \alpha_s$ 的一个部分组,譬如说,$\alpha_1, \alpha_2, \cdots, \alpha_t$ 线性相关,则有数域 K 中不全为零的数 $k_1, k_2, \cdots, k_t$ 使得 $k_1\alpha_1 + k_2\alpha_2 + \cdots + k_t\alpha_t = 0$. 从而有

$$k_1\alpha_1 + k_2\alpha_2 + \cdots + k_t\alpha_t + 0\alpha_{t+1} + \cdots + 0\alpha_s = 0.$$

由于 $k_1, k_2, \cdots, k_t, 0, \cdots, 0$ 不全为零,因此 $\alpha_1, \alpha_2, \cdots, \alpha_t, \alpha_{t+1}, \cdots, \alpha_s$ 线性相关. ∎

由例1立即得到:如果向量组线性无关,则它的任何一个部分组也线性无关.

例2 证明:如果向量组 $\alpha_1, \alpha_2, \alpha_3$ 线性无关,则向量组 $\alpha_1 + \alpha_2, \alpha_2 + \alpha_3, \alpha_3 + \alpha_1$ 也线性无关.

证明 设

$$k_1(\alpha_1 + \alpha_2) + k_2(\alpha_2 + \alpha_3) + k_3(\alpha_3 + \alpha_1) = 0. \tag{4}$$

整理得

$$(k_1 + k_3)\alpha_1 + (k_1 + k_2)\alpha_2 + (k_2 + k_3)\alpha_3 = 0. \tag{5}$$

已知 $\alpha_1, \alpha_2, \alpha_3$ 线性无关,于是从(5)式得

$$\begin{cases} k_1 + k_3 = 0, \\ k_1 + k_2 = 0, \\ k_2 + k_3 = 0. \end{cases} \tag{6}$$

齐次线性方程组(6)的系数行列式为

$$\begin{vmatrix} 1 & 0 & 1 \\ 1 & 1 & 0 \\ 0 & 1 & 1 \end{vmatrix} = \begin{vmatrix} 1 & 0 & 1 \\ 0 & 1 & -1 \\ 0 & 1 & 1 \end{vmatrix} = \begin{vmatrix} 1 & -1 \\ 1 & 1 \end{vmatrix} = 2 \neq 0,$$

因此方程组(6)只有零解. 即 $k_1 = 0, k_2 = 0, k_3 = 0$. 从而向量组 $\alpha_1 + \alpha_2, \alpha_2 + \alpha_3, \alpha_3 + \alpha_1$ 线性无关. ∎

例3 判断下列向量组是线性相关还是线性无关?如果线性相关,试找出其中一个向量,使得它可以由其余向量线性表出,并且写出它的一种表达式.

(1) $\alpha_1 = \begin{bmatrix} 1 \\ -2 \\ 0 \\ 3 \end{bmatrix}, \alpha_2 = \begin{bmatrix} 2 \\ 5 \\ -1 \\ 0 \end{bmatrix}, \alpha_3 = \begin{bmatrix} 3 \\ 4 \\ 1 \\ 2 \end{bmatrix};$

(2) $\alpha_1 = \begin{bmatrix} 3 \\ 4 \\ -2 \end{bmatrix}, \alpha_2 = \begin{bmatrix} 2 \\ -5 \\ 0 \end{bmatrix}, \alpha_3 = \begin{bmatrix} 5 \\ 0 \\ -1 \end{bmatrix}, \alpha_4 = \begin{bmatrix} 3 \\ 3 \\ -3 \end{bmatrix};$

(3) $\alpha_1 = \begin{bmatrix} 1 \\ a \\ a^2 \end{bmatrix}, \alpha_2 = \begin{bmatrix} 1 \\ b \\ b^2 \end{bmatrix}, \alpha_3 = \begin{bmatrix} 1 \\ c \\ c^2 \end{bmatrix},$

其中 a,b,c 两两不同.

解 (1) 考虑齐次线性方程组 $x_1\alpha_1 + x_2\alpha_2 + x_3\alpha_3 = 0$,把它的系数矩阵经过初等行变换化成阶梯形矩阵:

$$\begin{bmatrix} 1 & 2 & 3 \\ -2 & 5 & 4 \\ 0 & -1 & 1 \\ 3 & 0 & 2 \end{bmatrix} \rightarrow \begin{bmatrix} 1 & 2 & 3 \\ 0 & 9 & 10 \\ 0 & -1 & 1 \\ 0 & -6 & -7 \end{bmatrix} \rightarrow \begin{bmatrix} 1 & 2 & 3 \\ 0 & -1 & 1 \\ 0 & 0 & 1 \\ 0 & 0 & 0 \end{bmatrix},$$

阶梯形矩阵的非零行个数 3 等于未知量个数,因此齐次线性方程组只有零解.从而向量组 $\alpha_1, \alpha_2, \alpha_3$ 线性无关.

(2) 考虑齐次线性方程组 $x_1\alpha_1 + x_2\alpha_2 + x_3\alpha_3 + x_4\alpha_4 = 0$,由于方程的个数 3 小于未知量的个数 4,因此它必有非零解.从而向量组 $\alpha_1, \alpha_2, \alpha_3, \alpha_4$ 线性相关.

为了找出一个向量,使得它可以由其余向量线性表出,我们首先来求方程组的一般解.

$$\begin{bmatrix} 3 & 2 & 5 & 3 \\ 4 & -5 & 0 & 3 \\ -2 & 0 & -1 & -3 \end{bmatrix} \xrightarrow{① + ③ \cdot 1} \begin{bmatrix} 1 & 2 & 4 & 0 \\ 4 & -5 & 0 & 3 \\ -2 & 0 & -1 & -3 \end{bmatrix}$$

$$\rightarrow \begin{bmatrix} 1 & 2 & 4 & 0 \\ 0 & -13 & -16 & 3 \\ 0 & 4 & 7 & -3 \end{bmatrix} \xrightarrow{② + ③ \cdot 3} \begin{bmatrix} 1 & 2 & 4 & 0 \\ 0 & -1 & 5 & -6 \\ 0 & 4 & 7 & -3 \end{bmatrix}$$

$$\rightarrow \begin{bmatrix} 1 & 2 & 4 & 0 \\ 0 & -1 & 5 & -6 \\ 0 & 0 & 27 & -27 \end{bmatrix} \rightarrow \begin{bmatrix} 1 & 0 & 0 & 2 \\ 0 & 1 & 0 & 1 \\ 0 & 0 & 1 & -1 \end{bmatrix}.$$

于是方程组的一般解是

$$\begin{cases} x_1 = -2x_4, \\ x_2 = -x_4, \\ x_3 = x_4, \end{cases}$$

其中 x_4 是自由未知量. 令 $x_4=-1$, 得到方程组的一个解: $(2,1,-1,-1)$. 于是有
$$2\alpha_1+\alpha_2-\alpha_3-\alpha_4=0.$$
由上式得出
$$\alpha_4=2\alpha_1+\alpha_2-\alpha_3.$$

(3) 由于 a,b,c 两两不同, 因此行列式
$$\begin{vmatrix} 1 & 1 & 1 \\ a & b & c \\ a^2 & b^2 & c^2 \end{vmatrix} \neq 0,$$
从而向量组 $\alpha_1,\alpha_2,\alpha_3$ 线性无关.

例 4 设 3 维向量组
$$\alpha_1=\begin{bmatrix} a_1 \\ a_2 \\ a_3 \end{bmatrix}, \quad \alpha_2=\begin{bmatrix} b_1 \\ b_2 \\ b_3 \end{bmatrix}, \quad \alpha_3=\begin{bmatrix} c_1 \\ c_2 \\ c_3 \end{bmatrix}$$
线性无关, 把每个向量都添上 2 个分量, 则得到的 5 维向量组
$$\widetilde{\alpha}_1=\begin{bmatrix} a_1 \\ a_2 \\ a_3 \\ a_4 \\ a_5 \end{bmatrix}, \quad \widetilde{\alpha}_2=\begin{bmatrix} b_1 \\ b_2 \\ b_3 \\ b_4 \\ b_5 \end{bmatrix}, \quad \widetilde{\alpha}_3=\begin{bmatrix} c_1 \\ c_2 \\ c_3 \\ c_4 \\ c_5 \end{bmatrix}$$
也线性无关. (称 $\widetilde{\alpha}_1,\widetilde{\alpha}_2,\widetilde{\alpha}_3$ 是 $\alpha_1,\alpha_2,\alpha_3$ 的**延伸组**.)

证明 $\alpha_1,\alpha_2,\alpha_3$ 线性无关 $\Longrightarrow$ 齐次线性方程组
$$x_1\begin{bmatrix} a_1 \\ a_2 \\ a_3 \end{bmatrix}+x_2\begin{bmatrix} b_1 \\ b_2 \\ b_3 \end{bmatrix}+x_3\begin{bmatrix} c_1 \\ c_2 \\ c_3 \end{bmatrix}=0 \tag{7}$$

只有零解 $\Longrightarrow$ 齐次线性方程组
$$x_1\begin{bmatrix} a_1 \\ a_2 \\ a_3 \\ a_4 \\ a_5 \end{bmatrix}+x_2\begin{bmatrix} b_1 \\ b_2 \\ b_3 \\ b_4 \\ b_5 \end{bmatrix}+x_3\begin{bmatrix} c_1 \\ c_2 \\ c_3 \\ c_4 \\ c_5 \end{bmatrix}=0 \tag{8}$$

只有零解(否则方程组 (7) 也有非零解, 矛盾) $\Longrightarrow \widetilde{\alpha}_1,\widetilde{\alpha}_2,\widetilde{\alpha}_3$ 线性无关. ∎

由同样的方法可以证明:

如果 n 维向量组 $\alpha_1,\alpha_2,\cdots,\alpha_s$ 线性无关,把每个向量都添上 m 个分量(所添分量的位置对于 $\alpha_1,\alpha_2,\cdots,\alpha_s$ 都一样),则得到的 $n+m$ 维向量组 $\tilde{\alpha}_1,\tilde{\alpha}_2,\cdots,\tilde{\alpha}_s$ 也线性无关.

我们把上述 $\tilde{\alpha}_1,\tilde{\alpha}_2,\cdots,\tilde{\alpha}_s$ 称为 $\alpha_1,\alpha_2,\cdots,\alpha_s$ 的**延伸组**. 反过来,把 $\alpha_1,\alpha_2,\cdots,\alpha_s$ 称为 $\tilde{\alpha}_1,\tilde{\alpha}_2,\cdots,\tilde{\alpha}_s$ 的**缩短组**. 上述结论可以叙述成:

如果向量组线性无关,则它的延伸组也线性无关.

由此立即得出:

如果向量组线性相关,则它的缩短组也线性相关.

评注

在本节开头已指出,几何空间中,设 α_1,α_2 不共线(即 α_1,α_2 线性无关),则 α_3 可以由 α_1,α_2 线性表出的充分必要条件是 $\alpha_1,\alpha_2,\alpha_3$ 共面(即 $\alpha_1,\alpha_2,\alpha_3$ 线性相关). 由此受到启发,我们猜想有下述结论:

命题 1 设向量组 $\alpha_1,\alpha_2,\cdots,\alpha_s$ 线性无关,则向量 β 可以由 $\alpha_1,\alpha_2,\cdots,\alpha_s$ 线性表出的充分必要条件是 $\alpha_1,\alpha_2,\cdots,\alpha_s,\beta$ 线性相关.

证明 必要性是显然的. 下面证充分性.

设 $\alpha_1,\alpha_2,\cdots,\alpha_s,\beta$ 线性相关,则有 K 中不全为零的数 $k_1,k_2,\cdots,k_s,l$ 使得

$$k_1\alpha_1 + k_2\alpha_2 + \cdots + k_s\alpha_s + l\beta = 0. \tag{9}$$

假如 $l=0$,则 $k_1,k_2,\cdots,k_s$ 不全为 0,并且从(9)式得

$$k_1\alpha_1 + k_2\alpha_2 + \cdots + k_s\alpha_s = 0,$$

于是 $\alpha_1,\alpha_2,\cdots,\alpha_s$ 线性相关. 这与已知条件矛盾,因此 $l\neq 0$. 从而由(9)式得

$$\beta = -\frac{k_1}{l}\alpha_1 - \frac{k_2}{l}\alpha_2 - \cdots - \frac{k_s}{l}\alpha_s. \blacksquare$$

从命题 1 立即得到

推论 2 设向量组 $\alpha_1,\alpha_2,\cdots,\alpha_s$ 线性无关,则向量 β 不能由 $\alpha_1,\alpha_2,\cdots,\alpha_s$ 线性表出的充分必要条件是 $\alpha_1,\alpha_2,\cdots,\alpha_s,\beta$ 线性无关. $\blacksquare$

命题 1 和推论 2 解决了当向量组 $\alpha_1,\alpha_2,\cdots,\alpha_s$ 线性无关时,向量 β 能不能由 $\alpha_1,\alpha_2,\cdots,\alpha_s$ 线性表出的问题. 此时,若向量组 $\alpha_1,\alpha_2,\cdots,\alpha_s,\beta$ 线性相关,则 β 可以由 $\alpha_1,\alpha_2,\cdots,\alpha_s$ 线性表出;若向量组 $\alpha_1,\alpha_2,\cdots,\alpha_s,\beta$ 线性无关,则 β 不能由 $\alpha_1,\alpha_2,\cdots,\alpha_s$ 线性表出.

我们还需要研究当向量组 $\alpha_1,\alpha_2,\cdots,\alpha_s$ 线性相关时,向量 β 能不能由 $\alpha_1,\alpha_2,\cdots,\alpha_s$ 线性表出的问题. 这在下面一节来研究.

习 题 3.2

1. 下述说法对吗?为什么?

(1) "向量组 $\alpha_1,\alpha_2,\cdots,\alpha_s$,如果有全为零的数 $k_1,k_2,\cdots,k_s$ 使得 $k_1\alpha_1+k_2\alpha_2+\cdots+k_s\alpha_s=0$,

则 $\alpha_1, \alpha_2, \cdots, \alpha_s$ 线性无关."

(2) "如果有一组不全为零的数 $k_1, k_2, \cdots, k_s$ 使得
$$k_1\alpha_1 + k_1\alpha_2 + \cdots + k_s\alpha_s \neq 0,$$
则 $\alpha_1, \alpha_2, \cdots, \alpha_s$ 线性无关."

(3) "若向量组 $\alpha_1, \alpha_2, \cdots, \alpha_s (s \geq 2)$ 线性相关,则其中每一个向量都可以由其余向量线性表出."

2. 判断下列向量组是线性相关还是线性无关? 如果线性相关,试找出其中一个向量,使得它可以由其余向量线性表出,并且写出它的一种表达式.

(1) $\alpha_1 = \begin{bmatrix} 3 \\ 1 \\ 2 \\ -4 \end{bmatrix}, \alpha_2 = \begin{bmatrix} 1 \\ 0 \\ 5 \\ 2 \end{bmatrix}, \alpha_3 = \begin{bmatrix} -1 \\ 2 \\ 0 \\ 3 \end{bmatrix};$

(2) $\alpha_1 = \begin{bmatrix} -2 \\ 1 \\ 0 \\ 3 \end{bmatrix}, \alpha_2 = \begin{bmatrix} 1 \\ -3 \\ 2 \\ 4 \end{bmatrix}, \alpha_3 = \begin{bmatrix} 3 \\ 0 \\ 2 \\ -1 \end{bmatrix}, \alpha_4 = \begin{bmatrix} 2 \\ -2 \\ 4 \\ 6 \end{bmatrix};$

(3) $\alpha_1 = \begin{bmatrix} 3 \\ -1 \\ 2 \end{bmatrix}, \alpha_2 = \begin{bmatrix} 1 \\ 5 \\ -7 \end{bmatrix}, \alpha_3 = \begin{bmatrix} 7 \\ -13 \\ 20 \end{bmatrix}, \alpha_4 = \begin{bmatrix} -2 \\ 6 \\ 1 \end{bmatrix};$

(4) $\alpha_1 = \begin{bmatrix} 1 \\ -2 \\ 4 \end{bmatrix}, \alpha_2 = \begin{bmatrix} 1 \\ 3 \\ 9 \end{bmatrix}, \alpha_3 = \begin{bmatrix} 1 \\ 4 \\ 16 \end{bmatrix}.$

3. 证明:几何空间中任意 4 个向量都线性相关.

*4. 证明:K^n 中,任意 $n+1$ 个向量都线性相关.

5. 证明:如果向量组 $\alpha_1, \alpha_2, \alpha_3$ 线性无关,则向量组 $2\alpha_1 + \alpha_2, \alpha_2 + 5\alpha_3, 4\alpha_3 + 3\alpha_1$ 也线性无关.

6. 设向量组 $\alpha_1, \alpha_2, \alpha_3, \alpha_4$ 线性无关,判断向量组 $\alpha_1 + \alpha_2, \alpha_2 + \alpha_3, \alpha_3 + \alpha_4, \alpha_4 + \alpha_1$ 是否线性无关?

*7. 证明:如果向量 β 可以由向量组 $\alpha_1, \alpha_2, \cdots, \alpha_s$ 线性表出,则表出方式惟一的充分必要条件是 $\alpha_1, \alpha_2, \cdots, \alpha_s$ 线性无关.

*8. 设向量组 $\alpha_1, \alpha_2, \cdots, \alpha_s$ 线性无关,$\beta = b_1\alpha_1 + b_2\alpha_2 + \cdots + b_s\alpha_s$. 如果某个 $b_i \neq 0$,则用 β 替换 α_i 以后得到的向量组 $\alpha_1, \alpha_2, \cdots, \alpha_{i-1}, \beta, \alpha_{i+1}, \cdots, \alpha_s$ 也线性无关.

*9. 设 $a_1, a_2, \cdots, a_r$ 是两两不同的数,$r \leq n$. 令
$$\alpha_1 = \begin{bmatrix} 1 \\ a_1 \\ \vdots \\ a_1^{n-1} \end{bmatrix}, \quad \alpha_2 = \begin{bmatrix} 1 \\ a_2 \\ \vdots \\ a_2^{n-1} \end{bmatrix}, \quad \cdots, \quad \alpha_r = \begin{bmatrix} 1 \\ a_r \\ \vdots \\ a_r^{n-1} \end{bmatrix},$$

证明 $\alpha_1, \alpha_2, \cdots, \alpha_r$ 是线性无关的.

§3 向量组的秩

观察

在上一节最后一段中,我们指出:还需要研究当向量组 $\alpha_1, \alpha_2, \cdots, \alpha_s$ 线性相关时,向量 β 能不能由向量组 $\alpha_1, \alpha_2, \cdots, \alpha_s$ 线性表出的问题.让我们仍从几何空间中受到启发.

几何空间中,设 $\alpha_1, \alpha_2, \alpha_3$ 共面,并且 $\alpha_1, \alpha_2, \alpha_3$ 两两不共线.如图 3-2 所示.这时 $\alpha_1, \alpha_2, \alpha_3$ 线性相关.它的一个部分组 α_1, α_2 线性无关,部分组 α_1 也线性无关.部分组 α_1, α_2 与部分组 α_1 虽然都线性无关,但它们有区别:对于部分组 α_1 来说,添上 α_3 后得到的部分组 α_1, α_3 仍线性无关.而部分组 α_1, α_2 添上 α_3 后得到的 $\alpha_1, \alpha_2, \alpha_3$ 却线性相关.由此受到启发,我们引出下述概念.

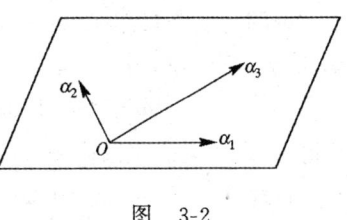

图 3-2

抽象

定义 1 K^n 中向量组的一个部分组称为一个**极大线性无关组**,如果这个部分组本身是线性无关的,但是从这个向量组的其余向量(如果还有的话)中任取一个添进去,得到的新的部分组都线性相关.

在上一段讲的几何空间的例子中,α_1, α_2 是向量组 $\alpha_1, \alpha_2, \alpha_3$ 的一个极大线性无关组.α_1 不是极大线性无关组.容易看出,α_2, α_3 以及 α_1, α_3 也是 $\alpha_1, \alpha_2, \alpha_3$ 的一个极大线性无关组.由此看到,向量组 $\alpha_1, \alpha_2, \alpha_3$ 的这些极大线性无关组所含向量的个数都是 2.对于 K^n 中的任意向量组是否也有类似的结论,即向量组 $\alpha_1, \alpha_2, \cdots, \alpha_s$ 的任意两个极大线性无关组所含向量的个数是否一定相等?为了研究这个问题,就要讨论向量组的任意两个极大线性无关组之间的关系.为此我们先一般地讨论两个向量组之间的关系.

定义 2 如果向量组 $\alpha_1, \alpha_2, \cdots, \alpha_s$ 的每一个向量都可以由向量组 $\beta_1, \beta_2, \cdots, \beta_r$ 线性表出,则称向量组 $\alpha_1, \alpha_2, \cdots, \alpha_s$ 可以由向量组 $\beta_1, \beta_2, \cdots, \beta_r$ 线性表出.如果向量组 $\alpha_1, \alpha_2, \cdots, \alpha_s$ 与向量组 $\beta_1, \beta_2, \cdots, \beta_r$ 可以互相线性表出,则称向量组 $\alpha_1, \alpha_2, \cdots, \alpha_s$ 与向量组 $\beta_1, \beta_2, \cdots, \beta_r$ **等价**,记作

$$\{\alpha_1, \alpha_2, \cdots, \alpha_s\} \cong \{\beta_1, \beta_2, \cdots, \beta_r\}.$$

向量组的等价是向量组之间的一种关系.容易看出,这种关系具有下述三条性质:

1° 反身性:任何一个向量组都与自身等价;

2° 对称性:如果 $\alpha_1, \alpha_2, \cdots, \alpha_s$ 与 $\beta_1, \beta_2, \cdots, \beta_r$ 等价,则 $\beta_1, \beta_2, \cdots, \beta_r$ 与 $\alpha_1, \alpha_2, \cdots, \alpha_s$ 等价;

3° 传递性：如果 $\{\alpha_1,\alpha_2,\cdots,\alpha_s\}\cong\{\beta_1,\beta_2,\cdots,\beta_r\}$，并且
$$\{\beta_1,\beta_2,\cdots,\beta_r\}\cong\{\gamma_1,\gamma_2,\cdots,\gamma_t\},$$
则
$$\{\alpha_1,\alpha_2,\cdots,\alpha_s\}\cong\{\gamma_1,\gamma_2,\cdots,\gamma_t\}.$$

注 容易证明线性表出有传递性，从而等价有传递性．

现在我们来讨论向量组的任意两个极大线性无关组之间的关系．为此先讨论向量组与它的极大线性无关组的关系．

命题 1 向量组与它的极大线性无关组等价．

证明 设向量组 $\alpha_1,\alpha_2,\cdots,\alpha_m,\alpha_{m+1},\cdots,\alpha_s$．不妨设它的一个极大线性无关组是 $\alpha_1,\alpha_2,\cdots,\alpha_m$．对于 $i\in\{1,2,\cdots,s\}$，有
$$\alpha_i=0\alpha_1+0\alpha_2+\cdots+0\alpha_{i-1}+1\alpha_i+0\alpha_{i+1}+\cdots+0\alpha_s,$$
因此 $\alpha_1,\alpha_2,\cdots,\alpha_m$ 可以由 $\alpha_1,\alpha_2,\cdots,\alpha_m,\cdots,\alpha_s$ 线性表出．

同理，$\alpha_1,\alpha_2,\cdots,\alpha_m$ 中每一个向量可以由 $\alpha_1,\alpha_2,\cdots,\alpha_m$ 线性表出．如果 $m<s$，任取 $j\in\{m+1,\cdots,s\}$，由极大线性无关组的定义得，$\alpha_1,\alpha_2,\cdots,\alpha_m,\alpha_j$ 线性相关．由于 $\alpha_1,\alpha_2,\cdots,\alpha_m$ 线性无关，据本章 §2 的命题 1 得，α_j 可以由 $\alpha_1,\alpha_2,\cdots,\alpha_m$ 线性表出．因此 $\alpha_1,\alpha_2,\cdots,\alpha_m,\cdots,\alpha_s$ 可以由 $\alpha_1,\alpha_2,\cdots,\alpha_m$ 线性表出．

综上述得，$\alpha_1,\alpha_2,\cdots,\alpha_m,\cdots,\alpha_s$ 与 $\alpha_1,\alpha_2,\cdots,\alpha_m$ 等价．∎

从命题 1 和等价的对称性、传递性立即得出：

推论 2 向量组的任意两个极大线性无关组等价．∎

从推论 2 知道，向量组的任意两个极大线性无关组可以互相线性表出．于是为了研究它们所含向量的个数是否相等，就需要先研究如果一个向量组可以由另一个向量组线性表出，那么它们所含向量的个数之间有什么关系．

观察

几何空间中，如果向量组 β_1,β_2,β_3 可以由向量组 α_1,α_2 线性表出，那么能得出什么结论呢？

情形 1 设 α_1,α_2 不共线．如果 β_1,β_2,β_3 可以由 α_1,α_2 线性表出，则 β_1,β_2,β_3 一定共面．如图 3-3 所示．

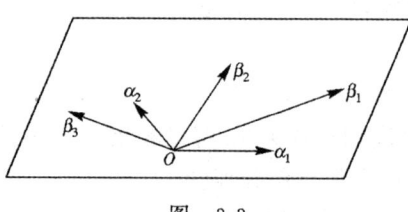

图 3-3

情形 2 设 α_1, α_2 共线. 如果 $\beta_1, \beta_2, \beta_3$ 可以由 α_1, α_2 线性表出,则 $\beta_1, \beta_2, \beta_3$ 一定共线,当然也共面. 如图 3-4 所示.

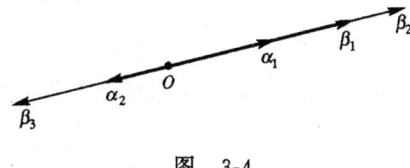

图 3-4

由此看出,无论 α_1, α_2 共线还是不共线,只要 $\beta_1, \beta_2, \beta_3$ 可以由 α_1, α_2 线性表出,那么 $\beta_1, \beta_2, \beta_3$ 一定共面(即 $\beta_1, \beta_2, \beta_3$ 线性相关).

从上述例子我们猜想有下述引理 1,并且将证明这个猜想是正确的.

论证

引理 1 设向量组 $\beta_1, \beta_2, \cdots, \beta_r$ 可以由向量组 $\alpha_1, \alpha_2, \cdots, \alpha_s$ 线性表出. 如果 $r > s$,那么向量组 $\beta_1, \beta_2, \cdots, \beta_r$ 线性相关.

证明 为了证明 $\beta_1, \beta_2, \cdots, \beta_r$ 线性相关,就需要找到一组不全为零的数 $k_1, k_2, \cdots, k_r$ 使得 $k_1\beta_1 + k_2\beta_2 + \cdots + k_r\beta_r = 0$. 为此考虑 $\beta_1, \beta_2, \cdots, \beta_r$ 的线性组合

$$x_1\beta_1 + x_2\beta_2 + \cdots + x_r\beta_r.$$

由已知条件,可设

$$\beta_1 = a_{11}\alpha_1 + a_{21}\alpha_2 + \cdots + a_{s1}\alpha_s,$$
$$\beta_2 = a_{12}\alpha_1 + a_{22}\alpha_2 + \cdots + a_{s2}\alpha_s,$$
$$\cdots\cdots\cdots\cdots\cdots\cdots\cdots\cdots\cdots$$
$$\beta_r = a_{1r}\alpha_1 + a_{2r}\alpha_2 + \cdots + a_{sr}\alpha_s,$$

于是

$$\begin{aligned}
& x_1\beta_1 + x_2\beta_2 + \cdots + x_r\beta_r \\
&= x_1(a_{11}\alpha_1 + a_{21}\alpha_2 + \cdots + a_{s1}\alpha_s) \\
&\quad + x_2(a_{12}\alpha_1 + a_{22}\alpha_2 + \cdots + a_{s2}\alpha_s) \\
&\quad + \cdots\cdots\cdots\cdots\cdots\cdots\cdots\cdots \\
&\quad + x_r(a_{1r}\alpha_1 + a_{2r}\alpha_2 + \cdots + a_{sr}\alpha_s) \\
&= (a_{11}x_1 + a_{12}x_2 + \cdots + a_{1r}x_r)\alpha_1 \\
&\quad + (a_{21}x_1 + a_{22}x_2 + \cdots + a_{2r}x_r)\alpha_2 \\
&\quad + \cdots + (a_{s1}x_1 + a_{s2}x_2 + \cdots + a_{sr}x_r)\alpha_s.
\end{aligned} \tag{1}$$

考虑下述齐次线性方程组

$$\begin{cases} a_{11}x_1 + a_{12}x_2 + \cdots + a_{1r}x_r = 0, \\ a_{21}x_1 + a_{22}x_2 + \cdots + a_{2r}x_r = 0, \\ \cdots\cdots\cdots\cdots\cdots\cdots\cdots\cdots\cdots\cdots\cdots \\ a_{s1}x_1 + a_{s2}x_2 + \cdots + a_{sr}x_r = 0. \end{cases} \quad (2)$$

由已知条件 $s < r$,因此方程组(2)必有非零解.取它的一个非零解 $(k_1, k_2, \cdots, k_r)$,则从(1)式和(2)式得

$$k_1\beta_1 + k_2\beta_2 + \cdots + k_r\beta_r = 0\alpha_1 + 0\alpha_2 + \cdots + 0\alpha_s = 0.$$

因此 $\beta_1, \beta_2, \cdots, \beta_r$ 线性相关. ∎

由引理 1 立即得出:

推论 3 设向量组 $\beta_1, \beta_2, \cdots, \beta_r$ 可以由向量组 $\alpha_1, \alpha_2, \cdots, \alpha_s$ 线性表出.如果 $\beta_1, \beta_2, \cdots, \beta_r$ 线性无关,则 $r \leqslant s$. ∎

从推论 3 得出:

推论 4 等价的线性无关的向量组所含向量的个数相等.

证明 设向量组 $\alpha_1, \alpha_2, \cdots, \alpha_s$ 与向量组 $\beta_1, \beta_2, \cdots, \beta_r$ 等价,并且它们都是线性无关的.由推论 3 得

$$s \leqslant r, \quad r \leqslant s,$$

因此 $s = r$. ∎

从推论 2 和推论 4 立即得出:

推论 5 向量组的任意两个极大线性无关组所含向量的个数相等. ∎

从推论 5 得出,一个向量组的所有极大线性无关组所含向量的个数相等.一个向量组的极大线性无关组所含向量的个数是相当重要的,为此我们引出下述概念.

抽象

定义 3 向量组的极大线性无关组所含向量的个数称为这个**向量组的秩**.
全由零向量组成的向量组的秩规定为零.
向量组 $\alpha_1, \alpha_2, \cdots, \alpha_s$ 的秩记作 $\text{rank}\{\alpha_1, \alpha_2, \cdots, \alpha_s\}$.
在几何空间中,设向量组 $\alpha_1, \alpha_2, \alpha_3$ 共面,而 α_1, α_2 不共线,则 α_1, α_2 就是 $\alpha_1, \alpha_2, \alpha_3$ 的一个极大线性无关组,于是 $\text{rank}\{\alpha_1, \alpha_2, \alpha_3\} = 2$.
向量组的秩是一个非常深刻和重要的概念.例如,我们有下述结论:

命题 6 向量组 $\alpha_1, \alpha_2, \cdots, \alpha_s$ 线性无关的充分必要条件是它的秩等于它所含向量的个数 s.

证明 向量组 $\alpha_1, \alpha_2, \cdots, \alpha_s$ 线性无关

$\Longleftrightarrow \alpha_1, \alpha_2, \cdots, \alpha_s$ 的极大线性无关组是它自身

$\Longleftrightarrow \text{rank}\{\alpha_1, \alpha_2, \cdots, \alpha_s\} = s.$ ∎

命题 6 告诉我们,如果 $\text{rank}\{\alpha_1, \alpha_2, \cdots, \alpha_s\} = s$,则向量组 $\alpha_1, \alpha_2, \cdots, \alpha_s$ 线性无关;如果 $\text{rank}\{\alpha_1, \alpha_2, \cdots, \alpha_s\} < s$,则 $\alpha_1, \alpha_2, \cdots, \alpha_s$ 线性相关.向量组的秩是一个自然数,仅仅凭这一个自

然数就可以判定这个向量组是线性无关还是线性相关.由此看出,向量组的秩是多么深刻的概念!

既然向量组的秩这么重要,我们应当研究向量组的秩的计算方法.现在我们先给出比较两个向量组的秩的方法.利用这个方法有时可以从已知的向量组的秩,求出另一个向量组的秩.下一节我们还将给出计算向量组的秩的两种方法.以后还会陆续给出向量组的秩的计算方法.

命题 7 如果向量组(I)可以由向量组(II)线性表出,则
$$(\text{I})\text{的秩} \leqslant (\text{II})\text{的秩}.$$

证明 设 $\beta_1, \beta_2, \cdots, \beta_r$ 与 $\alpha_1, \alpha_2, \cdots, \alpha_s$ 分别是向量组(I),(II)的一个极大线性无关组,则 $\beta_1, \beta_2, \cdots, \beta_r$ 可以由(I)线性表出.又已知(I)可以由(II)线性表出,并且(II)可以由 $\alpha_1, \alpha_2, \cdots, \alpha_s$ 线性表出,因此 $\beta_1, \beta_2, \cdots, \beta_r$ 可以由 $\alpha_1, \alpha_2, \cdots, \alpha_s$ 线性表出.由于 $\beta_1, \beta_2, \cdots, \beta_r$ 线性无关,因此 $r \leqslant s$(据推论 3),即
$$(\text{I})\text{的秩} \leqslant (\text{II})\text{的秩}. \blacksquare$$

从命题 7 立即得出:

推论 8 等价的向量组有相同的秩. ∎

小结

现在我们可以给出判断 K^n 中一个向量 β 能否由向量组 $\alpha_1, \alpha_2, \cdots, \alpha_s$ 线性表出的思路:取向量组 $\alpha_1, \alpha_2, \cdots, \alpha_s$ 的一个极大线性无关组 $\alpha_{j_1}, \alpha_{j_2}, \cdots, \alpha_{j_r}$.考虑 β 能不能由 $\alpha_{j_1}, \alpha_{j_2}, \cdots, \alpha_{j_r}$ 线性表出(若能够表出,则 β 也就能够由 $\alpha_1, \alpha_2, \cdots, \alpha_s$ 线性表出).据本章§2 的命题 1,需要判断 $\alpha_{j_1}, \alpha_{j_2}, \cdots, \alpha_{j_r}, \beta$ 是否线性相关.再据本节命题 6,只要去判断 $\text{rank}\{\alpha_{j_1}, \alpha_{j_2}, \cdots, \alpha_{j_r}, \beta\}$ 是否小于 $r+1$.

我们在本章§5 将沿着这一思路去判断线性方程组的常数项列向量 β 能否由系数矩阵的列向量组线性表出,从而解决线性方程组有没有解的判别问题.

习 题 3.3

1. 设向量组
$$\alpha_1 = \begin{bmatrix} 2 \\ 0 \\ 0 \end{bmatrix}, \quad \alpha_2 = \begin{bmatrix} -1 \\ 3 \\ 0 \end{bmatrix}, \quad \alpha_3 = \begin{bmatrix} 7 \\ -4 \\ 0 \end{bmatrix},$$
求 $\alpha_1, \alpha_2, \alpha_3$ 的一个极大线性无关组,以及它的秩.

2. 设向量组
$$\alpha_1 = \begin{bmatrix} 3 \\ -2 \\ 0 \end{bmatrix}, \quad \alpha_2 = \begin{bmatrix} 27 \\ -18 \\ 0 \end{bmatrix}, \quad \alpha_3 = \begin{bmatrix} -1 \\ 5 \\ 8 \end{bmatrix},$$

求 $\alpha_1, \alpha_2, \alpha_3$ 的一个极大线性无关组,以及它的秩.

3. 证明:秩为 r 的向量组中任意 r 个线性无关的向量都构成它的一个极大线性无关组.

4. 证明:K^n 中任一线性无关的向量组所含向量的个数不超过 n.

5. 证明:K^n 中,如果 $\alpha_1, \alpha_2, \cdots, \alpha_n$ 线性无关,则任一向量 β 可以由 $\alpha_1, \alpha_2, \cdots, \alpha_n$ 线性表出.

*6. 证明:K^n 中,如果任一向量都可以由 $\alpha_1, \alpha_2, \cdots, \alpha_n$ 线性表出,则 $\alpha_1, \alpha_2, \cdots, \alpha_n$ 线性无关.

*7. 证明:如果秩为 r 的向量组可以由它的 r 个向量线性表出,则这 r 个向量构成这向量组的一个极大线性无关组.

*8. 证明:数域 K 上的 n 个方程的 n 元线性方程组
$$x_1 \alpha_1 + x_2 \alpha_2 + \cdots + x_n \alpha_n = \beta$$
对任何 $\beta \in K^n$ 都有解的充分必要条件是它的系数行列式 $|A| \neq 0$.

*9. 证明:
$$\mathrm{rank}\{\alpha_1, \alpha_2, \cdots, \alpha_s, \beta_1, \beta_2, \cdots, \beta_r\}$$
$$\leqslant \mathrm{rank}\{\alpha_1, \alpha_2, \cdots, \alpha_s\} + \mathrm{rank}\{\beta_1, \beta_2, \cdots, \beta_r\}.$$

§4 矩 阵 的 秩

观察

为了求向量组的秩,我们来考虑矩阵,因为矩阵有列向量组,又有行向量组. 我们把矩阵的列向量组的秩称为矩阵的**列秩**,行向量组的秩称为矩阵的**行秩**. 如果我们能想办法求出矩阵的列秩(或行秩),那么我们也就会求向量组的秩. 让我们先看一个特殊情形.

设 J 是一个 4×5 阶梯形矩阵:
$$\begin{bmatrix} a_1 & b_1 & c_1 & d_1 & e_1 \\ 0 & b_2 & c_2 & d_2 & e_2 \\ 0 & 0 & c_3 & d_3 & e_3 \\ 0 & 0 & 0 & 0 & 0 \end{bmatrix},$$
其中 $a_1 b_2 c_3 \neq 0$,a_1, b_2, c_3 是 J 的主元.

把 J 的列向量组记作 $\alpha_1, \alpha_2, \alpha_3, \alpha_4, \alpha_5$;行向量组记作 $\gamma_1, \gamma_2, \gamma_3, \gamma_4$.

先求 J 的列秩. 由于
$$\begin{vmatrix} a_1 & b_1 & c_1 \\ 0 & b_2 & c_2 \\ 0 & 0 & c_3 \end{vmatrix} = a_1 b_2 c_3 \neq 0, \tag{1}$$

因此向量组
$$\begin{bmatrix} a_1 \\ 0 \\ 0 \end{bmatrix}, \begin{bmatrix} b_1 \\ b_2 \\ 0 \end{bmatrix}, \begin{bmatrix} c_1 \\ c_2 \\ c_3 \end{bmatrix}$$
线性无关. 从而它的延伸组 $\alpha_1, \alpha_2, \alpha_3$ 也线性无关. 从 J 的列向量组的其余向量中任取一个添进去,譬如添上 α_4,所得到的新的部分组 $\alpha_1, \alpha_2, \alpha_3, \alpha_4$ 是否线性相关? 为此考虑齐次线性方程组 $x_1\alpha_1 + x_2\alpha_2 + x_3\alpha_3 + x_4\alpha_4 = 0$. 它的系数矩阵是 J 的前 4 列组成的矩阵,因此也是阶梯形矩阵. 它的非零行个数 3 小于未知量个数 4, 从而方程组有非零解, 因此 $\alpha_1, \alpha_2, \alpha_3, \alpha_4$ 线性相关. 同理, $\alpha_1, \alpha_2, \alpha_3, \alpha_5$ 也线性相关. 于是 $\alpha_1, \alpha_2, \alpha_3$ 是 J 的列向量组的一个极大线性无关组, 它们正好是 J 的主元所在的列. 这样我们求出了 J 的列秩是 3.

再求 J 的行秩. 从(1)式又得出, 向量组
$$(a_1, b_1, c_1), \quad (0, b_2, c_2), \quad (0, 0, c_3)$$
线性无关, 从而它的延伸组 $\gamma_1, \gamma_2, \gamma_3$ 也线性无关. 由于 $\gamma_4 = 0$, 因此 $\gamma_1, \gamma_2, \gamma_3, \gamma_4$ 线性相关, 从而 $\gamma_1, \gamma_2, \gamma_3$ 是 J 的行向量组的一个极大线性无关组, 于是 J 的行秩是 3.

(1)式表明: J 有一个 3 阶子式不等于零. 由于 J 只有 3 个非零行, 因此 J 的任意一个 4 阶子式必含有零行, 从而 J 的任意一个 4 阶子式都等于零. 因此 J 的不等于零的子式的最高阶数是 3.

从上面看到, 阶梯形矩阵 J 的列秩等于行秩, 而且等于 J 的不为零的子式的最高阶数. 它们都等于 J 的非零行个数 3.

对于任意一个矩阵, 它的列秩是否等于行秩? 是否等于不为零的子式的最高阶数? 如何求矩阵的列秩(或行秩)? 这一节就来探讨这些问题.

探索

命题 1 阶梯形矩阵 J 的行秩与列秩相等, 它们都等于 J 的非零行的个数; 并且 J 的主元所在的列构成 J 的列向量组的一个极大线性无关组.

证明 与上述 4×5 阶梯形矩阵的论证方法一样. ∎

一般的矩阵, 其行秩与列秩是否相等? 由于任何一个矩阵都可以经过一系列初等行变换化成阶梯形矩阵, 因此解决此问题的思路自然是去研究矩阵的初等行变换会不会改变矩阵的行秩? 会不会改变矩阵的列秩?

命题 2 矩阵的初等行变换不改变矩阵的行秩.

证明 设矩阵 A 的行向量组是 $\gamma_1, \gamma_2, \cdots, \gamma_s$. 设 A 经过 I 型初等行变换 ⓙ+ⓘ·k 变成矩阵 B, 则矩阵 B 的行向量组是 $\gamma_1, \gamma_2, \cdots, \gamma_i, \cdots, k\gamma_i + \gamma_j, \cdots, \gamma_s$. 显然, $\gamma_1, \gamma_2, \cdots, \gamma_i, \cdots, k\gamma_i + \gamma_j, \cdots, \gamma_s$ 可以由 $\gamma_1, \gamma_2, \cdots, \gamma_s$ 线性表出. 由于 $\gamma_j = 1 \cdot (k\gamma_i + \gamma_j) - k\gamma_i$, 因此 $\gamma_1, \gamma_2, \cdots, \gamma_s$ 也可以由 $\gamma_1, \gamma_2, \cdots, \gamma_i, \cdots, k\gamma_i + \gamma_j, \cdots, \gamma_s$ 线性表出. 于是它们等价. 而等价的向量组有相同的秩, 因此 A 的行秩等于 B 的行秩.

容易证明 II 型和 III 型初等行变换使所得矩阵的行向量组与原矩阵的行向量组等价,从而不改变矩阵的行秩.

命题 3 矩阵的初等行变换不改变矩阵的列向量组的线性相关性,从而不改变矩阵的列秩. 即

(1) 设矩阵 C 经过初等行变换变成矩阵 D,则 C 的列向量组线性相关当且仅当 D 的列向量组线性相关;

(2) 设矩阵 A 经过初等行变换变成矩阵 B,并且设 B 的第 $j_1, j_2, \cdots, j_r$ 列构成 B 的列向量组的一个极大线性无关组,则 A 的第 $j_1, j_2, \cdots, j_r$ 列构成 A 的列向量组的一个极大线性无关组;从而 A 的列秩等于 B 的列秩.

证明 (1) 设 C 的列向量组是 $\eta_1, \eta_2, \cdots, \eta_n$;$D$ 的列向量组是 $\delta_1, \delta_2, \cdots, \delta_n$,则齐次线性方程组
$$x_1 \eta_1 + x_2 \eta_2 + \cdots + x_n \eta_n = 0$$
的系数矩阵为 C;齐次线性方程组 $x_1 \delta_1 + x_2 \delta_2 + \cdots + x_n \delta_n = 0$ 的系数矩阵为 D. 由于 C 经过初等行变换变成 D,因此上述两个方程组同解. 从而

$\eta_1, \eta_2, \cdots, \eta_n$ 线性相关

$\Longleftrightarrow x_1 \eta_1 + x_2 \eta_2 + \cdots + x_n \eta_n = 0$ 有非零解

$\Longleftrightarrow x_1 \delta_1 + x_2 \delta_2 + \cdots + x_n \delta_n = 0$ 有非零解

$\Longleftrightarrow \delta_1, \delta_2, \cdots, \delta_n$ 线性相关.

(2) 当 A 经过一系列初等行变换变成 B 时,A 的第 $j_1, j_2, \cdots, j_r$ 列组成的矩阵 A_1 变成了 B 的第 $j_1, j_2, \cdots, j_r$ 列组成的矩阵 B_1. 由已知条件,B_1 的列向量组线性无关,于是据(1)的结论得,A_1 的列向量组也线性无关. 在 A 的其余列中任取一列,譬如说第 l 列. 在上述初等行变换下,A 的第 $j_1, j_2, \cdots, j_r, l$ 列组成的矩阵 A_2 变成了 B 的第 $j_1, j_2, \cdots, j_r, l$ 列组成的矩阵 B_2. 由已知条件得,B_2 的列向量组线性相关,于是据(1)的结论得,A_2 的列向量组也线性相关. 因此 A 的第 $j_1, j_2, \cdots, j_r$ 列构成 A 的列向量组的一个极大线性无关组. 从而 A 的列秩 $=r=B$ 的列秩.

定理 4 任一矩阵的行秩等于它的列秩.

证明 任取矩阵 A,把它经过初等行变换化成阶梯形矩阵 J. 据命题 2、命题 1 和命题 3 得出:

$$A \text{ 的行秩} = J \text{ 的行秩} = J \text{ 的列秩} = A \text{ 的列秩}.$$

定义 1 矩阵 A 的行秩与列秩统称为 A 的**秩**,记作 $\mathrm{rank}(A)$.

从定义 2 和命题 3、命题 1 立即得出:

推论 5 设矩阵 A 经过初等行变换化成阶梯形矩阵 J,则 A 的秩等于 J 的非零行的个数. 设 J 的主元所在的列是第 $j_1, j_2, \cdots, j_r$ 列,则 A 的第 $j_1, j_2, \cdots, j_r$ 列构成 A 的列向量组的一个极大线性无关组.

推论 5 给出了同时求出矩阵 A 的秩和它的列向量组的一个极大线性无关组的方法. 这

个方法也可以用来求向量组的秩和它的一个极大线性无关组,只要把每个向量写成列向量,并且组成一个矩阵.

例 1 设向量组
$$\alpha_1 = \begin{bmatrix} 1 \\ -2 \\ 4 \end{bmatrix}, \quad \alpha_2 = \begin{bmatrix} -1 \\ 3 \\ -5 \end{bmatrix}, \quad \alpha_3 = \begin{bmatrix} 3 \\ -11 \\ 17 \end{bmatrix}, \quad \alpha_4 = \begin{bmatrix} 2 \\ 5 \\ 3 \end{bmatrix},$$
求 $\alpha_1, \alpha_2, \alpha_3, \alpha_4$ 的秩和它的一个极大线性无关组.

解
$$\begin{bmatrix} 1 & -1 & 3 & 2 \\ -2 & 3 & -11 & 5 \\ 4 & -5 & 17 & 3 \end{bmatrix} \to \begin{bmatrix} 1 & -1 & 3 & 2 \\ 0 & 1 & -5 & 9 \\ 0 & 0 & 0 & 4 \end{bmatrix}.$$

由此看出,$\operatorname{rank}\{\alpha_1, \alpha_2, \alpha_3, \alpha_4\} = 3$,并且 $\alpha_1, \alpha_2, \alpha_4$ 是向量组 $\alpha_1, \alpha_2, \alpha_3, \alpha_4$ 的一个极大线性无关组.

推论 6 $\operatorname{rank}(A') = \operatorname{rank}(A)$.

证明 由于 A' 的行(列)向量组是 A 的列(行)向量组,因此
$$\operatorname{rank}(A') = A' \text{ 的行秩} = A \text{ 的列秩} = \operatorname{rank}(A). \blacksquare$$

与矩阵的初等行变换类似,矩阵有 3 种类型的初等列变换:把一列的倍数加到另一列上;两列互换位置;用一个非零数乘某一列.

推论 7 矩阵的初等列变换不改变矩阵的秩.

证明 设矩阵 A 经过初等列变换变成矩阵 B. 由于一个矩阵的第 j 列是它的转置矩阵的第 j 行,因此 A' 经过相应的初等行变换变成 B'. 于是据命题 2 和推论 6 得
$$\operatorname{rank}(A) = \operatorname{rank}(A') = \operatorname{rank}(B') = \operatorname{rank}(B). \blacksquare$$

既然矩阵的初等行变换与初等列变换都不改变矩阵的秩,因此如果只需要求矩阵 A 的秩,而不需要求 A 的列向量组的极大线性无关组时,可以对 A 既作初等行变换,又作初等列变换,化成阶梯形矩阵.

定理 8 任一非零矩阵的秩等于它的不为零的子式的最高阶数.

证明 设 $s \times n$ 矩阵 A 的秩为 r. 则 A 的行向量组中有 r 个向量线性无关. 设 A 的第 $i_1, i_2, \cdots, i_r$ 行线性无关,它们组成一个矩阵 A_1(称 A_1 是 A 的子矩阵). 由于 A_1 的行向量组线性无关,因此 A_1 的行秩为 r. 从而 A_1 的列秩也为 r. 于是 A_1 有 r 列线性无关. 设 A_1 的第 $j_1, j_2, \cdots, j_r$ 列线性无关,它们组成 A_1 的一个子矩阵 A_2. 由于 r 级方阵 A_2 的列向量组线性无关,因此 $|A_2| \neq 0$. 即 A 有一个 r 阶子式 $|A_2| \neq 0$.

设 $m > r$ 并且 $m \leqslant \min\{s, n\}$. 任取 A 的一个 m 阶子式
$$A\begin{pmatrix} k_1, k_2, \cdots, k_m \\ l_1, l_2, \cdots, l_m \end{pmatrix}.$$

设 A 的列向量组的一个极大线性无关组为 $\alpha_{j_1}, \alpha_{j_2}, \cdots, j_{j_r}$,则 A 的第 $l_1, l_2, \cdots, l_m$ 列可以由

$\alpha_{j_1}, \alpha_{j_2}, \cdots, \alpha_{j_r}$ 线性表出. 由于 $m > r$, 因此 A 的第 $l_1, l_2, \cdots, l_m$ 列线性相关. 而 $A\begin{pmatrix} k_1, k_2, \cdots, k_m \\ l_1, l_2, \cdots, l_m \end{pmatrix}$ 的列向量组是它的缩短组, 因此也线性相关. 从而

$$A\begin{pmatrix} k_1, k_2, \cdots, k_m \\ l_1, l_2, \cdots, l_m \end{pmatrix} = 0.$$

综上述得, A 的不等于零的子式的最高阶数为 r. ∎

定理 4 和定理 8 告诉我们, 任一非零矩阵的行秩等于它的列秩, 并且等于它的不等于零的子式的最高阶数. 注意到 $s \times n$ 矩阵 A 的行向量组是 K^n 中的向量组, 而 A 的列向量组是 K^s 中的向量组, 它们的秩竟然一样! 而且还等于 A 的不等于零的子式的最高阶数, 真是奇妙!

推论 9 一个 n 级矩阵 A 的秩等于 n 当且仅当 $|A| \neq 0$.

证明 n 级方阵 A 的秩等于 n

$\Longleftrightarrow A$ 的不等于零的子式的最高阶数为 n

$\Longleftrightarrow |A| \neq 0$. ∎

一个方阵的秩如果等于它的级数, 则称这方阵为**满秩矩阵**. 从推论 9 立即得出: 方阵 A 为满秩矩阵当且仅当 $|A| \neq 0$.

定理 8 还给出了求矩阵的秩的另一种方法, 即去求不等于零的子式的最高阶数. 利用最高阶的不等于零的子式, 还可以求出矩阵的列(行)向量组的一个极大线性无关组. 即

推论 10 设 $s \times n$ 矩阵 A 的秩为 r, 则 A 的不等于零的 r 阶子式所在的列(行)构成 A 的列(行)向量组的一个极大线性无关组.

证明 设 A 的秩为 r, 且

$$A\begin{pmatrix} i_1, i_2, \cdots, i_r \\ j_1, j_2, \cdots, j_r \end{pmatrix} \neq 0.$$

于是这个 r 阶子式的列向量组线性无关. 从而它的延伸组, 即 A 的第 $j_1, j_2, \cdots, j_r$ 列线性无关. 由于 A 的列秩为 r, 因此 A 的第 $j_1, j_2, \cdots, j_r$ 列构成 A 的列向量组的一个极大线性无关组.

类似地可证明关于 A 的行向量组的极大线性无关组的结论. ∎

例 2 设 $s \times n$ 矩阵 A 为

$$A = \begin{bmatrix} 1 & a & a^2 & \cdots & a^{n-1} \\ 1 & a^2 & a^4 & \cdots & a^{2(n-1)} \\ \vdots & \vdots & \vdots & & \vdots \\ 1 & a^s & a^{2s} & \cdots & a^{s(n-1)} \end{bmatrix},$$

其中 $s \leqslant n, a \neq 0$ 且 $0 < r < s$ 时, $a^r \neq 1$. 求 A 的秩和它的列向量组的一个极大线性无关组.

解 A 的前 s 列组成的 s 阶子式为范德蒙行列式:

$$D=\begin{vmatrix} 1 & a & a^2 & \cdots & a^{s-1} \\ 1 & a^2 & a^4 & \cdots & a^{2(s-1)} \\ \vdots & \vdots & \vdots & & \vdots \\ 1 & a^s & a^{2s} & \cdots & a^{s(s-1)} \end{vmatrix}.$$

由于 $a\neq 0$,且当 $0<r<s$ 时,$a^r\neq 1$,因此 $a,a^2,\cdots,a^s$ 两两不同. 从而 $D\neq 0$. 于是
$$\mathrm{rank}(A)\geqslant s.$$
又由于 A 的行数为 s,因此 $\mathrm{rank}(A)\leqslant s$. 从而
$$\mathrm{rank}(A)=s.$$
据推论 10,s 阶子式 D 所在的列,即 A 的前 s 列构成 A 的列向量组的一个极大线性无关组.

像例 2 这样,先求出矩阵 A 的一个 s 阶子式不等于 0,从而 $\mathrm{rank}(A)\geqslant s$;然后利用 A 的秩不超过它的行(列)数,得出 $\mathrm{rank}(A)\leqslant s$,这样一夹逼就求出了 $\mathrm{rank}(A)=s$. 这种求矩阵的秩的方法是常用的.

习 题 3.4

1. 计算下列矩阵的秩,并且求出它的列向量组的一个极大线性无关组:

(1) $\begin{bmatrix} 3 & -2 & 0 & 1 \\ -1 & -3 & 2 & 0 \\ 2 & 0 & -4 & 5 \\ 4 & 1 & -2 & 1 \end{bmatrix}$;   (2) $\begin{bmatrix} 3 & 6 & 1 & 5 \\ 1 & 4 & -1 & 3 \\ -1 & -10 & 5 & -7 \\ 4 & -2 & 8 & 0 \end{bmatrix}.$

2. 求下列向量组的秩以及它的一个极大线性无关组:

(1) $\alpha_1=\begin{bmatrix} -1 \\ 5 \\ 3 \\ -2 \end{bmatrix}, \alpha_2=\begin{bmatrix} 4 \\ 1 \\ -2 \\ 9 \end{bmatrix}, \alpha_3=\begin{bmatrix} 2 \\ 0 \\ -1 \\ 4 \end{bmatrix}, \alpha_4=\begin{bmatrix} 0 \\ 3 \\ 4 \\ -5 \end{bmatrix};$

(2) $\alpha_1=\begin{bmatrix} 1 \\ 1 \\ 4 \end{bmatrix}, \alpha_2=\begin{bmatrix} -1 \\ -1 \\ -4 \end{bmatrix}, \alpha_3=\begin{bmatrix} -3 \\ 2 \\ 3 \end{bmatrix}, \alpha_4=\begin{bmatrix} 1 \\ -1 \\ -2 \end{bmatrix};$

(3) $\alpha_1=\begin{bmatrix} 1 \\ -1 \\ 2 \\ 3 \end{bmatrix}, \alpha_2=\begin{bmatrix} 3 \\ -7 \\ 8 \\ 9 \end{bmatrix}, \alpha_3=\begin{bmatrix} -1 \\ -3 \\ 0 \\ -3 \end{bmatrix}, \alpha_4=\begin{bmatrix} 1 \\ -9 \\ 6 \\ 3 \end{bmatrix}.$

3. 对于 λ 的不同的值,下述矩阵的秩分别是多少?
$$\begin{bmatrix} 1 & \lambda & -1 & 2 \\ 2 & -1 & \lambda & 5 \\ 1 & 10 & -6 & 1 \end{bmatrix}.$$

4. 证明:矩阵的任意一个子矩阵的秩不会超过这个矩阵的秩.

5. 求复数域上下述矩阵 A 的秩以及它的列向量组的一个极大线性无关组：

$$A = \begin{bmatrix} 1 & i^m & i^{2m} & i^{3m} & i^{4m} \\ 1 & i^{m+1} & i^{2(m+1)} & i^{3(m+1)} & i^{4(m+1)} \\ 1 & i^{m+2} & i^{2(m+2)} & i^{3(m+2)} & i^{4(m+2)} \\ 1 & i^{m+3} & i^{2(m+3)} & i^{3(m+3)} & i^{4(m+3)} \end{bmatrix},$$

其中 $i=\sqrt{-1}$，m 是正整数.

6. 求复数域上下述矩阵 A 的秩以及它的列向量组的一个极大线性无关组，其中 $\omega = \dfrac{-1+\sqrt{3}i}{2}$，$m$ 是正整数.

$$A = \begin{bmatrix} 1 & \omega^m & \omega^{2m} & \omega^{3m} & \omega^{4m} \\ 1 & \omega^{m+1} & \omega^{2(m+1)} & \omega^{3(m+1)} & \omega^{4(m+1)} \\ 1 & \omega^{m+2} & \omega^{2(m+2)} & \omega^{3(m+2)} & \omega^{4(m+2)} \end{bmatrix}.$$

§5 线性方程组有解的充分必要条件

现在我们可以回答直接用线性方程组的系数和常数项判断方程组有没有解，有多少解的问题.

定理 1（线性方程组有解判别定理） 线性方程组

$$x_1\alpha_1 + x_2\alpha_2 + \cdots + x_n\alpha_n = \beta \tag{1}$$

有解的充分必要条件是：它的系数矩阵 A 与增广矩阵 $\widetilde{A}$ 有相同的秩，这里 $\alpha_1, \alpha_2, \cdots, \alpha_n$ 是线性方程组系数矩阵 A 的列向量组.

证明 必要性 设线性方程组(1)有解，则 β 可以由向量组 $\alpha_1, \alpha_2, \cdots, \alpha_n$ 线性表出. 从而向量组 $\alpha_1, \alpha_2, \cdots, \alpha_n, \beta$ 与向量组 $\alpha_1, \alpha_2, \cdots, \alpha_n$ 等价. 因此

$$\text{rank}\{\alpha_1, \alpha_2, \cdots, \alpha_n, \beta\} = \text{rank}\{\alpha_1, \alpha_2, \cdots, \alpha_n\},$$

即

$$\text{rank}(\widetilde{A}) = \text{rank}(A).$$

充分性 设 $\text{rank}(\widetilde{A}) = \text{rank}(A) = r$. 设 $\alpha_{i_1}, \alpha_{i_2}, \cdots, \alpha_{i_r}$ 是向量组 $\alpha_1, \alpha_2, \cdots, \alpha_n$ 的一个极大线性无关组. 由于向量组 $\alpha_{i_1}, \alpha_{i_2}, \cdots, \alpha_{i_r}, \beta$ 可以由向量组 $\alpha_1, \alpha_2, \cdots, \alpha_n, \beta$ 线性表出，因此

$$\text{rank}\{\alpha_{i_1}, \alpha_{i_2}, \cdots, \alpha_{i_r}, \beta\} \leqslant \text{rank}\{\alpha_1, \alpha_2, \cdots, \alpha_n, \beta\}$$
$$= r < r+1.$$

由此得出，向量组 $\alpha_{i_1}, \alpha_{i_2}, \cdots, \alpha_{i_r}, \beta$ 线性相关. 由于 $\alpha_{i_1}, \alpha_{i_2}, \cdots, \alpha_{i_r}$ 线性无关，因此 β 可以由 $\alpha_{i_1}, \alpha_{i_2}, \cdots, \alpha_{i_r}$ 线性表出. 从而 β 可以由 $\alpha_1, \alpha_2, \cdots, \alpha_n$ 线性表出. 因此方程组(1)有解. ∎

评注

[1] 从定理 1 看出，判断线性方程组有没有解，只要去比较它的系数矩阵与增广矩阵的

秩是否相等.这比第一章给出的判别方法要优越得多.首先,求矩阵的秩有多种方法,不一定要化成阶梯形矩阵.其次,有时不用求出系数矩阵和增广矩阵的秩的具体数值,也能比较它们的秩是否相等.

[2] 对于线性方程组(1),由于向量组 $\alpha_1, \alpha_2, \cdots, \alpha_n$ 可以由向量组 $\alpha_1, \alpha_2, \cdots, \alpha_n, \beta$ 线性表出,因此
$$\text{rank}\{\alpha_1, \alpha_2, \cdots, \alpha_n\} \leqslant \text{rank}\{\alpha_1, \alpha_2, \cdots, \alpha_n, \beta\},$$
即
$$\text{rank}(A) \leqslant \text{rank}(\widetilde{A}). \tag{2}$$
这表明,线性方程组的系数矩阵的秩不会超过增广矩阵的秩.

示范

例1 判断下述复数域上的线性方程组有没有解?
$$\begin{cases} x_1 + \omega^m x_2 + \omega^{2m} x_3 + \omega^{3m} x_4 = b_1, \\ x_1 + \omega^{m+1} x_2 + \omega^{2(m+1)} x_3 + \omega^{3(m+1)} x_4 = b_2, \\ x_1 + \omega^{m+2} x_2 + \omega^{2(m+2)} x_3 + \omega^{3(m+2)} x_4 = b_3, \end{cases} \tag{3}$$
其中 $\omega = \dfrac{-1+\sqrt{3}\,i}{2}$,$m$ 是正整数.

解 线性方程组(3)的增广矩阵 $\widetilde{A}$ 的前3列组成的3阶子式为范德蒙行列式:
$$\begin{vmatrix} 1 & \omega^m & \omega^{2m} \\ 1 & \omega^{m+1} & \omega^{2(m+1)} \\ 1 & \omega^{m+2} & \omega^{2(m+2)} \end{vmatrix}.$$

容易看出,$\omega^m, \omega^{m+1}, \omega^{m+2}$ 两两不同,从而上述行列式不等于0.因此,$\text{rank}(\widetilde{A}) \geqslant 3$.又 $\widetilde{A}$ 只有3行,因此 $\text{rank}(\widetilde{A}) \leqslant 3$.从而 $\text{rank}(\widetilde{A}) = 3$.上述行列式也是方程组(3)的系数矩阵 A 的一个3阶子式,因此 $\text{rank}(A) \geqslant 3$.从而 $\text{rank}(A) = 3 = \text{rank}(\widetilde{A})$.于是线性方程组(3)有解.

评注

线性方程组(1)有解时,能不能用系数矩阵的秩去判别它有惟一解,还是有无穷多个解?

定理2 线性方程组(1)有解时,如果它的系数矩阵 A 的秩等于未知量的个数 n,则方程组(1)有惟一解;如果 A 的秩小于 n,则方程组(1)有无穷多个解.

证明 把线性方程组(1)的增广矩阵 $\widetilde{A}$ 经过初等行变换化成阶梯形矩阵 $\widetilde{J}$,由于方程组(1)有解,因此 $\text{rank}(A) = \text{rank}(\widetilde{A}) = \widetilde{J}$ 的非零行个数.于是当 A 的秩(即 $\widetilde{J}$ 的非零行个数)等于未知量个数 n 时,方程组(1)有惟一解;当 A 的秩小于 n 时,方程组(1)有无穷多个解. ∎

把定理2应用到齐次方程组上,便得出:

推论3 齐次线性方程组有非零解的充分必要条件是:它的系数矩阵的秩小于未知量的个数. ∎

示范

例 2 在例 1 中给出的线性方程组(3)有多少解?

解 例 1 中已指出方程组(3)有解. 由于方程组(3)的系数矩阵 A 的秩是 3,它小于未知量个数 4,因此方程组(3)有无穷多个解.

例 3 判断下述齐次线性方程组有没有非零解?

$$\begin{cases} x_1 + x_2 + x_3 = 0, \\ ax_1 + bx_2 + cx_3 = 0, \\ a^2 x_1 + b^2 x_2 + c^2 x_3 = 0, \\ a^3 x_1 + b^3 x_2 + c^3 x_3 = 0, \end{cases} \quad (4)$$

其中 a,b,c 两两不同.

解 齐次线性方程组(4)的系数矩阵 A 的前 3 行组成的 3 阶子式为范德蒙行列式:

$$\begin{vmatrix} 1 & 1 & 1 \\ a & b & c \\ a^2 & b^2 & c^2 \end{vmatrix}.$$

由于 a,b,c 两两不同,因此这个行列式不等于零. 从而 $\operatorname{rank}(A) \geqslant 3$. 又由于 A 只有 3 列,因此 $\operatorname{rank}(A) \leqslant 3$. 由此得出,$\operatorname{rank}(A) = 3$,它等于未知量的个数. 因此齐次线性方程组(4)只有零解.

习 题 3.5

1. 判断复数域上的下述线性方程组有没有解?有多少解?

$$\begin{cases} x_1 + i^m x_2 + i^{2m} x_3 + i^{3m} x_4 = b_1, \\ x_1 + i^{m+1} x_2 + i^{2(m+1)} x_3 + i^{3(m+1)} x_4 = b_2, \\ x_1 + i^{m+2} x_2 + i^{2(m+2)} x_3 + i^{3(m+2)} x_4 = b_3, \\ x_1 + i^{m+3} x_2 + i^{2(m+3)} x_3 + i^{3(m+3)} x_4 = b_4, \end{cases}$$

其中 $i = \sqrt{-1}$,m 是正整数.

2. 判断下述线性方程组有没有解?有多少解?

$$\begin{cases} x_1 + ax_2 + a^2 x_3 + \cdots + a^{n-1} x_n = b_1, \\ x_1 + a^2 x_2 + a^4 x_3 + \cdots + a^{2(n-1)} x_n = b_2, \\ \cdots\cdots\cdots\cdots\cdots\cdots\cdots\cdots\cdots\cdots\cdots\cdots \\ x_1 + a^s x_2 + a^{2s} x_3 + \cdots + a^{s(n-1)} x_n = b_s, \end{cases}$$

其中 $s < n, a \neq 0$ 且当 $0 < r < s$ 时,$a^r \neq 1$.

3. 判断下述线性方程组有没有解？
$$\begin{cases} x_1 + x_2 + x_3 = 1, \\ ax_1 + bx_2 + cx_3 = d, \\ a^2x_1 + b^2x_2 + c^2x_3 = d^2, \\ a^3x_1 + b^3x_2 + c^3x_3 = d^3, \end{cases}$$
其中 a, b, c, d 两两不同.

4. 已知线性方程组
$$\begin{cases} a_{11}x_1 + a_{12}x_2 + \cdots + a_{1n}x_n = b_1, \\ a_{21}x_1 + a_{22}x_2 + \cdots + a_{2n}x_n = b_2, \\ \cdots\cdots\cdots\cdots\cdots\cdots\cdots\cdots\cdots\cdots \\ a_{n1}x_1 + a_{n2}x_2 + \cdots + a_{nn}x_n = b_n \end{cases}$$
的系数矩阵 A 的秩等于下述矩阵 B 的秩：
$$B = \begin{bmatrix} a_{11} & a_{12} & \cdots & a_{1n} & b_1 \\ a_{21} & a_{22} & \cdots & a_{2n} & b_2 \\ \cdots & \cdots & \cdots & \cdots & \cdots \\ a_{n1} & a_{n2} & \cdots & a_{nn} & b_n \\ b_1 & b_2 & \cdots & b_n & 0 \end{bmatrix},$$
证明上述线性方程组有解.

§6 齐次线性方程组的解集的结构

观察

数域 K 上 n 元齐次线性方程组
$$x_1\alpha_1 + x_2\alpha_2 + \cdots + x_n\alpha_n = 0 \tag{1}$$
的一个解是数域 K 上一个 n 元有序数组，从而它是 K^n 中一个向量，称它为方程组(1)的一个**解向量**. 因此，齐次线性方程组(1)的解集 W 是 K^n 的一个非空子集. 当方程组(1)有非零解时，它就有无穷多个解，这无穷多个解之间有什么关系呢？即，方程组(1)的解集 W 的结构如何？这就是本节要讨论的问题.

让我们从几何空间中受到启发. 实数域 $\mathbf{R}$ 上一个 3 元齐次线性方程表示过原点的一个平面，因此 3 元齐次线性方程组的解集 W 或者是过原点的一条直线，或者是过原点的一个平面，或者是原点(即零向量). 如果 W 是过原点的一条直线 l，则 W 中每个向量可以由 l 的一个方向向量线性表出. 如果 W 是过原点的一个平面 π，则 W 中每个向量可以由平面 π 上不共线的两个向量线性表出. 这表明解集 W 中无穷多个向量可以用 W 中一个或两个向量线性表出.

一般地，当数域 K 上 n 元齐次线性方程组有非零解时，它的解集 W 中无穷多个向量能

不能用 W 中有限多个向量线性表出？这首先需要研究齐次线性方程组的解的性质.

分析

性质 1 齐次线性方程组(1)的任意两个解的和还是方程组(1)的解. 即, 如果 $\gamma, \delta \in W$, 那么 $\gamma + \delta \in W$.

证明 任取齐次线性方程组(1)的两个解:
$$\gamma = \begin{bmatrix} c_1 \\ c_2 \\ \vdots \\ c_n \end{bmatrix}, \quad \delta = \begin{bmatrix} d_1 \\ d_2 \\ \vdots \\ d_n \end{bmatrix},$$

则
$$c_1 \alpha_1 + c_2 \alpha_2 + \cdots + c_n \alpha_n = 0,$$
$$d_1 \alpha_1 + d_2 \alpha_2 + \cdots + d_n \alpha_n = 0.$$

将上面两个式子相加得
$$(c_1 + d_1)\alpha_1 + (c_2 + d_2)\alpha_2 + \cdots + (c_n + d_n)\alpha_n = 0.$$

这表明
$$\gamma + \delta = \begin{bmatrix} c_1 + d_1 \\ c_2 + d_2 \\ \vdots \\ c_n + d_n \end{bmatrix}$$

是齐次线性方程组(1)的一个解. ∎

性质 2 齐次线性方程组(1)的任意一个解的倍数还是方程组(1)的一个解. 即, 如果 $\gamma \in W, k \in K$, 那么 $k\gamma \in W$.

证明 设 $\gamma \in W$, 则
$$c_1 \alpha_1 + c_2 \alpha_2 + \cdots + c_n \alpha_n = 0.$$
从而
$$(kc_1)\alpha_1 + (kc_2)\alpha_2 + \cdots + (kc_n)\alpha_n = 0.$$
因此
$$k\gamma \in W. \quad \blacksquare$$

从齐次线性方程组(1)的解的两个性质受到启发, 我们引出一个概念:

定义 1 K^n 的一个非空子集 U 如果满足条件:
1° $\gamma, \delta \in U \Longrightarrow \gamma + \delta \in U$;
2° $\gamma \in U, k \in K \Longrightarrow k\gamma \in U$,

则称 U 是 K^n 的一个**线性子空间**, 简称为**子空间**.

条件 1° 称为 U 对于 K^n 的加法封闭, 条件 2° 称为 U 对于 K^n 的数量乘法封闭.

于是从性质 1 和性质 2 看出, 齐次线性方程组(1)的解集 W 是 K^n 的一个子空间, 称为方程组(1)的**解空间**.

$\{0\}$ 是 K^n 的一个子空间, 称为**零子空间**. K^n 本身也是 K^n 的一个子空间. $\{0\}$ 和 K^n 称

为**平凡**的子空间,其余的子空间称为**非平凡的**.

如果齐次线性方程组(1)只有零解,则它的解空间是零子空间. 如果方程组(1)有非零解,则它的解空间是非零子空间.

齐次线性方程组(1)有非零解时,它的解空间 W 的结构怎么样?

定义 2 齐次线性方程组(1)有非零解时,如果它有有限多个解:$\eta_1,\eta_2,\cdots,\eta_t$ 满足:

1° $\eta_1,\eta_2,\cdots,\eta_t$ 线性无关;

2° 方程组(1)的每一个解都可以由 $\eta_1,\eta_2,\cdots,\eta_t$ 线性表出,

则称 $\eta_1,\eta_2,\cdots,\eta_t$ 是齐次线性方程组(1)的一个**基础解系**.

如果齐次线性方程组(1)有一个基础解系:$\eta_1,\eta_2,\cdots,\eta_t$,那么它的解集 W 为:
$$W=\{k_1\eta_1+k_2\eta_2+\cdots+k_t\eta_t | k_i \in K, i=1,2,\cdots,t\}.$$

解集 W 的代表元素
$$k_1\eta_1+k_2\eta_2+\cdots+k_t\eta_t$$

称为齐次线性方程(1)的**通解**,其中 $k_1,k_2,\cdots,k_t \in K$.

定理 1 数域 K 上 n 元齐次线性方程组(1)的系数矩阵 A 的秩小于未知量个数 n 时,它一定有基础解系;并且它的每一个基础解系所含解向量的个数等于 $n-\mathrm{rank}(A)$.

证明 设齐次线性方程组(1)的系数矩阵 A 的秩为 r.

把系数矩阵 A 经过初等行变换化成简化行阶梯形矩阵 J. 因为 $\mathrm{rank}(A)=r$,所以 J 有 r 个非零行. 从而 J 有 r 个主元. 不妨设它们分别在第 $1,2,\cdots,r$ 列. 即 J 形如

$$J=\begin{bmatrix} 1 & 0 & 0 & \cdots & 0 & 0 & b_{1,r+1} & \cdots & b_{1n} \\ 0 & 1 & 0 & \cdots & 0 & 0 & b_{2,r+1} & \cdots & b_{2n} \\ \vdots & \vdots & \vdots & & \vdots & \vdots & \vdots & & \vdots \\ 0 & 0 & 0 & \cdots & 0 & 1 & b_{r,r+1} & \cdots & b_{rn} \\ 0 & 0 & 0 & \cdots & 0 & 0 & 0 & & 0 \\ \vdots & \vdots & \vdots & & \vdots & \vdots & \vdots & & \vdots \\ 0 & 0 & 0 & \cdots & 0 & 0 & 0 & \cdots & 0 \end{bmatrix}.$$

于是立即得到齐次线性方程组(1)的一般解为

$$\begin{cases} x_1=-b_{1,r+1}x_{r+1}-\cdots-b_{1n}x_n, \\ x_2=-b_{2,r+1}x_{r+1}-\cdots-b_{2n}x_n, \\ \cdots\cdots\cdots\cdots\cdots\cdots\cdots\cdots\cdots \\ x_r=-b_{r,r+1}x_{r+1}-\cdots-b_{rn}x_n, \end{cases} \quad (2)$$

其中 $x_{r+1},\cdots,x_n$ 是自由未知量.

让自由未知量 $x_{r+1},\cdots,x_n$ 分别取下述 $n-r$ 组数:

$$\begin{bmatrix} 1 \\ 0 \\ 0 \\ \vdots \\ 0 \\ 0 \end{bmatrix}, \begin{bmatrix} 0 \\ 1 \\ 0 \\ \vdots \\ 0 \\ 0 \end{bmatrix}, \cdots, \begin{bmatrix} 0 \\ 0 \\ 0 \\ \vdots \\ 0 \\ 1 \end{bmatrix}, \tag{3}$$

则得到方程组(1)的 $n-r$ 个解为：

$$\eta_1 = \begin{bmatrix} -b_{1,r+1} \\ -b_{2,r+1} \\ \vdots \\ -b_{r,r+1} \\ 1 \\ 0 \\ 0 \\ \vdots \\ 0 \\ 0 \end{bmatrix}, \eta_2 = \begin{bmatrix} -b_{1,r+2} \\ -b_{2,r+2} \\ \vdots \\ -b_{r,r+2} \\ 0 \\ 1 \\ 0 \\ \vdots \\ 0 \\ 0 \end{bmatrix}, \cdots, \eta_{n-r} = \begin{bmatrix} -b_{1n} \\ -b_{2n} \\ \vdots \\ -b_{r,n} \\ 0 \\ 0 \\ 0 \\ \vdots \\ 0 \\ 1 \end{bmatrix}. \tag{4}$$

因为(3)式中的 $n-r$ 个向量线性无关,所以它们的延伸组 $\eta_1, \eta_2, \cdots, \eta_{n-r}$ 也线性无关.

任取齐次线性方程组(1)的一个解：

$$\eta = \begin{bmatrix} c_1 \\ c_2 \\ \vdots \\ c_n \end{bmatrix},$$

于是 η 满足方程组(1)的一般解公式(2)，即

$$\begin{cases} c_1 = -b_{1,r+1}c_{r+1} - \cdots - b_{1n}c_n, \\ c_2 = -b_{2,r+1}c_{r+1} - \cdots - b_{2n}c_n, \\ \cdots\cdots\cdots\cdots\cdots\cdots\cdots\cdots\cdots\cdots\cdots\cdots \\ c_r = -b_{r,r+1}c_{r+1} - \cdots - b_{rn}c_n. \end{cases}$$

从而解向量 η 可以写成下述形式：

$$\eta = \begin{bmatrix} c_1 \\ \vdots \\ c_r \\ c_{r+1} \\ \vdots \\ c_n \end{bmatrix} = \begin{bmatrix} -b_{1,r+1}c_{r+1} & - & \cdots & - & b_{1n}c_n \\ \vdots & \vdots & \vdots & \vdots & \vdots \\ -b_{r,r+1}c_{r+1} & - & \cdots & - & b_{rn}c_n \\ 1c_{r+1} & + & \cdots & + & 0c_n \\ \vdots & \vdots & \vdots & \vdots & \vdots \\ 0c_{r+1} & + & \cdots & + & 1c_n \end{bmatrix}$$

$$= \begin{bmatrix} -b_{1,r+1} \\ \vdots \\ -b_{r,r+1} \\ 1 \\ \vdots \\ 0 \end{bmatrix} c_{r+1} + \cdots + \begin{bmatrix} -b_{1n} \\ \vdots \\ -b_{rn} \\ 0 \\ \vdots \\ 1 \end{bmatrix} c_n$$

$$= c_{r+1}\eta_1 + \cdots + c_n \eta_{n-r}. \tag{5}$$

因此方程组(1)的每一个解 η 可以由 $\eta_1, \eta_2, \cdots, \eta_{n-r}$ 线性表示. 从而 $\eta_1, \eta_2, \cdots, \eta_{n-r}$ 是方程组(1)的一个基础解系. 它包含的解向量的个数为 $n - \mathrm{rank}(A)$.

任取齐次线性方程组(1)的一个基础解系 $\delta_1, \delta_2, \cdots, \delta_m$. 由基础解系的定义得出, η_1, $\eta_2, \cdots, \eta_{n-r}$ 与 $\delta_1, \delta_2, \cdots, \delta_m$ 等价, 又它们都线性无关. 据本章§3的推论4得, $m = n - r$. 因此齐次线性方程组(1)的每一个基础解系所含向量的个数都等于 $n - \mathrm{rank}(A)$. ∎

定理1的证明过程给出了求齐次线性方程组(1)的基础解系的方法. 即

第一步 把齐次线性方程组(1)的系数矩阵 A 经过初等行变换化成简化行阶梯形矩阵 J;

第二步 从 J 直接写出方程组(1)的一般解公式;

第三步 在一般解公式中, 每一次让一个自由未知量取值1, 其余自由未知量取值0, 求出方程组(1)的一个解向量. 这样得到的 $n-r$ 个解向量就构成方程组(1)的一个基础解系, 其中

$$r = \mathrm{rank}(A).$$

在定理1的证明过程中, 我们让自由未知量 $x_{r+1}, \cdots, x_n$ 分别取(3)式中的 $n-r$ 组数. 我们也可以让它们取下述 $n-r$ 组数:

$$\begin{bmatrix} d_1 \\ 0 \\ 0 \\ \vdots \\ 0 \\ 0 \end{bmatrix}, \begin{bmatrix} 0 \\ d_2 \\ 0 \\ \vdots \\ 0 \\ 0 \end{bmatrix}, \cdots, \begin{bmatrix} 0 \\ 0 \\ 0 \\ \vdots \\ 0 \\ d_{n-r} \end{bmatrix}, \tag{6}$$

其中 $d_1 d_2 \cdots d_{n-r} \neq 0$. 显然(6)式中的 $n-r$ 个向量线性无关. 把它们代入一般解公式中, 所得到的 $n-r$ 个解向量 $\gamma_1, \gamma_2, \cdots, \gamma_{n-r}$ 是它们的延伸组, 从而 $\gamma_1, \gamma_2, \cdots, \gamma_{n-r}$ 也线性无关. 类似地可证明方程组(1)的每一个解 η 可以由 $\gamma_1, \gamma_2, \cdots, \gamma_{n-r}$ 线性表出, 因此 $\gamma_1, \gamma_2, \cdots, \gamma_{n-r}$ 也是方程组(1)的一个基础解系.

示范

例1 求数域 K 上下述齐次线性方程组的一个基础解系, 并且写出它的解集.

$$\begin{cases} x_1 - 3x_2 + 5x_3 - 2x_4 = 0, \\ -2x_1 + x_2 - 3x_3 + x_4 = 0, \\ -x_1 - 7x_2 + 9x_3 - 4x_4 = 0. \end{cases} \tag{7}$$

解 对齐次线性方程组的系数矩阵进行初等行变换:

$$\begin{bmatrix} 1 & -3 & 5 & -2 \\ -2 & 1 & -3 & 1 \\ -1 & -7 & 9 & -4 \end{bmatrix} \rightarrow \begin{bmatrix} 1 & 0 & \frac{4}{5} & -\frac{1}{5} \\ 0 & 1 & -\frac{7}{5} & \frac{3}{5} \\ 0 & 0 & 0 & 0 \end{bmatrix}.$$

于是方程组(7)的一般解为

$$\begin{cases} x_1 = -\frac{4}{5}x_3 + \frac{1}{5}x_4, \\ x_2 = \frac{7}{5}x_3 - \frac{3}{5}x_4, \end{cases} \tag{8}$$

其中 x_3, x_4 是自由未知量. 因此方程组(7)的一个基础解系为

$$\eta_1 = \begin{bmatrix} -4 \\ 7 \\ 5 \\ 0 \end{bmatrix}, \quad \eta_2 = \begin{bmatrix} 1 \\ -3 \\ 0 \\ 5 \end{bmatrix}.$$

从而方程组(7)的解集 W 为

$$W = \{k_1\eta_1 + k_2\eta_2 | k_1, k_2 \in K\}.$$

习 题 3.6

1. 求数域 K 上下列齐次线性方程组的一个基础解系, 并且写出它的解集.

(1) $\begin{cases} x_1 - 3x_2 + x_3 - 2x_4 = 0, \\ -5x_1 + x_2 - 2x_3 + 3x_4 = 0, \\ -x_1 - 11x_2 + 2x_3 - 5x_4 = 0, \\ 3x_1 + 5x_2 + x_4 = 0; \end{cases}$

(2) $\begin{cases} 3x_1 - x_2 + 2x_3 + x_4 = 0, \\ x_1 + 3x_2 - x_3 + 2x_4 = 0, \\ -2x_1 + 5x_2 + x_3 - x_4 = 0, \\ 3x_1 + 10x_2 + x_3 + 4x_4 = 0, \\ -2x_1 + 15x_2 - 4x_3 + 4x_4 = 0; \end{cases}$

(3) $\begin{cases} 2x_1 - 5x_2 + x_3 - 3x_4 = 0, \\ -3x_1 + 4x_2 - 2x_3 + x_4 = 0, \\ x_1 + 2x_2 - x_3 + 3x_4 = 0, \\ -2x_1 + 15x_2 - 6x_3 + 13x_4 = 0; \end{cases}$

(4) $\begin{cases} x_1 - 3x_2 + x_3 - 2x_4 - x_5 = 0, \\ -3x_1 + 9x_2 - 3x_3 + 6x_4 + 3x_5 = 0, \\ 2x_1 - 6x_2 + 2x_3 - 4x_4 - 2x_5 = 0, \\ 5x_1 - 15x_2 + 5x_3 - 10x_4 - 5x_5 = 0. \end{cases}$

2. 证明: 设 $\eta_1, \eta_2, \cdots, \eta_t$ 是齐次线性方程组(1)的一个基础解系, 则与 $\eta_1, \eta_2, \cdots, \eta_t$ 等价的线性无关的向量组也是方程组(1)的基础解系.

3. 证明: 设 n 元齐次线性方程组(1)的系数矩阵的秩为 $r(r<n)$, 则方程组(1)的任意

$n-r$ 个线性无关的解向量都是它的一个基础解系.

4. 证明：设 n 元齐次线性方程组(1)的系数矩阵的秩为 $r(r<n)$, $\delta_1, \delta_2, \cdots, \delta_m$ 都是方程组(1)的解向量,则
$$\mathrm{rank}\{\delta_1, \delta_2, \cdots, \delta_m\} \leqslant n-r.$$

*5. 设 n 个方程的 n 元齐次线性方程组的系数矩阵 A 的行列式等于零,并且 A 的 (k,l) 元的代数余子式 $A_{kl} \neq 0$. 证明：
$$\eta_1 = \begin{bmatrix} A_{k1} \\ A_{k2} \\ \vdots \\ A_{kn} \end{bmatrix}$$

是这个齐次线性方程组的一个基础解系.

§7 非齐次线性方程组的解集的结构

观察

数域 K 上 n 元非齐次线性方程组
$$x_1 \alpha_1 + x_2 \alpha_2 + \cdots + x_n \alpha_n = \beta \tag{1}$$
的一个解是 K^n 中一个向量,称它为方程组(1)的一个解向量.因此 n 元非齐次线性方程组(1)的解集 U 是 K^n 的一个子集(可能是空集,如果方程组(1)无解的话).当方程组(1)有无穷多个解时,解集 U 的结构如何？这就是本节要讨论的问题.

让我们仍从几何空间中受到启发.3 元非齐次线性方程 $ax+by+cz=d$ 的解集是不过原点的一个平面 π,而相应的齐次线性方程 $ax+by+cz=0$ 的解集是过原点的一个平面 π_0.如图 3-5 所示. π 可以由 π_0 沿着向量 γ_0 平移得到,其中 $\gamma_0 \in \pi$.于是 π 上每一个向量 γ 可以表示成
$$\gamma = \gamma_0 + \eta,$$
其中 $\eta \in \pi_0$. 反之,对于 π_0 上任一向量 η,都有 $\gamma_0 + \eta \in \pi$. 因此
$$\pi = \{\gamma_0 + \eta \mid \eta \in \pi_0\}.$$

从上述几何空间中的例子受到启发,我们猜想：n 元非齐次线性方程组(1)的解集 U 与相应的 n 元齐次线性方程组 $x_1 \alpha_1 + x_2 \alpha_2 + \cdots + x_n \alpha_n = 0$ 的解集 W 有

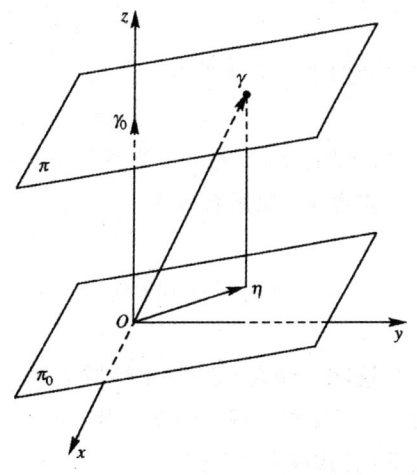

图 3-5

如下关系：
$$U = \{\gamma_0 + \eta \mid \eta \in W\},$$
其中 γ_0 是非齐次线性方程组(1)的一个解.

论证

我们把 n 元齐次线性方程组
$$x_1\alpha_1 + x_2\alpha_2 + \cdots + x_n\alpha_n = 0 \tag{2}$$
称为非齐次线性方程组(1)的**导出组**.

性质1 n 元非齐次线性方程组(1)的两个解的差是它的导出组(2)的一个解.

证明 设 $\gamma = (c_1, c_2, \cdots, c_n)'$, $\delta = (d_1, d_2, \cdots, d_n)'$ 是方程组(1)的两个解,则
$$c_1\alpha_1 + c_2\alpha_2 + \cdots + c_n\alpha_n = \beta,$$
$$d_1\alpha_1 + d_2\alpha_2 + \cdots + d_n\alpha_n = \beta.$$
把上面两个式子相减得
$$(c_1 - d_1)\alpha_1 + (c_2 - d_2)\alpha_2 + \cdots + (c_n - d_n)\alpha_n = 0. \tag{3}$$
(3)式表明：
$$\gamma - \delta = (c_1 - d_1, c_2 - d_2, \cdots, c_n - d_n)'$$
是导出组(2)的一个解. ∎

性质2 n 元非齐次线性方程组(1)的一个解与它的导出组(2)的一个解之和仍是非齐次线性方程组(1)的一个解.

证明 设 $\gamma = (c_1, c_2, \cdots, c_n)'$ 是方程组(1)的一个解,设 $\eta = (e_1, e_2, \cdots, e_n)'$ 是导出组(2)的一个解,则
$$c_1\alpha_1 + c_2\alpha_2 + \cdots + c_n\alpha_n = \beta,$$
$$e_1\alpha_1 + e_2\alpha_2 + \cdots + e_n\alpha_n = 0.$$
把上面两个式子相加得
$$(c_1 + e_1)\alpha_1 + (c_2 + e_2)\alpha_2 + \cdots + (c_n + e_n)\alpha_n = \beta. \tag{4}$$
(4)式表明：$\gamma + \eta$ 是非齐次线性方程组(1)的一个解. ∎

定理1 如果数域 K 上 n 元非齐次线性方程组(1)有解,则它的解集 U 为
$$U = \{\gamma_0 + \eta \mid \eta \in W\}, \tag{5}$$
其中 γ_0 是非齐次线性方程组(1)的一个解(称 γ_0 是**特解**),W 是方程组(1)的导出组(2)的解集.

证明 任取 $\eta \in W$,由性质2知,$\gamma_0 + \eta \in U$. 因此(5)式右边的集合包含于 U. 反之,任取 $\gamma \in U$,据性质1得,$\gamma - \gamma_0 \in W$. 记 $\gamma - \gamma_0 = \eta$,则 $\gamma = \gamma_0 + \eta$. 因此 U 包含于(5)式右边的集合. 从而(5)式成立. ∎

我们把集合 $\{\gamma_0 + \eta \mid \eta \in W\}$ 记作 $\gamma_0 + W$.

推论 2 如果 n 元非齐次线性方程组 (1) 有解,则它的解惟一的充分必要条件是它的导出组 (2) 只有零解.

证明 设非齐次线性方程组 (1) 有解,则它的解集 U 等于 γ_0+W,其中 γ_0 是方程组 (1) 的一个特解, W 是它的导出组 (2) 的解空间. 于是

方程组 (1) 的解惟一 $\Longleftrightarrow \gamma_0+W=\{\gamma_0\} \Longleftrightarrow W=\{0\}$. ∎

于是当 n 元非齐次线性方程组 (1) 有无穷多个解时,它的导出组 (2) 必有非零解. 此时取导出组 (2) 的一个基础解系 $\eta_1, \eta_2, \cdots, \eta_{n-r}$,其中 r 是导出组 (2) 的系数矩阵 A 的秩(A 也是方程组 (1) 的系数矩阵),则非齐次线性方程组 (1) 的解集 U 为

$$U=\{\gamma_0+k_1\eta_1+k_2\eta_2+\cdots+k_{n-r}\eta_{n-r} \mid k_i \in K, i=1,2,\cdots,n-r\},$$

其中 γ_0 是非齐次线性方程组 (1) 的一个特解. 解集 U 的代表元素

$$\gamma_0+k_1\eta_1+k_2\eta_2+\cdots+k_{n-r}\eta_{n-r}$$

称为非齐次线性方程组 (1) 的**通解**,其中

$$k_1,k_2,\cdots,k_{n-r} \in K.$$

示范

例 1 求数域 K 上下述非齐次线性方程组的解集:

$$\begin{cases} x_1-3x_2+5x_3-2x_4=4, \\ -2x_1+x_2-3x_3+x_4=-7, \\ -x_1-7x_2+9x_3-4x_4=-2. \end{cases} \tag{6}$$

解 第一步 求方程组 (6) 的一个特解 γ_0. 为此先求出它的一般解公式.

$$\begin{bmatrix} 1 & -3 & 5 & -2 & 4 \\ -2 & 1 & -3 & 1 & -7 \\ -1 & -7 & 9 & -4 & -2 \end{bmatrix} \to \begin{bmatrix} 1 & 0 & \frac{4}{5} & -\frac{1}{5} & \frac{17}{5} \\ 0 & 1 & -\frac{7}{5} & \frac{3}{5} & -\frac{1}{5} \\ 0 & 0 & 0 & 0 & 0 \end{bmatrix},$$

方程组 (6) 的一般解为

$$\begin{cases} x_1=-\frac{4}{5}x_3+\frac{1}{5}x_4+\frac{17}{5}, \\ x_2=\frac{7}{5}x_3-\frac{3}{5}x_4-\frac{1}{5}, \end{cases} \tag{7}$$

其中 x_3, x_4 是自由未知量. 由 (7) 式得到方程组 (6) 的一个特解为

$$\gamma_0=\begin{bmatrix} \frac{17}{5} \\ -\frac{1}{5} \\ 0 \\ 0 \end{bmatrix}.$$

第二步 求导出组的一个基础解系. 由于方程组(6)与它的导出组的系数矩阵相同,因此把方程组(6)的一般解公式(7)的常数项去掉,就得到导出组的一般解:

$$\begin{cases} x_1 = -\dfrac{4}{5}x_3 + \dfrac{1}{5}x_4, \\ x_2 = \dfrac{7}{5}x_3 - \dfrac{3}{5}x_4, \end{cases}$$

其中 x_3, x_4 是自由未知量. 从而得出导出组的一个基础解系为

$$\eta_1 = \begin{bmatrix} -4 \\ 7 \\ 5 \\ 0 \end{bmatrix}, \quad \eta_2 = \begin{bmatrix} 1 \\ -3 \\ 0 \\ 5 \end{bmatrix}.$$

第三步 写出非齐次线性方程组(6)的解集:
$$U = \{\gamma_0 + k_1\eta_1 + k_2\eta_2 \mid k_1, k_2 \in K\}.$$

习 题 3.7

1. 求数域 K 上下列非齐次线性方程组的解集:

(1) $\begin{cases} x_1 - 5x_2 + 2x_3 - 3x_4 = 11, \\ -3x_1 + x_2 - 4x_3 + 2x_4 = -5, \\ -x_1 - 9x_2 \quad\quad\quad - 4x_4 = 17, \\ 5x_1 + 3x_2 + 6x_3 - x_4 = -1; \end{cases}$

(2) $\begin{cases} 2x_1 - 3x_2 + x_3 - 5x_4 = 1, \\ -5x_1 - 10x_2 - 2x_3 + x_4 = -21, \\ x_1 + 4x_2 + 3x_3 + 2x_4 = 1, \\ 2x_1 - 4x_2 + 9x_3 - 3x_4 = -16; \end{cases}$

(3) $x_1 - 4x_2 + 2x_3 - 3x_4 + 6x_5 = 4.$

2. 证明: n 个方程的 n 元非齐次线性方程组有惟一解当且仅当它的导出组只有零解.

3. 证明: 如果 $\gamma_1, \gamma_2, \cdots, \gamma_t$ 都是 n 元非齐次线性方程组(1)的解,并且一组数 $u_1, u_2, \cdots, u_t$ 满足
$$u_1 + u_2 + \cdots + u_t = 1,$$
则 $u_1\gamma_1 + u_2\gamma_2 + \cdots + u_t\gamma_t$ 也是方程组(1)的一个解.

4. 证明: 如果 γ_0 是非齐次线性方程组(1)的一个特解, $\eta_1, \eta_2, \cdots, \eta_t$ 是它的导出组的一个基础解系. 令
$$\gamma_1 = \gamma_0 + \eta_1, \quad \gamma_2 = \gamma_0 + \eta_2, \quad \cdots, \quad \gamma_t = \gamma_0 + \eta_t,$$
则非齐次线性方程组(1)的任意一个解 γ 可以表示成
$$\gamma = u_0\gamma_0 + u_1\gamma_1 + u_2\gamma_2 + \cdots + u_t\gamma_t,$$

其中 $u_0+u_1+u_2+\cdots+u_t=1$.

§8 基·维数

观察

数域 K 上 n 元齐次线性方程组
$$x_1\alpha_1 + x_2\alpha_2 + \cdots + x_n\alpha_n = 0 \tag{1}$$
的解集 W 是 K^n 的一个子空间. 当方程组(1)有非零解时,它有一个基础解系 $\eta_1,\eta_2,\cdots,\eta_t$. 此时
$$W = \{k_1\eta_1 + k_2\eta_2 + \cdots + k_t\eta_t | k_1,k_2,\cdots,k_t \in K\}. \tag{2}$$
(2)式表明解空间 W 完全被基础解系 $\eta_1,\eta_2,\cdots,\eta_t$ 决定. 而方程组(1)的基础解系 $\eta_1,\eta_2,\cdots,\eta_t$ 是 W 中满足下述两个条件的向量组:

1° $\eta_1,\eta_2,\cdots,\eta_t$ 线性无关;

2° W 中每一个向量可以由 $\eta_1,\eta_2,\cdots,\eta_t$ 线性表出.

由上述受到启发,为了研究 K^n 的一个子空间 U 的结构,应当引进像齐次线性方程组的基础解系那样的概念.

抽象

定义 1 设 U 是 K^n 的一个子空间, U 中的向量组 $\alpha_1,\alpha_2,\cdots,\alpha_r$ 如果满足下述两个条件:

1° $\alpha_1,\alpha_2,\cdots,\alpha_r$ 线性无关;

2° U 中每一个向量都可以由 $\alpha_1,\alpha_2,\cdots,\alpha_r$ 线性表出,

则称 $\alpha_1,\alpha_2,\cdots,\alpha_r$ 是 U 的一个**基**.

于是,如果 $\eta_1,\eta_2,\cdots,\eta_t$ 是齐次线性方程组(1)的一个基础解系,则 $\eta_1,\eta_2,\cdots,\eta_t$ 是解空间 W 的一个基.

由于 $\varepsilon_1,\varepsilon_2,\cdots,\varepsilon_n$ 线性无关,并且 K^n 中每一个向量 $\alpha=(a_1,a_2,\cdots,a_n)'$ 可以由 $\varepsilon_1,\varepsilon_2,\cdots,\varepsilon_n$ 线性表出,即
$$\alpha = a_1\varepsilon_1 + a_2\varepsilon_2 + \cdots + a_n\varepsilon_n, \tag{3}$$
因此 $\varepsilon_1,\varepsilon_2,\cdots,\varepsilon_n$ 是 K^n 的一个基,称它为 K^n 的**标准基**.

几何空间中,任取三个不共面的向量 $\alpha_1,\alpha_2,\alpha_3$. 由于任一向量 β 可以由 $\alpha_1,\alpha_2,\alpha_3$ 线性表出,并且 $\alpha_1,\alpha_2,\alpha_3$ 线性无关,因此 $\alpha_1,\alpha_2,\alpha_3$ 是几何空间的一个基.

K^n 的每一个非零子空间 U 都有一个基(证明可看丘维声编著《高等代数(上册)》第102页). 从这个证明过程还可以看出:从 U 的任意一个非零向量出发,可以扩充成 U 的一个基.

观察

数域 K 上 n 元齐次线性方程组(1)有非零解时，它的每一个基础解系都是解空间 W 的一个基。我们在本章§6定理1中已经证明方程组(1)的每一个基础解系所含解向量的个数都等于 $n-r$，其中 r 是系数矩阵 A 的秩。因此解空间 W 的任意两个基所含向量的个数相等。对于 K^n 的任一子空间 U，是否也有类似的结论？

抽象

定理1 K^n 的非零子空间 U 的任意两个基所含向量的个数相等。

证明 设 $\alpha_1,\alpha_2,\cdots,\alpha_s$ 与 $\beta_1,\beta_2,\cdots,\beta_r$ 是子空间 U 的任意两个基。由基的定义，它们线性无关，并且可以互相线性表出(从而等价)，因此它们所含向量的个数相等。∎

定义2 设 U 是 K^n 的一个非零子空间，U 的一个基所含向量的个数称为 U 的**维数**，记作 $\dim_K U$，或者简记作 $\dim U$。

零子空间的维数规定为 0。

由于 $\varepsilon_1,\varepsilon_2,\cdots,\varepsilon_n$ 是 K^n 的一个基，因此 $\dim K^n = n$。这就是为什么我们把 K^n 称为 n 维向量空间的原因。

几何空间中，任意三个不共面的向量是它的一个基，因此几何空间是 3 维的空间。对于过原点的一个平面 π，它的两个不共线向量是 π 的一个基，因此过原点的平面 π 是 2 维的子空间。对于过原点的一条直线 L，它的一个方向向量是 L 的一个基，因此过原点的直线 L 是 1 维的子空间。

数域 K 上 n 元齐次线性方程组有非零解时，它的解空间 W 的每一个基所含向量的个数为 $n-\mathrm{rank}(A)$，其中 A 是方程组的系数矩阵。因此解空间 W 的维数为

$$\boxed{\dim W = n - \mathrm{rank}(A).} \tag{4}$$

若 n 元齐次线性方程组只有零解，则 $\mathrm{rank}(A)=n$。于是此时(4)式也成立。n 元齐次线性方程组的解空间 W 的维数公式(4)是非常重要的公式，它在许多问题的研究中起着关键作用。

评注

基对于决定子空间的结构起了十分重要的作用。如果知道了子空间 U 的一个基 $\alpha_1,\alpha_2,\cdots,\alpha_r$，那么 U 中每一个向量 α 可以由 $\alpha_1,\alpha_2,\cdots,\alpha_r$ 线性表出，并且**表出的方式是惟一的**。理由如下：

假如 α 由基 $\alpha_1,\alpha_2,\cdots,\alpha_r$ 表出的方式有两种：

$$\alpha = a_1\alpha_1 + a_2\alpha_2 + \cdots + a_r\alpha_r,$$
$$\alpha = b_1\alpha_1 + b_2\alpha_2 + \cdots + b_r\alpha_r,$$

把上面两个式子相减得
$$(a_1 - b_1)\alpha_1 + (a_2 - b_2)\alpha_2 + \cdots + (a_r - b_r)\alpha_r = 0. \tag{5}$$
由于 $\alpha_1, \alpha_2, \cdots, \alpha_r$ 线性无关,因此由(5)式得,
$$a_1 - b_1 = 0, \quad a_2 - b_2 = 0, \quad \cdots, \quad a_r - b_r = 0,$$
从而 α 由基 $\alpha_1, \alpha_2, \cdots, \alpha_r$ 线性表出的方式惟一,其中系数组成的有序数组 $(a_1, a_2, \cdots, a_r)$ 称为 α 在基 $\alpha_1, \alpha_2, \cdots, \alpha_r$ 下的**坐标**.

观察

数域 K 上 n 元齐次线性方程组(1)有非零解时,它的解集 W 为
$$W = \{k_1\eta_1 + k_2\eta_2 + \cdots + k_t\eta_t \mid k_1, k_2, \cdots, k_t \in K\},$$
其中 $\eta_1, \eta_2, \cdots, \eta_t$ 是方程组(1)的一个基础解系. 我们又知道解集 W 是 K^n 的一个子空间. 从这看出,$\eta_1, \eta_2, \cdots, \eta_t$ 的所有线性组合组成的集合 W 是 K^n 的一个子空间. 对于 K^n 的任意一个向量组是否也有类似的结论?

抽象

设 $\alpha_1, \alpha_2, \cdots, \alpha_s$ 是 K^n 的任意一个向量组,令
$$U = \{k_1\alpha_1 + k_2\alpha_2 + \cdots + k_s\alpha_s \mid k_1, k_2, \cdots, k_s \in K\}. \tag{6}$$
显然,$0 \in U$. 由于
$$(k_1\alpha_1 + k_2\alpha_2 + \cdots + k_s\alpha_s) + (l_1\alpha_1 + l_2\alpha_2 + \cdots + l_s\alpha_s)$$
$$= (k_1 + l_1)\alpha_1 + (k_2 + l_2)\alpha_2 + \cdots + (k_s + l_s)\alpha_s,$$
$$c(k_1\alpha_1 + k_2\alpha_2 + \cdots + k_s\alpha_s) = (ck_1)\alpha_1 + (ck_2)\alpha_2 + \cdots + (ck_s)\alpha_s,$$
因此 U 对于加法和数量乘法封闭. 从而 U 是 K^n 的一个子空间. 我们把 U 称为**由 $\alpha_1, \alpha_2, \cdots, \alpha_s$ 生成的子空间**,记作 $\langle \alpha_1, \alpha_2, \cdots, \alpha_s \rangle$.

设数域 K 上 n 元齐次线性方程组(1)的一个基础解系是 $\eta_1, \eta_2, \cdots, \eta_t$,则方程组(1)的解空间 W 是由 $\eta_1, \eta_2, \cdots, \eta_t$ 生成的子空间,即
$$W = \langle \eta_1, \eta_2, \cdots, \eta_t \rangle.$$

设 $U = \langle \alpha_1, \alpha_2, \cdots, \alpha_s \rangle$. 设 $\alpha_{i_1}, \alpha_{i_2}, \cdots, \alpha_{i_r}$ 是向量组 $\alpha_1, \alpha_2, \cdots, \alpha_s$ 的一个极大线性无关组. 由于 U 中每一个向量 β 可以由 $\alpha_1, \alpha_2, \cdots, \alpha_s$ 线性表出,又 $\alpha_1, \alpha_2, \cdots, \alpha_s$ 与它的极大线性无关组等价,因此 β 可以由 $\alpha_{i_1}, \alpha_{i_2}, \cdots, \alpha_{i_r}$ 线性表出. 从而 $\alpha_{i_1}, \alpha_{i_2}, \cdots, \alpha_{i_r}$ 是 U 的一个基. 这证明了下述结论:

定理 2 K^n 中,向量组 $\alpha_1, \alpha_2, \cdots, \alpha_s$ 的一个极大线性无关组是子空间 $U = \langle \alpha_1, \alpha_2, \cdots, \alpha_s \rangle$ 的一个基,从而
$$\mathrm{rank}\{\alpha_1, \alpha_2, \cdots, \alpha_s\} = \dim \langle \alpha_1, \alpha_2, \cdots, \alpha_s \rangle. \quad \blacksquare$$

定理 2 告诉我们,向量组 $\alpha_1, \alpha_2, \cdots, \alpha_s$ 的秩等于由它生成的子空间的维数.

数域 K 上 $s \times n$ 矩阵 A 的列向量组 $\alpha_1, \alpha_2, \cdots, \alpha_n$ 生成的子空间称为 A 的**列空间**;A 的行向量组 $\gamma_1, \gamma_2, \cdots, \gamma_s$ 生成的子空间称为 A 的**行空间**. 据定理 2 得,矩阵 A 的列秩等于它的列空间的维数;矩阵 A 的行秩等于它的行空间的维数. 由于 A 的列秩等于行秩,因此 A 的列空间的维数等于它的行空间的维数. 注意 A 的列空间是 K^s 的子空间,而 A 的行空间是 K^n 的子空间,它们的维数竟然一样!

习 题 3.8

1. 设 $r < n$,令
$$U = \{(a_1, a_2, \cdots, a_r, 0, \cdots, 0)' \mid a_i \in K, i = 1, 2, \cdots, r\},$$
说明 U 是 K^n 的一个子空间,并且求 U 的一个基和维数.

2. 证明:K^n 中的向量组
$$\alpha_1 = \begin{bmatrix} 1 \\ 0 \\ 0 \\ \vdots \\ 0 \end{bmatrix}, \quad \alpha_2 = \begin{bmatrix} 1 \\ 1 \\ 0 \\ \vdots \\ 0 \end{bmatrix}, \quad \cdots, \quad \alpha_n = \begin{bmatrix} 1 \\ 1 \\ 1 \\ \vdots \\ 1 \end{bmatrix}$$
是 K^n 的一个基.

3. 在 K^4 中,求下述向量组生成的子空间的一个基和维数:
$$\alpha_1 = \begin{bmatrix} 1 \\ 1 \\ 4 \\ 2 \end{bmatrix}, \quad \alpha_2 = \begin{bmatrix} -1 \\ -1 \\ -4 \\ -2 \end{bmatrix}, \quad \alpha_3 = \begin{bmatrix} -3 \\ 2 \\ 3 \\ -11 \end{bmatrix}, \quad \alpha_4 = \begin{bmatrix} 1 \\ -1 \\ -2 \\ 4 \end{bmatrix}.$$

4. 求下述矩阵的列空间的维数和一个基:
$$A = \begin{bmatrix} 1 & 3 & -2 & -7 \\ 0 & -1 & -3 & 4 \\ 5 & 2 & 0 & 1 \\ 1 & 4 & 1 & -11 \end{bmatrix}.$$

第四章 矩阵的运算

观察

例1 数域 K 上 n 元线性方程组可以用它的增广矩阵来表示. 判断它有没有解, 只要去比较它的系数矩阵的秩与增广矩阵的秩是否相等.

例2 某公司有三个商场销售电视机、电冰箱、洗衣机、音响. 2001 年 9 月份的销售金额可以用一个矩阵表示:

$$\begin{bmatrix} a_{11} & a_{12} & a_{13} & a_{14} \\ a_{21} & a_{22} & a_{23} & a_{24} \\ a_{31} & a_{32} & a_{33} & a_{34} \end{bmatrix}, \tag{1}$$

其中 $a_{i1}, a_{i2}, a_{i3}, a_{i4}$ 分别表示第 i 个商场 9 月份销售电视机、电冰箱、洗衣机、音响的金额, $i=1,2,3$.

例3 平面上取定一个直角坐标系 Oxy, 所有以原点为起点的向量组成的集合记作 V. 让 V 中每个向量绕原点 O 旋转角度 θ, 如图 4-1 所示. 我们来求这个旋转(记作 σ)的公式. 设 $\overrightarrow{OP}$ 的坐标为 (x,y), 它在旋转 σ 下的像 $\overrightarrow{OP'}$ 的坐标为 (x',y'). 设以 x 轴的正半轴为始边, 以射线 OP 为终边的角为 α. 设 $|\overrightarrow{OP}|=r$. 从三角函数的定义得

$$x = r\cos\alpha, \quad y = r\sin\alpha,$$
$$x' = r\cos(\alpha+\theta), \quad y' = r\sin(\alpha+\theta).$$

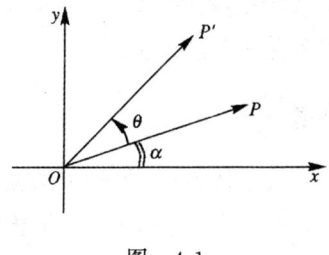

图 4-1

由此得出

$$\begin{cases} x' = x\cos\theta - y\sin\theta, \\ y' = x\sin\theta + y\cos\theta. \end{cases} \tag{2}$$

(2)式就是旋转 σ 的公式. 把公式(2)中的系数排成如下一张表:

$$\begin{bmatrix} \cos\theta & -\sin\theta \\ \sin\theta & \cos\theta \end{bmatrix}, \tag{3}$$

则矩阵(3)就表示了转角为 θ 的旋转.

例4 设有 7 个水稻品种 $P_i(i=1,2,\cdots,7)$, 想通过种试验田来比较它们的优劣. 为了减少(或避免)土壤的肥力不均匀对试验结果的影响, 我们选择 7 块试验田(称为区组), 每个区组本身的土壤肥力是均匀的. 把每个区组均匀分成 3 小块, 每一小块种一个品种的水稻. 为了使每两个品种都能在同一个区组里相遇, 以便比较它们的优劣, 我们采用下述安排(用

B_i 表示第 i 个区组):

B_1	B_2	B_3	B_4	B_5	B_6	B_7
P_1	P_2	P_3	P_4	P_5	P_6	P_7
P_2	P_3	P_4	P_5	P_6	P_7	P_1
P_4	P_5	P_6	P_7	P_1	P_2	P_3

我们可以构造一个矩阵 M 来表示上述试验方案. 令

$$M(i;j) \stackrel{\text{def}}{=\!=\!=} \begin{cases} 1, & \text{当 } P_i \text{ 安排在 } B_j \text{ 里,} \\ 0, & \text{否则,} \end{cases} \tag{4}$$

即

$$M = \begin{bmatrix} 1 & 0 & 0 & 0 & 1 & 0 & 1 \\ 1 & 1 & 0 & 0 & 0 & 1 & 0 \\ 0 & 1 & 1 & 0 & 0 & 0 & 1 \\ 1 & 0 & 1 & 1 & 0 & 0 & 0 \\ 0 & 1 & 0 & 1 & 1 & 0 & 0 \\ 0 & 0 & 1 & 0 & 1 & 1 & 0 \\ 0 & 0 & 0 & 1 & 0 & 1 & 1 \end{bmatrix}. \tag{5}$$

(5)式中的矩阵 M 称为上述试验方案的**关联矩阵**. 从关联矩阵 M 不难看出每两个品种恰好相遇在一个区组里.

思考

从上述例子看到,不同领域中的问题都可以用矩阵来表示.进一步问:在例 2 里,如果某公司三个商场 10 月份销售四种家电产品的金额也用矩阵表示,那么 9,10 月份销售金额的和与这两个矩阵有什么关系?在例 3 里,如果转角为 φ 的旋转 τ 也用矩阵表示,那么相继作旋转 σ 与旋转 τ,它们的总效果如何用 σ 的矩阵与 τ 的矩阵表示?在例 4 里,如何运用关联矩阵使得更直截了当地看出:每两个品种恰好相遇在一个区组里,以及每个品种出现在多少个区组里.所有这些问题都要求对矩阵进行运算.这一章我们就来讨论矩阵有哪些运算?这些运算满足哪些运算法则?有哪些性质?

§1 矩阵的运算

观察

在本章开头的例 2 中,某公司三个商场 9 月份、10 月份销售四种家电产品的金额分别用矩阵 $A=(a_{ij}), B=(b_{ij})$ 表示,则这两个月的销售金额的和可用下述矩阵 C 表示:

$$C = \begin{bmatrix} a_{11}+b_{11} & a_{12}+b_{12} & a_{13}+b_{13} & a_{14}+b_{14} \\ a_{21}+b_{21} & a_{22}+b_{22} & a_{23}+b_{23} & a_{24}+b_{24} \\ a_{31}+b_{31} & a_{32}+b_{32} & a_{33}+b_{33} & a_{34}+b_{34} \end{bmatrix}. \tag{1}$$

从问题的实际意义很自然地把矩阵 C 称为矩阵 A 与 B 的**和**,记作

$$C = A + B.$$

数域 K 上两个矩阵称为**相等**,如果它们的行数相同,列数也相同,并且它们的所有元素对应相等(即第 1 个矩阵的 (i,j) 元等于第 2 个矩阵的 (i,j) 元).

在本章开头的例 2 中,如果 11 月份的销售金额比 9 月份同步增长 10%(即每个商场 11 月份销售每种家电产品的金额都比 9 月份的金额增长 10%),则 11 月份的销售金额可用下述矩阵 M 表示:

$$M = \begin{bmatrix} 1.1a_{11} & 1.1a_{12} & 1.1a_{13} & 1.1a_{14} \\ 1.1a_{21} & 1.1a_{22} & 1.1a_{23} & 1.1a_{24} \\ 1.1a_{31} & 1.1a_{32} & 1.1a_{33} & 1.1a_{34} \end{bmatrix}. \tag{2}$$

从问题的实际意义很自然地把矩阵 M 称为 1.1 与矩阵 A 的**数量乘积**,记作 $M=1.1A$.

抽象

定义 1 设 $A=(a_{ij}), B=(b_{ij})$ 都是数域 K 上 $s\times n$ 矩阵,令

$$C = (a_{ij}+b_{ij})_{s\times n}, \tag{3}$$

则称矩阵 C 是矩阵 A 与 B 的**和**,记作

$$C = A+B; \tag{4}$$

设 $k\in K$,令

$$M = (ka_{ij})_{s\times n}, \tag{5}$$

则称矩阵 M 是 k 与矩阵 A 的**数量乘积**,记作

$$M = kA. \tag{6}$$

容易直接验证,矩阵的**加法**与**数量乘法**满足下述 8 条运算法则:对于数域 K 上任意 $s\times n$ 矩阵 A,B,C,以及任意 $k,l\in K$,有

1° $A+B=B+A$(**加法交换律**);

2° $(A+B)+C=A+(B+C)$(**加法结合律**);

3° **零矩阵** 0 使得 $A+0=0+A=A$;

4° 设 $A=(a_{ij})$,矩阵 $(-a_{ij})$ 称为 A 的**负矩阵**,记作 $-A$. 有

$$A+(-A) = (-A)+A = 0;$$

5° $1A=A$;

6° $(kl)A=k(lA)$;

7° $(k+l)A=kA+lA$;

8° $k(A+B)=kA+kB$.

利用负矩阵的概念,可以定义矩阵的**减法**如下:
$$A - B \xequal{\text{def}} A + (-B). \tag{7}$$

观察

在本章开头的例 3 中,平面上绕原点 O 转角为 θ 的旋转 σ 可以用一个矩阵
$$A = \begin{bmatrix} \cos\theta & -\sin\theta \\ \sin\theta & \cos\theta \end{bmatrix} \tag{8}$$
来表示. 同理,绕原点 O 转角为 φ 的旋转 τ 可以用矩阵
$$B = \begin{bmatrix} \cos\varphi & -\sin\varphi \\ \sin\varphi & \cos\varphi \end{bmatrix} \tag{9}$$
来表示.

现在相继作旋转 τ 与旋转 σ,其总的效果是作了转角为 $\theta+\varphi$ 的旋转 ψ. 同上理,ψ 可以用矩阵
$$C = \begin{bmatrix} \cos(\theta+\varphi) & -\sin(\theta+\varphi) \\ \sin(\theta+\varphi) & \cos(\theta+\varphi) \end{bmatrix} \tag{10}$$
来表示. 我们把相继作旋转 τ 与 σ 的总效果(旋转 ψ)称为 σ 与 τ 的乘积,即 $\psi=\sigma\tau$. 于是很自然地我们把矩阵 C 称为矩阵 A 与 B 的**乘积**,即 $C=AB$. 现在我们来仔细看一看矩阵 C 的元素与矩阵 A,B 的元素之间有什么关系. 利用两角和的余弦、正弦公式得
$$C = \begin{bmatrix} \cos\theta\cos\varphi - \sin\theta\sin\varphi & -\sin\theta\cos\varphi - \cos\theta\sin\varphi \\ \sin\theta\cos\varphi + \cos\theta\sin\varphi & \cos\theta\cos\varphi - \sin\theta\sin\varphi \end{bmatrix}. \tag{11}$$

比较(11)式与(8),(9)式,可以看出:
$$\begin{aligned} C(1;1) &= A(1;1)B(1;1) + A(1;2)B(2;1), \\ C(1;2) &= A(1;1)B(1;2) + A(1;2)B(2;2), \\ C(2;1) &= A(2;1)B(1;1) + A(2;2)B(2;1), \\ C(2;2) &= A(2;1)B(1;2) + A(2;2)B(2;2). \end{aligned} \tag{12}$$

即 C 的 $(1,1)$ 元等于 A 的第 1 行与 B 的第 1 列的对应元素的乘积之和;C 的 $(1,2)$ 元是 A 的第 1 行与 B 的第 2 列对应元素的乘积之和;等等.

例如,当 $\theta=\dfrac{\pi}{6}$ 时,
$$A = \begin{bmatrix} \dfrac{\sqrt{3}}{2} & -\dfrac{1}{2} \\ \dfrac{1}{2} & \dfrac{\sqrt{3}}{2} \end{bmatrix},$$

于是

$$C = AB = \begin{bmatrix} \dfrac{\sqrt{3}}{2} & -\dfrac{1}{2} \\ \dfrac{1}{2} & \dfrac{\sqrt{3}}{2} \end{bmatrix} \begin{bmatrix} \cos\varphi & -\sin\varphi \\ \sin\varphi & \cos\varphi \end{bmatrix}$$

$$= \begin{bmatrix} \dfrac{\sqrt{3}}{2}\cos\varphi - \dfrac{1}{2}\sin\varphi & -\dfrac{\sqrt{3}}{2}\sin\varphi - \dfrac{1}{2}\cos\varphi \\ \dfrac{1}{2}\cos\varphi + \dfrac{\sqrt{3}}{2}\sin\varphi & -\dfrac{1}{2}\sin\varphi + \dfrac{\sqrt{3}}{2}\cos\varphi \end{bmatrix}.$$

从旋转这个例子受到启发,我们给出矩阵的乘法运算的定义.

抽象

定义 2 设 $A = (a_{ij})_{s \times n}, B = (b_{ij})_{n \times m}$,令
$$C = (c_{ij})_{s \times m},$$
其中
$$c_{ij} = a_{i1}b_{1j} + a_{i2}b_{2j} + \cdots + a_{in}b_{nj} = \sum_{k=1}^{n} a_{ik}b_{kj}, \tag{13}$$
$$i = 1, 2, \cdots, s, \quad j = 1, 2, \cdots, m,$$
则矩阵 C 称为矩阵 A 与 B 的**乘积**,记作 $C = AB$.

从定义 2 看出,矩阵的乘法有以下几个要点:

1) 只有左矩阵的列数与右矩阵的行数相同的两个矩阵才能相乘;

2) 乘积矩阵的 (i, j) 元等于左矩阵的第 i 行与右矩阵的第 j 列的对应元素的乘积之和,即
$$(AB)(i;j) = \sum_{k=1}^{n} [A(i;k)][B(k;j)]; \tag{14}$$

3) 乘积矩阵的行数等于左矩阵的行数,乘积矩阵的列数等于右矩阵的列数.

示范

例 1 设
$$A = \begin{bmatrix} 1 & -2 \\ 0 & 3 \\ -1 & 2 \end{bmatrix}, \quad B = \begin{bmatrix} 4 & 5 \\ 6 & 7 \end{bmatrix},$$

求 AB.

解
$$AB = \begin{bmatrix} 1 & -2 \\ 0 & 3 \\ -1 & 2 \end{bmatrix} \begin{bmatrix} 4 & 5 \\ 6 & 7 \end{bmatrix} = \begin{bmatrix} 1\times 4+(-2)\times 6 & 1\times 5+(-2)\times 7 \\ 0\times 4+3\times 6 & 0\times 5+3\times 7 \\ (-1)\times 4+2\times 6 & (-1)\times 5+2\times 7 \end{bmatrix}$$
$$= \begin{bmatrix} -8 & -9 \\ 18 & 21 \\ 8 & 9 \end{bmatrix}.$$

例 2 矩阵 A, B 如同例 1 所给,设
$$C = \begin{bmatrix} 0 & 1 \\ -1 & 0 \end{bmatrix},$$
求 $BC, A(BC), (AB)C$.

解
$$BC = \begin{bmatrix} 4 & 5 \\ 6 & 7 \end{bmatrix} \begin{bmatrix} 0 & 1 \\ -1 & 0 \end{bmatrix} = \begin{bmatrix} -5 & 4 \\ -7 & 6 \end{bmatrix},$$

$$A(BC) = \begin{bmatrix} 1 & -2 \\ 0 & 3 \\ -1 & 2 \end{bmatrix} \begin{bmatrix} -5 & 4 \\ -7 & 6 \end{bmatrix} = \begin{bmatrix} 9 & -8 \\ -21 & 18 \\ -9 & 8 \end{bmatrix},$$

$$(AB)C = \begin{bmatrix} -8 & -9 \\ 18 & 21 \\ 8 & 9 \end{bmatrix} \begin{bmatrix} 0 & 1 \\ -1 & 0 \end{bmatrix} = \begin{bmatrix} 9 & -8 \\ -21 & 18 \\ -9 & 8 \end{bmatrix}.$$

评注

从例 2 看出, $A(BC) = (AB)C$. 这对于一般情形下也是正确的. 即

1° 矩阵的乘法适合**结合律**:设 $A = (a_{ij})_{s\times n}, B = (b_{ij})_{n\times m}, C = (c_{ij})_{m\times r}$,则
$$(AB)C = A(BC). \tag{15}$$

证明 显然, $(AB)C$ 与 $A(BC)$ 都是 $s\times r$ 矩阵. 由于
$$[(AB)C](i;j) = \sum_{l=1}^{m}[(AB)(i;l)]c_{lj} = \sum_{l=1}^{m}\Big(\sum_{k=1}^{n}a_{ik}b_{kl}\Big)c_{lj} = \sum_{l=1}^{m}\Big(\sum_{k=1}^{n}a_{ik}b_{kl}c_{lj}\Big),$$
$$[A(BC)](i;j) = \sum_{k=1}^{n}a_{ik}[(BC)(k;j)] = \sum_{k=1}^{n}a_{ik}\Big(\sum_{l=1}^{m}b_{kl}c_{lj}\Big) = \sum_{k=1}^{n}\Big(\sum_{l=1}^{m}a_{ik}b_{kl}c_{lj}\Big)$$
$$= \sum_{l=1}^{m}\Big(\sum_{k=1}^{n}a_{ik}b_{kl}c_{lj}\Big),$$
因此
$$[(AB)C](i;j) = [A(BC)](i;j), \quad i = 1,2,\cdots,s; j = 1,2,\cdots,r.$$
从而

$$(AB)C = A(BC).\qquad\blacksquare$$

从例 1 看到，A 与 B 可以做乘法，但是 B 与 A 不能做乘法. 这说明矩阵的乘法不适合交换律. 即使 A 与 B 可以做乘法，B 与 A 也可以做乘法，但是也有可能 $AB \neq BA$. 可以看下面两个例子：

例 3 设

$$A = (1,1,1),\quad B = \begin{bmatrix}1\\1\\1\end{bmatrix},$$

求 AB 与 BA.

解

$$AB = (1,1,1)\begin{bmatrix}1\\1\\1\end{bmatrix} = (3),$$

$$BA = \begin{bmatrix}1\\1\\1\end{bmatrix}(1,1,1) = \begin{bmatrix}1&1&1\\1&1&1\\1&1&1\end{bmatrix}.$$

如果运算的最后结果得到一个 1 级矩阵，那么我们可以把它写成一个数. 在例 3 中，可以写 $AB=3$.

一个行向量 $(a_1, a_2, \cdots, a_n)$ 可以看成 $1 \times n$ 矩阵，一个列向量

$$\begin{bmatrix}a_1\\a_2\\\vdots\\a_n\end{bmatrix}$$

可以看成 $n \times 1$ 矩阵.

例 4 设

$$A = \begin{bmatrix}0&1\\0&0\end{bmatrix},\quad B = \begin{bmatrix}0&0\\0&1\end{bmatrix},$$

求 AB 与 BA.

解

$$AB = \begin{bmatrix}0&1\\0&0\end{bmatrix}\begin{bmatrix}0&0\\0&1\end{bmatrix} = \begin{bmatrix}0&1\\0&0\end{bmatrix},$$

$$BA = \begin{bmatrix}0&0\\0&1\end{bmatrix}\begin{bmatrix}0&1\\0&0\end{bmatrix} = \begin{bmatrix}0&0\\0&0\end{bmatrix}.$$

从例 4 还可以看到一个奇怪的现象：$B \neq 0$，$A \neq 0$，但是 $BA=0$. 这一点希望读者要特别注意. 即，从 $BA=0$，不能推出 $B=0$ 或 $A=0$.

2° 矩阵的乘法适合**左分配律**：
$$A(B+C) = AB + AC, \tag{16}$$
也适合**右分配律**：
$$(B+C)D = BD + CD. \tag{17}$$
证明方法类似于结合律的证明.

例 5 设
$$A = \begin{bmatrix} 1 & 2 \\ 3 & 4 \end{bmatrix}, \quad B = \begin{bmatrix} 0 & 3 \\ 2 & 5 \end{bmatrix}, \quad C = \begin{bmatrix} 1 & 1 \\ 1 & 1 \end{bmatrix},$$
求 AC 与 BC.

解
$$AC = \begin{bmatrix} 1 & 2 \\ 3 & 4 \end{bmatrix} \begin{bmatrix} 1 & 1 \\ 1 & 1 \end{bmatrix} = \begin{bmatrix} 3 & 3 \\ 7 & 7 \end{bmatrix},$$
$$BC = \begin{bmatrix} 0 & 3 \\ 2 & 5 \end{bmatrix} \begin{bmatrix} 1 & 1 \\ 1 & 1 \end{bmatrix} = \begin{bmatrix} 3 & 3 \\ 7 & 7 \end{bmatrix}.$$

从例 5 看到，$AC=BC$，但是 $A \neq B$，这说明矩阵的乘法不适合消去律. 即，从 $AC=BC$ 且 $C \neq 0$，不能推出 $A=B$.

3° 主对角线上元素都是 1，其余元素都是 0 的 n 级矩阵称为 n 级**单位矩阵**，记作 I_n，或简记作 I. 容易直接计算得，
$$I_s A_{s \times n} = A_{s \times n}, \quad A_{s \times n} I_n = A_{s \times n}. \tag{18}$$
特别地，如果 A 是 n 级矩阵，则
$$IA = AI = A. \tag{19}$$

4° 矩阵的乘法与数量乘法满足下述关系式：
$$k(AB) = (kA)B = A(kB). \tag{20}$$

证明 设 $A=(a_{ij})_{s \times n}, B=(b_{ij})_{n \times m}$. 显然 $k(AB), (kA)B, A(kB)$ 都是 $s \times m$ 矩阵. 由于
$$[k(AB)](i;j) = k[(AB)(i;j)] = k\left(\sum_{l=1}^n a_{il}b_{lj}\right) = \sum_{l=1}^n k a_{il}b_{lj},$$
$$[(kA)B](i;j) = \sum_{l=1}^n (kA)(i;l)b_{lj} = \sum_{l=1}^n k a_{il}b_{lj},$$
$$[A(kB)](i;j) = \sum_{l=1}^n a_{il}[(kB)(l;j)] = \sum_{l=1}^n a_{il} k b_{lj},$$
因此
$$[k(AB)](i;j) = [(kA)B](i;j) = [A(kB)](i;j),$$
$i=1,2,\cdots,s; j=1,2,\cdots,m$. 从而
$$k(AB) = (kA)B = A(kB). \quad \blacksquare$$

主对角线上元素是同一个数 k，其余元素全为 0 的 n 级矩阵称为**数量矩阵**. 容易看出

$$kI + lI = (k+l)I, \tag{21}$$
$$k(lI) = (kl)I, \tag{22}$$
$$(kI)(lI) = (kl)I. \tag{23}$$

上述三个式子表明：n 级数量矩阵组成的集合对于矩阵的加法、数量乘法与乘法三种运算都封闭.

容易看出
$$(kI)A = kA, \quad A(kI) = kA. \tag{24}$$
(24)式表明：数量矩阵 kI 乘 A 等于 k 乘 A.

前面已指出，矩阵的乘法不适合交换律. 但是对于具体的两个矩阵 A 与 B，也有可能 $AB=BA$. 如果 $AB=BA$，则称 A 与 B **可交换**. 从(24)式得出，如果 A 是 n 级矩阵，则
$$(kI)A = A(kI). \tag{25}$$
即数量矩阵与任一同级矩阵可交换.

设 A 是一个 n 级矩阵，因为矩阵的乘法适合结合律，所以 $\underbrace{A \cdot A \cdot \cdots \cdot A}_{m\text{个}}$ 表示惟一的一个矩阵，把它记作 A^m. 即，我们规定
$$A^m \xlongequal{\text{def}} \underbrace{A \cdot A \cdot \cdots \cdot A}_{m\text{个}}. \tag{26}$$

我们还规定
$$A^0 = I. \tag{27}$$
容易看出，n 级矩阵的方幂适合下列规则：
$$A^k A^l = A^{k+l}, \tag{28}$$
$$(A^k)^l = A^{kl}, \tag{29}$$
其中 k,l 是任意自然数.

注意 由于矩阵的乘法不适合交换律，因此一般来说，$(AB)^k \neq A^k B^k$. 但是如果 A 与 B 可交换，则 $(AB)^k = A^k B^k$.

根据矩阵乘法的定义，我们可以把线性方程组
$$\begin{cases} a_{11}x_1 + a_{12}x_2 + \cdots + a_{1n}x_n = b_1, \\ a_{21}x_1 + a_{22}x_2 + \cdots + a_{2n}x_n = b_2, \\ \cdots\cdots\cdots\cdots\cdots\cdots\cdots\cdots\cdots\cdots\cdots\cdots \\ a_{s1}x_1 + a_{s2}x_2 + \cdots + a_{sn}x_n = b_s \end{cases} \tag{30}$$

写成
$$\begin{bmatrix} a_{11} & a_{12} & \cdots & a_{1n} \\ a_{21} & a_{22} & \cdots & a_{2n} \\ \vdots & \vdots & & \vdots \\ a_{s1} & a_{s2} & \cdots & a_{sn} \end{bmatrix} \begin{bmatrix} x_1 \\ x_2 \\ \vdots \\ x_n \end{bmatrix} = \begin{bmatrix} b_1 \\ b_2 \\ \vdots \\ b_s \end{bmatrix}. \tag{31}$$

用 A 表示线性方程组(30)的系数矩阵，用 X 表示未知量 $x_1, x_2, \cdots, x_n$ 组成的列向量，用 β 表示常数项组成的列向量，则(31)式可以写成

$$AX = \beta. \tag{32}$$

这表明线性方程组有非常简洁的形式(32). 特别地,齐次线性方程组有非常简洁的形式:

$$AX = 0, \tag{33}$$

于是,列向量 η 是齐次线性方程组 $AX=0$ 的解当且仅当 $A\eta=0$. 这个结论在今后经常用到.

在第三章 §1 中,我们指出,线性方程组(30)可以写成

$$x_1\alpha_1 + x_2\alpha_2 + \cdots + x_n\alpha_n = \beta, \tag{34}$$

其中 $\alpha_1, \alpha_2, \cdots, \alpha_n$ 是系数矩阵 A 的列向量组. 此时我们把 A 记成

$$A = (\alpha_1, \alpha_2, \cdots, \alpha_n). \tag{35}$$

从(32)和(34)式得

$$AX = x_1\alpha_1 + x_2\alpha_2 + \cdots + x_n\alpha_n, \tag{36}$$

把(35)式代入(36)式中,得

$$(\alpha_1, \alpha_2, \cdots, \alpha_n)\begin{bmatrix} x_1 \\ x_2 \\ \vdots \\ x_n \end{bmatrix} = x_1\alpha_1 + x_2\alpha_2 + \cdots + x_n\alpha_n. \tag{37}$$

(37)式表明:虽然 $(\alpha_1, \alpha_2, \cdots, \alpha_n)$ 中的每个 α_i 不是一个数,但是我们仍然可以像矩阵乘法的定义那样把 $(\alpha_1, \alpha_2, \cdots, \alpha_n)$ 与列向量 X 相乘.

一般地,设 $s\times n$ 矩阵 $A=(a_{ij})$ 的列向量组为 $\alpha_1, \alpha_2, \cdots, \alpha_n$, 设 $n\times m$ 矩阵 $B=(b_{ij})$, 则不难看出有下式成立:

$$AB = (\alpha_1, \alpha_2, \cdots, \alpha_n)\begin{bmatrix} b_{11} & b_{12} & \cdots & b_{1m} \\ b_{21} & b_{22} & \cdots & b_{2m} \\ \vdots & \vdots & & \vdots \\ b_{n1} & b_{n2} & \cdots & b_{nm} \end{bmatrix}$$

$$= (b_{11}\alpha_1 + b_{21}\alpha_2 + \cdots + b_{n1}\alpha_n, \cdots, b_{1m}\alpha_1 + b_{2m}\alpha_2 + \cdots + b_{nm}\alpha_n). \tag{38}$$

(38)式表明:做矩阵乘法时,可以把左矩阵的列向量组的向量分别与右矩阵的第 1 列、第 2 列、$\cdots$、第 m 列的对应元素的乘积之和作为乘积矩阵的各列.

类似地,设矩阵 B 的行向量组为 $\gamma_1, \gamma_2, \cdots, \gamma_n$, 则

$$AB = \begin{bmatrix} a_{11} & a_{12} & \cdots & a_{1n} \\ a_{21} & a_{22} & \cdots & a_{2n} \\ \vdots & \vdots & & \vdots \\ a_{s1} & a_{s2} & \cdots & a_{sn} \end{bmatrix}\begin{bmatrix} \gamma_1 \\ \gamma_2 \\ \vdots \\ \gamma_n \end{bmatrix} = \begin{bmatrix} a_{11}\gamma_1 + a_{12}\gamma_2 + \cdots + a_{1n}\gamma_n \\ a_{21}\gamma_1 + a_{22}\gamma_2 + \cdots + a_{2n}\gamma_n \\ \cdots\cdots\cdots\cdots\cdots\cdots\cdots\cdots\cdots \\ a_{s1}\gamma_1 + a_{s2}\gamma_2 + \cdots + a_{sn}\gamma_n \end{bmatrix}. \tag{39}$$

(39)式表明:做矩阵乘法时,可以把左矩阵的第 1 行、第 2 行、$\cdots$、第 s 行的元素分别与右矩阵的行向量组的对应向量的乘积之和作为乘积矩阵的各行.

观察

在例 1 中,我们计算了 AB. 现在来计算 $(AB)'$,以及 $B'A'$.

$$(AB)' = \begin{bmatrix} -8 & 18 & 8 \\ -9 & 21 & 9 \end{bmatrix},$$

$$B'A' = \begin{bmatrix} 4 & 6 \\ 5 & 7 \end{bmatrix} \begin{bmatrix} 1 & 0 & -1 \\ -2 & 3 & 2 \end{bmatrix} = \begin{bmatrix} -8 & 18 & 8 \\ -9 & 21 & 9 \end{bmatrix}.$$

由此看出,$(AB)' = B'A'$.

抽象

矩阵的加法、数量乘法、乘法三种运算与矩阵的转置的关系如下:

$1°$ $(A+B)' = A' + B'$;

$2°$ $(kA)' = kA'$;

$3°$ $(AB)' = B'A'$.

证明 $1°$ 与 $2°$ 的证明很容易,留给读者. 现在进行 $3°$ 的证明. 设 $A = (a_{ij})_{s \times n}$,$B = (b_{ij})_{n \times m}$,则 $(AB)'$ 与 $B'A'$ 都是 $m \times s$ 矩阵. 由于

$$(AB)'(i;j) = (AB)(j;i) = \sum_{k=1}^{n} a_{jk} b_{ki},$$

$$(B'A')(i;j) = \sum_{k=1}^{n} B'(i;k) A'(k;j) = \sum_{k=1}^{n} b_{ki} a_{jk},$$

因此 $(AB)'(i;j) = (B'A')(i;j)$,$i = 1, 2, \cdots, m$;$j = 1, 2, \cdots, s$. 从而 $(AB)' = B'A'$. ∎

显然,$(A')' = A$.

习 题 4.1

1. 设

$$A = \begin{bmatrix} \lambda & 0 & 0 \\ 0 & \lambda & 0 \\ 0 & 0 & \lambda \end{bmatrix}, \quad B = \begin{bmatrix} 0 & 1 & 0 \\ 0 & 0 & 1 \\ 0 & 0 & 0 \end{bmatrix},$$

求 $A + B$.

2. 设

$$I = \begin{bmatrix} 1 & 0 & 0 & 0 \\ 0 & 1 & 0 & 0 \\ 0 & 0 & 1 & 0 \\ 0 & 0 & 0 & 1 \end{bmatrix}, \quad J = \begin{bmatrix} 1 & 1 & 1 & 1 \\ 1 & 1 & 1 & 1 \\ 1 & 1 & 1 & 1 \\ 1 & 1 & 1 & 1 \end{bmatrix},$$

求 $(r - \lambda)I + \lambda J$.

3. 设 I 是 n 级单位矩阵,J 是元素全为 1 的 n 级矩阵. 设

$$M = \begin{bmatrix} k & \lambda & \lambda & \cdots & \lambda \\ \lambda & k & \lambda & \cdots & \lambda \\ \vdots & \vdots & \vdots & & \vdots \\ \lambda & \lambda & \lambda & \cdots & k \end{bmatrix}_{n \times n},$$

把 M 表示成 $xI+yJ$ 的形式,其中 x,y 是待定系数.

4. 计算

(1) $\begin{bmatrix} 7 & -1 \\ -2 & 5 \\ 3 & -4 \end{bmatrix} \begin{bmatrix} 1 & 4 \\ -5 & 2 \end{bmatrix}$;   (2) $\begin{bmatrix} 0 & 2 \\ 0 & 3 \end{bmatrix} \begin{bmatrix} 1 & 1 \\ 0 & 0 \end{bmatrix}$;

(3) $\begin{bmatrix} 1 & 1 \\ 0 & 0 \end{bmatrix} \begin{bmatrix} 0 & 2 \\ 0 & 3 \end{bmatrix}$;   (4) $(4,7,9) \begin{bmatrix} 1 \\ 1 \\ 1 \end{bmatrix}$;

(5) $\begin{bmatrix} 1 \\ 1 \\ 1 \end{bmatrix} (4,7,9)$;   (6) $\begin{bmatrix} a_1 & a_2 & a_3 \\ b_1 & b_2 & b_3 \\ c_1 & c_2 & c_3 \end{bmatrix} \begin{bmatrix} 1 \\ 1 \\ 1 \end{bmatrix}$;

(7) $(1,1,1) \begin{bmatrix} a_1 & a_2 & a_3 \\ b_1 & b_2 & b_3 \\ c_1 & c_2 & c_3 \end{bmatrix}$;   (8) $\begin{bmatrix} d_1 & 0 & 0 \\ 0 & d_2 & 0 \\ 0 & 0 & d_3 \end{bmatrix} \begin{bmatrix} a_1 & a_2 & a_3 \\ b_1 & b_2 & b_3 \\ c_1 & c_2 & c_3 \end{bmatrix}$;

(9) $\begin{bmatrix} a_1 & a_2 & a_3 \\ b_1 & b_2 & b_3 \\ c_1 & c_2 & c_3 \end{bmatrix} \begin{bmatrix} d_1 & 0 & 0 \\ 0 & d_2 & 0 \\ 0 & 0 & d_3 \end{bmatrix}$;   (10) $\begin{bmatrix} 1 & 2 & 3 \\ 0 & 4 & 5 \\ 0 & 0 & 6 \end{bmatrix} \begin{bmatrix} 7 & 8 & 9 \\ 0 & 10 & 11 \\ 0 & 0 & 12 \end{bmatrix}$;

(11) $\begin{bmatrix} 1 & 0 & 0 \\ k & 1 & 0 \\ 0 & 0 & 1 \end{bmatrix} \begin{bmatrix} a_1 & a_2 & a_3 & a_4 \\ b_1 & b_2 & b_3 & b_4 \\ c_1 & c_2 & c_3 & c_4 \end{bmatrix}$;   (12) $\begin{bmatrix} a_1 & a_2 & a_3 \\ b_1 & b_2 & b_3 \\ c_1 & c_2 & c_3 \end{bmatrix} \begin{bmatrix} 1 & 0 & 0 \\ k & 1 & 0 \\ 0 & 0 & 1 \end{bmatrix}$;

(13) $\begin{bmatrix} 0 & 1 & 0 \\ 1 & 0 & 0 \\ 0 & 0 & 1 \end{bmatrix} \begin{bmatrix} a_1 & a_2 & a_3 & a_4 \\ b_1 & b_2 & b_3 & b_4 \\ c_1 & c_2 & c_3 & c_4 \end{bmatrix}$;   (14) $\begin{bmatrix} a_1 & a_2 & a_3 \\ b_1 & b_2 & b_3 \\ c_1 & c_2 & c_3 \end{bmatrix} \begin{bmatrix} 0 & 1 & 0 \\ 1 & 0 & 0 \\ 0 & 0 & 1 \end{bmatrix}$;

(15) $\begin{bmatrix} 3 & 4 \\ 4 & 5 \end{bmatrix} \begin{bmatrix} 1 & -1 \\ -1 & 2 \end{bmatrix}$.

5. 设

$$A = \begin{bmatrix} 1 & 2 \\ 3 & 4 \end{bmatrix}, \quad B = \begin{bmatrix} 5 & 6 \\ 7 & 8 \end{bmatrix},$$

求 $AB, BA, AB-BA$.

6. 计算
$$(x,y,1)\begin{bmatrix} a_{11} & a_{12} & a_1 \\ a_{12} & a_{22} & a_2 \\ a_1 & a_2 & a_0 \end{bmatrix}\begin{bmatrix} x \\ y \\ 1 \end{bmatrix}.$$

7. 计算

(1) $\begin{bmatrix} 0 & 1 \\ 1 & 0 \end{bmatrix}^2$;　　(2) $\begin{bmatrix} 1 & -1 \\ 1 & -1 \end{bmatrix}^2$;

(3) $\begin{bmatrix} 1 & 1 \\ 0 & 0 \end{bmatrix}^2$;　　(4) $\begin{bmatrix} 1 & 1 \\ 0 & 1 \end{bmatrix}^n$, n 是正整数;

(5) $\begin{bmatrix} 0 & 1 & 0 \\ 0 & 0 & 1 \\ 0 & 0 & 0 \end{bmatrix}^n$, n 是正整数;　(6) $\begin{bmatrix} \lambda & 1 & 0 \\ 0 & \lambda & 1 \\ 0 & 0 & \lambda \end{bmatrix}^n$, n 是正整数;

(7) $\begin{bmatrix} 1 & 1 \\ 1 & -1 \end{bmatrix}^2$;　　(8) $\begin{bmatrix} 1 & 1 & 1 & 1 \\ 1 & 1 & -1 & -1 \\ 1 & -1 & 1 & -1 \\ 1 & -1 & -1 & 1 \end{bmatrix}^2$.

8. 如果 n 级矩阵 B 满足 $B^3=0$, 求
$$(I-B)(I+B+B^2).$$

9. 证明: 若 B_1, B_2 都与 A 可交换, 则 B_1+B_2, B_1B_2 也都与 A 可交换.

10. 证明: 如果 $A=\frac{1}{2}(B+I)$, 则 $A^2=A$ 当且仅当 $B^2=I$.

*11. 设 A 是数域 K 上 $s\times n$ 矩阵. 证明: 如果对于 K^n 中任一列向量 η, 都有 $A\eta=0$, 则 $A=0$.

§2　特殊矩阵

观察

下列矩阵各有什么特点?

$$\begin{bmatrix} d_1 & 0 & 0 \\ 0 & d_2 & 0 \\ 0 & 0 & d_3 \end{bmatrix}, \begin{bmatrix} a_{11} & a_{12} & a_{13} \\ 0 & a_{22} & a_{23} \\ 0 & 0 & a_{33} \end{bmatrix}, \begin{bmatrix} a_{11} & 0 & 0 \\ a_{21} & a_{22} & 0 \\ a_{31} & a_{32} & a_{33} \end{bmatrix},$$

$$\begin{bmatrix} 1 & 0 & 0 \\ 0 & 0 & 0 \\ 0 & 0 & 0 \end{bmatrix}, \begin{bmatrix} 0 & 0 & 0 \\ 0 & 0 & 1 \\ 0 & 0 & 0 \end{bmatrix}, \begin{bmatrix} 1 & 0 & 0 \\ k & 1 & 0 \\ 0 & 0 & 1 \end{bmatrix},$$

$$\begin{bmatrix} 1 & 0 & 0 \\ 0 & 0 & 1 \\ 0 & 1 & 0 \end{bmatrix}, \quad \begin{bmatrix} a_{11} & a_{12} & a_{13} \\ a_{12} & a_{22} & a_{23} \\ a_{13} & a_{23} & a_{33} \end{bmatrix}, \quad \begin{bmatrix} 0 & a_{12} & a_{13} \\ -a_{12} & 0 & a_{23} \\ -a_{13} & -a_{23} & 0 \end{bmatrix}.$$

本节将研究这些特殊矩阵的乘法有什么规律.

抽象

定义 1 主对角线以外的元素全为零的方阵称为**对角矩阵**,它形如

$$\begin{bmatrix} d_1 & 0 & 0 & \cdots & 0 \\ 0 & d_2 & 0 & \cdots & 0 \\ \vdots & \vdots & \vdots & & \vdots \\ 0 & 0 & 0 & \cdots & d_n \end{bmatrix},$$

简记作 $\mathrm{diag}\{d_1,d_2,\cdots,d_n\}$.

设 A 是一个 $s\times n$ 矩阵,它的行向量组是 $\gamma_1,\gamma_2,\cdots,\gamma_s$,列向量组是 $\alpha_1,\alpha_2,\cdots,\alpha_n$. 则

$$\begin{bmatrix} d_1 & 0 & 0 & \cdots & 0 \\ 0 & d_2 & 0 & \cdots & 0 \\ \vdots & \vdots & \vdots & & \vdots \\ 0 & 0 & 0 & \cdots & d_s \end{bmatrix} \begin{bmatrix} \gamma_1 \\ \gamma_2 \\ \vdots \\ \gamma_s \end{bmatrix} = \begin{bmatrix} d_1\gamma_1 \\ d_2\gamma_2 \\ \vdots \\ d_s\gamma_s \end{bmatrix}, \tag{1}$$

$$(\alpha_1,\alpha_2,\cdots,\alpha_n) \begin{bmatrix} d_1 & 0 & 0 & \cdots & 0 \\ 0 & d_2 & 0 & \cdots & 0 \\ \vdots & \vdots & \vdots & & \vdots \\ 0 & 0 & 0 & \cdots & d_n \end{bmatrix} = (d_1\alpha_1,d_2\alpha_2,\cdots,d_n\alpha_n). \tag{2}$$

(1)式和(2)式表明:用一个对角矩阵左(右)乘一个矩阵 A,就相当于用对角矩阵的主对角元分别去乘 A 的相应的行(列).

特别地,有

$$\begin{bmatrix} d_1 & 0 & 0 & \cdots & 0 \\ 0 & d_2 & 0 & \cdots & 0 \\ \vdots & \vdots & \vdots & & \vdots \\ 0 & 0 & 0 & \cdots & d_n \end{bmatrix} \begin{bmatrix} c_1 & 0 & 0 & \cdots & 0 \\ 0 & c_2 & 0 & \cdots & 0 \\ \vdots & \vdots & \vdots & & \vdots \\ 0 & 0 & 0 & \cdots & c_n \end{bmatrix} = \begin{bmatrix} d_1c_1 & 0 & 0 & \cdots & 0 \\ 0 & d_2c_2 & 0 & \cdots & 0 \\ \vdots & \vdots & \vdots & & \vdots \\ 0 & 0 & 0 & \cdots & d_nc_n \end{bmatrix}.$$

上式表明:两个 n 级对角矩阵的乘积还是 n 级对角矩阵,并且是把相应的主对角元相乘.

定义 2 主对角线下(上)方元素全为零的方阵称为**上(下)三角矩阵**.

我们有

$$\begin{bmatrix} a_1 & a_2 \\ 0 & a_3 \end{bmatrix} \begin{bmatrix} b_1 & b_2 \\ 0 & b_3 \end{bmatrix} = \begin{bmatrix} a_1b_1 & a_1b_2+a_2b_3 \\ 0 & a_3b_3 \end{bmatrix}.$$

一般地,不难证明:

定理 1 两个 n 级上三角矩阵 A 与 B 的乘积仍为上三角矩阵,并且 AB 的主对角元等于 A 与 B 的相应主对角元的乘积.

对于下三角矩阵也有类似结论.

定义 3 只有一个元素是 1,其余元素全为零的矩阵称为**基本矩阵**. (i,j) 元为 1 的基本矩阵记作 E_{ij}.

对于 2×3 矩阵 $A=(a_{ij})$,我们有

$$A = \begin{bmatrix} a_{11} & a_{12} & a_{13} \\ a_{21} & a_{22} & a_{23} \end{bmatrix}$$

$$= a_{11}\begin{bmatrix} 1 & 0 & 0 \\ 0 & 0 & 0 \end{bmatrix} + a_{12}\begin{bmatrix} 0 & 1 & 0 \\ 0 & 0 & 0 \end{bmatrix} + a_{13}\begin{bmatrix} 0 & 0 & 1 \\ 0 & 0 & 0 \end{bmatrix}$$

$$+ a_{21}\begin{bmatrix} 0 & 0 & 0 \\ 1 & 0 & 0 \end{bmatrix} + a_{22}\begin{bmatrix} 0 & 0 & 0 \\ 0 & 1 & 0 \end{bmatrix} + a_{23}\begin{bmatrix} 0 & 0 & 0 \\ 0 & 0 & 1 \end{bmatrix}$$

$$= a_{11}E_{11} + a_{12}E_{12} + a_{13}E_{13} + a_{21}E_{21} + a_{22}E_{22} + a_{23}E_{23}.$$

一般地,对于 $s\times n$ 矩阵 $A=(a_{ij})$,有

$$A = \sum_{i=1}^{s}\sum_{j=1}^{n} a_{ij}E_{ij}. \tag{3}$$

设 A 是一个 $s\times n$ 矩阵,它的行向量组是 $\gamma_1,\gamma_2,\cdots,\gamma_s$,列向量组是 $\alpha_1,\alpha_2,\cdots,\alpha_n$,则

$$E_{ij}A = \begin{bmatrix} & & \\ & 1 & \\ & & \end{bmatrix}\begin{bmatrix} \gamma_1 \\ \gamma_2 \\ \vdots \\ \gamma_s \end{bmatrix} = \begin{bmatrix} 0 \\ \vdots \\ 0 \\ \gamma_j \\ 0 \\ \vdots \\ 0 \end{bmatrix} \text{第 }i\text{ 行}, \tag{4}$$

$$AE_{ij} = (\alpha_1,\alpha_2,\cdots,\alpha_n)\begin{bmatrix} & & \\ & 1 & \\ & & \end{bmatrix} = (0,\cdots,0,\alpha_i,0,\cdots,0), \tag{5}$$
$$\underset{\text{第 }j\text{ 列}}{\uparrow}$$

其中 E_{ij} 的未标出元素的地方都是 0.

(4)式和(5)式表明:用 E_{ij} 左(右)乘一个矩阵 A,就相当于把 A 的第 j 行搬到第 i 行的位置(把 A 的第 i 列搬到第 j 列的位置),而乘积矩阵的其余行(列)全为 0.

定义 4 由单位矩阵经过一次初等行(列)变换得到的矩阵称为**初等矩阵**.

例如

$$\begin{bmatrix} 1 & 0 & 0 \\ 0 & 1 & 0 \\ 0 & 0 & 1 \end{bmatrix} \xrightarrow[(\text{或}①+②\cdot k)]{②+①\cdot k} \begin{bmatrix} 1 & 0 & 0 \\ k & 1 & 0 \\ 0 & 0 & 1 \end{bmatrix},$$

$$\begin{bmatrix} 1 & 0 & 0 \\ 0 & 1 & 0 \\ 0 & 0 & 1 \end{bmatrix} \xrightarrow[(\text{或}(②,③))]{(②,③)} \begin{bmatrix} 1 & 0 & 0 \\ 0 & 0 & 1 \\ 0 & 1 & 0 \end{bmatrix},$$

$$\begin{bmatrix} 1 & 0 & 0 \\ 0 & 1 & 0 \\ 0 & 0 & 1 \end{bmatrix} \xrightarrow[(\text{或}②\cdot c)]{②\cdot c} \begin{bmatrix} 1 & 0 & 0 \\ 0 & c & 0 \\ 0 & 0 & 1 \end{bmatrix}, \quad c \neq 0.$$

上述箭头右边的矩阵都是初等矩阵,它们依次记作

$$P(2,1(k)), \quad P(2,3), \quad P(2(c)).$$

设 A 是一个 $s \times n$ 矩阵,它的行向量组是 $\gamma_1, \gamma_2, \cdots, \gamma_s$;列向量组是 $\alpha_1, \alpha_2, \cdots, \alpha_n$,则

$$P(j,i(k))A = \begin{bmatrix} 1 & & & & & & \\ & \ddots & & & & & \\ & & 1 & & & & \\ & & \vdots & \ddots & & & \\ & & k & \cdots & 1 & & \\ & & & & & \ddots & \\ & & & & & & 1 \end{bmatrix} \begin{bmatrix} \gamma_1 \\ \vdots \\ \gamma_i \\ \vdots \\ \gamma_j \\ \vdots \\ \gamma_s \end{bmatrix} = \begin{bmatrix} \gamma_1 \\ \vdots \\ \gamma_i \\ \vdots \\ k\gamma_i + \gamma_j \\ \vdots \\ \gamma_s \end{bmatrix}, \tag{6}$$

$$AP(j,i(k)) = (\alpha_1, \cdots, \alpha_i, \cdots, \alpha_j, \cdots, \alpha_n) \begin{bmatrix} 1 & & & & & & \\ & \ddots & & & & & \\ & & 1 & & & & \\ & & \vdots & \ddots & & & \\ & & k & \cdots & 1 & & \\ & & & & & \ddots & \\ & & & & & & 1 \end{bmatrix}$$

$$= (\alpha_1, \cdots, \alpha_i + k\alpha_j, \cdots, \alpha_j, \cdots, \alpha_n). \tag{7}$$

(6)式和(7)式表明:用 I 型初等矩阵 $P(j,i(k))$ 左(右)乘一个矩阵 A,就相当于把 A 的第 i 行的 k 倍加到第 j 行上(把 A 的第 j 列的 k 倍加到第 i 列上),其余行(列)不变.

对于 II 型初等矩阵 $P(i,j)$,III 型初等矩阵 $P(i(c))$,也有类似的结论. 我们把这些结论综合写成下述定理:

定理 2 用初等矩阵左(右)乘一个矩阵 A,就相当于对 A 作了一次相应的初等行(列)变换. ∎

注意 $P(j,i(k))$ 既表示把单位矩阵 I 的第 i 行的 k 倍加到第 j 行上得到的初等矩阵,也

表示把 I 的第 j 列的 k 倍加到第 i 列上得到的初等矩阵.

定理 2 把矩阵的初等行(列)变换与矩阵的乘法相联系,这样有两个好处:既可利用初等行(列)变换的直观性,又可利用矩阵乘法的运算性质.

定义 5 一个矩阵 A 如果满足
$$A' = A,$$
则称 A 是**对称矩阵**.

从定义容易看出,对称矩阵一定是方阵,并且有
$$A(i;j) = A'(j;i) = A(j;i), \quad i,j = 1,2,\cdots,n.$$
于是对称矩阵必形如
$$\begin{bmatrix} a_{11} & a_{12} & a_{13} & \cdots & a_{1n} \\ a_{12} & a_{22} & a_{23} & \cdots & a_{2n} \\ a_{13} & a_{23} & a_{33} & \cdots & a_{3n} \\ \vdots & \vdots & \vdots & & \vdots \\ a_{1n} & a_{2n} & a_{3n} & \cdots & a_{nn} \end{bmatrix}.$$

定义 6 一个矩阵 A 如果满足
$$A' = -A,$$
则称 A 是**斜(反)对称矩阵**.

容易看出,斜对称矩阵一定是方阵,并且有
$$A(i;j) = A'(j;i) = -A(j;i), \quad i,j = 1,2,\cdots,n.$$
特别地,有
$$A(i;i) = -A(i;i),$$
从而
$$A(i;i) = 0, \quad i = 1,2,\cdots,n.$$
于是斜对称矩阵必形如
$$\begin{bmatrix} 0 & a_{12} & \cdots & a_{1n} \\ -a_{12} & 0 & \cdots & a_{2n} \\ \vdots & \vdots & & \vdots \\ -a_{1n} & -a_{2n} & \cdots & 0 \end{bmatrix}.$$

习 题 4.2

1. 证明:与主对角元两两不同的对角矩阵可交换的矩阵也是对角矩阵.
*2. 证明:两个 n 级上三角矩阵的乘积仍是 n 级上三角矩阵,并且乘积矩阵的主对角元等于因子矩阵的相应主对角元的乘积.
*3. 证明:与所有 n 级矩阵可交换的矩阵一定是 n 级数量矩阵.
4. 证明:对于任一 $s \times n$ 矩阵 A,都有 AA', $A'A$ 是对称矩阵.
5. 证明:两个 n 级对称矩阵的和仍是对称矩阵;一个对称矩阵的 k 倍仍是对称矩阵.

6. 证明：两个 n 级对称矩阵的乘积仍为对称矩阵当且仅当它们可交换.

7. 证明：对于任一 n 级矩阵 A，都有 $A+A'$ 是对称矩阵，$A-A'$ 是斜对称矩阵.

8. 证明：数域 K 上任一 n 级矩阵都可以表示成一个对称矩阵与一个斜对称矩阵之和，并且表法惟一.

*9. 证明：如果 A 是实数域上的对称矩阵，并且 $A^2=0$，则 $A=0$.

10. 证明：数域 K 上奇数级斜对称矩阵的行列式等于零.

§3 矩阵乘积的秩与行列式

观察

设
$$A=\begin{bmatrix}1&0\\0&0\end{bmatrix},\quad B=\begin{bmatrix}0&0\\1&0\end{bmatrix},\quad C=\begin{bmatrix}1&1\\0&1\end{bmatrix},$$

则
$$AB=\begin{bmatrix}1&0\\0&0\end{bmatrix}\begin{bmatrix}0&0\\1&0\end{bmatrix}=\begin{bmatrix}0&0\\0&0\end{bmatrix},$$

于是 $\mathrm{rank}(AB)=0$，而 $\mathrm{rank}(A)=1$，$\mathrm{rank}(B)=1$.

又
$$AC=\begin{bmatrix}1&0\\0&0\end{bmatrix}\begin{bmatrix}1&1\\0&1\end{bmatrix}=\begin{bmatrix}1&1\\0&0\end{bmatrix},$$

于是 $\mathrm{rank}(AC)=1$，而 $\mathrm{rank}(A)=1$，$\mathrm{rank}(C)=2$.

从上述例子，我们猜想：
$$\mathrm{rank}(AB)\leqslant\mathrm{rank}(A),\quad\text{且}\ \mathrm{rank}(AB)\leqslant\mathrm{rank}(B).$$

论证

定理 1 设 $A=(a_{ij})_{s\times n}$，$B=(b_{ij})_{n\times m}$，则
$$\mathrm{rank}(AB)\leqslant\min\{\mathrm{rank}(A),\mathrm{rank}(B)\}. \tag{1}$$

证明 设 A 的列向量组是 $\alpha_1,\alpha_2,\cdots,\alpha_n$，则
$$AB=(\alpha_1,\alpha_2,\cdots,\alpha_n)\begin{bmatrix}b_{11}&b_{12}&\cdots&b_{1m}\\b_{21}&b_{22}&\cdots&b_{2m}\\\vdots&\vdots&&\vdots\\b_{n1}&b_{n2}&\cdots&b_{nm}\end{bmatrix}$$
$$=(b_{11}\alpha_1+b_{21}\alpha_2+\cdots+b_{n1}\alpha_n,\cdots,b_{1m}\alpha_1+b_{2m}\alpha_2+\cdots+b_{nm}\alpha_n).$$

上式表明，AB 的列向量组可以由 A 的列向量组线性表出. 因此，AB 的列秩小于或等于 A 的列秩，即

$$\mathrm{rank}(AB) \leqslant \mathrm{rank}(A).$$

利用这个结论又可以得到

$$\mathrm{rank}(AB) = \mathrm{rank}[(AB)'] = \mathrm{rank}(B'A') \leqslant \mathrm{rank}(B') = \mathrm{rank}(B).$$

因此
$$\mathrm{rank}(AB) \leqslant \min\{\mathrm{rank}(A), \mathrm{rank}(B)\}. \quad\blacksquare$$

命题 2 设 A 是实数域上 $s \times n$ 矩阵,则

$$\mathrm{rank}(A'A) = \mathrm{rank}(AA') = \mathrm{rank}(A). \tag{2}$$

证明 如果我们能够证明 n 元齐次线性方程组 $(A'A)X = 0$ 与 $AX = 0$ 同解,则它们的解空间一致,从而由维数公式得

$$n - \mathrm{rank}(A'A) = n - \mathrm{rank}(A),$$

由此得出,$\mathrm{rank}(A'A) = \mathrm{rank}(A)$.

现在来证明 $(A'A)X = 0$ 与 $AX = 0$ 同解. 设 η 是 $AX = 0$ 的解,则 $A\eta = 0$. 从而 $(A'A)\eta = 0$. 因此 η 也是 $(A'A)X = 0$ 的解. 反之,设 δ 是 $(A'A)X = 0$ 的解,则

$$(A'A)\delta = 0. \tag{3}$$

(3)式两边左乘 δ' 得

$$\delta'A'A\delta = 0,$$

即
$$(A\delta)'(A\delta) = 0. \tag{4}$$

设
$$A\delta = \begin{bmatrix} c_1 \\ c_2 \\ \vdots \\ c_s \end{bmatrix},$$

则由(4)式得

$$(c_1, c_2, \cdots, c_s) \begin{bmatrix} c_1 \\ c_2 \\ \vdots \\ c_s \end{bmatrix} = 0,$$

即 $c_1^2 + c_2^2 + \cdots + c_s^2 = 0$. 由于 $c_1, c_2, \cdots, c_s$ 都是实数,因此

$$c_1 = c_2 = \cdots = c_s = 0,$$

从而 $A\delta = 0$,即 δ 是 $AX = 0$ 的解. 因此 $(A'A)X = 0$ 与 $AX = 0$ 同解. 据前所述得,$\mathrm{rank}(A'A) = \mathrm{rank}(A)$. 也有

$$\mathrm{rank}(AA') = \mathrm{rank}[(A')'(A')] = \mathrm{rank}(A') = \mathrm{rank}(A). \quad\blacksquare$$

观察

设
$$A = \begin{bmatrix} 1 & -1 \\ 2 & 3 \end{bmatrix}, \quad B = \begin{bmatrix} 4 & 0 \\ 1 & 5 \end{bmatrix},$$

则
$$AB = \begin{bmatrix} 1 & -1 \\ 2 & 3 \end{bmatrix} \begin{bmatrix} 4 & 0 \\ 1 & 5 \end{bmatrix} = \begin{bmatrix} 3 & -5 \\ 11 & 15 \end{bmatrix}.$$

从而
$$|AB| = \begin{vmatrix} 3 & -5 \\ 11 & 15 \end{vmatrix} = 45 + 55 = 100.$$

又
$$|A| = \begin{vmatrix} 1 & -1 \\ 2 & 3 \end{vmatrix} = 5, \quad B = \begin{vmatrix} 4 & 0 \\ 1 & 5 \end{vmatrix} = 20,$$

因此 $|A||B| = 100 = |AB|$.

从上例受到启发,我们猜想:对于 n 级矩阵 A, B,有
$$|AB| = |A||B|.$$

论证

定理 3 设 A, B 都是 n 级矩阵,则
$$|AB| = |A||B|. \tag{5}$$

我们对 $n=2$ 的情形写出证明. 至于一般情形,证明方法是类似的.

我们有
$$\begin{vmatrix} A & 0 \\ -I & B \end{vmatrix} = |A||B|.$$

另一方面,又有

$$\begin{vmatrix} A & 0 \\ -I & B \end{vmatrix} = \begin{vmatrix} a_{11} & a_{12} & 0 & 0 \\ a_{21} & a_{22} & 0 & 0 \\ -1 & 0 & b_{11} & b_{12} \\ 0 & -1 & b_{21} & b_{22} \end{vmatrix}$$

$$\xlongequal[\text{①}+\text{④}\cdot a_{12}]{\text{①}+\text{③}\cdot a_{11}} \begin{vmatrix} 0 & 0 & a_{11}b_{11}+a_{12}b_{21} & a_{11}b_{12}+a_{12}b_{22} \\ a_{21} & a_{22} & 0 & 0 \\ -1 & 0 & b_{11} & b_{12} \\ 0 & -1 & b_{21} & b_{22} \end{vmatrix}$$

$$\xlongequal[\text{②}+\text{④}\cdot a_{22}]{\text{②}+\text{③}\cdot a_{21}} \begin{vmatrix} 0 & 0 & a_{11}b_{11}+a_{12}b_{21} & a_{11}b_{12}+a_{12}b_{22} \\ 0 & 0 & a_{21}b_{11}+a_{22}b_{21} & a_{21}b_{12}+a_{22}b_{22} \\ -1 & 0 & b_{11} & b_{12} \\ 0 & -1 & b_{21} & b_{22} \end{vmatrix}$$

$$= \begin{vmatrix} a_{11}b_{11}+a_{12}b_{21} & a_{11}b_{12}+a_{12}b_{22} \\ a_{21}b_{11}+a_{22}b_{21} & a_{21}b_{12}+a_{22}b_{22} \end{vmatrix} \cdot (-1)^{(1+2)+(3+4)} \begin{vmatrix} -1 & 0 \\ 0 & -1 \end{vmatrix}$$

$$= |AB|.$$

因此
$$|AB| = |A||B|. \quad \blacksquare$$

用数学归纳法,定理 3 可以推广到多个 n 级矩阵相乘的情形.

数域上的 n 级矩阵 A 称为**非退化的**,如果 $|A|\neq 0$;否则称为**退化的**.

*定理 4 (Binet-Cauchy 公式) 设 A 是 $s\times n$ 矩阵,B 是 $n\times s$ 矩阵. 如果 $s>n$,则 $|AB|=0$;如果 $s\leqslant n$,则 $|AB|$ 等于 A 的所有 s 阶子式与 B 的相应 s 阶子式的乘积之和. 即

$$|AB| = \sum_{1\leqslant v_1<v_2<\cdots<v_s\leqslant n} A\begin{pmatrix}1,2,\cdots,s\\v_1,v_2,\cdots,v_s\end{pmatrix} B\begin{pmatrix}v_1,v_2,\cdots,v_s\\1,2,\cdots,s\end{pmatrix}. \tag{6}$$

证明 如果 $s>n$,则
$$\mathrm{rank}(AB)\leqslant\mathrm{rank}(A)\leqslant n<s.$$
因此 s 级矩阵 AB 不是满秩矩阵. 从而 $|AB|=0$.

当 $s\leqslant n$ 时,公式(6)的证明可参看丘维声编著的《高等代数(上册)》第 204～205 页. ∎

习 题 4.3

1. 证明:$\mathrm{rank}(A+B)\leqslant\mathrm{rank}(A)+\mathrm{rank}(B)$.

*2. 一个矩阵称为**行(列)满秩矩阵**,如果它的行(列)向量组是线性无关的. 证明:如果一个 $s\times n$ 矩阵 A 的秩为 r,则有 $s\times r$ 的列满秩矩阵 B 和 $r\times n$ 行满秩矩阵 C,使得
$$A = BC.$$

3. 证明:设 A 是 n 级矩阵,则 $|AA'|=|A|^2$.

4. 证明:设 A 是 n 级矩阵,如果 $AA'=I$,则 $|A|=1$ 或 $|A|=-1$.

5. 证明:如果 A 是数域 K 上 n 级矩阵,且满足
$$AA'=I,\quad |A|=-1,$$
则 $|I+A|=0$.

6. 证明:如果 A 是数域 K 上 n 级矩阵,n 是奇数,且满足
$$AA'=I,\quad |A|=1,$$
则 $|I-A|=0$.

7. 设 $s_k=x_1^k+x_2^k+x_3^k$,$k=0,1,2,\cdots$;设
$$A=\begin{bmatrix}s_0 & s_1 & s_2\\ s_1 & s_2 & s_3\\ s_2 & s_3 & s_4\end{bmatrix},$$
证明:$|A|=\prod_{1\leqslant j<i\leqslant 3}(x_i-x_j)^2$.

*8. 形如
$$\begin{bmatrix}a_0 & a_1 & a_2 & a_3\\ a_3 & a_0 & a_1 & a_2\\ a_2 & a_3 & a_0 & a_1\\ a_1 & a_2 & a_3 & a_0\end{bmatrix}$$

的方阵 A 称为循环矩阵,求复数域上 4 级循环矩阵 A 的行列式.

§4 可逆矩阵

观察

一元一次方程 $ax=b$,当 $a\neq 0$ 时,两边乘以 $\frac{1}{a}$,得 $x=\frac{b}{a}$. 而 $\frac{1}{a}$ 具有下述性质:
$$\frac{1}{a} \cdot a = a \cdot \frac{1}{a} = 1.$$

设 A,C 是已知矩阵,X 是未知矩阵,则 $AX=C$ 称为矩阵方程. 能不能像解一元一次方程那样来解矩阵方程 $AX=C$ 呢? 这就要问:是否存在一个矩阵 B,使得
$$BA = AB = I?$$
这一节就来探讨这个问题.

分析

定义 1 对于数域 K 上的矩阵 A,如果存在数域 K 上的矩阵 B,使得
$$AB = BA = I, \tag{1}$$
则称 A 是**可逆矩阵**(或**非奇异矩阵**).

从(1)式看出,A 与 B 可交换. 因此可逆矩阵一定是方阵. 适合(1)式的矩阵 B 也是方阵.

如果 A 是可逆矩阵,则适合(1)式的矩阵 B 是惟一的.

理由如下:假如还有矩阵 B_1 也适合(1)式,则
$$B_1AB = (B_1A)B = IB = B,$$
$$B_1AB = B_1(AB) = B_1I = B_1,$$
因此 $B=B_1$.

定义 2 如果 A 是可逆矩阵,则适合(1)式的矩阵 B 称为 A 的**逆矩阵**,记作 A^{-1}.

于是,如果 A 是可逆矩阵,则它有逆矩阵 A^{-1} 使得
$$AA^{-1} = A^{-1}A = I. \tag{2}$$

从(2)式看出,此时 A^{-1} 也是可逆矩阵,并且
$$(A^{-1})^{-1} = A. \tag{3}$$

是不是任何一个方阵都可逆? 不是. 例如,n 级零矩阵就不是可逆矩阵,因为任何矩阵乘以零矩阵得零矩阵. 那么是不是非零方阵都可逆? 我们先来求一个方阵为可逆矩阵的必要条件.

命题 1 如果 A 是可逆矩阵,则 $|A|\neq 0$.

证明 如果 A 是可逆矩阵,则它有逆矩阵 A^{-1},使得

$$AA^{-1} = I.$$

从而有 $|AA^{-1}| = |I|$. 即 $|A||A^{-1}| = 1$. 因此 $|A| \neq 0$. ∎

上述必要条件 $|A| \neq 0$,是不是充分条件?即,如果 $|A| \neq 0$,A 一定是可逆矩阵吗?也就是,如果 $|A| \neq 0$,我们能不能找到一个矩阵 B 使得

$$AB = BA = I.$$

为了找这样的矩阵,我们引出下述概念:

定义 3 把 n 级矩阵 A 的第 1 行元素的代数余子式写成第 1 列,A 的第 2 行元素的代数余子式写成第 2 列,$\cdots$,第 n 行元素的代数余子式写成第 n 列,组成一个矩阵

$$\begin{bmatrix} A_{11} & A_{21} & \cdots & A_{n1} \\ A_{12} & A_{22} & \cdots & A_{n2} \\ \vdots & \vdots & & \vdots \\ A_{1n} & A_{2n} & \cdots & A_{nn} \end{bmatrix}, \tag{4}$$

称它为 A 的**伴随矩阵**,记成 A^*.

利用行列式按 1 行展开的公式得出

$$AA^* = \begin{bmatrix} a_{11} & a_{12} & \cdots & a_{1n} \\ a_{21} & a_{22} & \cdots & a_{2n} \\ \vdots & \vdots & & \vdots \\ a_{n1} & a_{n2} & \cdots & a_{nn} \end{bmatrix} \begin{bmatrix} A_{11} & A_{21} & \cdots & A_{n1} \\ A_{12} & A_{22} & \cdots & A_{n2} \\ \vdots & \vdots & & \vdots \\ A_{1n} & A_{2n} & \cdots & A_{nn} \end{bmatrix} = \begin{bmatrix} |A| & 0 & \cdots & 0 \\ 0 & |A| & \cdots & 0 \\ \vdots & \vdots & & \vdots \\ 0 & 0 & \cdots & |A| \end{bmatrix} = |A|I.$$

$$\tag{5}$$

类似地,利用行列式按 1 列展开的公式得出

$$A^*A = |A|I, \tag{6}$$

于是,如果 $|A| \neq 0$,则从 (5) 式和 (6) 式得出

$$A\left(\frac{1}{|A|}A^*\right) = \left(\frac{1}{|A|}A^*\right)A = I, \tag{7}$$

从而 A 是可逆矩阵. 这样我们得到了下述定理:

定理 2 数域 K 上 n 级矩阵 A 可逆的充分必要条件为 $|A| \neq 0$. 当 A 可逆时,

$$A^{-1} = \frac{1}{|A|}A^*. \quad \blacksquare \tag{8}$$

定理 2 给出了判断一个矩阵是否可逆的一种方法,并且给出了求逆矩阵的一种方法,称之为**伴随矩阵法**.

例 1 设

$$A = \begin{bmatrix} a & b \\ c & d \end{bmatrix},$$

问:当 a,b,c,d 满足什么条件时,矩阵 A 可逆?当 A 可逆时,求 A^{-1}.

解 A 可逆 $\Longleftrightarrow |A| \neq 0 \Longleftrightarrow ad - bc \neq 0$. 当 A 可逆时,

$$A^{-1} = \frac{1}{|A|} A^* = \frac{1}{ad-bc} \begin{bmatrix} d & -b \\ -c & a \end{bmatrix} = \begin{bmatrix} \dfrac{d}{ad-bc} & -\dfrac{b}{ad-bc} \\ -\dfrac{c}{ad-bc} & \dfrac{a}{ad-bc} \end{bmatrix}.$$

从定理 2 还可以推导出 n 级矩阵 A 可逆的其他一些充分必要条件.

推论 3 n 级矩阵 A 可逆的充分必要条件是 $\operatorname{rank}(A) = n$(即 A 为满秩矩阵).

推论 4 数域 K 上 n 级矩阵 A 可逆的充分必要条件是 A 的行(列)向量组线性无关.

下面给出判别一个矩阵是否可逆的更简便的方法.

命题 5 设 A 与 B 都是 n 级矩阵,如果 $AB = I$,则 A 与 B 都是可逆矩阵,并且 $A^{-1} = B$, $B^{-1} = A$.

证明 因为 $AB = I$,所以 $|AB| = |I|$. 从而 $|A||B| = 1$. 因此 $|A| \neq 0, |B| \neq 0$. 于是 A, B 都可逆.

在 $AB = I$ 两边左乘 A^{-1} 得
$$A^{-1}AB = A^{-1}I,$$
由此得出,$B = A^{-1}$. 从而 $B^{-1} = (A^{-1})^{-1} = A$.

命题 5 既给出了判断一个方阵是否可逆的一种方法,同时又可以立即写出可逆矩阵的逆矩阵.

例 2 判断初等矩阵是否可逆?如果可逆,求出它的逆矩阵.

解 由于对单位矩阵 I 相继施行两次初等行变换:$⑥+⑦·k$,$⑥+⑦·(-k)$,仍得到 I,因此
$$P(j,i(-k))P(j,i(k))I = I.$$
从而 $P(j,i(k))$ 可逆,并且 $P(j,i(k))^{-1} = P(j,i(-k))$.

同理,有 $P(i,j)P(i,j)I = I$. 因此,$P(i,j)$ 可逆,并且
$$P(i,j)^{-1} = P(i,j).$$
也有 $P\left(i\left(\dfrac{1}{c}\right)\right)P(i(c))I = I$,因此 $P(i(c))$ 可逆,并且
$$P(i(c))^{-1} = P\left(i\left(\dfrac{1}{c}\right)\right).$$

例 2 表明,初等矩阵都可逆,并且它的逆矩阵是与它同型的初等矩阵.

思考

可逆矩阵有哪些性质?

性质 1 单位矩阵 I 可逆,并且 $I^{-1} = I$.

性质 2 如果 A 可逆,则 A^{-1} 也可逆,并且
$$(A^{-1})^{-1} = A.$$

性质 3 如果 n 级矩阵 A,B 都可逆,则 AB 也可逆,并且
$$(AB)^{-1} = B^{-1}A^{-1}. \tag{9}$$

证明 因为 A,B 都可逆,所以有 A^{-1}, B^{-1},并且
$$(AB)(B^{-1}A^{-1}) = A(BB^{-1})A^{-1} = AIA^{-1} = I.$$
因此 AB 可逆,并且 $(AB)^{-1} = B^{-1}A^{-1}$.∎

性质 3 可以推广到多个 n 级可逆矩阵相乘的情形,即如果 n 级矩阵 $A_1, A_2, \cdots, A_s$ 都可逆,则 $A_1 A_2 \cdots A_s$ 也可逆,并且有
$$(A_1 A_2 \cdots A_s)^{-1} = A_s^{-1} \cdots A_2^{-1} A_1^{-1}. \tag{10}$$

性质 4 如果 A 可逆,则 A' 也可逆,并且
$$(A')^{-1} = (A^{-1})'. \tag{11}$$

证明 因为 A 可逆,所以有 A^{-1},并且
$$A'(A^{-1})' = (A^{-1}A)' = I' = I.$$
因此 A' 可逆,并且 $(A')^{-1} = (A^{-1})'$.∎

性质 5 可逆矩阵经过初等行变换化成的简化行阶梯形矩阵一定是单位矩阵.

证明 设 n 级可逆矩阵 A 经过初等行变换化成的简化行阶梯形矩阵是 J,则 J 的非零行个数等于 $\mathrm{rank}(A) = n$,于是 J 有 n 个主元. 由于它们位于不同的列,从而它们分别位于第 $1, 2, \cdots, n$ 列,即
$$J = \begin{bmatrix} 1 & 0 & 0 & \cdots & 0 \\ 0 & 1 & 0 & \cdots & 0 \\ \vdots & \vdots & \vdots & & \vdots \\ 0 & 0 & 0 & \cdots & 1 \end{bmatrix} = I.\ ∎$$

性质 6 矩阵 A 可逆的充分必要条件是它可以表示成一些初等矩阵的乘积.

证明 **充分性** 设 A 可以表示成一些初等矩阵的乘积. 由于初等矩阵都可逆,因此它们的乘积 A 也可逆.

必要性 设 A 可逆,则 A 经过初等行变换化成的简化行阶梯矩阵一定是单位矩阵 I. 因此有初等矩阵 $P_1, P_2, \cdots, P_t$ 使得
$$P_t \cdots P_2 P_1 A = I, \tag{12}$$
因此
$$A = (P_t \cdots P_2 P_1)^{-1} = P_1^{-1} P_2^{-1} \cdots P_t^{-1}. \tag{13}$$
由于初等矩阵的逆矩阵仍是初等矩阵,因此 (13) 式表明:A 可以表示成一些初等矩阵的乘积.∎

性质 7 用一个可逆矩阵去左(右)乘矩阵 A,不改变 A 的秩.

证明 设 P 为可逆矩阵,则有初等矩阵 $P_1, P_2, \cdots, P_m$ 使得 $P = P_1 P_2 \cdots P_m$. 从而
$$PA = P_1 P_2 \cdots P_m A,$$
即 PA 相当于对 A 作了一系列初等行变换. 由于初等行变换不改变矩阵的秩,因此

$$\mathrm{rank}(PA)=\mathrm{rank}(A).$$

类似地,由于初等列变换不改变矩阵的秩,因此用可逆矩阵 Q 右乘 A,有 $\mathrm{rank}(AQ)=\mathrm{rank}(A)$. ∎

思考

除了用伴随矩阵法,以及利用命题 5 去求可逆矩阵的逆矩阵外,还有没有其他方法?你能从公式(12)受到启发,给出求逆矩阵的一种方法吗?

分析

设 A 是 n 级可逆矩阵,则从性质 6 的必要性的证明过程知道,有初等矩阵 $P_1, P_2, \cdots, P_t$,使得

$$P_t \cdots P_2 P_1 A = I. \tag{14}$$

由(14)式,根据命题 5 得

$$A^{-1} = P_t \cdots P_2 P_1, \tag{15}$$

即

$$P_t \cdots P_2 P_1 I = A^{-1}. \tag{16}$$

比较(14)式和(16)式得出,**如果用一系列初等行变换把 A 化成了单位矩阵 I,那么同样的这些初等行变换就把 I 化成了 A^{-1}**. 因此我们可以把 A 与 I 并排放在一起,组成一个 $n \times 2n$ 级矩阵 (A, I). 对 (A, I) 作一系列初等行变换,把它的左半部分化成 I,这时的右半部分就是 A^{-1}. 即

$$(A, I) \xrightarrow{\text{初等行变换}} (I, A^{-1}). \tag{17}$$

这种求逆矩阵的方法称为**初等变换法**,这是最常用的方法.

示范

例 3 设

$$A = \begin{bmatrix} 4 & 1 & 2 \\ 3 & 2 & 1 \\ 5 & -3 & 2 \end{bmatrix},$$

求 A^{-1}.

解

$$\begin{bmatrix} 4 & 1 & 2 & 1 & 0 & 0 \\ 3 & 2 & 1 & 0 & 1 & 0 \\ 5 & -3 & 2 & 0 & 0 & 1 \end{bmatrix} \xrightarrow{① + ② \cdot (-1)} \begin{bmatrix} 1 & -1 & 1 & 1 & -1 & 0 \\ 3 & 2 & 1 & 0 & 1 & 0 \\ 5 & -3 & 2 & 0 & 0 & 1 \end{bmatrix}$$

$$\longrightarrow \begin{bmatrix} 1 & -1 & 1 & 1 & -1 & 0 \\ 0 & 5 & -2 & -3 & 4 & 0 \\ 0 & 2 & -3 & -5 & 5 & 1 \end{bmatrix}$$

$$\xrightarrow{\text{②}+\text{③}\cdot(-2)} \begin{bmatrix} 1 & -1 & 1 & 1 & -1 & 0 \\ 0 & 1 & 4 & 7 & -6 & -2 \\ 0 & 2 & -3 & -5 & 5 & 1 \end{bmatrix}$$

$$\longrightarrow \begin{bmatrix} 1 & -1 & 1 & 1 & -1 & 0 \\ 0 & 1 & 4 & 7 & -6 & -2 \\ 0 & 0 & 1 & \dfrac{19}{11} & -\dfrac{17}{11} & -\dfrac{5}{11} \end{bmatrix}$$

$$\longrightarrow \begin{bmatrix} 1 & -1 & 0 & -\dfrac{8}{11} & \dfrac{6}{11} & \dfrac{5}{11} \\ 0 & 1 & 0 & \dfrac{1}{11} & \dfrac{2}{11} & -\dfrac{2}{11} \\ 0 & 0 & 1 & \dfrac{19}{11} & -\dfrac{17}{11} & -\dfrac{5}{11} \end{bmatrix}$$

$$\longrightarrow \begin{bmatrix} 1 & 0 & 0 & -\dfrac{7}{11} & \dfrac{8}{11} & \dfrac{3}{11} \\ 0 & 1 & 0 & \dfrac{1}{11} & \dfrac{2}{11} & -\dfrac{2}{11} \\ 0 & 0 & 1 & \dfrac{19}{11} & -\dfrac{17}{11} & -\dfrac{5}{11} \end{bmatrix},$$

因此
$$A^{-1} = \begin{bmatrix} -\dfrac{7}{11} & \dfrac{8}{11} & \dfrac{3}{11} \\ \dfrac{1}{11} & \dfrac{2}{11} & -\dfrac{2}{11} \\ \dfrac{19}{11} & -\dfrac{17}{11} & -\dfrac{5}{11} \end{bmatrix}.$$

例 4 解矩阵方程 $AX=B$，其中

$$A = \begin{bmatrix} 1 & 0 & -2 \\ -3 & 4 & -1 \\ 2 & 1 & 3 \end{bmatrix}, \quad B = \begin{bmatrix} 5 & -1 \\ -2 & 3 \\ 1 & 4 \end{bmatrix}.$$

解 如果 A 可逆，则在 $AX=B$ 两边左乘 A^{-1} 得
$$A^{-1}AX = A^{-1}B,$$
由此得出
$$X = A^{-1}B.$$

先试求 A^{-1}：

$$\begin{bmatrix} 1 & 0 & -2 & 1 & 0 & 0 \\ -3 & 4 & -1 & 0 & 1 & 0 \\ 2 & 1 & 3 & 0 & 0 & 1 \end{bmatrix} \rightarrow \begin{bmatrix} 1 & 0 & 0 & \dfrac{13}{35} & -\dfrac{2}{35} & \dfrac{8}{35} \\ 0 & 1 & 0 & \dfrac{7}{35} & \dfrac{7}{35} & \dfrac{7}{35} \\ 0 & 0 & 1 & -\dfrac{11}{35} & -\dfrac{1}{35} & \dfrac{4}{35} \end{bmatrix},$$

于是

$$X = A^{-1}B = \begin{bmatrix} \dfrac{13}{35} & -\dfrac{2}{35} & \dfrac{8}{35} \\ \dfrac{7}{35} & \dfrac{7}{35} & \dfrac{7}{35} \\ -\dfrac{11}{35} & -\dfrac{1}{35} & \dfrac{4}{35} \end{bmatrix} \begin{bmatrix} 5 & -1 \\ -2 & 3 \\ 1 & 4 \end{bmatrix} = \begin{bmatrix} \dfrac{11}{5} & \dfrac{13}{35} \\ \dfrac{4}{5} & \dfrac{6}{5} \\ -\dfrac{7}{5} & \dfrac{24}{35} \end{bmatrix}.$$

例 5 解矩阵方程 $XA=C$,其中 A 同例 4,

$$C = \begin{bmatrix} -1 & 0 & 6 \\ 2 & 1 & 0 \end{bmatrix}.$$

解 在例 4 中已经知道 A 可逆. 在 $XA=C$ 的两边右乘 A^{-1} 得, $XAA^{-1}=CA^{-1}$. 因此

$$X = CA^{-1} = \begin{bmatrix} -1 & 0 & 6 \\ 2 & 1 & 0 \end{bmatrix} \begin{bmatrix} \dfrac{13}{35} & -\dfrac{2}{35} & \dfrac{8}{35} \\ \dfrac{7}{35} & \dfrac{7}{35} & \dfrac{7}{35} \\ -\dfrac{11}{35} & -\dfrac{1}{35} & \dfrac{4}{35} \end{bmatrix} = \begin{bmatrix} -\dfrac{79}{35} & -\dfrac{4}{35} & \dfrac{16}{35} \\ \dfrac{33}{35} & \dfrac{3}{35} & \dfrac{23}{35} \end{bmatrix}.$$

习 题 4.4

1. 数量矩阵 kI 何时可逆? 何时不可逆? 当 kI 可逆时,求它的逆矩阵.

2. 下列矩阵可逆吗?

(1) $\begin{bmatrix} 1 & 0 \\ 0 & 0 \end{bmatrix}$; (2) $\begin{bmatrix} 1 & 1 \\ 1 & 1 \end{bmatrix}$.

3. 判断下列矩阵是否可逆,若可逆,求它的逆矩阵:

(1) $\begin{bmatrix} 5 & 7 \\ 8 & 11 \end{bmatrix}$; (2) $\begin{bmatrix} 0 & 1 \\ 1 & 0 \end{bmatrix}$.

4. 证明: 如果矩阵 A 可逆,则 A^* 也可逆;并且求 $(A^*)^{-1}$.

5. 证明: 如果 $A^3=0$,则 $I-A$ 可逆;并且求 $(I-A)^{-1}$.

6. 证明: 如果 n 级矩阵 A 满足 $A^3-2A^2+3A-I=0$,则 A 可逆;并且求 A^{-1}.

7. 证明: 如果 n 级矩阵 A 满足 $2A^4-5A^2+4A+2I=0$,则 A 可逆;并且求 A^{-1}.

8. 证明: 可逆的对称(斜对称)矩阵的逆矩阵仍是对称(斜对称)矩阵.

9. 求下列矩阵的逆矩阵:

(1) $\begin{bmatrix} 1 & 0 & -1 \\ -2 & 1 & 3 \\ 3 & -1 & 2 \end{bmatrix}$; (2) $\begin{bmatrix} 1 & -3 & 2 \\ -3 & 0 & 1 \\ 1 & 1 & -1 \end{bmatrix}$;

(3) $\begin{bmatrix} 3 & -2 & -5 \\ 2 & -1 & -3 \\ -4 & 0 & 1 \end{bmatrix}$; (4) $\begin{bmatrix} 1 & 1 & 1 & 1 \\ 1 & 1 & -1 & -1 \\ 1 & -1 & 1 & -1 \\ 1 & -1 & -1 & 1 \end{bmatrix}$.

10. 解下列矩阵方程：

(1) $\begin{bmatrix} 1 & -2 & 0 \\ 4 & -2 & -1 \\ -3 & 1 & 2 \end{bmatrix} X = \begin{bmatrix} -1 & 4 \\ 2 & 5 \\ 1 & -3 \end{bmatrix}$;

(2) $X \begin{bmatrix} 3 & -1 & 2 \\ 1 & 0 & -1 \\ -2 & 1 & 4 \end{bmatrix} = \begin{bmatrix} 3 & 0 & -2 \\ -1 & 4 & 1 \end{bmatrix}$;

(3) $\begin{bmatrix} 1 & -2 & 0 \\ 4 & -2 & -1 \\ -3 & 1 & 2 \end{bmatrix} X \begin{bmatrix} 3 & -1 & 2 \\ 1 & 0 & -1 \\ -2 & 1 & 4 \end{bmatrix} = \begin{bmatrix} 5 & 0 & -1 \\ 1 & -3 & 0 \\ -2 & 1 & 3 \end{bmatrix}$.

11. 证明：可逆的上（下）三角矩阵的逆矩阵仍是上（下）三角矩阵.

*12. 证明：如果 $A^k = 0$，则 $I - A$ 可逆；并且求 $(I-A)^{-1}$.

§5 矩阵的分块

观察

在第二章 §6 的最后一段，我们把公式（15）简洁地写成

$$\begin{vmatrix} A_1 & 0 \\ C & A_2 \end{vmatrix} = |A_1||A_2|,$$

其中 A_1, A_2 分别是 k 级、r 级矩阵，C 是 $r \times k$ 矩阵，0 是 $k \times r$ 零矩阵. 我们把一个矩阵写成

$$\begin{bmatrix} A_1 & 0 \\ C & A_2 \end{bmatrix}.$$

这种形式，既简洁，又突出了该矩阵的特点. 这种形式的矩阵称为分块矩阵. 本节来讨论分块矩阵的运算.

分析

由矩阵 A 的若干行、若干列的交叉位置元素按原来顺序排成的矩阵称为 A 的一个**子矩阵**.

把一个矩阵 A 的行分成若干组，列也分成若干组，从而 A 被分成若干个子矩阵，把 A 看成是由这些子矩阵组成的，这称为**矩阵的分块**. 这种由子矩阵组成的矩阵称为**分块矩阵**.

从矩阵加法的定义容易看出，两个具有相同分法的分块矩阵相加，只要把对应的子矩阵相加.

从矩阵的数量乘法的定义容易看出，数 k 乘一个分块矩阵，只要把 k 去乘每一个子矩阵.

分块矩阵的乘法如何进行？我们以下面两个分块矩阵为例：设 $A = (a_{ij})_{s \times n}$，$B =$

$(b_{ij})_{n \times m}$,把 A, B 写成分块矩阵:

$$A = \begin{array}{c} s_1 \\ s_2 \end{array}\begin{bmatrix} \overset{n_1}{A_{11}} & \overset{n_2}{A_{12}} \\ A_{21} & A_{22} \end{bmatrix}, \quad B = \begin{array}{c} n_1 \\ n_2 \end{array}\begin{bmatrix} \overset{m_1}{B_{11}} & \overset{m_2}{B_{12}} \\ B_{21} & B_{22} \end{bmatrix},$$

其中 $s_1+s_2=s, n_1+n_2=n, m_1+m_2=m; A_{11}, \cdots, B_{22}$ 都是矩阵.

我们猜想分块矩阵的乘法可以按普通矩阵的乘法定义进行. 因此我们考虑矩阵 C:

$$C = \begin{array}{c} s_1 \\ s_2 \end{array}\begin{bmatrix} \overset{m_1}{A_{11}B_{11}+A_{12}B_{21}} & \overset{m_2}{A_{11}B_{12}+A_{12}B_{22}} \\ A_{21}B_{11}+A_{22}B_{21} & A_{21}B_{12}+A_{22}B_{22} \end{bmatrix}.$$

现在我们来证明 $AB=C$.

C 的行数为 $s_1+s_2=s$,C 的列数为 $m_1+m_2=m$. 因此 C 与 AB 都是 $s \times m$ 矩阵. 考虑它们的 (i,j) 元.

$$(AB)(i;j) = \sum_{k=1}^{n} a_{ik} b_{kj}.$$

不妨设 $i \leqslant s_1, j=m_1+t$ $(0 < t \leqslant m_2)$,这时 C 的 (i,j) 元就是 $A_{11}B_{12}+A_{12}B_{22}$ 的 (i,t) 元,即

$$C(i;j) = (A_{11}B_{12}+A_{12}B_{22})(i;t)$$
$$= (A_{11}B_{12})(i;t) + (A_{12}B_{22})(i;t)$$
$$= \sum_{k=1}^{n_1} A_{11}(i;k) B_{12}(k;t) + \sum_{l=1}^{n_2} A_{12}(i;l) B_{22}(l;t)$$
$$= \sum_{k=1}^{n_1} a_{ik} b_{k,(m_1+t)} + \sum_{l=1}^{n_2} a_{i,(n_1+l)} b_{(n_1+l),(m_1+t)}$$
$$= \sum_{k=1}^{n_1} a_{ik} b_{kj} + \sum_{k=n_1+1}^{n_1+n_2} a_{ik} b_{kj} = \sum_{k=1}^{n} a_{ik} b_{kj}.$$

对于 i,j 的其余情形也可以类似证得 $C(i;j) = \sum_{k=1}^{n} a_{ik} b_{kj}$. 因此 $(AB)(i;j)=C(i;j)$,$1 \leqslant i \leqslant s$,$1 \leqslant j \leqslant m$. 从而

$$AB = C. \quad \blacksquare$$

类似地可以证明:对于两个分块矩阵,只要它们的分法满足下述条件,则它们的乘法就可以按照普通矩阵的乘法定义进行:

1° 左矩阵的列组数等于右矩阵的行组数;

2° 左矩阵的每个列组所含列数等于右矩阵的相应行组所含行数.

总而言之,左矩阵的列的分法应当与右矩阵的行的分法一致. 还要注意:子矩阵之间的乘法应当是左分块矩阵的子矩阵在左边,右分块矩阵的子矩阵在右边,不能颠倒次序.

示范

分块矩阵的乘法有许多应用. 我们举一些例子.

例 1 设 A 是 $s\times n$ 矩阵,B 是 $n\times m$ 矩阵,B 的列向量组为 $\beta_1,\beta_2,\cdots,\beta_m$,则
$$AB=(A\beta_1,A\beta_2,\cdots,A\beta_m). \tag{1}$$

证明 把 A 的所有行作为一组,所有列作为一组;把 B 的所有行作为一组,列分成 m 组,每组含 1 列,则
$$AB=(A)(\beta_1,\beta_2,\cdots,\beta_m)=(A\beta_1,A\beta_2,\cdots,A\beta_m). \quad\blacksquare$$

公式(1)是非常有用的. 看下面的例 2.

例 2 设 $A_{s\times n}\neq 0$,$B_{n\times m}$ 的列向量组是 $\beta_1,\beta_2,\cdots,\beta_m$,则
$$AB=0\Leftrightarrow \beta_1,\beta_2,\cdots,\beta_m\text{ 都是齐次线性方程组 }AX=0\text{ 的解}.$$

证明 由题设条件
$$\begin{aligned}
AB=0 &\Leftrightarrow (A\beta_1,A\beta_2,\cdots,A\beta_m)=0\\
&\Leftrightarrow A\beta_1=0,\ A\beta_2=0,\ \cdots,\ A\beta_m=0\\
&\Leftrightarrow \beta_1,\beta_2,\cdots,\beta_m\text{ 都是齐次线性方程组 }AX=0\text{ 的解}. \quad\blacksquare
\end{aligned}$$

例 2 使得我们可以利用齐次线性方程组的理论去解决矩阵理论中涉及到 $AB=0$ 的一类问题.

评注

分块矩阵的转置不仅要把第 i 行组写成第 i 列组,而且要把每个子矩阵转置. 例如
$$\begin{bmatrix} A_1 & A_2 \\ A_3 & A_4 \end{bmatrix}' = \begin{bmatrix} A_1' & A_3' \\ A_2' & A_4' \end{bmatrix}. \tag{2}$$

主对角线上的所有子矩阵都是方阵,其余子矩阵全为 0 的分块矩阵称为**分块对角矩阵**,它形如
$$\begin{bmatrix} A_1 & 0 & 0 & \cdots & 0 \\ 0 & A_2 & 0 & \cdots & 0 \\ \vdots & \vdots & \vdots & & \vdots \\ 0 & 0 & 0 & \cdots & A_s \end{bmatrix}, \tag{3}$$

其中 $A_1,A_2,\cdots,A_s$ 都是方阵. 分块对角矩阵(3)可简写成
$$\mathrm{diag}\{A_1,A_2,\cdots,A_s\}.$$

主对角线上方的所有子矩阵都是方阵,而位于主对角线下方的所有子矩阵都为 0 的分块矩阵称为**分块上三角矩阵**,它形如
$$\begin{bmatrix} A_{11} & A_{12} & \cdots & A_{1s} \\ 0 & A_{22} & \cdots & A_{2s} \\ \vdots & \vdots & & \vdots \\ 0 & 0 & \cdots & A_{ss} \end{bmatrix}, \tag{4}$$

其中 $A_{11},A_{12},\cdots,A_{ss}$ 都是方阵.

分块上三角矩阵有许多应用. 为了把一般的分块矩阵变成分块上三角矩阵, 我们引出下述概念.

下述三种变换称为**分块矩阵的初等行变换**:

1° 把一个块行的左 P 倍(P 是矩阵)加到另一个块行上, 例如

$$\begin{bmatrix} A_{11} & A_{12} \\ A_{21} & A_{22} \end{bmatrix} \xrightarrow{②+P\cdot①} \begin{bmatrix} A_{11} & A_{12} \\ PA_{11}+A_{21} & PA_{12}+A_{22} \end{bmatrix}; \tag{5}$$

2° 两个块行互换位置;

3° 用一个可逆矩阵左乘某一块行.

类似地有**分块矩阵的初等列变换**, 但要注意, 这时 1°型和 3°型都要右乘.

分块单位矩阵(即把单位矩阵分块得到的分块矩阵)经过一次分块矩阵的初等行(列)变换得到的矩阵称为**分块初等矩阵**. 例如

$$\begin{bmatrix} I & 0 \\ 0 & I \end{bmatrix} \xrightarrow{②+P\cdot①} \begin{bmatrix} I & 0 \\ P & I \end{bmatrix}. \tag{6}$$

(6)式箭头右端是一个分块初等矩阵. 我们有

$$\begin{bmatrix} I & 0 \\ P & I \end{bmatrix} \begin{bmatrix} A_{11} & A_{12} \\ A_{21} & A_{22} \end{bmatrix} = \begin{bmatrix} A_{11} & A_{12} \\ PA_{11}+A_{21} & PA_{12}+A_{22} \end{bmatrix}. \tag{7}$$

把(7)式与(5)式比较得出: **对一个分块矩阵 A 作一次 1°型分块矩阵的初等行变换, 就相当于用一个相应的分块初等矩阵左乘 A**. 对于 2°型、3°型分块矩阵的初等行变换也有类似结论. 对于分块矩阵的初等列变换也有类似结论(这时要用相应的分块初等矩阵右乘 A).

由于分块初等矩阵是可逆矩阵, 因此由上述结论得: **分块矩阵的初等行(列)变换不改变矩阵的秩**.

*例 3 设 A, B 分别是 $s\times n, n\times s$ 矩阵, 则

$$\begin{vmatrix} I_n & B \\ A & I_s \end{vmatrix} = |I_s - AB|. \tag{8}$$

证明 设法把(8)式左端变成分块上三角矩阵的行列式. 为此作分块矩阵的初等行变换:

$$\begin{bmatrix} I_n & B \\ A & I_s \end{bmatrix} \xrightarrow{②+(-A)\cdot①} \begin{bmatrix} I_n & B \\ 0 & I_s - AB \end{bmatrix}. \tag{9}$$

于是

$$\begin{bmatrix} I_n & 0 \\ -A & I_s \end{bmatrix} \begin{bmatrix} I_n & B \\ A & I_s \end{bmatrix} = \begin{bmatrix} I_n & B \\ 0 & I_s - AB \end{bmatrix}, \tag{10}$$

在(10)式两边取行列式, 得

$$\begin{vmatrix} I_n & 0 \\ -A & I_s \end{vmatrix} \begin{vmatrix} I_n & B \\ A & I_s \end{vmatrix} = \begin{vmatrix} I_n & B \\ 0 & I_s - AB \end{vmatrix}.$$

由此得出

$$|I_n||I_s|\begin{vmatrix} I_n & B \\ A & I_s \end{vmatrix} = |I_n||I_s - AB|.$$

从而(8)式成立. ∎

习 题 4.5

1. 证明：设 A, B 分别是 $s \times n, n \times m$ 矩阵. 如果 $AB = 0$，则
$$\text{rank}(A) + \text{rank}(B) \leqslant n.$$

2. 设 A 是 n 级矩阵，且 $A \neq 0$. 证明：存在一个 $n \times m$ 非零矩阵 B，使 $AB = 0$ 的充分必要条件为 $|A| = 0$.

*3. 设 B 为 n 级矩阵，C 为 $n \times m$ 行满秩矩阵. 证明：
(1) 如果 $BC = 0$，则 $B = 0$；
(2) 如果 $BC = C$，则 $B = I$.

*4. 证明：如果 n 级矩阵 A 满足 $A^2 = I$（此时称 A 是**对合矩阵**），则
$$\text{rank}(I + A) + \text{rank}(I - A) = n.$$

*5. 证明：如果 n 级矩阵 A 满足 $A^2 = A$（此时称 A 是**幂等矩阵**），则
$$\text{rank}(A) + \text{rank}(I - A) = n.$$

6. 设 A 是实数域上的 $s \times n$ 矩阵，β 是 $\mathbf{R}^s$ 的任意一个列向量. 证明：n 元线性方程组 $A'AX = A'\beta$ 一定有解.

7. 设 A 是一个 n 级方阵，且 $\text{rank}(A) = 1$. 证明：
(1) A 能表示成一个列向量与一个行向量的乘积；
(2) $A^2 = kA$，其中 k 是某个数.

8. 设 A 是 n 级矩阵 $(n \geqslant 2)$，证明：
$$|A^*| = |A|^{n-1}.$$

9. 设 A 是 n 级矩阵 $(n \geqslant 2)$，证明：
$$\text{rank}(A^*) = \begin{cases} n, & \text{当 } \text{rank}(A) = n, \\ 1, & \text{当 } \text{rank}(A) = n - 1, \\ 0, & \text{当 } \text{rank}(A) < n - 1. \end{cases}$$

10. 证明：分块对角矩阵 $A = \text{diag}\{A_1, A_2, \cdots, A_s\}$ 可逆的充分必要条件是它的主对角线上每个子矩阵 A_i 可逆，并且当 A 可逆时，有
$$A^{-1} = \text{diag}\{A_1^{-1}, A_2^{-1}, \cdots, A_s^{-1}\}.$$

11. 设
$$A = \begin{bmatrix} A_{11} & A_{12} \\ 0 & A_{22} \end{bmatrix},$$

其中 A_{11}, A_{22} 分别是 r 级,s 级方阵.证明:A 可逆当且仅当 A_{11} 与 A_{22} 都可逆,并且当 A 可逆时,有
$$A^{-1} = \begin{bmatrix} A_{11}^{-1} & -A_{11}^{-1}A_{12}A_{22}^{-1} \\ 0 & A_{22}^{-1} \end{bmatrix}.$$

12. 设
$$B = \begin{bmatrix} 0 & B_1 \\ B_2 & 0 \end{bmatrix},$$
其中 B_1, B_2 分别是 r 级,s 级方阵,证明:B 可逆当且 B_1, B_2 都可逆,并且当 B 可逆时,有
$$B^{-1} = \begin{bmatrix} 0 & B_2^{-1} \\ B_1^{-1} & 0 \end{bmatrix}.$$

*13. 设 A, B 分别是 $s \times n, n \times s$ 矩阵,证明:
$$\begin{vmatrix} I_n & B \\ A & I_s \end{vmatrix} = |I_n - BA|.$$

*14. 设 A, B 分别是 $s \times n, n \times s$ 矩阵,证明:
$$|I_s - AB| = |I_n - BA|.$$

§6 正交矩阵

观察

在平面上取一个直角坐标系 Oxy,设向量 α, β 的坐标分别是 $(a_1, a_2), (b_1, b_2)$. 如果 α, β 都是单位向量,并且互相垂直,则它们的坐标满足:
$$\begin{aligned} a_1^2 + a_2^2 = 1, \quad a_1 b_1 + a_2 b_2 = 0, \\ b_1^2 + b_2^2 = 1, \quad b_1 a_1 + b_2 a_2 = 0. \end{aligned} \tag{1}$$
上述 4 个等式可以写成一个矩阵等式:
$$\begin{bmatrix} a_1 & a_2 \\ b_1 & b_2 \end{bmatrix} \begin{bmatrix} a_1 & b_1 \\ a_2 & b_2 \end{bmatrix} = \begin{bmatrix} 1 & 0 \\ 0 & 1 \end{bmatrix}, \tag{2}$$
设矩阵 A 的第 1,2 行分别是 α, β 的坐标,则由(2)式得
$$AA' = I.$$
根据 α, β 的几何意义,我们很自然地把这个矩阵 A 称为正交矩阵.

这一节我们来研究正交矩阵的性质,尤其是它的行(列)向量组的特性.

抽象

定义 1 实数域上的方阵 A 如果满足

$$AA' = I, \tag{3}$$

则称 A 是**正交矩阵**.

从定义 1 得出,

实数域上的方阵 A 是正交矩阵

$\Leftrightarrow AA' = I$

$\Leftrightarrow A$ 可逆,并且 $A^{-1} = A'$ \qquad(4)

$\Leftrightarrow A'A = I.$ \qquad(5)

例 1 判断下述矩阵是否正交矩阵:

$$A = \begin{bmatrix} \cos\theta & -\sin\theta \\ \sin\theta & \cos\theta \end{bmatrix},$$

其中 θ 是实数.

解 由于

$$AA' = \begin{bmatrix} \cos\theta & -\sin\theta \\ \sin\theta & \cos\theta \end{bmatrix} \begin{bmatrix} \cos\theta & \sin\theta \\ -\sin\theta & \cos\theta \end{bmatrix} = \begin{bmatrix} 1 & 0 \\ 0 & 1 \end{bmatrix},$$

因此 A 是正交矩阵.

正交矩阵具有下列性质:

1° I 是正交矩阵;

2° 若 A 与 B 都是 n 级正交矩阵,则 AB 也是正交矩阵;

3° 若 A 是正交矩阵,则 A^{-1}(即 A')也是正交矩阵;

4° 若 A 是正交矩阵,则 $|A|=1$ 或 -1.

证明 1° 与 3° 的证明很容易. 现在证 2° 与 4°.

若 A,B 都是 n 级正交矩阵,则

$$(AB)(AB)' = A(BB')A' = AIA' = I, \tag{6}$$

因此 AB 也是正交矩阵.

若 A 是正交矩阵,则 $|AA'|=|I|$. 从而 $|A||A'|=1$, 即 $|A|^2=1$. 由此得出 $|A|=1$ 或 -1. ∎

观察

例 1 中,设矩阵 A 的行向量组是 γ_1, γ_2,则

$$AA' = I \Leftrightarrow \begin{bmatrix} \gamma_1 \\ \gamma_2 \end{bmatrix} (\gamma_1', \gamma_2') = I$$

$$\Leftrightarrow \begin{bmatrix} \gamma_1\gamma_1' & \gamma_1\gamma_2' \\ \gamma_2\gamma_1' & \gamma_2\gamma_2' \end{bmatrix} = \begin{bmatrix} 1 & 0 \\ 0 & 1 \end{bmatrix}$$

$$\Leftrightarrow \begin{cases} \gamma_1\gamma_1' = 1, & \gamma_1\gamma_2' = 0, \\ \gamma_2\gamma_1' = 0, & \gamma_2\gamma_2' = 1, \end{cases}$$

$$\Leftrightarrow \gamma_i \gamma_j' = \begin{cases} 1, & \text{当 } i = j, \\ 0, & \text{当 } i \neq j. \end{cases}$$

一般的 n 级正交矩阵的行向量组是否也有类似的规律？列向量组呢？

论证

定理 1 设实数域上 n 级矩阵 A 的行向量组为 $\gamma_1, \gamma_2, \cdots, \gamma_n$，列向量组为 $\alpha_1, \alpha_2, \cdots, \alpha_n$，则

(1) A 为正交矩阵当且仅当 A 的行向量组满足
$$\gamma_i \gamma_j' = \begin{cases} 1, & \text{当 } i = j, \\ 0, & \text{当 } i \neq j; \end{cases} \tag{7}$$

(2) A 为正交矩阵当且仅当 A 的列向量组满足
$$\alpha_i' \alpha_j = \begin{cases} 1, & \text{当 } i = j, \\ 0, & \text{当 } i \neq j. \end{cases} \tag{8}$$

证明 (1) A 为正交矩阵 $\Leftrightarrow AA' = I$

$$\Leftrightarrow \begin{bmatrix} \gamma_1 \\ \gamma_2 \\ \vdots \\ \gamma_n \end{bmatrix} (\gamma_1', \gamma_2', \cdots, \gamma_n') = \begin{bmatrix} 1 & 0 & 0 & \cdots & 0 \\ 0 & 1 & 0 & \cdots & 0 \\ \vdots & \vdots & \vdots & & \vdots \\ 0 & 0 & 0 & \cdots & 1 \end{bmatrix}$$

$$\Leftrightarrow \gamma_i \gamma_j' = \begin{cases} 1, & \text{当 } i = j, \\ 0, & \text{当 } i \neq j; \end{cases}$$

(2) A 为正交矩阵 $\Leftrightarrow A'A = I$

$$\Leftrightarrow \begin{bmatrix} \alpha_1' \\ \alpha_2' \\ \vdots \\ \alpha_n' \end{bmatrix} (\alpha_1, \alpha_2, \cdots, \alpha_n) = \begin{bmatrix} 1 & 0 & 0 & \cdots & 0 \\ 0 & 1 & 0 & \cdots & 0 \\ \vdots & \vdots & \vdots & & \vdots \\ 0 & 0 & 0 & \cdots & 1 \end{bmatrix}$$

$$\Leftrightarrow \alpha_i' \alpha_j = \begin{cases} 1, & \text{当 } i = j, \\ 0, & \text{当 } i \neq j. \end{cases} \blacksquare$$

我们引用一个符号 δ_{ij}，它的含意是
$$\delta_{ij} = \begin{cases} 1, & \text{当 } i = j, \\ 0, & \text{当 } i \neq j. \end{cases}$$

δ_{ij} 称为 Kronecker（克罗内克）记号. 采用这个符号，(7)式和(8)式可以分别写成：
$$\gamma_i \gamma_j' = \delta_{ij}, \quad 1 \leqslant i, j \leqslant n; \tag{9}$$
$$\alpha_i' \alpha_j = \delta_{ij}, \quad 1 \leqslant i, j \leqslant n. \tag{10}$$

观察

定理1告诉我们，正交矩阵的行向量组满足(9)式，列向量组满足(10)式. 这两组式子的

左端都是两个 n 元有序数组的对应元素的乘积之和. 与几何空间中两个向量的内积在直角坐标系中的计算公式相像. 由此类比, 我们可以在实数域上的 n 维向量空间 $\mathbf{R}^n$ 中也引进内积的概念.

抽象

定义 2 在 $\mathbf{R}^n$ 中, 任给 $\alpha=(a_1,a_2,\cdots,a_n), \beta=(b_1,b_2,\cdots,b_n)$, 规定

$$(\alpha,\beta) \stackrel{\text{def}}{=\!=\!=} a_1b_1 + a_2b_2 + \cdots + a_nb_n, \tag{11}$$

这个二元实值函数 (α,β) 称为 $\mathbf{R}^n$ 的一个**内积**, 通常称这个内积为 $\mathbf{R}^n$ 的**标准内积**. (11)式也可写成

$$(\alpha,\beta) = \alpha\beta'.$$

容易直接按照定义验证 $\mathbf{R}^n$ 的标准内积具有下列基本性质: 对一切 $\alpha,\beta,\gamma\in\mathbf{R}^n, k\in\mathbf{R}$, 有

1° $(\alpha,\beta)=(\beta,\alpha)$ (**对称性**);
2° $(\alpha+\gamma,\beta)=(\alpha,\beta)+(\gamma,\beta)$ (**线性性之一**);
3° $(k\alpha,\beta)=k(\alpha,\beta)$ (**线性性之二**);
4° $(\alpha,\alpha)\geqslant 0$, 等号成立当且仅当 $\alpha=0$ (**正定性**).

由 1°, 2°, 3° 可以得出

$$(k_1\alpha_1 + k_2\alpha_2, \beta) = k_1(\alpha_1,\beta) + k_2(\alpha_2,\beta),$$
$$(\alpha, k_1\beta_1 + k_2\beta_2) = k_1(\alpha,\beta_1) + k_2(\alpha,\beta_2).$$

如果 α,β 是列向量, 则标准内积 (α,β) 可以写成

$$(\alpha,\beta) = \alpha'\beta.$$

n 维向量空间 $\mathbf{R}^n$ 有了标准内积后, 就称 $\mathbf{R}^n$ 为一个**欧几里得空间**.

在欧几里得空间 $\mathbf{R}^n$ 中, 向量 α 的长度 $|\alpha|$ 规定为

$$|\alpha| \stackrel{\text{def}}{=\!=\!=} \sqrt{(\alpha,\alpha)}. \tag{12}$$

长度为 1 的向量称为**单位向量**. 显然, α 是单位向量的充分必要条件为 $(\alpha,\alpha)=1$.

容易验证:

$$|k\alpha| = |k||\alpha|, \tag{13}$$

于是对于 $\alpha\neq 0$, 有 $|\alpha|^{-1}\alpha$ 一定是单位向量. 把非零向量 α 乘以 $|\alpha|^{-1}$, 称为把 α **单位化**.

在欧几里得空间 $\mathbf{R}^n$ 中, 如果 $(\alpha,\beta)=0$, 则称 α 与 β 是**正交的**, 记作 $\alpha\perp\beta$.

显然, 零向量与任何向量都正交.

欧几里得空间 $\mathbf{R}^n$ 中, 由非零向量组成的向量组如果其中每两个不同的向量都正交(即它们两两正交), 则称它们是**正交向量组**.

仅由一个非零向量组成的向量组也是正交向量组.

如果正交向量组的每个向量都是单位向量, 则称它为**正交单位向量组**.

命题 2 欧几里得空间 $\mathbf{R}^n$ 中,正交向量组一定是线性无关的.

证明 设 $\alpha_1,\alpha_2,\cdots,\alpha_s$ 是正交向量组. 设
$$k_1\alpha_1 + k_2\alpha_2 + \cdots + k_s\alpha_s = 0. \tag{14}$$
把 (14) 式两端的向量都与 $\alpha_i(1\leqslant i\leqslant s)$ 作内积,得
$$(k_1\alpha_1 + k_2\alpha_2 + \cdots + k_s\alpha_s, \alpha_i) = (0,\alpha_i). \tag{15}$$
由于 $(\alpha_j,\alpha_i)=0$,当 $j\neq i$ 时,因此由 (15) 式得
$$k_i(\alpha_i,\alpha_i) = 0. \tag{16}$$
由于 $\alpha_i\neq 0$,因此 $(\alpha_i,\alpha_i)\neq 0$. 从而由 (16) 式得,$k_i=0$,其中 $i=1,2,\cdots,s$. 于是 $\alpha_1,\alpha_2,\cdots,\alpha_s$ 线性无关. ∎

据命题 2 得,欧几里得空间 $\mathbf{R}^n$ 中,n 个向量组成的正交向量组一定是 $\mathbf{R}^n$ 的一个基,称它为**正交基**. n 个单位向量组成的正交向量组称为 $\mathbf{R}^n$ 的一个**标准正交基**.

例如,容易看出,$\varepsilon_1,\varepsilon_2,\cdots,\varepsilon_n$ 是两两正交的,并且每个都是单位向量,因此 $\varepsilon_1,\varepsilon_2,\cdots,\varepsilon_n$ 是 $\mathbf{R}^n$ 的一个标准正交基.

命题 3 实数域上 n 级矩阵 A 是正交矩阵的充分必要条件为:A 的行(列)向量组是欧几里得空间 $\mathbf{R}^n$ 的一个标准正交基.

证明 设 A 的行向量组为 $\gamma_1,\gamma_2,\cdots,\gamma_n$,则

实数域上 n 级矩阵 A 是正交矩阵
$\Longleftrightarrow \gamma_i\gamma_j' = \delta_{ij}, 1\leqslant i,j\leqslant n$
$\Longleftrightarrow (\gamma_i,\gamma_j) = \delta_{ij}, 1\leqslant i,j\leqslant n$
$\Longleftrightarrow \gamma_1,\gamma_2,\cdots,\gamma_n$ 是 $\mathbf{R}^n$ 的一个标准正交基.

同理可证,A 的列向量组是 $\mathbf{R}^n$ 的一个标准正交基. ∎

命题 3 告诉我们,构造正交矩阵等价于求标准正交基. 许多实际问题需要构造正交矩阵,于是我们要设法求标准正交基.

观察

平面上给了两个不共线向量 α_1,α_2,我们很容易找到一个正交向量组 β_1,β_2. 如图 4-2 所示.

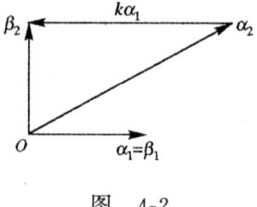

图 4-2

$$\beta_1 = \alpha_1,$$
$$\beta_2 = \alpha_2 + k\alpha_1,$$
为了求待定系数 k,在上式两边用 α_1 去作内积,得
$$(\beta_2,\alpha_1) = (\alpha_2 + k\alpha_1, \alpha_1),$$
从而
$$0 = (\alpha_2,\alpha_1) + k(\alpha_1,\alpha_1),$$
因此
$$k = -\frac{(\alpha_2,\alpha_1)}{(\alpha_1,\alpha_1)},$$

于是
$$\beta_2 = \alpha_2 - \frac{(\alpha_2, \alpha_1)}{(\alpha_1, \alpha_1)}\alpha_1 = \alpha_2 - \frac{(\alpha_2, \beta_1)}{(\beta_1, \beta_1)}\beta_1. \tag{17}$$

从几何上的这个例子受到启发,对于欧几里得空间 $\mathbf{R}^n$,我们可以从一个线性无关的向量组出发,构造一个正交向量组.

论证

定理 4 设 $\alpha_1, \alpha_2, \cdots, \alpha_s$ 是欧几里得空间 $\mathbf{R}^n$ 的一个线性无关的向量组,令

$$\begin{aligned}
\beta_1 &= \alpha_1, \\
\beta_2 &= \alpha_2 - \frac{(\alpha_2, \beta_1)}{(\beta_1, \beta_1)}\beta_1, \\
&\cdots\cdots\cdots\cdots\cdots\cdots\cdots\cdots\cdots \\
\beta_s &= \alpha_s - \sum_{j=1}^{s-1}\frac{(\alpha_s, \beta_j)}{(\beta_j, \beta_j)}\beta_j,
\end{aligned} \tag{18}$$

则 $\beta_1, \beta_2, \cdots, \beta_s$ 是正交向量组,并且 $\beta_1, \beta_2, \cdots, \beta_s$ 与 $\alpha_1, \alpha_2, \cdots, \alpha_s$ 等价.

证明 对线性无关的向量组所含向量的个数 s 作数学归纳法.

$s=1$ 时,即向量组为 α_1 且 $\alpha_1 \neq 0$. 此时令 $\beta_1 = \alpha_1$,则 β_1 是正交向量组. 显然,$\{\alpha_1\} \cong \{\beta_1\}$.

假设 $s=k$ 时命题为真,即 $\beta_1, \cdots, \beta_k$ 是正交向量组,且它与 $\alpha_1, \cdots, \alpha_k$ 等价. 现在来看 $s=k+1$ 的情形. 由于

$$\beta_{k+1} = \alpha_{k+1} - \sum_{j=1}^{k}\frac{(\alpha_{k+1}, \beta_j)}{(\beta_j, \beta_j)}\beta_j, \tag{19}$$

因此当 $1 \leqslant i \leqslant k$ 时,有

$$\begin{aligned}
(\beta_{k+1}, \beta_i) &= (\alpha_{k+1}, \beta_i) - \sum_{j=1}^{k}\frac{(\alpha_{k+1}, \beta_j)}{(\beta_j, \beta_j)}(\beta_j, \beta_i) \\
&= (\alpha_{k+1}, \beta_i) - \frac{(\alpha_{k+1}, \beta_i)}{(\beta_i, \beta_i)}(\beta_i, \beta_i) = 0.
\end{aligned}$$

这表明 β_{k+1} 与 β_i 正交 ($i=1, 2, \cdots, k$). 从 (19) 式以及归纳假设可以看出,β_{k+1} 可以由 $\alpha_1, \alpha_2, \cdots, \alpha_k, \alpha_{k+1}$ 线性表出,并且表出式中 α_{k+1} 的系数为 1,因此 $\beta_{k+1} \neq 0$. 于是 $\beta_1, \beta_2, \cdots, \beta_k, \beta_{k+1}$ 是正交向量组. 从 (19) 式以及归纳假设立即得出 $\beta_1, \beta_2, \cdots, \beta_k, \beta_{k+1}$ 与 $\alpha_1, \alpha_2, \cdots, \alpha_k, \alpha_{k+1}$ 等价. 因此,当 $s=k+1$ 时,命题也为真.

据数学归纳法原理,命题为真. ∎

定理 4 给出了由欧几里得空间 $\mathbf{R}^n$ 中一个线性无关的向量组 $\alpha_1, \alpha_2, \cdots, \alpha_s$ 出发,构造出与它等价的一个正交向量组 $\beta_1, \beta_2, \cdots, \beta_s$ 的方法,这种方法称为**施密特(Schmidt)正交化过程**. 只要再将 $\beta_1, \beta_2, \cdots, \beta_s$ 中每个向量单位化,即令

$$\eta_i = \frac{1}{|\beta_i|}\beta_i, \quad i = 1, 2, \cdots, s, \tag{20}$$

则 $\eta_1, \eta_2, \cdots, \eta_s$ 是与 $\alpha_1, \alpha_2, \cdots, \alpha_s$ 等价的正交单位向量组.

欧几里得空间 $\mathbf{R}^n$ 中,如果给了一个基 $\alpha_1,\alpha_2,\cdots,\alpha_n$,则先经过施密特正交化过程,然后经过单位化,得到的向量组 $\eta_1,\eta_2,\cdots,\eta_n$ 就是 $\mathbf{R}^n$ 的一个标准正交基.

示范

例 2 在欧几里得空间 $\mathbf{R}^3$ 中,设向量组

$$\alpha_1 = \begin{bmatrix} 2 \\ -1 \\ 0 \end{bmatrix}, \quad \alpha_2 = \begin{bmatrix} 2 \\ 0 \\ 1 \end{bmatrix},$$

求与 α_1,α_2 等价的正交单位向量组.

解 首先正交化:令

$$\beta_1 = \alpha_1,$$

$$\beta_2 = \alpha_2 - \frac{(\alpha_2,\beta_1)}{(\beta_1,\beta_1)}\beta_1 = \begin{bmatrix} 2 \\ 0 \\ 1 \end{bmatrix} - \frac{4}{5}\begin{bmatrix} 2 \\ -1 \\ 0 \end{bmatrix} = \begin{bmatrix} \frac{2}{5} \\ \frac{4}{5} \\ 1 \end{bmatrix}.$$

然后单位化:令

$$\eta_1 = \frac{1}{|\beta_1|}\beta_1 = \frac{1}{\sqrt{5}}\begin{bmatrix} 2 \\ -1 \\ 0 \end{bmatrix} = \begin{bmatrix} \frac{2}{5}\sqrt{5} \\ -\frac{1}{5}\sqrt{5} \\ 0 \end{bmatrix},$$

$$\eta_2 = \frac{1}{|\beta_2|}\beta_2 = \frac{1}{\sqrt{\frac{9}{5}}}\begin{bmatrix} \frac{2}{5} \\ \frac{4}{5} \\ 1 \end{bmatrix} = \begin{bmatrix} \frac{2}{15}\sqrt{5} \\ \frac{4}{15}\sqrt{5} \\ \frac{1}{3}\sqrt{5} \end{bmatrix},$$

则 η_1,η_2 是与 α_1,α_2 等价的正交单位向量组.

习 题 4.6

1. 判断下列矩阵是否是正交矩阵:

(1) $\begin{bmatrix} \frac{\sqrt{3}}{2} & -\frac{1}{2} \\ \frac{1}{2} & \frac{\sqrt{3}}{2} \end{bmatrix}$;   (2) $\begin{bmatrix} \frac{\sqrt{2}}{2} & -\frac{\sqrt{2}}{2} \\ \frac{\sqrt{2}}{2} & \frac{\sqrt{2}}{2} \end{bmatrix}$;

(3) $\begin{bmatrix} \dfrac{\sqrt{3}}{2} & \dfrac{1}{2} \\ \dfrac{1}{2} & -\dfrac{\sqrt{3}}{2} \end{bmatrix}$;   (4) $\begin{bmatrix} \dfrac{\sqrt{2}}{2} & \dfrac{\sqrt{2}}{2} \\ \dfrac{\sqrt{2}}{2} & -\dfrac{\sqrt{2}}{2} \end{bmatrix}$;

(5) $\begin{bmatrix} -\dfrac{1}{2} & -\dfrac{\sqrt{3}}{2} \\ \dfrac{\sqrt{3}}{2} & -\dfrac{1}{2} \end{bmatrix}$;   (6) $\begin{bmatrix} -\dfrac{1}{2} & \dfrac{\sqrt{3}}{2} \\ \dfrac{\sqrt{3}}{2} & \dfrac{1}{2} \end{bmatrix}$;

(7) $\begin{bmatrix} 1 & 0 \\ 0 & -1 \end{bmatrix}$;   (8) $\begin{bmatrix} 1 & 1 \\ 1 & -1 \end{bmatrix}$.

2. 求第 1 题中各个矩阵的行列式.

3. 证明:如果 A 是实数域上 n 级对称矩阵,T 是 n 级正交矩阵,则 $T^{-1}AT$ 是对称矩阵.

*4. 证明:实数域上的 n 级矩阵 A 如果具有下列三个性质中的任意两个性质,则必有第三个性质:正交矩阵,对称矩阵,对合矩阵.

*5. 证明:如果正交矩阵 A 是上三角矩阵,则 A 一定是对角矩阵,并且其主对角元是 1 或 -1.

6. 在欧几里得空间 $\mathbf{R}^4$ 中,计算 (α,β):

(1) $\alpha=(-1,0,3,-5)$, $\beta=(4,-2,0,1)$;

(2) $\alpha=\left(\dfrac{\sqrt{3}}{2}, -\dfrac{1}{3}, \dfrac{\sqrt{3}}{4}, -1\right)$, $\beta=\left(-\dfrac{\sqrt{3}}{2}, -2, \sqrt{3}, \dfrac{2}{3}\right)$.

7. 在欧几里得空间 $\mathbf{R}^4$ 中,把下列向量单位化:

(1) $\alpha=(3,0,-1,4)$;   (2) $\alpha=(5,1,-2,0)$.

8. 证明:在欧几里得空间 $\mathbf{R}^n$ 中,如果 α 与 β 正交,则对任意实数 k,l,有 $k\alpha$ 与 $l\beta$ 也正交.

9. 证明:在欧几里得空间 $\mathbf{R}^n$ 中,如果 β 与 $\alpha_1,\alpha_2,\cdots,\alpha_s$ 都正交,则 β 与 $\alpha_1,\alpha_2,\cdots,\alpha_s$ 的任一线性组合也正交.

10. 证明:在欧几里得空间 $\mathbf{R}^n$ 中,如果 α 与任意向量都正交,则 $\alpha=0$.

11. 在欧几里得空间 $\mathbf{R}^3$ 中,设向量组

$$\alpha_1=\begin{bmatrix} 1 \\ -2 \\ 0 \end{bmatrix}, \quad \alpha_2=\begin{bmatrix} 1 \\ 0 \\ -1 \end{bmatrix},$$

求与 α_1,α_2 等价的正交单位向量组.

12. 在欧几里得空间 $\mathbf{R}^4$,设向量组

$$\alpha_1 = \begin{bmatrix} 1 \\ 1 \\ 0 \\ 0 \end{bmatrix}, \quad \alpha_2 = \begin{bmatrix} 1 \\ 0 \\ 1 \\ 0 \end{bmatrix}, \quad \alpha_3 = \begin{bmatrix} 1 \\ 0 \\ 0 \\ -1 \end{bmatrix},$$

求与 $\alpha_1, \alpha_2, \alpha_3$ 等价的正交单位向量组.

13. 设 A 是 n 级正交矩阵,证明:对于欧几里得空间 $\mathbf{R}^n$ 中任一列向量 α,都有 $|A\alpha| = |\alpha|$.

*14. 设 A 是实数域上的 n 级可逆矩阵,证明: A 可以分解成
$$A = TB,$$
其中 T 是正交矩阵,B 是上三角矩阵,并且 B 的主对角元都为正数;证明这种分解是惟一的.

第五章 矩阵的相抵与相似

从第一章至第四章,我们多次使用了矩阵的初等行变换或初等列变换. 如果一个矩阵 A 经过初等行、列变换变成矩阵 B,则我们称 A 与 B 是**相抵**的.

设 A 是数域 K 上一个 n 级矩阵,P 是 K 上一个 n 级可逆矩阵,我们称 A 与 $P^{-1}AP$ 是**相似**的.

本章来讨论矩阵的相抵与相似.

§1 矩阵的相抵

观察

下述矩阵 A 经过初等行变换可化成简化行阶梯形矩阵,再经过初等列变换可进一步化成更简单的矩阵:

$$A=\begin{pmatrix} 1 & 3 & -2 \\ -1 & -2 & 1 \\ 2 & -4 & 6 \end{pmatrix} \to \begin{pmatrix} 1 & 0 & 1 \\ 0 & 1 & -1 \\ 0 & 0 & 0 \end{pmatrix} \to \begin{pmatrix} 1 & 0 & 0 \\ 0 & 1 & 0 \\ 0 & 0 & 0 \end{pmatrix}.$$

抽象

定义 1 如果矩阵 A 可以经过一系列初等行变换与初等列变换变成矩阵 B,则称 A 与 B 是**相抵的**(或**等价**),记作 $A \stackrel{相抵}{\sim} B$.

从定义容易看出,$s \times n$ 矩阵之间的相抵关系具有下述性质:

1° 反身性:任一矩阵 A 与自身相抵;
2° 对称性:如果 A 与 B 相抵,则 B 与 A 相抵;
3° 传递性:如果 A 与 B 相抵,B 与 C 相抵,则 A 与 C 相抵.

由于矩阵的初等行(列)变换可以通过初等矩阵与矩阵的乘法来实现,并且一个矩阵可逆的充分必要条件是它能表示成一些初等矩阵的乘积,因此

$s \times n$ 矩阵 A 与 B 相抵

$\iff A$ 经过初等行变换和初等列变换变成 B

$\iff$ 存在 s 级初等矩阵 $P_1, P_2, \cdots, P_t$ 与 n 级初等矩阵 $Q_1, Q_2, \cdots, Q_m$,使得

$$P_t \cdots P_2 P_1 A Q_1 Q_2 \cdots Q_m = B$$

$\iff$ 存在 s 级可逆矩阵 P 与 n 级可逆矩阵 Q,使得

$$PAQ = B. \tag{1}$$

定理 1 设 $s \times n$ 矩阵 A 的秩为 r,如果 $r \neq 0$,则 A 相抵于下述矩阵

$$\begin{bmatrix} I_r & 0 \\ 0 & 0 \end{bmatrix}, \tag{2}$$

矩阵(2)称为 A 的**相抵标准形**;如果 $r=0$,则 $A=0$,此时称 A 的相抵标准形是零矩阵.

证明 设 $r \neq 0$. 则 A 经过初等行变换化成的简化行阶梯形矩阵有 r 个非零行,再经过一些适当的两列互换,可以变成下述形式:

$$J = \begin{bmatrix} 1 & 0 & 0 & \cdots & 0 & c_{1,r+1} & \cdots & c_{1n} \\ 0 & 1 & 0 & \cdots & 0 & c_{2,r+1} & \cdots & c_{2n} \\ \vdots & \vdots & \vdots & & \vdots & \vdots & & \vdots \\ 0 & 0 & 0 & \cdots & 1 & c_{r,r+1} & \cdots & c_{rn} \\ 0 & 0 & 0 & \cdots & 0 & 0 & \cdots & 0 \\ \vdots & \vdots & \vdots & & \vdots & \vdots & & \vdots \\ 0 & 0 & 0 & \cdots & 0 & 0 & \cdots & 0 \end{bmatrix}. \tag{3}$$

把 J 的第 1 列的 $-c_{1,r+1}$ 倍加到第 $r+1$ 列,可以使所得矩阵的 $(1,r+1)$ 元为 0,而 J 的其余元素没有变化. 由此看出,只要把 J 的第 $1,2,\cdots,r$ 列的适当倍数分别加到第 $r+1,r+2,\cdots,n$ 列上,就可以变成下述矩阵

$$\begin{bmatrix} I_r & 0 \\ 0 & 0 \end{bmatrix},$$

因此 A 相抵于这个矩阵. ∎

定理 2 两个 $s \times n$ 矩阵相抵的充分必要条件是它们的秩相等.

证明 设 A 与 B 是两个 $s \times n$ 矩阵. 如果 A 与 B 相抵,由于初等行(列)变换不改变矩阵的秩,因此 $\mathrm{rank}(A)=\mathrm{rank}(B)$.

反之,如果 $\mathrm{rank}(A)=\mathrm{rank}(B)=r$,且 $r \neq 0$,则 A 与矩阵(2)相抵,B 也与矩阵(2)相抵,由相抵关系的对称性和传递性得,A 与 B 相抵. 若 $r=0$,则 $A=B=0$,于是 A 与 B 相抵(根据反身性). ∎

从定理 2 看出,矩阵的秩完全刻画了矩阵的相抵关系.

推论 3 设 $s \times n$ 矩阵 A 的秩为 $r(r \neq 0)$,则存在 s 级可逆矩阵 P 与 n 级可逆矩阵 Q,使得

$$A = P \begin{bmatrix} I_r & 0 \\ 0 & 0 \end{bmatrix} Q. \tag{4}$$

证明 从定理 1 和公式(2)得出,存在 s 级可逆矩阵 P_0 和 n 级可逆矩阵 Q_0,使得

$$P_0 A Q_0 = \begin{bmatrix} I_r & 0 \\ 0 & 0 \end{bmatrix},$$

从而
$$A = P_0^{-1} \begin{bmatrix} I_r & 0 \\ 0 & 0 \end{bmatrix} Q_0^{-1}.$$

令 $P = P_0^{-1}$, $Q = Q_0^{-1}$, 即得(4)式. ∎

习 题 5.1

1. 求下列矩阵的相抵标准形：

(1) $\begin{bmatrix} 1 & -1 & 3 \\ -2 & 3 & -11 \\ 4 & -5 & 17 \end{bmatrix}$; (2) $\begin{bmatrix} 1 & -1 & 3 & 2 \\ -2 & 3 & -11 & 5 \\ 4 & -5 & 17 & 3 \end{bmatrix}$;

(3) $\begin{bmatrix} 1 & -2 \\ -3 & 6 \\ 2 & -4 \end{bmatrix}$.

2. 设 $s \times n$ 矩阵 A 的秩为 $r(r \neq 0)$. 证明：存在 $s \times r$ 列满秩矩阵 P_1 与 $r \times n$ 行满秩矩阵 Q_1, 使得
$$A = P_1 Q_1.$$

3. 证明：任意一个秩为 $r(r \neq 0)$ 的矩阵都可以表示成 r 个秩为 1 的矩阵之和.

*4. 设 A, B 分别是 $s \times n, n \times m$ 矩阵, 证明：
$$\operatorname{rank}(AB) \geqslant \operatorname{rank}(A) + \operatorname{rank}(B) - n.$$

*5. 设 C 是 $s \times r$ 列满秩矩阵, D 是 $r \times m$ 行满秩矩阵. 证明：
$$\operatorname{rank}(CD) = r.$$

§2 矩阵的相似

观察

设 A 是方阵, 你能求出 A^m 吗？如果有可逆矩阵 U, 使得 $U^{-1}AU = D$, 并且 D^m 容易计算, 那么
$$A^m = (UDU^{-1})^m = (UDU^{-1})(UDU^{-1}) \cdots (UDU^{-1}) = UD^m U^{-1}.$$
于是 A^m 就比较容易计算了. 为了寻找较简单的矩阵 D (D^m 容易计算), 就需要研究形如 $U^{-1}AU$ 这样的矩阵. 为此我们引出下述概念.

抽象

定义 1 设 A 与 B 都是数域 K 上 n 级矩阵, 如果存在数域 K 上的一个 n 级可逆矩阵 U, 使得
$$U^{-1}AU = B, \tag{1}$$

则称 A 与 B 是**相似的**,记作 $A \sim B$.

从定义容易得出,数域 K 上 n 级矩阵之间的相似关系具有下列性质:

1° 反身性:任一 n 级矩阵 A 与自身相似;

2° 对称性:如果 $A \sim B$,则 $B \sim A$;

3° 传递性:如果 $A \sim B, B \sim C$,则 $A \sim C$.

矩阵的相似对于矩阵的运算具有下面的性质:

命题 1 如果 $B_1 = U^{-1} A_1 U$, $B_2 = U^{-1} A_2 U$,则
$$B_1 + B_2 = U^{-1}(A_1 + A_2)U, \tag{2}$$
$$B_1 B_2 = U^{-1}(A_1 A_2)U, \tag{3}$$
$$B_1^m = U^{-1} A_1^m U, \quad 其中 m 是正整数. \tag{4}$$

证明 直接计算可得结论. ∎

相似的矩阵有许多共同的性质:

1° 相似的矩阵其行列式的值相同.

证明 设 $A \sim B$,则存在可逆矩阵 U,使得 $U^{-1}AU = B$. 从而
$$|B| = |U^{-1}AU| = |U^{-1}||A||U| = |U|^{-1}|A||U| = |A|. \quad ∎$$

2° 相似的矩阵或者都可逆,或者都不可逆;并且当它们可逆时,它们的逆矩阵也相似.

证明 由性质 1° 即得结论的前半部分.

现在设 $A \sim B$,且 A 可逆.则有可逆矩阵 U,使得 $U^{-1}AU = B$,从而
$$B^{-1} = (U^{-1}AU)^{-1} = U^{-1}A^{-1}U,$$
因此 $A^{-1} \sim B^{-1}$. ∎

3° 相似的矩阵有相同的秩.

证明 设 $A \sim B$,则有可逆矩阵 U,使得 $U^{-1}AU = B$. 从而 A 与 B 相抵,因此 A 与 B 的秩相等. ∎

n 级矩阵 A 的主对角线上元素的和称为 A 的**迹**,记作 $\mathrm{tr}(A)$.

矩阵的迹具有下列性质:
$$\mathrm{tr}(A+B) = \mathrm{tr}(A) + \mathrm{tr}(B); \tag{5}$$
$$\mathrm{tr}(kA) = k\mathrm{tr}(A); \tag{6}$$
$$\mathrm{tr}(AB) = \mathrm{tr}(BA). \tag{7}$$

(5),(6)式是显然的.(7)式的证明如下:

设 $A = (a_{ij}), B = (b_{ij})$,则
$$\mathrm{tr}(AB) = \sum_{i=1}^{n}(AB)(i;i) = \sum_{i=1}^{n}\left(\sum_{k=1}^{n} a_{ik}b_{ki}\right),$$
$$\mathrm{tr}(BA) = \sum_{k=1}^{n}(BA)(k;k) = \sum_{k=1}^{n}\left(\sum_{i=1}^{n} b_{ki}a_{ik}\right) = \sum_{i=1}^{n}\left(\sum_{k=1}^{n} a_{ik}b_{ki}\right),$$
因此,$\mathrm{tr}(AB) = \mathrm{tr}(BA)$. ∎

4° 相似的矩阵有相同的迹.

证明 设 $A\sim B$,则有可逆矩阵 U,使得 $U^{-1}AU=B$. 于是
$$\operatorname{tr}(B)=\operatorname{tr}(U^{-1}AU)=\operatorname{tr}(U^{-1}(AU))=\operatorname{tr}((AU)U^{-1})$$
$$=\operatorname{tr}(A). \quad \blacksquare$$

思考

如果 A 相似于一个对角矩阵 D,则 D^m 容易计算,从而 A^m 也就比较容易计算.是不是任何一个方阵都能相似于一个对角矩阵? 当能够相似于对角矩阵时,如何找可逆矩阵 U?

分析

数域 K 上 n 级矩阵 A 相似于对角矩阵 $D=\operatorname{diag}\{\lambda_1,\lambda_2,\cdots,\lambda_n\}$

$\iff$ 存在数域 K 上 n 级可逆矩阵 $U=(\alpha_1,\alpha_2,\cdots,\alpha_n)$,使得
$$U^{-1}AU=D,$$

即
$$AU=UD,$$

即
$$A(\alpha_1,\alpha_2,\cdots,\alpha_n)=(\alpha_1,\alpha_2,\cdots,\alpha_n)D,$$

即 $(A\alpha_1,A\alpha_2,\cdots,A\alpha_n)=(\lambda_1\alpha_1,\lambda_2\alpha_2,\cdots,\lambda_n\alpha_n)$

$\iff K^n$ 中存在 n 个线性无关的列向量 $\alpha_1,\alpha_2,\cdots,\alpha_n$,使得
$$A\alpha_1=\lambda_1\alpha_1,\quad A\alpha_2=\lambda_2\alpha_2,\quad \cdots,\quad A\alpha_n=\lambda_n\alpha_n.$$

于是我们证明了

定理 2 数域 K 上的 n 级矩阵 A 能够相似于对角矩阵的充分必要条件是:K^n 中有 n 个线性无关的列向量 $\alpha_1,\alpha_2,\cdots,\alpha_n$,以及 K 中有 n 个数 $\lambda_1,\lambda_2,\cdots,\lambda_n$,使得
$$A\alpha_1=\lambda_1\alpha_1,\quad A\alpha_2=\lambda_2\alpha_2,\quad \cdots,\quad A\alpha_n=\lambda_n\alpha_n. \tag{8}$$

这时,令 $U=(\alpha_1,\alpha_2,\cdots,\alpha_n)$,则
$$U^{-1}AU=\operatorname{diag}\{\lambda_1,\lambda_2,\cdots,\lambda_n\}. \quad \blacksquare$$

如果一个 n 级矩阵 A 能够相似于对角矩阵 D,则称 A **可对角化**,把对角矩阵 D 称为 A 的**相似标准形**.

定理 1 告诉我们,找可逆矩阵 U,使得 $U^{-1}AU$ 为对角矩阵,关键是找出 n 个线性无关的向量 $\alpha_1,\alpha_2,\cdots,\alpha_n$,它们满足(8)式.下一节我们将介绍如何求这些向量.

习 题 5.2

1. 证明:如果 $A\sim B$,则 $kA\sim kB$,$A'\sim B'$.
2. 证明:如果 A 可逆,则 $AB\sim BA$.
3. 证明:如果 $A_1\sim B_1$,$A_2\sim B_2$,则
$$\begin{bmatrix} A_1 & 0 \\ 0 & A_2 \end{bmatrix} \sim \begin{bmatrix} B_1 & 0 \\ 0 & B_2 \end{bmatrix}.$$

4. 证明：如果 A 与 B 可交换，则 $U^{-1}AU$ 与 $U^{-1}BU$ 也可交换.

5. 设 $f(x)=a_0+a_1x+\cdots+a_mx^m$ 是数域 K 上的一元多项式，设 A 是数域 K 上的 n 级矩阵，定义
$$f(A)=a_0I+a_1A+\cdots+a_mA^m.$$
显然 $f(A)$ 仍是数域 K 上的一个 n 级矩阵，称 $f(A)$ 是**矩阵 A 的多项式**. 证明：如果 $A\sim B$，则 $f(A)\sim f(B)$.

6. 证明：如果 A 可对角化，则 $A\sim A'$.

7. 证明：如果数域 K 上的 n 级矩阵 A,B 满足
$$AB-BA=A,$$
则 A 不可逆.

8. 证明：与幂等矩阵相似的矩阵仍是幂等矩阵.

9. 证明：与对合矩阵相似的矩阵仍是对合矩阵.

10. 方阵 A 称为**幂零矩阵**，如果 A 的某个正整数次幂等于零矩阵，使 $A^l=0$ 成立的最小正整数 l 称为 A 的**幂零指数**. 证明：与幂零矩阵相似的矩阵仍是幂零矩阵，并且其幂零指数相同.

§3 矩阵的特征值和特征向量

背景

上一节最后，我们指出，对于一个 n 级矩阵 A，能不能找到一个 n 级可逆矩阵 U，使得 $U^{-1}AU$ 为对角矩阵，关键在于能不能找到 n 个线性无关的向量 $\alpha_1,\alpha_2,\cdots,\alpha_n$ 满足
$$A\alpha_1=\lambda_1\alpha_1,\quad A\alpha_2=\lambda_2\alpha_2,\quad\cdots,\quad A\alpha_n=\lambda_n\alpha_n.$$
在几何中，在物理学、化学、生物学等学科中，都会提出是否有向量 α 满足 $A\alpha=\lambda\alpha$ 的问题. 于是我们抽象出下述概念.

抽象

定义 1 设 A 是数域 K 上的 n 级矩阵，如果 K^n 中有非零列向量 α，使得
$$A\alpha=\lambda_0\alpha,\quad \lambda_0\in K,$$
则称 λ_0 是 A 的一个**特征值**，称 α 是 A 的属于特征值 λ_0 的一个**特征向量**.

例如，设
$$A=\begin{bmatrix}1&1\\1&1\end{bmatrix},\quad \alpha=\begin{bmatrix}1\\1\end{bmatrix}.$$
由于
$$A\alpha=\begin{bmatrix}1&1\\1&1\end{bmatrix}\begin{bmatrix}1\\1\end{bmatrix}=\begin{bmatrix}2\\2\end{bmatrix}=2\begin{bmatrix}1\\1\end{bmatrix}=2\alpha,$$

因此，2 是 A 的一个特征值，α 是 A 的属于特征值 2 的一个特征向量.

如果 α 是 A 的属于特征值 λ_0 的一个特征向量，则
$$A\alpha = \lambda_0 \alpha,$$
从而对于任意的 $k \in K$，有
$$A(k\alpha) = k(A\alpha) = k(\lambda_0 \alpha) = \lambda_0(k\alpha).$$
因此当 $k \neq 0$ 时，$k\alpha$ 也是 A 的属于特征值 λ_0 的特征向量.

设 σ 是平面上绕原点 O 的转角为 $\dfrac{\pi}{3}$ 的旋转，则 σ 可以用下述矩阵 A 表示：
$$A = \begin{bmatrix} \dfrac{1}{2} & -\dfrac{\sqrt{3}}{2} \\ \dfrac{\sqrt{3}}{2} & \dfrac{1}{2} \end{bmatrix}.$$

由于平面上任一非零向量在旋转 σ 下都不会变成它的倍数，因此在 $\mathbf{R}^2$ 中不存在非零列向量 α 满足 $A\alpha = \lambda_0 \alpha$. 从而 A 没有特征值，没有特征向量.

思考

如何判断数域 K 上的 n 级矩阵 A 是否有特征值和特征向量？如果有的话，怎样求 A 的全部特征值和特征向量？

分析

设
$$A = \begin{bmatrix} 1 & 2 \\ -1 & 4 \end{bmatrix}$$
是数域 K 上的矩阵，试问：A 是否有特征值和特征向量？

λ_0 是 A 的一个特征值，α 是 A 的属于 λ_0 的一个特征向量

$\Longleftrightarrow A\alpha = \lambda_0 \alpha,\ \alpha \neq 0,\ \lambda_0 \in K$

$\Longleftrightarrow (\lambda_0 I - A)\alpha = 0,\ \alpha \neq 0,\ \lambda_0 \in K$

$\Longleftrightarrow \alpha$ 是齐次线性方程组 $(\lambda_0 I - A)X = 0$ 的一个非零解，$\lambda_0 \in K$

$\Longleftrightarrow |\lambda_0 I - A| = 0,\ \alpha$ 是 $(\lambda_0 I - A)X = 0$ 的一个非零解，$\lambda_0 \in K$.

由于
$$|\lambda_0 I - A| = \begin{vmatrix} \lambda_0 - 1 & -2 \\ 1 & \lambda_0 - 4 \end{vmatrix} = \lambda_0^2 - 5\lambda_0 + 6,$$
因此
$$|\lambda_0 I - A| = 0 \Longleftrightarrow \lambda_0^2 - 5\lambda_0 + 6 = 0$$
$$\Longleftrightarrow \lambda_0 \text{ 是多项式 } \lambda^2 - 5\lambda + 6 \text{ 的一个根}.$$

我们把多项式 $\lambda^2 - 5\lambda + 6$ 称为矩阵 A 的**特征多项式**. 它怎么计算？从 $\lambda_0^2 - 5\lambda_0 + 6 = |\lambda_0 I - A|$ 受到启发,有

$$|\lambda I - A| = \begin{vmatrix} \lambda - 1 & -2 \\ 1 & \lambda - 4 \end{vmatrix} = \lambda^2 - 5\lambda + 6.$$

因此**矩阵 A 的特征多项式是** $|\lambda I - A|$. 于是从上面的推导过程得出：

λ_0 是 A 的一个特征值, α 是 A 的属于 λ_0 的一个特征向量

$\iff \lambda_0$ 是 A 的特征多项式 $|\lambda I - A|$ 在 K 中的一个根,

α 是齐次线性方程组 $(\lambda_0 I - A)X = 0$ 的一个非零解.

上述推导过程对于任意 n 级矩阵也适用. 因此我们有

定理 1 设 A 是数域 K 上的 n 级矩阵,则

(1) λ_0 是 A 的一个特征值当且仅当 λ_0 是 A 的特征多项式 $|\lambda I - A|$ 在 K 中的一个根；

(2) α 是 A 的属于特征值 λ_0 的一个特征向量当且仅当 α 是齐次线性方程组 $(\lambda_0 I - A)X = 0$ 的一个非零解. ∎

n 级矩阵 $A = (a_{ij})$ 的特征多项式 $|\lambda I - A|$ 写出来就是

$$|\lambda I - A| = \begin{vmatrix} \lambda - a_{11} & -a_{12} & \cdots & -a_{1n} \\ -a_{21} & \lambda - a_{22} & \cdots & -a_{2n} \\ \vdots & \vdots & & \vdots \\ -a_{n1} & -a_{n2} & \cdots & \lambda - a_{nn} \end{vmatrix}, \tag{1}$$

于是利用 (1) 式可判断数域 K 上 n 级矩阵 A 有没有特征值和特征向量？如果有的话,求 A 的全部特征值和特征向量的方法如下：

第一步,计算 A 的特征多项式 $|\lambda I - A|$.

第二步,判别多项式 $|\lambda I - A|$ 在数域 K 中有没有根. 如果它在 K 中没有根,则 A 没有特征值,从而 A 也没有特征向量；如果 $|\lambda I - A|$ 在 K 中有根,则它在 K 中的全部根就是 A 的全部特征值,此时接着做第三步.

第三步,对于 A 的每一个特征值 λ_j,求齐次线性方程组 $(\lambda_j I - A)X = 0$ 的一个基础解系：$\eta_1, \eta_2, \cdots, \eta_t$. 于是 A 的属于 λ_j 的全部特征向量组成的集合是

$$\{k_1\eta_1 + k_2\eta_2 + \cdots + k_t\eta_t \mid k_1, k_2, \cdots, k_t \in K,\text{且它们不全为 } 0\}.$$

设 λ_j 是 A 的一个特征值,我们把齐次线性方程组 $(\lambda_j I - A)X = 0$ 的解空间称为 A 的属于 λ_j 的**特征子空间**. 它的全部非零向量就是 A 的属于 λ_j 的全部特征向量. **注意**：零向量不是特征向量.

示范

例 1 设

$$A = \begin{bmatrix} 1 & 2 \\ -1 & 4 \end{bmatrix}$$

是数域 K 上的矩阵. 求 A 的全部特征值和特征向量.

解 $|\lambda I - A| = \begin{vmatrix} \lambda-1 & -2 \\ 1 & \lambda-4 \end{vmatrix} = \lambda^2 - 5\lambda + 6 = (\lambda-2)(\lambda-3)$,

因此 A 的全部特征值是 $2,3$.

对于特征值 2,解齐次线性方程组 $(2I-A)X=0$:
$$\begin{bmatrix} 1 & -2 \\ 1 & -2 \end{bmatrix} \rightarrow \begin{bmatrix} 1 & -2 \\ 0 & 0 \end{bmatrix}.$$

它的一般解是
$$x_1 = 2x_2, \quad \text{其中 } x_2 \text{ 是自由未知量}.$$

从而它的一个基础解系是
$$\alpha_1 = \begin{bmatrix} 2 \\ 1 \end{bmatrix},$$

因此,A 的属于 2 的全部特征向量是
$$\{k_1 \alpha_1 \mid k_1 \in K \text{ 且 } k_1 \neq 0\}.$$

类似地,对于特征值 3,求出 $(3I-A)X=0$ 的一个基础解为
$$\alpha_2 = \begin{bmatrix} 1 \\ 1 \end{bmatrix}.$$

因此,A 的属于 3 的全部特征向量是
$$\{k_2 \alpha_2 \mid k_2 \in K \text{ 且 } k_2 \neq 0\}.$$

例 2 设
$$A = \begin{bmatrix} 2 & -2 & 2 \\ -2 & -1 & 4 \\ 2 & 4 & -1 \end{bmatrix}$$

是数域 K 上的矩阵,求 A 的全部特征值和特征向量.

解 矩阵 A 的特征多项式是
$$|\lambda I - A| = \begin{vmatrix} \lambda-2 & 2 & -2 \\ 2 & \lambda+1 & -4 \\ -2 & -4 & \lambda+1 \end{vmatrix} = \begin{vmatrix} \lambda-2 & 2 & -2 \\ 2 & \lambda+1 & -4 \\ 0 & \lambda-3 & \lambda-3 \end{vmatrix}$$
$$= \begin{vmatrix} \lambda-2 & 4 & -2 \\ 2 & \lambda+5 & -4 \\ 0 & 0 & \lambda-3 \end{vmatrix} = (\lambda-3) \begin{vmatrix} \lambda-2 & 4 \\ 2 & \lambda+5 \end{vmatrix}$$
$$= (\lambda-3)(\lambda^2 + 3\lambda - 18) = (\lambda-3)^2 (\lambda+6),$$

因此 A 的全部特征值是 3(二重),-6.

对于特征值 3,解齐次线性方程组 $(3I-A)X=0$:

$$\begin{bmatrix} 1 & 2 & -2 \\ 2 & 4 & -4 \\ -2 & -4 & 4 \end{bmatrix} \to \begin{bmatrix} 1 & 2 & -2 \\ 0 & 0 & 0 \\ 0 & 0 & 0 \end{bmatrix}.$$

它的一般解是
$$x_1 = -2x_2 + 2x_3, \quad x_2, x_3 \text{ 是自由未知量}.$$

从而它的一个基础解系是
$$\alpha_1 = \begin{bmatrix} -2 \\ 1 \\ 0 \end{bmatrix}, \quad \alpha_2 = \begin{bmatrix} 2 \\ 0 \\ 1 \end{bmatrix},$$

因此 A 的属于 3 的全部特征向量是
$$\{k_1\alpha_1 + k_2\alpha_2 \mid k_1, k_2 \in K, \text{且 } k_1, k_2 \text{ 不全为 0}\}.$$

对于特征值 -6，求出齐次线性方程组 $(-6I - A)X = 0$ 的一个基础解系为
$$\alpha_3 = \begin{bmatrix} 1 \\ 2 \\ -2 \end{bmatrix}.$$

因此 A 的属于 -6 的全部特征向量是
$$\{k_3\alpha_3 \mid k_3 \in K \text{ 且 } k_3 \neq 0\}.$$

例 3 设
$$A = \begin{bmatrix} 1 & -1 \\ 1 & 1 \end{bmatrix},$$

如果把 A 看成实数域 **R** 上的矩阵，A 有没有特征值？如果把 A 看成复数域 **C** 上的矩阵，求 A 的全部特征值和特征向量．

解 $|\lambda I - A| = \begin{vmatrix} \lambda - 1 & 1 \\ -1 & \lambda - 1 \end{vmatrix} = \lambda^2 - 2\lambda + 2.$

由于判别式 $\Delta = (-2)^2 - 4 \cdot 1 \cdot 2 = -4 < 0$，因此 $\lambda^2 - 2\lambda + 2$ 没有实根，从而实数域上的矩阵 A 没有特征值．

$\lambda^2 - 2\lambda + 2$ 的两个虚根是 $1+i, 1-i$．这就是复数域上矩阵 A 的全部特征值．

对于特征值 $1+i$，求出齐次线性方程组 $[(1+i)I - A]X = 0$ 的一个基础解系为
$$\alpha_1 = \begin{bmatrix} i \\ 1 \end{bmatrix},$$

因此 A 的属于 $1+i$ 的全部特征向量是
$$\{k_1\alpha_1 \mid k_1 \in \mathbf{C}, \text{且 } k_1 \neq 0\};$$

A 的属于 $1-i$ 的全部特征向量是
$$\{k_2\alpha_2 \mid k_2 \in \mathbf{C}, \text{且 } k_2 \neq 0\},$$

其中
$$\alpha_2 = \begin{bmatrix} -\mathrm{i} \\ 1 \end{bmatrix}.$$

观察

例 1 中 A 是 2 级矩阵,它的特征多项式 $\lambda^2 - 5\lambda + 6$ 是 2 次多项式,且 2 次项的系数为 1. 再看常数项为 6,注意
$$|A| = \begin{vmatrix} 1 & 2 \\ -1 & 4 \end{vmatrix} = 6,$$
于是 A 的特征多项式的常数项等于 $|A|$. 1 次项系数 $-5 = -\operatorname{tr}(A)$.

从上述例子受到启发,猜想:n 级矩阵 A 的特征多项式 $|\lambda I - A|$ 是 λ 的 n 次多项式,且 λ^n 的系数为 1,λ^{n-1} 的系数为 $-\operatorname{tr}(A)$,常数项等于 $(-1)^n |A|$.

论证

命题 2 设 A 是数域 K 上的 n 级矩阵,则 A 的特征多项式 $|\lambda I - A|$ 是 λ 的 n 次多项式,且 λ^n 的系数为 1,λ^{n-1} 的系数等于 $-\operatorname{tr}(A)$,常数项等于 $(-1)^n |A|$.

证明 由行列式的定义知道,$|\lambda I - A|$ (参看(1)式) 有如下一项:
$$(\lambda - a_{11})(\lambda - a_{22})\cdots(\lambda - a_{nn}) = \lambda^n - (a_{11} + a_{22} + \cdots + a_{nn})\lambda^{n-1}$$
$$+ \cdots + (-1)^n a_{11} a_{22} \cdots a_{nn}. \quad (2)$$

现在考虑 $|\lambda I - A|$ 中与项(2)不同的任意一项,这样的项至少包含一个因子 $(-a_{ij})$,从而此项不能包含 $(\lambda - a_{ii})$(因为它与 $(-a_{ij})$ 位于同一行),也不能包含 $(\lambda - a_{jj})$(因为它与 $(-a_{ij})$ 位于同一列),因此该项不含 λ^n,也不含 λ^{n-1}. 于是 $|\lambda I - A|$ 的 λ^n 的系数是 1,λ^{n-1} 的系数是
$$-(a_{11} + a_{22} + \cdots + a_{nn}) = -\operatorname{tr}(A).$$

从而
$$|\lambda I - A| = \lambda^n - \operatorname{tr}(A)\lambda^{n-1} + \cdots + c_1 \lambda + c_0. \quad (3)$$

在(3)式两边用 $\lambda = 0$ 代入,得
$$c_0 = |0I - A| = |-A| = (-1)^n |A|. \quad \blacksquare$$

评注

我们从研究 n 级矩阵能不能相似于对角矩阵的问题,引出了矩阵的特征值和特征向量的概念. 现在我们来看相似的矩阵其特征值有什么关系.

5° 相似的矩阵有相同的特征多项式.

证明 设 $A \sim B$,则有可逆矩阵 U,使得 $U^{-1}AU = B$. 于是
$$|\lambda I - B| = |\lambda I - U^{-1}AU| = |U^{-1}(\lambda I)U - U^{-1}AU|$$
$$= |U^{-1}(\lambda I - A)U| = |U^{-1}||\lambda I - A||U|$$
$$= |\lambda I - A|. \quad \blacksquare$$

从性质 5° 立即得出,

6° 相似的矩阵有相同的特征值(包括重数相同). ∎

注意：特征多项式相同的两个矩阵不一定相似,例如

$$A = \begin{bmatrix} 1 & 1 \\ 0 & 1 \end{bmatrix}, \quad I = \begin{bmatrix} 1 & 0 \\ 0 & 1 \end{bmatrix},$$

A 与 I 的特征多项式都是 $(\lambda-1)^2$,但是 A 与 I 不相似.

习 题 5.3

1. 求数域 K 上的矩阵 A 的全部特征值和特征向量：

(1) $A = \begin{bmatrix} 2 & 2 & -2 \\ 2 & 5 & -4 \\ -2 & -4 & 5 \end{bmatrix}$;
(2) $A = \begin{bmatrix} 2 & 3 & 2 \\ 1 & 8 & 2 \\ -2 & -14 & -3 \end{bmatrix}$;

(3) $A = \begin{bmatrix} 6 & 2 & 4 \\ 2 & 3 & 2 \\ 4 & 2 & 6 \end{bmatrix}$;
(4) $A = \begin{bmatrix} 2 & -1 & 2 \\ 5 & -3 & 3 \\ -1 & 0 & -2 \end{bmatrix}$;

(5) $A = \begin{bmatrix} 0 & \frac{1}{2} & \frac{1}{2} \\ 1 & -\frac{1}{2} & \frac{1}{2} \\ 1 & -\frac{1}{2} & \frac{1}{2} \end{bmatrix}$.

2. 求复数域上的矩阵 A 的全部特征值和特征向量；如果把 A 看成实数域上的矩阵,它有没有特征值？有多少个特征值？

(1) $A = \begin{bmatrix} 1 & -\sqrt{3} \\ \sqrt{3} & 1 \end{bmatrix}$;
(2) $A = \begin{bmatrix} 3 & 7 & -3 \\ -2 & -5 & 2 \\ -4 & -10 & 3 \end{bmatrix}$.

3. 设 A 是实数域上的 n 级矩阵,把 A 看成复数域上的矩阵,如果 λ_0 是 A 的一个特征值,α 是 A 的属于 λ_0 的一个特征向量,则 $\overline{\lambda_0}$ 也是 A 的一个特征值,$\overline{\alpha}$ 是 A 的属于 $\overline{\lambda_0}$ 的一个特征向量,其中 $\overline{\alpha}$ 表示把 α 的每个分量取复数共轭得到的向量.

4. 证明：数域 K 上的 n 级幂零矩阵的特征值都是 0.

*5. 证明：数域 K 上的 n 级幂等矩阵一定有特征值,并且它的特征值是 1 或 0.

*6. 方阵 A 如果满足 $A^m = I$ (m 是某个正整数),则称 A 是**周期矩阵**；使 $A^m = I$ 成立的最小正整数 m 称为 A 的**周期**.证明：复数域上周期为 m 的周期矩阵的特征值都是 m 次单位根.(注：如果一个复数 z 满足 $z^m = 1$,则称 z 是一个 m 次单位根.)

7. 证明：方阵 A 与 A' 有相同的特征多项式,从而它们有相同的特征值.

8. 设 A 是数域 K 上一个可逆矩阵,证明：

(1) 如果 A 有特征值,则 A 的特征值不等于 0;

(2) 如果 λ_0 是 A 的一个特征值，则 λ_0^{-1} 是 A^{-1} 的一个特征值.

9. 证明：方阵 A 的行列式等于零当且仅当 A 有特征值 0.

*10. 设 A 是一个 n 级正交矩阵，证明：

(1) 如果 A 有特征值，则 A 的特征值是 1 或 -1；

(2) 如果 n 是奇数，且 $|A|=1$，则 1 是 A 的一个特征值；

(3) 如果 $|A|=-1$，则 -1 是 A 的一个特征值.

11. 设 λ_0 是数域 K 上 n 级矩阵 A 的一个特征值，证明：

(1) 对任意 $k \in K$，有 $k\lambda_0$ 是矩阵 kA 的一个特征值；

(2) 对任意正整数 m，有 λ_0^m 是矩阵 A^m 的一个特征值；

(3) 对于系数属于 K 的一元多项式 $f(x)=a_0+a_1x+\cdots+a_mx^m$，有 $f(\lambda_0)$ 是矩阵 $f(A)=a_0I+a_1A+\cdots+a_mA^m$ 的一个特征值.

*12. 设 A,B 分别是数域 K 上 $s\times n, n\times s$ 矩阵，证明：AB 与 BA 有相同的非零特征值.

§4 矩阵可对角化的条件

回顾

本章 §2 的定理 1 给出了数域 K 上 n 级矩阵 A 能够相似于对角矩阵的充分必要条件是：K^n 中有 n 个线性无关的列向量 $\alpha_1,\alpha_2,\cdots,\alpha_n$，以及 K 中有 n 个数 $\lambda_1,\lambda_2,\cdots,\lambda_n$，使得
$$A\alpha_1 = \lambda_1\alpha_1, \quad A\alpha_2 = \lambda_2\alpha_2, \quad \cdots, \quad A\alpha_n = \lambda_n\alpha,$$
这时，令 $U=(\alpha_1,\alpha_2,\cdots,\alpha_n)$，则
$$U^{-1}AU = \mathrm{diag}\{\lambda_1,\lambda_2,\cdots,\lambda_n\}.$$
现在用特征值和特征向量的术语可以把这个结论写成

定理 1 数域 K 上 n 级矩阵 A 可对角化的充分必要条件是 A 有 n 个线性无关的特征向量 $\alpha_1,\alpha_2,\cdots,\alpha_n$. 此时令
$$U = (\alpha_1,\alpha_2,\cdots,\alpha_n),$$
则
$$U^{-1}AU = \mathrm{diag}\{\lambda_1,\lambda_2,\cdots,\lambda_n\},$$
其中 λ_i 是 α_i 所属的特征值，$i=1,2,\cdots,n$. 此时称上述对角矩阵为 A 的**相似标准形**. 除了主对角线上元素的排列次序外，A 的相似标准形是被 A 惟一决定的. ▌

思考

如何判断数域 K 上 n 级矩阵 A 有没有 n 个线性无关的特征向量？

分析

首先求出 n 级矩阵 A 的全部特征值，设 A 的所有不同的特征值是 $\lambda_1,\lambda_2,\cdots,\lambda_m$. 然后对于每个特征值 λ_j，求出齐次线性方程组 $(\lambda_jI-A)X=0$ 的一个基础解系：$\alpha_{j1},\alpha_{j2},\cdots,\alpha_{jr_j}$，它们

是 A 的线性无关的特征向量. 自然会想: 把这 m 组向量合在一起是否仍线性无关? 我们来探讨这个问题.

定理 2 设 λ_1, λ_2 是数域 K 上 n 级矩阵 A 的不同的特征值, $\alpha_1, \alpha_2, \cdots, \alpha_s$ 与 $\beta_1, \beta_2, \cdots, \beta_r$ 分别是 A 的属于 λ_1, λ_2 的线性无关的特征向量, 则 $\alpha_1, \cdots, \alpha_s, \beta_1, \cdots, \beta_r$ 线性无关.

证明 设
$$k_1 \alpha_1 + k_2 \alpha_2 + \cdots + k_s \alpha_s + l_1 \beta_1 + \cdots + l_r \beta_r = 0. \tag{1}$$
(1)式两边左乘 A, 得
$$k_1 A\alpha_1 + k_2 A\alpha_2 + \cdots + k_s A\alpha_s + l_1 A\beta_1 + l_2 A\beta_2 + \cdots + l_r A\beta_r = 0,$$
从而有
$$k_1 \lambda_1 \alpha_1 + k_2 \lambda_1 \alpha_2 + \cdots + k_s \lambda_1 \alpha_s + l_1 \lambda_2 \beta_1 + l_2 \lambda_2 \beta_2 + \cdots + l_r \lambda_2 \beta_r = 0. \tag{2}$$
由于 $\lambda_1 \ne \lambda_2$, 因此 λ_1, λ_2 不全为 0. 不妨设 $\lambda_2 \ne 0$. 在(1)式两边乘以 λ_2, 得
$$k_1 \lambda_2 \alpha_1 + k_2 \lambda_2 \alpha_2 + \cdots + k_s \lambda_2 \alpha_s + l_1 \lambda_2 \beta_1 + l_2 \lambda_2 \beta_2 + \cdots + l_r \lambda_2 \beta_r = 0. \tag{3}$$
(2)式减去(3)式, 得
$$k_1 (\lambda_1 - \lambda_2) \alpha_1 + k_2 (\lambda_1 - \lambda_2) \alpha_2 + \cdots + k_s (\lambda_1 - \lambda_2) \alpha_s = 0.$$
由于 $\lambda_1 \ne \lambda_2$, 因此从上式得
$$k_1 \alpha_1 + k_2 \alpha_2 + \cdots + k_s \alpha_s = 0. \tag{4}$$
由于 $\alpha_1, \alpha_2, \cdots, \alpha_s$ 线性无关, 因此从(4)式得 $k_1 = k_2 = \cdots = k_s = 0$. 把它们代入(1)式, 得
$$l_1 \beta_1 + l_2 \beta_2 + \cdots + l_s \beta_s = 0. \tag{5}$$
由于 $\beta_1, \beta_2, \cdots, \beta_r$ 线性无关, 因此从(5)式得 $l_1 = l_2 = \cdots = l_r = 0$. 从而 $\alpha_1, \alpha_2, \cdots, \alpha_s, \beta_1, \beta_2, \cdots, \beta_r$ 线性无关. ∎

对于 A 的不同的特征值的个数作数学归纳法, 可得到

定理 3 设 $\lambda_1, \lambda_2, \cdots, \lambda_m$ 是数域 K 上 n 级矩阵 A 的不同的特征值, $\alpha_{j1}, \cdots, \alpha_{jr_j}$ 是 A 的属于 λ_j 的线性无关的特征向量, $j = 1, 2, \cdots, m$, 则向量组
$$\alpha_{11}, \cdots, \alpha_{1r_1}, \cdots, \alpha_{m1}, \cdots, \alpha_{mr_m}$$
是线性无关的. ∎

推论 4 n 级矩阵 A 的属于不同特征值的特征向量是线性无关的. ∎

从定理 3 得出, 设 $\lambda_1, \lambda_2, \cdots, \lambda_m$ 是数域 K 上 n 级矩阵 A 的所有不同的特征值, $\alpha_{j1}, \cdots, \alpha_{jr_j}$ 是齐次线性方程组 $(\lambda_j I - A)X = 0$ 的一个基础解系, $j = 1, 2, \cdots, m$, 则 A 的特征向量组
$$\alpha_{11}, \cdots, \alpha_{1r_1}, \cdots, \alpha_{m1}, \cdots, \alpha_{mr_m} \tag{6}$$
一定线性无关. 如果 $r_1 + r_2 + \cdots + r_m = n$, 则 A 有 n 个线性无关的特征向量, 从而 A 可对角化. 如果 $r_1 + r_2 + \cdots + r_m < n$, 则 A 没有 n 个线性无关的特征向量, 从而 A 不可以对角化.

从上面的议论得到

定理 5 数域 K 上 n 级矩阵 A 可对角化的充分必要条件是: A 的属于不同特征值的特征子空间的维数之和等于 n. ∎

从定理 5 立即得到

推论 6　数域 K 上 n 级矩阵 A 如果有 n 个不同的特征值,则 A 可对角化. ∎

示范

本章 §3 的例 1 中,2 级矩阵 A 有两个不同的特征值,因此 A 可对角化.

§3 的例 2 中,3 级矩阵 A 有 3 个线性无关的特征向量: $\alpha_1, \alpha_2, \alpha_3$,因此 A 可对角化. 令

$$U = \begin{bmatrix} -2 & 2 & 1 \\ 1 & 0 & 2 \\ 0 & 1 & -2 \end{bmatrix}, \text{则 } U^{-1}AU = \begin{bmatrix} 3 & 0 & 0 \\ 0 & 3 & 0 \\ 0 & 0 & -6 \end{bmatrix}.$$

§3 的例 3 中,2 级矩阵 A 看成实数域上的矩阵,它没有特征值,从而它没有特征向量,因此它不能对角化. A 看成复数域上矩阵,它有两个不同的特征值,因此它可对角化.

习　题　5.4

1. 习题 5.3 的第 1,2 题中,哪些矩阵可对角化?哪些矩阵不能对角化?对于可对角化的矩阵 A,求可逆矩阵 U,使得 $U^{-1}AU$ 为对角矩阵,并且写出这个对角矩阵.

2. 设

$$A = \begin{bmatrix} a_{11} & a_{12} & a_{13} & a_{14} \\ 0 & a_{22} & a_{23} & a_{24} \\ 0 & 0 & a_{33} & a_{34} \\ 0 & 0 & 0 & a_{44} \end{bmatrix},$$

其中 $a_{11}, a_{22}, a_{33}, a_{44}$ 两两不同,判断 A 是否可对角化.

3. 设

$$A = \begin{bmatrix} 1 & 2 \\ -1 & 4 \end{bmatrix},$$

求 A^m (m 是任一正整数).

4. 证明:如果 α 与 β 是数域 K 上 n 级矩阵 A 的属于不同特征值的特征向量,则 $\alpha + \beta$ 不是 A 的特征向量.

5. 设 A 是数域 K 上的 n 级矩阵. 证明:如果 K^n 中任意非零列向量都是 A 的特征向量,则 A 一定是数量矩阵.

6. 证明:不为零矩阵的幂零矩阵不能对角化.

§5　实对称矩阵的对角化

背景

设二次曲面 S 在直角坐标系 I 中的方程为

$$x^2 + 4y^2 + z^2 - 4xy - 8xz - 4yz - 1 = 0. \tag{1}$$

这是什么样的二次曲面呢？

解决这个问题的思路是：作直角坐标变换，使得在直角坐标系 Ⅱ 中，S 的方程不含交叉项，只含平方项，那么就可看出 S 是什么二次曲面。设直角坐标变换公式为

$$\begin{bmatrix} x \\ y \\ z \end{bmatrix} = T \begin{bmatrix} x^* \\ y^* \\ z^* \end{bmatrix}, \tag{2}$$

其中 T 一定是正交矩阵（理由可看丘维声编《解析几何（第二版）》第 143 页的定理 4.7）．(1) 式左端的二次项部分可以写成

$$x^2 + 4y^2 + z^2 - 4xy - 8xz - 4yz = (x, y, z) \begin{bmatrix} 1 & -2 & -4 \\ -2 & 4 & -2 \\ -4 & -2 & 1 \end{bmatrix} \begin{bmatrix} x \\ y \\ z \end{bmatrix}. \tag{3}$$

把(3)式右端的 3 级矩阵记作 A．用公式(2)代入(3)式，得

$$(x^*, y^*, z^*) T' A T \begin{bmatrix} x^* \\ y^* \\ z^* \end{bmatrix}. \tag{4}$$

为了使(4)式中不出现交叉项（即 $x^* y^*$ 项，$x^* z^*$ 项，$y^* z^*$ 项），只要使矩阵 $T'AT$ 为对角矩阵．由于 $T' = T^{-1}$，因此也就是要使 $T^{-1}AT$ 为对角矩阵．这就希望 A 能对角化，并且要找一个正交矩阵 T，使 A 对角化．注意 A 是实数域上的对称矩阵，于是提出了一个问题：对于实数域上的对称矩阵 A，能不能找到正交矩阵 T，使 $T^{-1}AT$ 为对角矩阵？本节就来研究这个问题．

探索

实数域上的矩阵简称为**实矩阵**，实数域上的对称矩阵简称为**实对称矩阵**．

如果对于 n 级实矩阵 A, B，存在一个 n 级正交矩阵 T，使得 $T^{-1}AT = B$，则称 A **正交相似**于 B．

二次曲面方程的化简提出了这样一个问题：实对称矩阵 A 能不能正交相似于对角矩阵．如果能够，那么由于对角矩阵的主对角元都是 A 的特征值，因此 A 的特征多项式在复数域中的根全是实数．这是真的吗？

定理 1 实对称矩阵的特征多项式在复数域中的每一个根都是实数．

证明 设 A 是 n 级实对称矩阵．设 λ_0 是 A 的特征多项式 $|\lambda I - A|$ 在复数域中的任意一个根，于是 $|\lambda_0 I - A| = 0$．从而齐次线性方程组 $(\lambda_0 I - A)X = 0$ 有非零解．取它的一个非零解

$$\alpha = \begin{bmatrix} c_1 \\ c_2 \\ \vdots \\ c_n \end{bmatrix},$$

则 $(\lambda_0 I - A)\alpha = 0$, 从而
$$A\alpha = \lambda_0\alpha. \tag{5}$$
想证 $\bar{\lambda}_0 = \lambda_0$, 于是在(5)式两边取复数共轭, 得
$$\overline{A}\,\bar{\alpha} = \bar{\lambda}_0\bar{\alpha}. \tag{6}$$
由于 A 是实矩阵, 因此 $\overline{A} = A$. 从而(6)式也就是
$$A\bar{\alpha} = \bar{\lambda}_0\bar{\alpha}. \tag{7}$$
(7)式两边左乘 α', 得
$$\alpha' A\bar{\alpha} = \bar{\lambda}_0\alpha'\bar{\alpha}. \tag{8}$$
由于 A 是对称矩阵, 因此 $A' = A$. 在(5)式两边取转置, 然后用 $\bar{\alpha}$ 右乘, 得
$$\alpha' A\bar{\alpha} = \lambda_0\alpha'\bar{\alpha}. \tag{9}$$
比较(8),(9)两式, 得
$$\bar{\lambda}_0\alpha'\bar{\alpha} = \lambda_0\alpha'\bar{\alpha},$$
即
$$(\bar{\lambda}_0 - \lambda_0)\alpha'\bar{\alpha} = 0. \tag{10}$$
由于 $\alpha \neq 0$, 因此
$$\alpha'\bar{\alpha} = c_1\bar{c}_1 + c_2\bar{c}_2 + \cdots + c_n\bar{c}_n = |c_1|^2 + |c_2|^2 + \cdots + |c_n|^2 \neq 0,$$
于是从(10)式得 $\bar{\lambda}_0 - \lambda_0 = 0$, 即 $\bar{\lambda}_0 = \lambda_0$, 因此 λ_0 是实数. ∎

从定理 1 得出, 实对称矩阵的特征多项式在复数域中的每一个根都是这个矩阵的特征值.

定理 2 实对称矩阵 A 的属于不同特征值的特征向量是正交的.

证明 设 λ_1 与 λ_2 是 A 的不同特征值, α_i 是 A 的属于 λ_i 的特征向量, $i=1,2$. 由于
$$\lambda_1(\alpha_1,\alpha_2) = (\lambda_1\alpha_1,\alpha_2) = (A\alpha_1,\alpha_2) = (A\alpha_1)'\alpha_2 = \alpha_1'A'\alpha_2 = \alpha_1'A\alpha_2,$$
$$\lambda_2(\alpha_1,\alpha_2) = (\alpha_1,\lambda_2\alpha_2) = (\alpha_1,A\alpha_2) = \alpha_1'A\alpha_2,$$
因此 $\lambda_1(\alpha_1,\alpha_2) = \lambda_2(\alpha_1,\alpha_2)$, 于是 $(\lambda_1-\lambda_2)(\alpha_1,\alpha_2)=0$. 由于 $\lambda_1 \neq \lambda_2$, 因此 $(\alpha_1,\alpha_2)=0$, 即 α_1 与 α_2 正交. ∎

定理 3 实对称矩阵一定正交相似于对角矩阵.

证明 对于实对称矩阵的级数 n 作数学归纳法.

当 $n=1$ 时, (a) 已经是对角矩阵, 且 $I_1^{-1}(a)I_1 = (a)$.

假设任意一个 $n-1$ 级实对称矩阵都能正交相似于对角矩阵. 现在来看 n 级实对称矩阵 A.

取 A 的一个特征值 λ_1(这由定理 1 保证可取到), 取 A 的属于 λ_1 的一个特征向量 η_1, 且 $|\eta_1|=1$. η_1 可扩充成 $\mathbf{R}^n$ 的一个基(见第三章§8 指出的一个结论), 然后经过施密特正交化和单位化, 可得到 $\mathbf{R}^n$ 的一个标准正交基: $\eta_1, \eta_2, \cdots, \eta_n$. 令
$$T_1 = (\eta_1, \eta_2, \cdots, \eta_n),$$
则 T_1 是 n 级正交矩阵. 我们有

$$T_1^{-1}AT_1 = T_1^{-1}(A\eta_1, A\eta_2, \cdots, A\eta_n) = (T_1^{-1}\lambda_1\eta_1, T_1^{-1}A\eta_2, \cdots, T_1^{-1}A\eta_n).$$

因为 $T_1^{-1}T_1 = I$，所以
$$T_1^{-1}(\eta_1, \eta_2, \cdots, \eta_n) = (\varepsilon_1, \varepsilon_2, \cdots, \varepsilon_n).$$

于是得，$T_1^{-1}\eta_1 = \varepsilon_1$. 从而 $T_1^{-1}AT_1$ 的第 1 列是 $\lambda_1\varepsilon_1$. 因此可以设
$$T_1^{-1}AT_1 = \begin{bmatrix} \lambda_1 & \alpha \\ 0 & B \end{bmatrix}.$$

由于 T_1 是正交矩阵，A 是实对称矩阵，因此 $T_1^{-1}AT_1$ 也是实对称矩阵. 从而得 $\alpha = 0$，且 B 是 $n-1$ 级实对称矩阵. 据归纳假设，有 $n-1$ 级正交矩阵 T_2，使得
$$T_2^{-1}BT_2 = \mathrm{diag}\{\lambda_2, \cdots, \lambda_n\}.$$

令
$$T = T_1 \begin{bmatrix} 1 & 0 \\ 0 & T_2 \end{bmatrix}.$$

由于上式右端的两个矩阵都是 n 级正交矩阵，因此 T 是 n 级正交矩阵，并且有
$$\begin{aligned} T^{-1}AT &= \begin{bmatrix} 1 & 0 \\ 0 & T_2 \end{bmatrix}^{-1} T_1^{-1}AT_1 \begin{bmatrix} 1 & 0 \\ 0 & T_2 \end{bmatrix} \\ &= \begin{bmatrix} 1 & 0 \\ 0 & T_2^{-1} \end{bmatrix} \begin{bmatrix} \lambda_1 & 0 \\ 0 & B \end{bmatrix} \begin{bmatrix} 1 & 0 \\ 0 & T_2 \end{bmatrix} = \begin{bmatrix} \lambda_1 & 0 \\ 0 & T_2^{-1}BT_2 \end{bmatrix} \\ &= \mathrm{diag}\{\lambda_1, \lambda_2, \cdots, \lambda_n\}. \end{aligned}$$

据数学归纳法原理，对任意正整数 n，任一 n 级实对称矩阵都正交相似于对角矩阵. ∎

定理 3 告诉我们，对于 n 级实对称矩阵 A，一定能找到一个正交矩阵 T，使得 $T^{-1}AT$ 为对角矩阵. 具体做法如下：

第一步，求 A 的特征多项式 $|\lambda I - A|$，它在复数域中的全部不同的根 $\lambda_1, \lambda_2, \cdots, \lambda_m$ 都是实数，从而它们都是 A 的特征值.

第二步，对于每一个特征值 λ_j，求出齐次线性方程组 $(\lambda_j I - A)X = 0$ 的一个基础解系 $\alpha_{j1}, \cdots, \alpha_{jr_j}$. 然后把 $\alpha_{j1}, \cdots, \alpha_{jr_j}$ 进行施密特正交化和单位化，得 $\eta_{j1}, \cdots, \eta_{jr_j}$. 它们与 $\alpha_{j1}, \cdots, \alpha_{jr_j}$ 等价，因此它们也是 A 的属于 λ_j 的特征向量，并且它们是正交单位向量组.

第三步，令
$$T = (\eta_{11}, \cdots, \eta_{1r_1}, \cdots, \eta_{m1}, \cdots, \eta_{mr_m}).$$

由于 A 可对角化，因此
$$r_1 + \cdots + r_m = n,$$

从而 T 是 n 级矩阵.

据定理 2 得，T 的列向量组是正交单位向量组，从而 T 是 n 级正交矩阵. 由于 T 的列向量都是 A 的特征向量，因此
$$T^{-1}AT = \mathrm{diag}\{\underbrace{\lambda_1, \cdots, \lambda_1}_{r_1}, \cdots, \underbrace{\lambda_m, \cdots, \lambda_m}_{r_m}\}.$$

示范

例1 设实数域上的 3 级对称矩阵

$$A = \begin{bmatrix} 1 & -2 & -4 \\ -2 & 4 & -2 \\ -4 & -2 & 1 \end{bmatrix},$$

求正交矩阵 T，使得 $T^{-1}AT$ 为对角矩阵.

解 矩阵 A 的特征多项式是

$$|\lambda I - A| = \begin{vmatrix} \lambda-1 & 2 & 4 \\ 2 & \lambda-4 & 2 \\ 4 & 2 & \lambda-1 \end{vmatrix} = \begin{vmatrix} \lambda-1 & 2 & 4 \\ 2 & \lambda-4 & 2 \\ 0 & -2\lambda+10 & \lambda-5 \end{vmatrix}$$

$$= \begin{vmatrix} \lambda-1 & 10 & 4 \\ 2 & \lambda & 2 \\ 0 & 0 & \lambda-5 \end{vmatrix} = (\lambda-5) \begin{vmatrix} \lambda-1 & 10 \\ 2 & \lambda \end{vmatrix}$$

$$= (\lambda-5)(\lambda^2 - \lambda - 20) = (\lambda-5)^2(\lambda+4),$$

因此 A 的全部特征值是 5(二重)，-4.

对于特征值 5，求出齐次线性方程组 $(5I-A)X=0$ 的一个基础解系：

$$\alpha_1 = \begin{bmatrix} 1 \\ -2 \\ 0 \end{bmatrix}, \quad \alpha_2 = \begin{bmatrix} 1 \\ 0 \\ -1 \end{bmatrix}.$$

令 $\beta_1 = \alpha_1,$

$$\beta_2 = \alpha_2 - \frac{(\alpha_2, \beta_1)}{(\beta_1, \beta_1)} \beta_1 = \begin{bmatrix} 1 \\ 0 \\ -1 \end{bmatrix} - \frac{1}{5} \begin{bmatrix} 1 \\ -2 \\ 0 \end{bmatrix} = \begin{bmatrix} \frac{4}{5} \\ \frac{2}{5} \\ -1 \end{bmatrix}.$$

令

$$\eta_1 = \frac{1}{|\beta_1|}\beta_1 = \begin{bmatrix} \frac{1}{5}\sqrt{5} \\ -\frac{2}{5}\sqrt{5} \\ 0 \end{bmatrix}, \quad \eta_2 = \frac{1}{|\beta_2|}\beta_2 = \begin{bmatrix} \frac{4}{15}\sqrt{5} \\ \frac{2}{15}\sqrt{5} \\ -\frac{1}{3}\sqrt{5} \end{bmatrix}.$$

对于特征值 -4，求出齐次线性方程组 $(-4I-A)X=0$ 的一个基础解系：

$$\alpha_3 = \begin{bmatrix} 2 \\ 1 \\ 2 \end{bmatrix}.$$

令
$$\eta_3 = \frac{1}{|\alpha_3|}\alpha_3 = \begin{bmatrix} \frac{2}{3} \\ \frac{1}{3} \\ \frac{2}{3} \end{bmatrix}.$$

令
$$T = \begin{bmatrix} \frac{1}{5}\sqrt{5} & \frac{4}{15}\sqrt{5} & \frac{2}{3} \\ -\frac{2}{5}\sqrt{5} & \frac{2}{15}\sqrt{5} & \frac{1}{3} \\ 0 & -\frac{1}{3}\sqrt{5} & \frac{2}{3} \end{bmatrix},$$

则 T 是正交矩阵,并且有

$$T^{-1}AT = \begin{bmatrix} 5 & 0 & 0 \\ 0 & 5 & 0 \\ 0 & 0 & -4 \end{bmatrix}.$$

习 题 5.5

1. 对于下述实对称矩阵 A,求正交矩阵 T,使 $T^{-1}AT$ 为对角矩阵:

(1) $A = \begin{bmatrix} 0 & -2 & 2 \\ -2 & -3 & 4 \\ 2 & 4 & -3 \end{bmatrix}$; (2) $A = \begin{bmatrix} 1 & 2 & 4 \\ 2 & -2 & 2 \\ 4 & 2 & 1 \end{bmatrix}$;

(3) $A = \begin{bmatrix} 3 & -2 & 0 \\ -2 & 2 & -2 \\ 0 & -2 & 1 \end{bmatrix}$; (4) $A = \begin{bmatrix} 4 & 1 & 0 & -1 \\ 1 & 4 & -1 & 0 \\ 0 & -1 & 4 & 1 \\ -1 & 0 & 1 & 4 \end{bmatrix}.$

2. 证明:如果 n 级实对称矩阵 A,B 有相同的特征多项式,则 A 与 B 相似.

3. 证明:如果实矩阵 A 正交相似于对角矩阵,则 A 一定是对称矩阵.

*4. 证明:如果 n 级实矩阵 A 的特征多项式在复数域中的根都是实数,则 A 一定正交相似于上三角矩阵.

*5. 证明:如果 A 是实对称矩阵,并且 A 是幂零矩阵,则 $A = 0$.

第六章 二次型・矩阵的合同

背景

在第五章§5的开头,我们指出,二次曲面S在直角坐标系Ⅰ中的方程为
$$x^2 + 4y^2 + z^2 - 4xy - 8xz - 4yz - 1 = 0. \tag{1}$$
为了判别S是什么样的二次曲面,应当作直角坐标变换
$$\begin{bmatrix} x \\ y \\ z \end{bmatrix} = T \begin{bmatrix} x^* \\ y^* \\ z^* \end{bmatrix}, \tag{2}$$
其中T是正交矩阵,使得在新的直角坐标系中,方程(1)左端的二次项部分
$$\begin{aligned} x^2 &+ 4y^2 + z^2 - 4xy - 8xz - 4yz \\ &= (x, y, z) \begin{bmatrix} 1 & -2 & -4 \\ -2 & 4 & -2 \\ -4 & -2 & 1 \end{bmatrix} \begin{bmatrix} x \\ y \\ z \end{bmatrix} \\ &= (x, y, z) A \begin{bmatrix} x \\ y \\ z \end{bmatrix} \end{aligned} \tag{3}$$

变成
$$(x^*, y^*, z^*) T'AT \begin{bmatrix} x^* \\ y^* \\ z^* \end{bmatrix}, \tag{4}$$

其中$T'AT$为对角矩阵,从而(4)式只含x^{*2}, y^{*2}, z^{*2}项,于是可判别S是什么样的二次曲面.

(3)式的每一项都是2次,即(3)式是x,y,z的二次齐次多项式,称它为x,y,z的二次型.上述问题表明,需要研究二次型在像(2)式那样的变量替换下,变成只含平方项的二次型.本章就来对一般的二次型研究这样的问题.

§1 二次型和它的标准形

观察

下述多项式有什么共同点?

$$x^2 + 4y^2 + z^2 - 4xy - 8xz - 4yz,$$
$$x^2 - y^2,$$
$$x_1^2 + 2x_2^2 - x_3^2 + 4x_1x_2 - 4x_1x_3 - 4x_2x_3,$$
$$x_1x_2 + x_1x_3 - 3x_2x_3.$$

上述每一个多项式中,每一项都是 2 次的.

抽象

定义 1 系数在数域 K 中的 n 个变量 $x_1, x_2, \cdots, x_n$ 的一个二次齐次多项式,称为数域 K 上的一个 **n 元二次型**,它的一般形式是

$$\begin{aligned} f(x_1,x_2,\cdots,x_n) = & a_{11}x_1^2 + 2a_{12}x_1x_2 + 2a_{13}x_1x_3 + \cdots + 2a_{1n}x_1x_n \\ & + a_{22}x_2^2 + 2a_{23}x_2x_3 + \cdots + 2a_{2n}x_2x_n \\ & + \cdots\cdots\cdots\cdots\cdots\cdots\cdots\cdots\cdots \\ & + a_{nn}x_n^2. \end{aligned} \quad (1)$$

(1)式也可以写成

$$\begin{aligned} f(x_1,x_2,\cdots,x_n) = & a_{11}x_1^2 + a_{12}x_1x_2 + a_{13}x_1x_3 + \cdots + a_{1n}x_1x_n \\ & + a_{21}x_2x_1 + a_{22}x_2^2 + a_{23}x_2x_3 + \cdots + a_{2n}x_2x_n \\ & + \cdots\cdots\cdots\cdots\cdots\cdots\cdots\cdots\cdots \\ & + a_{n1}x_nx_1 + a_{n2}x_nx_2 + a_{n3}x_nx_3 + \cdots + a_{nn}x_n^2 \\ = & \sum_{i=1}^{n}\sum_{j=1}^{n} a_{ij}x_ix_j, \end{aligned} \quad (2)$$

其中 $a_{ji} = a_{ij}$, $1 \leqslant i, j \leqslant n$.

把(2)式中的系数排成一个 n 级矩阵 A(注意 $a_{ji} = a_{ij}$):

$$A = \begin{bmatrix} a_{11} & a_{12} & a_{13} & \cdots & a_{1n} \\ a_{12} & a_{22} & a_{23} & \cdots & a_{2n} \\ \vdots & \vdots & \vdots & & \vdots \\ a_{1n} & a_{2n} & a_{3n} & \cdots & a_{nn} \end{bmatrix}. \quad (3)$$

把 A 称为**二次型 $f(x_1, x_2, \cdots, x_n)$ 的矩阵**,它是对称矩阵. 显然,二次型 $f(x_1, x_2, \cdots, x_n)$ 的矩阵是惟一的:它的主对角元依次是 $x_1^2, x_2^2, \cdots, x_n^2$ 的系数;它的 (i,j) 元是 x_ix_j 的系数的一半,其中 $i \neq j$. 令

$$X = \begin{bmatrix} x_1 \\ x_2 \\ \vdots \\ x_n \end{bmatrix}, \quad (4)$$

则二次型 $f(x_1,x_2,\cdots,x_n)$ 可以写成:
$$f(x_1,x_2,\cdots,x_n)=X'AX, \tag{5}$$
其中 A 是二次型 $f(x_1,x_2,\cdots,x_n)$ 的矩阵.

令
$$Y=\begin{bmatrix} y_1 \\ y_2 \\ \vdots \\ y_n \end{bmatrix}. \tag{6}$$

设 C 是数域 K 上的一个 n 级可逆矩阵,下述关系式
$$X=CY \tag{7}$$
称为变量 $x_1,x_2,\cdots,x_n$ 到变量 $y_1,y_2,\cdots,y_n$ 的一个**非退化线性替换**.

n 元二次型 $X'AX$ 经过非退化线性替换 $X=CY$ 变成
$$(CY)'A(CY)=Y'(C'AC)Y, \tag{8}$$
记 $B=C'AC$,则(8)式可写成 $Y'BY$,这是变量 $y_1,y_2,\cdots,y_n$ 的一个二次型.由于
$$B'=(C'AC)'=C'A'(C')'=C'AC, \tag{9}$$
因此 B 也是对称矩阵,于是二次型 $Y'BY$ 的矩阵正好是 B.

由此受到启发,引出下述两个概念:

定义 2　数域 K 上两个 n 元二次型 $X'AX$ 与 $Y'BY$,如果存在一个非退化线性替换 $X=CY$,把 $X'AX$ 变成 $Y'BY$,则称二次型 $X'AX$ 与 $Y'BY$ **等价**,记作 $X'AX\cong Y'BY$.

定义 3　数域 K 上两个 n 级矩阵 A 与 B,如果存在 K 上的一个可逆矩阵 C,使得
$$C'AC=B, \tag{10}$$
则称 A 与 B **合同**,记作 $A\simeq B$.

从(8)式容易看出:

命题 1　数域 K 上两个 n 元二次型 $X'AX$ 与 $Y'BY$ 等价当且仅当 n 级对称矩阵 A 与 B 合同.　▮

容易验证,n 元二次型的等价,以及 n 级矩阵的合同都满足反身性、对称性、传递性.

本章研究的基本问题是,数域 K 上 n 元二次型能不能等价于一个只含平方项的二次型?容易看出,二次型只含平方项当且仅当它的矩阵是对角矩阵.因此,用矩阵的术语,研究的基本问题就是,数域 K 上的 n 级对称矩阵能不能合同于一个对角矩阵?

如果二次型 $X'AX$ 等价于一个只含平方项的二次型,则这个只含平方项的二次型称为 $X'AX$ 的一个**标准形**.

如果对称矩阵 A 合同于一个对角矩阵,则称这个对角矩阵是 A 的**合同标准形**.

对于实数域上的 n 级对称矩阵 A,在第五章 §5 的定理 3 已经证明:存在一个 n 级正交矩阵 T,使得 $T^{-1}AT$ 为对角矩阵,并且其主对角元是 A 的全部特征值.由于 $T^{-1}=T'$,因此 $T'AT$ 为对角矩阵,即 A 合同于对角矩阵.从而实数域上的 n 元二次型 $X'AX$ 一定等价于只含平方项的二次型,而且能找到正交矩阵 T,使得经过变量的替换 $X=TY$,把二次型

$X'AX$ 化成一个标准形：
$$\lambda_1 y_1^2 + \lambda_2 y_2^2 + \cdots + \lambda_n y_n^2, \tag{11}$$
其中 $\lambda_1, \lambda_2, \cdots, \lambda_n$ 是 A 的全部特征值.

如果 T 是正交矩阵,则变量的替换 $X=TY$ 称为**正交替换**.

例 1 二次曲面 S 在直角坐标系 I 中的方程为
$$x^2 + 4y^2 + z^2 - 4xy - 8xz - 4yz - 1 = 0. \tag{12}$$
作直角坐标变换,把它化成标准方程,并且指出 S 是什么二次曲面.

解 首先把方程(12)左端的二次项部分
$$f(x,y,z) = x^2 + 4y^2 + z^2 - 4xy - 8xz - 4yz \tag{13}$$
经过正交替换化成标准形. 二次型(13)的矩阵是
$$A = \begin{bmatrix} 1 & -2 & -4 \\ -2 & 4 & -2 \\ -4 & -2 & 1 \end{bmatrix}. \tag{14}$$

根据第五章§5的例1,找到了正交矩阵
$$T = \begin{bmatrix} \frac{1}{5}\sqrt{5} & \frac{4}{15}\sqrt{5} & \frac{2}{3} \\ -\frac{2}{5}\sqrt{5} & \frac{2}{15}\sqrt{5} & \frac{1}{3} \\ 0 & -\frac{1}{3}\sqrt{5} & \frac{2}{3} \end{bmatrix},$$

使得 $T^{-1}AT=\mathrm{diag}\{5,5,-4\}$. 于是作正交替换
$$\begin{bmatrix} x \\ y \\ z \end{bmatrix} = T \begin{bmatrix} x^* \\ y^* \\ z^* \end{bmatrix} \tag{15}$$

可以把二次型(12)化成下述标准形：
$$f(x,y,z) = 5x^{*2} + 5y^{*2} - 4z^{*2}, \tag{16}$$
因此,作直角坐标变换(15),二次曲面 S 在新的直角坐标系中的方程为
$$5x^{*2} + 5y^{*2} - 4z^{*2} = 1. \tag{17}$$
由此看出, S 是单叶双曲面.

任一数域 K 上的二次型是否也等价于只含平方项的二次型? 即任一数域 K 上的对称矩阵是否也合同于对角矩阵? 即使对于实数域上的二次型,能不能不作正交替换,而作一般的非退化线性替换化成标准形? 让我们先看两个具体例子：

例 2 作非退化线性替换把数域 K 上的下述二次型化成标准形,并且写出所作的非退化线性替换：

(1) $f(x_1, x_2, x_3) = x_1^2 + 2x_2^2 - x_3^2 + 4x_1x_2 - 4x_1x_3 - 4x_2x_3$;

(2) $g(x_1,x_2,x_3)=x_1x_2+x_1x_3-3x_2x_3$.

解 (1) 用配方法把变量 x_1,x_2,x_3 逐个地配成完全平方的形式：

$$\begin{aligned}f(x_1,x_2,x_3) &= x_1^2 + 2x_2^2 - x_3^2 + 4x_1x_2 - 4x_1x_3 - 4x_2x_3 \\ &= x_1^2 + 4x_1(x_2 - x_3) + [2(x_2 - x_3)]^2 - [2(x_2 - x_3)]^2 \\ &\quad + 2x_2^2 - x_3^2 - 4x_2x_3 \\ &= [x_1 + 2(x_2 - x_3)]^2 - 4(x_2^2 - 2x_2x_3 + x_3^2) \\ &\quad + 2x_2^2 - x_3^2 - 4x_2x_3 \\ &= (x_1 + 2x_2 - 2x_3)^2 - 2x_2^2 + 4x_2x_3 - 5x_3^2 \\ &= (x_1 + 2x_2 - 2x_3)^2 - 2(x_2^2 - 2x_2x_3 + x_3^2 - x_3^2) - 5x_3^2 \\ &= (x_1 + 2x_2 - 2x_3)^2 - 2(x_2 - x_3)^2 - 3x_3^2.\end{aligned}$$

令

$$\begin{cases} y_1 = x_1 + 2x_2 - 2x_3, \\ y_2 = x_2 - x_3, \\ y_3 = x_3, \end{cases}$$

则

$$f(x_1,x_2,x_3) = y_1^2 - 2y_2^2 - 3y_3^2.$$

所作的线性替换是

$$\begin{cases} x_1 = y_1 - 2y_2, \\ x_2 = y_2 + y_3, \\ x_3 = y_3, \end{cases}$$

其系数矩阵的行列式

$$\begin{vmatrix} 1 & -2 & 0 \\ 0 & 1 & 1 \\ 0 & 0 & 1 \end{vmatrix} \neq 0,$$

因此这个线性替换是非退化的.

(2) 为了能够配方,首先要变成有平方项.为此令

$$\begin{cases} x_1 = y_1 - y_2, \\ x_2 = y_1 + y_2, \\ x_3 = y_3, \end{cases} \quad (18)$$

则

$$\begin{aligned}g(x_1,x_2,x_3) &= (y_1 - y_2)(y_1 + y_2) + (y_1 - y_2)y_3 - 3(y_1 + y_2)y_3 \\ &= y_1^2 - y_2^2 - 2y_1y_3 - 4y_2y_3 \\ &= y_1^2 - 2y_1y_3 + y_3^2 - y_3^2 - [y_2^2 + 4y_2y_3 + (2y_3)^2 - (2y_3)^2] \\ &= (y_1 - y_3)^2 - y_3^2 - (y_2 + 2y_3)^2 + 4y_3^2 \\ &= (y_1 - y_3)^2 - (y_2 + 2y_3)^2 + 3y_3^2.\end{aligned}$$

令
$$\begin{cases} z_1 = y_1 - y_3, \\ z_2 = y_2 + 2y_3, \\ z_3 = y_3, \end{cases} \tag{19}$$

则
$$g(x_1, x_2, x_3) = z_1^2 - z_2^2 + 3z_3^2.$$

为了写出所作的线性替换,先从(19)解出 y_1, y_2, y_3,得

$$\begin{cases} y_1 = z_1 + z_3, \\ y_2 = z_2 - 2z_3, \\ y_3 = z_3. \end{cases} \tag{20}$$

把(20)代入(18)式,得

$$\begin{cases} x_1 = z_1 - z_2 + 3z_3, \\ x_2 = z_1 + z_2 - z_3, \\ x_3 = z_3. \end{cases} \tag{21}$$

容易看出,线性替换(21)的系数矩阵的行列式不等于 0,因此它是非退化的.

例 1 和例 2 中所用的配方法能够把任一数域 K 上的每一个二次型经过非退化线性替换变成只含平方项的二次型. 这可以对二次型的变量个数 n 作数学归纳法予以证明.

下面我们采用另一种证法,证明数域 K 上的任一 n 级对称矩阵一定合同于对角矩阵,从而数域 K 上的任一 n 元二次型一定等价于只含平方项的二次型.

论证

设 A, B 都是数域 K 上的 n 级矩阵,则
$$A \simeq B \Longleftrightarrow 存在 K 上可逆矩阵 C, 使得 C'AC = B$$
$$\Longleftrightarrow 存在 K 上初等矩阵 P_1, P_2, \cdots, P_t, 使得$$
$$C = P_1 P_2 \cdots P_t, \tag{22}$$
$$P_t' \cdots P_2' P_1' A P_1 P_2 \cdots P_t = B. \tag{23}$$

初等矩阵有三种类型:$P(j, i(k)), P(i, j), P(i(c))$,其中 $c \neq 0$. 它们的转置矩阵分别为

$$P(j, i(k))' = \begin{bmatrix} 1 & & & & & & \\ & \ddots & & & & & \\ & & 1 & & & & \\ & & \vdots & \ddots & & & \\ & & k & \cdots & 1 & & \\ & & & & & \ddots & \\ & & & & & & 1 \end{bmatrix}$$

$$= \begin{bmatrix} 1 & & & & & & & \\ & \ddots & & & & & & \\ & & 1 & \cdots & k & & & \\ & & & \ddots & \vdots & & & \\ & & & & 1 & & & \\ & & & & & \ddots & \\ & & & & & & 1 \end{bmatrix}$$

$$= P(i,j(k)); \tag{24}$$

$$P(i,j)' = \begin{bmatrix} 1 & & & & & & \\ & \ddots & & & & & \\ & & 0 & \cdots & 1 & & \\ & & \vdots & & \vdots & & \\ & & 1 & \cdots & 0 & & \\ & & & & & \ddots & \\ & & & & & & 1 \end{bmatrix}'$$

$$= P(i,j), \tag{25}$$

$$P(i(c))' = P(i(c)), \tag{26}$$

因此

$$P(j,i(k))'AP(j,i(k)) = P(i,j(k))AP(j,i(k)), \tag{27}$$

即对 A 进行了下述初等行变换和初等列变换：

$$A \xrightarrow{\text{①}+\text{②}\cdot k} P(i,j(k))A \xrightarrow{\text{①}+\text{②}\cdot k} P(i,j(k))AP(j,i(k)).$$

像这种初等行变换与初等列变换都是 ①+②·k，称为**成对初等行、列变换**。

$$P(i,j)'AP(i,j) = P(i,j)AP(i,j), \tag{28}$$

即先把 A 的第 i,j 行互换，接着把所得矩阵的第 i,j 列互换。这也是成对初等行、列变换。

$$P(i(c))'AP(i(c)) = P(i(c))AP(i(c)), \tag{29}$$

即先把 A 的第 i 行乘以非零数 c，接着把所得矩阵的第 i 列乘以 c。这也是成对初等行、列变换。

从 (23) 式和 (22) 式 (可写成 $C=IP_1P_2\cdots P_t$) 得到

引理 1 设 A,B 都是数域 K 上的矩阵，则 A 合同于 B 当且仅当 A 经过 K 上的一系列成对初等行、列变换可以变成 B，并且对 I 只作其中的初等列变换得到的可逆矩阵 C，就使得 $C'AC=B$。∎

现在我们来证明本节的主要结论：

定理 2 数域 K 上任一对称矩阵都合同于一个对角矩阵。

***证明** 对于数域 K 上对称矩阵的级数 n 作数学归纳法：

当 $n=1$ 时,$(a)\simeq(a)$.

假设 $n-1$ 级对称矩阵都合同于对角矩阵,现在来看 n 级对称矩阵 $A=(a_{ij})$.

情形 1 $a_{11}\neq 0$. 把 A 写成分块矩阵的形式,并且作分块矩阵的初等行(列)变换:

$$A=\begin{bmatrix} a_{11} & \alpha \\ \alpha' & A_1 \end{bmatrix} \xrightarrow{②+(-a_{11}^{-1}\alpha')\cdot ①} \begin{bmatrix} a_{11} & \alpha \\ 0 & A_1-a_{11}^{-1}\alpha'\alpha \end{bmatrix}$$

$$\xrightarrow{②+①\cdot(-a_{11}^{-1}\alpha)} \begin{bmatrix} a_{11} & 0 \\ 0 & A_1-a_{11}^{-1}\alpha'\alpha \end{bmatrix}.$$

记 $A_2=A_1-a_{11}^{-1}\alpha'\alpha$,则从上述得

$$\begin{bmatrix} 1 & 0 \\ -a_{11}^{-1}\alpha' & I_{n-1} \end{bmatrix} \begin{bmatrix} a_{11} & \alpha \\ \alpha' & A_1 \end{bmatrix} \begin{bmatrix} 1 & -a_{11}^{-1}\alpha \\ 0 & I_{n-1} \end{bmatrix} = \begin{bmatrix} a_{11} & 0 \\ 0 & A_2 \end{bmatrix}. \tag{30}$$

由于

$$\begin{bmatrix} 1 & 0 \\ -a_{11}^{-1}\alpha' & I_{n-1} \end{bmatrix} = \begin{bmatrix} 1 & -a_{11}^{-1}\alpha \\ 0 & I_{n-1} \end{bmatrix}',$$

因此,从(30)式得出

$$A\simeq\begin{bmatrix} a_{11} & 0 \\ 0 & A_2 \end{bmatrix}.$$

由于

$$\begin{aligned} A_2' &= (A_1-a_{11}^{-1}\alpha'\alpha)' \\ &= A_1'-a_{11}^{-1}\alpha'(\alpha')' \\ &= A_1-a_{11}^{-1}\alpha'\alpha = A_2, \end{aligned}$$

因此 A_2 是 $n-1$ 级对称矩阵. 据归纳假设,存在数域 K 上 $n-1$ 级可逆矩阵 C_2,使得 $C_2'A_2C_2=D_2$,其中 D_2 是对角矩阵,从而

$$\begin{bmatrix} 1 & 0 \\ 0 & C_2 \end{bmatrix}' \begin{bmatrix} a_{11} & 0 \\ 0 & A_2 \end{bmatrix} \begin{bmatrix} 1 & 0 \\ 0 & C_2 \end{bmatrix} = \begin{bmatrix} a_{11} & 0 \\ 0 & D_2 \end{bmatrix},$$

因此

$$A\simeq\begin{bmatrix} a_{11} & 0 \\ 0 & D_2 \end{bmatrix}.$$

情形 2 $a_{11}=0$,存在 $a_{ii}\neq 0$.

把 A 的第 $1,i$ 行互换,接着把所得矩阵的第 $1,i$ 列互换,得到的矩阵 B 其 $(1,1)$ 元为 a_{ii}. 据情形 1 的结论,$B\simeq D$,其中 D 是对角矩阵. 据引理 1 得,$A\simeq B$,因此 $A\simeq D$.

情形 3 $a_{11}=a_{22}=\cdots=a_{nn}=0$,存在 $a_{ij}\neq 0$,$i\neq j$.

把 A 的第 j 行加到第 i 行上,接着把所得矩阵的第 j 列加到第 i 列上,得到的矩阵 H 其

(i,i) 元为 $2a_{ij}$. 据情形 2 的结论 $H\simeq D$，其中 D 为对角矩阵. 据引理 1 得 $A\simeq H$，因此 $A\simeq D$.

情形 4　$A=0$，结论显然成立.

根据数学归纳法原理，对一切正整数 n，都有数域 K 上的任一 n 级对称矩阵合同于一个对角矩阵. ∎

从定理 2 立即得到

定理 3　数域 K 上任意一个二次型都等价于一个只含平方项的二次型. ∎

利用引理 1 和定理 2、定理 3，可以得到求二次型的标准形的又一种方法：对于数域 K 上 n 元二次型 $X'AX$，

$$\begin{bmatrix}A\\I\end{bmatrix}\xrightarrow[\text{对 }I\text{ 只作其中的初等列变换}]{\text{对 }A\text{ 作成对初等行、列变换}}\begin{bmatrix}D\\C\end{bmatrix}, \tag{31}$$

其中 D 是对角矩阵 $\mathrm{diag}\{d_1,d_2,\cdots,d_n\}$，则

$$C'AC=D.$$

令 $X=CY$，则得到 $X'AX$ 的一个标准形

$$d_1y_1^2+d_2y_2^2+\cdots+d_ny_n^2. \tag{32}$$

这种求标准形的方法称为**矩阵的成对初等行、列变换法**.

示范

例 3　用矩阵的成对初等行、列变换法把数域 K 上下述二次型化成标准形，并且写出所作的非退化线性替换.

$$g(x_1,x_2,x_3)=x_1x_2+x_1x_3-3x_2x_3.$$

解　$g(x_1,x_2,x_3)$ 的矩阵是

$$A=\begin{bmatrix}0 & \frac{1}{2} & \frac{1}{2}\\ \frac{1}{2} & 0 & -\frac{3}{2}\\ \frac{1}{2} & -\frac{3}{2} & 0\end{bmatrix}.$$

$$\begin{bmatrix}0 & \frac{1}{2} & \frac{1}{2}\\ \frac{1}{2} & 0 & -\frac{3}{2}\\ \frac{1}{2} & -\frac{3}{2} & 0\\ 1 & 0 & 0\\ 0 & 1 & 0\\ 0 & 0 & 1\end{bmatrix}\xrightarrow{①+②\cdot 1}\begin{bmatrix}\frac{1}{2} & \frac{1}{2} & -1\\ \frac{1}{2} & 0 & -\frac{3}{2}\\ \frac{1}{2} & -\frac{3}{2} & 0\\ 1 & 0 & 0\\ 0 & 1 & 0\\ 0 & 0 & 1\end{bmatrix}$$

$$\xrightarrow{①+②\cdot 1}
\begin{bmatrix}
1 & \frac{1}{2} & -1 \\
\frac{1}{2} & 0 & -\frac{3}{2} \\
-1 & -\frac{3}{2} & 0 \\
1 & 0 & 0 \\
1 & 1 & 0 \\
0 & 0 & 1
\end{bmatrix}
\xrightarrow{②+①\cdot \left(-\frac{1}{2}\right)}
\begin{bmatrix}
1 & \frac{1}{2} & -1 \\
0 & -\frac{1}{4} & -1 \\
-1 & -\frac{3}{2} & 0 \\
1 & 0 & 0 \\
1 & 1 & 0 \\
0 & 0 & 1
\end{bmatrix}$$

$$\xrightarrow{②+①\cdot \left(-\frac{1}{2}\right)}
\begin{bmatrix}
1 & 0 & -1 \\
0 & -\frac{1}{4} & -1 \\
-1 & -1 & 0 \\
1 & -\frac{1}{2} & 0 \\
1 & \frac{1}{2} & 0 \\
0 & 0 & 1
\end{bmatrix}
\xrightarrow{③+①\cdot 1}
\begin{bmatrix}
1 & 0 & -1 \\
0 & -\frac{1}{4} & -1 \\
0 & -1 & -1 \\
1 & -\frac{1}{2} & 0 \\
1 & \frac{1}{2} & 0 \\
0 & 0 & 1
\end{bmatrix}$$

$$\xrightarrow{③+①\cdot 1}
\begin{bmatrix}
1 & 0 & 0 \\
0 & -\frac{1}{4} & -1 \\
0 & -1 & -1 \\
1 & -\frac{1}{2} & 1 \\
1 & \frac{1}{2} & 1 \\
0 & 0 & 1
\end{bmatrix}
\xrightarrow{③+②\cdot (-4)}
\begin{bmatrix}
1 & 0 & 0 \\
0 & -\frac{1}{4} & -1 \\
0 & 0 & 3 \\
1 & -\frac{1}{2} & 1 \\
1 & \frac{1}{2} & 1 \\
0 & 0 & 1
\end{bmatrix}$$

$$\xrightarrow{③+②\cdot (-4)}
\begin{bmatrix}
1 & 0 & 0 \\
0 & -\frac{1}{4} & 0 \\
0 & 0 & 3 \\
1 & -\frac{1}{2} & 3 \\
1 & \frac{1}{2} & -1 \\
0 & 0 & 1
\end{bmatrix},$$

因此
$$D = \begin{bmatrix} 1 & 0 & 0 \\ 0 & -\frac{1}{4} & 0 \\ 0 & 0 & 3 \end{bmatrix}, \quad C = \begin{bmatrix} 1 & -\frac{1}{2} & 3 \\ 1 & \frac{1}{2} & -1 \\ 0 & 0 & 1 \end{bmatrix}.$$

令 $X = CY$, 得
$$g(x_1, x_2, x_3) = y_1^2 - \frac{1}{4} y_2^2 + 3 y_3^2.$$

所作的非退化线性替换 $X = CY$ 详细写出来就是
$$\begin{cases} x_1 = y_1 - \frac{1}{2} y_2 + 3 y_3, \\ x_2 = y_1 + \frac{1}{2} y_2 - y_3, \\ x_3 = y_3. \end{cases}$$

比较例 3 和例 2 的结果可看出，同一个二次型，其标准形不惟一.

但是标准形中系数不为 0 的平方项的个数相同. 其理由如下：设 $X'AX$ 经过非退化线性替换 $X = CY$ 化成标准形
$$d_1 y_1^2 + d_2 y_2^2 + \cdots + d_r y_r^2, \quad d_i \neq 0, \ i = 1, 2, \cdots, r,$$
则
$$C'AC = \begin{bmatrix} d_1 & & & & & & \\ & d_2 & & & & 0 & \\ & & \ddots & & & & \\ & & & d_r & & & \\ & & & & 0 & & \\ & 0 & & & & \ddots & \\ & & & & & & 0 \end{bmatrix}.$$

因此 $\mathrm{rank}(A) = r$. 这表明：二次型 $X'AX$ 的标准形中系数不为 0 的平方项的个数 r 等于它的矩阵 A 的秩，因而是惟一的. 今后我们把 $X'AX$ 的矩阵 A 的秩就称为**二次型 $X'AX$ 的秩**.

习　题　6.1

1. 用正交替换把下列实二次型化成标准形：

(1) $f(x_1, x_2, x_3) = 2x_1^2 + 5x_2^2 + 5x_3^2 + 4x_1 x_2 - 4x_1 x_3 - 8x_2 x_3$;

(2) $f(x_1, x_2, x_3, x_4) = 2x_1 x_2 - 2x_3 x_4.$

*2. 作直角坐标变换，把下述二次曲面的方程化成标准方程，并且指出它是什么二次曲面：
$$2x^2 + 6y^2 + 2z^2 + 8xz - 1 = 0.$$

3. 作非退化线性替换把数域 K 上下列二次型化成标准形，并且写出所作的非退化线性替换：

(1) $f(x_1,x_2,x_3)=x_1^2+2x_2^2+2x_1x_2-2x_1x_3$；

(2) $f(x_1,x_2,x_3)=x_1^2-x_3^2+2x_1x_2+2x_2x_3$；

(3) $f(x_1,x_2,x_3)=x_1x_2+x_1x_3+x_2x_3$；

(4) $f(x_1,x_2,x_3)=2x_1x_2-2x_3x_4$.

4. 证明：
$$\begin{bmatrix} a_1 & 0 & 0 \\ 0 & a_2 & 0 \\ 0 & 0 & a_3 \end{bmatrix} \simeq \begin{bmatrix} a_2 & 0 & 0 \\ 0 & a_3 & 0 \\ 0 & 0 & a_1 \end{bmatrix}.$$

5. 设 A 是数域 K 上的 n 级矩阵，证明：A 是斜对称矩阵当且仅当对于 K^n 中任一列向量 α，有 $\alpha'A\alpha=0$.

6. 设 A 是数域 K 上的 n 级对称矩阵，证明：如果对于 K^n 中任一列向量 α，都有 $\alpha'A\alpha=0$，则 $A=0$.

7. 证明：秩为 r 的对称矩阵可以表示成 r 个秩为 1 的对称矩阵之和.

8. 用矩阵的成对初等行、列变换法把数域 K 上下述二次型化成标准形，并且写出所作的非退化线性替换：

(1) $f(x_1,x_2,x_3)=x_1^2-2x_2^2+x_3^2-2x_1x_2+4x_2x_3$；

(2) $f(x_1,x_2,x_3)=x_1x_2+x_1x_3+x_2x_3$.

*9. 证明：数域 K 上的斜对称矩阵一定合同于下述形式的分块对角矩阵：
$$\mathrm{diag}\left\{\begin{bmatrix} 0 & 1 \\ -1 & 0 \end{bmatrix},\cdots,\begin{bmatrix} 0 & 1 \\ -1 & 0 \end{bmatrix},(0),\cdots,(0)\right\}.$$

*10. 证明：斜对称矩阵的秩一定是偶数.

*11. 设 n 元实二次型 $X'AX$ 的矩阵 A 的一个特征值是 λ_i，证明：存在 $\mathbf{R}^n$ 中非零向量 $\alpha=(a_1,a_2,\cdots,a_n)'$，使得
$$\alpha'A\alpha=\lambda_i(a_1^2+a_2^2+\cdots+a_n^2).$$

§2 实二次型的规范形

观察

本章 §1 的例 2 与例 3 表明，同一个二次型 $g(x_1,x_2,x_3)$，它的标准形不惟一：$z_1^2-z_2^2+3z_3^2$，$y_1^2-\frac{1}{4}y_2^2+3y_3^2$. 但是标准形中系数不为零的平方项的个数相同，并且系数为正的平

方项的个数相同. 前者对于任何数域 K 上的二次型都成立. 后者是否成立? 本节将证明后者对于实数域上的二次型是成立的.

分析

实数域上的二次型, 简称为**实二次型**.

n 元实二次型 $X'AX$ 经过一个适当的非退化线性替换 $X=CY$ 可以化成下述形式的标准形:

$$d_1 y_1^2 + d_2 y_2^2 + \cdots + d_p y_p^2 - d_{p+1} y_{p+1}^2 - \cdots - d_r y_r^2, \tag{1}$$

其中 $d_i > 0$, $i=1,2,\cdots,r$; 并且 r 是这个二次型的秩. 因为正实数总可以开平方, 所以可以再作一个非退化线性替换:

$$y_i = \frac{1}{\sqrt{d_i}} z_i, \quad i = 1, 2, \cdots, r,$$

$$y_j = z_j, \quad j = r+1, \cdots, n,$$

则二次型 (1) 可以变成

$$z_1^2 + z_2^2 + \cdots + z_p^2 - z_{p+1}^2 - \cdots - z_r^2. \tag{2}$$

因此实二次型 $X'AX$ 有形如 (2) 式的标准形, 称它为 $X'AX$ 的**规范形**, 它的特征是: 只含平方项, 且平方项的系数为 1, -1 或 0; 系数为 1 的平方项都写在前面. 实二次型 $X'AX$ 的规范形被两个自然数: p 和 r 决定. $X'AX$ 的规范形是不是惟一呢? 回答是肯定的.

定理 1 (惯性定理) n 元实二次型 $X'AX$ 的规范形是惟一的.

证明 设 n 元实二次型 $X'AX$ 的秩为 r. 假设它分别经过非退化线性替换 $X=CY, X=BZ$ 变成两个规范形:

$$X'AX = y_1^2 + y_2^2 + \cdots + y_p^2 - y_{p+1}^2 - \cdots - y_r^2, \tag{3}$$

$$X'AX = z_1^2 + z_2^2 + \cdots + z_q^2 - z_{q+1}^2 - \cdots - z_r^2. \tag{4}$$

我们来证明 $p=q$, 从而 $X'AX$ 的规范形惟一.

从 (3) 式和 (4) 式看出, 经过非退化线性替换 $Z=(B^{-1}C)Y$, 有

$$z_1^2 + z_2^2 + \cdots + z_q^2 - z_{q+1}^2 - \cdots - z_r^2$$
$$= y_1^2 + y_2^2 + \cdots + y_p^2 - y_{p+1}^2 - \cdots - y_r^2. \tag{5}$$

设 $G = B^{-1}C = (g_{ij})$. 假如 $p > q$, 我们想找到变量 $y_1, y_2, \cdots, y_n$ 取的一组值, 使得 (5) 式右端大于 0, 而左端小于或等于 0, 从而产生矛盾. 为此令

$$(y_1, y_2, \cdots, y_p, y_{p+1}, \cdots, y_n) = (k_1, k_2, \cdots, k_p, 0, \cdots, 0), \tag{6}$$

其中 $k_1, k_2, \cdots, k_p$ 是待定的不全为 0 的实数, 并且使变量 $z_1, z_2, \cdots, z_q$ 取的值全为 0. 由于

$$\begin{bmatrix} z_1 \\ \vdots \\ z_q \\ z_{q+1} \\ \vdots \\ z_n \end{bmatrix} = \begin{bmatrix} g_{11} & g_{12} & \cdots & g_{1n} \\ g_{21} & g_{22} & \cdots & g_{2n} \\ \vdots & \vdots & & \vdots \\ g_{n1} & g_{n2} & \cdots & g_{nn} \end{bmatrix} \begin{bmatrix} k_1 \\ \vdots \\ k_p \\ 0 \\ \vdots \\ 0 \end{bmatrix}, \tag{7}$$

因此

$$\begin{cases} z_1 = g_{11}k_1 + g_{12}k_2 + \cdots + g_{1p}k_p, \\ z_2 = g_{21}k_1 + g_{22}k_2 + \cdots + g_{2p}k_p, \\ \cdots\cdots\cdots\cdots\cdots\cdots\cdots\cdots\cdots\cdots \\ z_q = g_{q1}k_1 + g_{q2}k_2 + \cdots + g_{qp}k_p. \end{cases}$$

为了使 $z_1, z_2, \cdots, z_q$ 取的值为 0，考虑齐次线性方程组：

$$\begin{cases} g_{11}k_1 + g_{12}k_2 + \cdots + g_{1p}k_p = 0, \\ g_{21}k_1 + g_{22}k_2 + \cdots + g_{2p}k_p = 0, \\ \cdots\cdots\cdots\cdots\cdots\cdots\cdots\cdots\cdots\cdots \\ g_{q1}k_1 + g_{q2}k_2 + \cdots + g_{qp}k_p = 0. \end{cases} \tag{8}$$

由于 $q < p$，因此齐次线性方程组(8)有非零解。于是 $k_1, k_2, \cdots, k_p$ 可以取到一组不全为 0 的实数，使得 $z_1 = 0, z_2 = 0, \cdots, z_q = 0$。此时(5)式左端的值小于或等于 0，而右端的值大于 0，矛盾。因此 $p \leqslant q$。同理可证 $q \leqslant p$，从而 $p = q$。∎

定义 1 在实二次型 $X'AX$ 的规范形中，系数为 $+1$ 的平方项的个数 p 称为 $X'AX$ 的**正惯性指数**，系数为 -1 的平方项的个数 $r-p$ 称为 $X'AX$ 的**负惯性指数**；正惯性指数减去负惯性指数所得的差 $2p-r$ 称为 $X'AX$ 的**符号差**。

由上述知，实二次型 $X'AX$ 的规范形被它的秩和正惯性指数决定。利用二次型等价的传递性和对称性立即得出

命题 2 两个 n 元实二次型等价
$\iff$ 它们的规范形相同
$\iff$ 它们的秩相等，并且正惯性指数也相等。∎

从实二次型 $X'AX$ 经过非退化线性替换化成规范形的过程中看到，$X'AX$ 的任一标准形中系数为正的平方项个数等于 $X'AX$ 的正惯性指数，系数为负的平方项个数等于 $X'AX$ 的负惯性指数，从而虽然 $X'AX$ 的标准形不惟一，但是标准形中系数为正(或负)的平方项个数是惟一的。

从惯性定理得出

推论 3 任一 n 级实对称矩阵 A 合同于一个主对角元只有 $1, -1, 0$ 的对角矩阵 $\mathrm{diag}\{1, 1, \cdots, 1, -1, -1, \cdots, -1, 0, 0, \cdots, 0\}$，其中 1 的个数等于 $X'AX$ 的正惯性指数，-1 的个数等于 $X'AX$ 的负惯性指数(分别把它们称为 A 的正惯性指数，负惯性指数)。这个对角矩阵称为 A 的**合同规范形**。∎

容易看出,n 级实对称矩阵 A 的合同标准形中,主对角元为正(负)数的个数等于 A 的正(负)惯性指数.

从命题 2 立即得出

推论 4 两个 n 级实对称矩阵合同
$\Longleftrightarrow$ 它们的秩相等,并且正惯性指数也相等. ∎

示范

例 1 2 级实对称矩阵组成的集合按照合同关系来分类,可以分成多少类?每一类里写出一个最简单的矩阵(即合同规范形).

解 2 级实对称矩阵的秩有 3 种可能:0,1,2.

秩为 0 的矩阵只有零矩阵 $\begin{bmatrix} 0 & 0 \\ 0 & 0 \end{bmatrix}$.

秩为 1 的 2 级实对称矩阵,其正惯性指数有 2 种可能:0,1. 它们各成一类,合同规范形分别为

$$\begin{bmatrix} -1 & 0 \\ 0 & 0 \end{bmatrix}, \begin{bmatrix} 1 & 0 \\ 0 & 0 \end{bmatrix}.$$

秩为 2 的 2 级实对称矩阵,其正惯性指数有 3 种可能:0,1,2. 它们各成一类,合同规范形分别为

$$\begin{bmatrix} -1 & 0 \\ 0 & -1 \end{bmatrix}, \begin{bmatrix} 1 & 0 \\ 0 & -1 \end{bmatrix}, \begin{bmatrix} 1 & 0 \\ 0 & 1 \end{bmatrix}.$$

综上述,总共可分成 6 类.

习 题 6.2

1. 把习题 6.1 的第 3 题的所有实二次型的标准形进一步化成规范形,并且写出所作的非退化线性替换.

2. 3 级实对称矩阵组成的集合按照合同关系分类,可以分成多少类?每一类里写出一个最简单的矩阵(即合同规范形).

*3. n 级实对称矩阵组成的集合按照合同关系分类,可以分成多少类?

4. 设 $X'AX$ 是一个 n 元实二次型,证明:如果 $\mathbf{R}^n$ 中有列向量 α_1, α_2,使得 $\alpha_1' A \alpha_1 > 0$,$\alpha_2' A \alpha_2 < 0$,则 $\mathbf{R}^n$ 中有非零列向量 α_3,使得

$$\alpha_3' A \alpha_3 = 0.$$

5. 设 A 为一个 n 级实对称矩阵,证明:如果 $|A| < 0$,则在 $\mathbf{R}^n$ 中有非零列向量 α,使得 $\alpha' A \alpha < 0$.

*6. 证明:一个 n 元实二次型可以分解成两个实系数 1 次齐次多项式的乘积当且仅当它的秩等于 2,并且符号差为 0,或者它的秩等于 1.

7. 证明：复数域上 n 元二次型(简称为复二次型) $X'AX$ 能经过非退化线性替换化成下述形式的标准形：

$$z_1^2 + z_2^2 + \cdots + z_r^2,$$

其中 r 是二次型 $X'AX$ 的秩. 这种形式的标准形称为 $X'AX$ 的**规范形**, 它只含平方项, 且平方项的系数为 1 或 0.

§3 正定二次型与正定矩阵

观察

一元二次函数 $f(x)=x^2$ 在 $x=0$ 处达到最小值, 这是因为对任意实数 $a\neq 0$, 都有 $f(a)=a^2>0$, 而 $f(0)=0$. 这个例子表明, 一元二次函数 $f(x)=x^2$ 的最小值问题与一元二次型 x^2 的性质密切相关. 一般地, n 元函数的极值问题是否也与 n 元实二次型的性质有关系? 与 n 元实二次型的什么样的性质有关? 本节就来研究这个问题.

分析

定义 1 n 元实二次型 $X'AX$ 称为**正定的**, 如果对于 $\mathbf{R}^n$ 中任意非零列向量 α, 都有 $\alpha'A\alpha > 0$.

例如, 3 元实二次型

$$X'AX = x_1^2 + x_2^2 + x_3^2$$

是正定的.

3 元实二次型

$$X'BX = x_1^2 + x_2^2$$

不是正定的, 因为对于 $\alpha = (0,0,1)'$, 有 $\alpha'B\alpha = 0$.

3 元实二次型

$$X'DX = x_1^2 + x_2^2 - x_3^2$$

也不是正定的, 因为对于 $\alpha = (0,0,1)'$, 有 $\alpha'D\alpha = -1$.

由上述 3 个例子受到启发, 猜想有下述结论:

定理 1 n 元实二次型 $X'AX$ 是正定的充分必要条件为它的正惯性指数等于 n.

证明 必要性 设 $X'AX$ 是正定的. 作非退化线性替换 $X=CY$, 化成规范形. 即

$$X'AX \xrightarrow{X=CY} y_1^2 + y_2^2 + \cdots + y_p^2 - y_{p+1}^2 - \cdots - y_r^2.$$

如果 $p<n$, 则 y_n^2 的系数为 0 或 -1. 取 $\beta=(0,\cdots,0,1)'$, 令 $\alpha=C\beta$, 显然 $\alpha\neq 0$, 并且有 $\alpha'A\alpha=0$ 或 -1. 矛盾, 因此 $p=n$.

充分性 设 $X'AX$ 的正惯性指数等于 n, 则可以作非退化线性替换 $X=CY$, 化成规范

形. 即
$$X'AX \xrightarrow{X=CY} y_1^2 + y_2^2 + \cdots + y_n^2.$$

任取 $\alpha \in \mathbf{R}^n$ 且 $\alpha \neq 0$. 令 $\beta = C^{-1}\alpha = (b_1, b_2, \cdots, b_n)'$, 则 $\beta \neq 0$, 从而得出

$$\alpha'A\alpha \xrightarrow{\alpha = C\beta} b_1^2 + b_2^2 + \cdots + b_n^2 > 0,$$

因此 $X'AX$ 是正定的. ∎

从定理 1 立即得出

推论 2 n 元实二次型 $X'AX$ 是正定的

$\Longleftrightarrow$ 它的规范形为 $y_1^2 + y_2^2 + \cdots + y_n^2$

$\Longleftrightarrow$ 它的标准形中 n 个系数全大于 0. ∎

定义 2 实对称矩阵 A 称为**正定的**, 如果实二次型 $X'AX$ 是正定的, 即对于 $\mathbf{R}^n$ 中任意非零列向量 α, 有 $\alpha'A\alpha > 0$.

正定的实对称矩阵简称为**正定矩阵**.

从定义 2, 定理 1, 推论 2 立即得出

定理 3 n 级实对称矩阵 A 是正定的

$\Longleftrightarrow A$ 的正惯性指数等于 n

$\Longleftrightarrow A \simeq I$

$\Longleftrightarrow A$ 的合同标准形中, 主对角元全大于 0. ∎

对于 n 级实对称矩阵 A, 能找到正交矩阵 T, 使得 $T'AT = \mathrm{diag}\{\lambda_1, \lambda_2, \cdots, \lambda_n\}$, 其中 $\lambda_1, \lambda_2, \cdots, \lambda_n$ 是 A 的全部特征值. 因此从定理 3 立即得到

推论 4 n 级实对称矩阵 A 是正定的当且仅当 A 的特征值全大于零. ∎

由于实对称矩阵 A 正定当且仅当 $A \simeq I$, 根据合同的对称性和传递性立即得到

推论 5 与正定矩阵合同的实对称矩阵也是正定矩阵. ∎

从推论 5 立即得出

推论 6 与正定二次型等价的实二次型也是正定的, 从而非退化线性替换不改变实二次型的正定性. ∎

推论 7 正定矩阵的行列式大于零.

证明 设 A 是 n 级正定矩阵, 则 $A \simeq I$. 从而存在实可逆矩阵 C, 使得 $A = C'IC = C'C$, 因此

$$|A| = |C'C| = |C'||C| = |C|^2 > 0. \quad \blacksquare$$

反之, 如果实对称矩阵 A 的行列式大于零, A 不一定是正定的. 例如, 设

$$A = \begin{bmatrix} -1 & 0 \\ 0 & -1 \end{bmatrix},$$

显然, $|A| = 1 > 0$, 但是 A 的正惯性指数为 0, 因此 A 不是正定的.

为了从子式的角度研究实对称矩阵 A 是正定的条件, 我们引出下述概念:

定义 3 设 A 是一个 n 级矩阵, A 的一个子式称为**主子式**. 如果它的行指标与列指标

相同,即它形如
$$A\begin{pmatrix} i_1, i_2, \cdots, i_k \\ i_1, i_2, \cdots, i_k \end{pmatrix}.$$

A 的下述主子式
$$A\begin{pmatrix} 1, 2, \cdots, k \\ 1, 2, \cdots, k \end{pmatrix}$$

称为 A 的 k 阶**顺序主子式**,$k=1,2,\cdots,n.$

例如,设
$$A = \begin{bmatrix} 1 & 0 & 3 \\ -1 & 2 & 1 \\ 0 & 1 & 4 \end{bmatrix},$$

则 A 的顺序主子式有 3 个,分别是
$$|1|, \quad \begin{vmatrix} 1 & 0 \\ -1 & 2 \end{vmatrix}, \quad \begin{vmatrix} 1 & 0 & 3 \\ -1 & 2 & 1 \\ 0 & 1 & 4 \end{vmatrix}.$$

定理 8 实对称矩阵 A 是正定的充分必要条件为 A 的所有顺序主子式全大于零.

证明 必要性 设 n 级实对称矩阵 A 是正定的. 对于 $k \in \{1, 2, \cdots, n-1\}$,把 A 写成分块矩阵:
$$A = \begin{bmatrix} A_k & B_1 \\ B_1' & B_2 \end{bmatrix},$$

其中 $|A_k|$ 是 A 的 k 阶顺序主子式. 我们来证 A_k 是正定的. 在 $\mathbf{R}^k$ 中任取一个非零列向量 δ,由于 A 是正定的,因此
$$0 < \begin{bmatrix} \delta \\ 0 \end{bmatrix}' A \begin{bmatrix} \delta \\ 0 \end{bmatrix} = (\delta', 0) \begin{bmatrix} A_k & B_1 \\ B_1' & B_2 \end{bmatrix} \begin{bmatrix} \delta \\ 0 \end{bmatrix} = \delta' A_k \delta,$$

从而 A_k 是正定矩阵. 因此 $|A_k| > 0$. 由推论 7 知道,$|A| > 0$.

充分性 对于实对称矩阵的级数 n 作数学归纳法.

当 $n=1$ 时,1 级矩阵 (a),已知 $a>0$,从而 (a) 正定.

假设对于 $n-1$ 级实对称矩阵命题为真. 现在来看 n 级实对称矩阵 $A=(a_{ij})$. 把 A 写成分块矩阵:
$$A = \begin{bmatrix} A_{n-1} & \alpha \\ \alpha' & a_{nn} \end{bmatrix}, \tag{1}$$

其中 A_{n-1} 是 $n-1$ 级实对称矩阵,显然 A_{n-1} 的所有顺序主子式是 A 的 1 阶至 $n-1$ 阶顺序主子式. 由已知条件得,它们都大于零,于是据归纳假设得,A_{n-1} 是正定的. 因此有 $n-1$ 级实可逆矩阵 C_1,使得

$$C_1' A_{n-1} C_1 = I_{n-1}. \tag{2}$$

由于

$$\begin{bmatrix} A_{n-1} & \alpha \\ \alpha' & a_{nn} \end{bmatrix} \xrightarrow{② + (-\alpha' A_{n-1}^{-1}) \cdot ①} \begin{bmatrix} A_{n-1} & \alpha \\ 0 & a_{nn} - \alpha' A_{n-1}^{-1} \alpha \end{bmatrix}$$

$$\xrightarrow{② + ① \cdot (-A_{n-1}^{-1} \alpha)} \begin{bmatrix} A_{n-1} & 0 \\ 0 & a_{nn} - \alpha' A_{n-1}^{-1} \alpha \end{bmatrix},$$

记 $b = a_{nn} - \alpha' A_{n-1}^{-1} \alpha$, 因此

$$\begin{bmatrix} I_{n-1} & 0 \\ -\alpha' A_{n-1}^{-1} & 1 \end{bmatrix} \begin{bmatrix} A_{n-1} & \alpha \\ \alpha' & a_{nn} \end{bmatrix} \begin{bmatrix} I_{n-1} & -A_{n-1}^{-1} \alpha \\ 0 & 1 \end{bmatrix} = \begin{bmatrix} A_{n-1} & 0 \\ 0 & b \end{bmatrix}. \tag{3}$$

由于

$$\begin{bmatrix} I_{n-1} & 0 \\ -\alpha' A_{n-1}^{-1} & 1 \end{bmatrix} = \begin{bmatrix} I_{n-1} & -A_{n-1}^{-1} \alpha \\ 0 & 1 \end{bmatrix}',$$

因此从(3)式得

$$A \simeq \begin{bmatrix} A_{n-1} & 0 \\ 0 & b \end{bmatrix}, \tag{4}$$

且 $|A| = |A_{n-1}| b$, 从而 $b > 0$. 由于

$$\begin{bmatrix} C_1 & 0 \\ 0 & 1 \end{bmatrix}' \begin{bmatrix} A_{n-1} & 0 \\ 0 & b \end{bmatrix} \begin{bmatrix} C_1 & 0 \\ 0 & 1 \end{bmatrix} = \begin{bmatrix} C_1' A_{n-1} C_1 & 0 \\ 0 & b \end{bmatrix} = \begin{bmatrix} I_{n-1} & 0 \\ 0 & b \end{bmatrix},$$

因此

$$\begin{bmatrix} A_{n-1} & 0 \\ 0 & b \end{bmatrix} \simeq \begin{bmatrix} I_{n-1} & 0 \\ 0 & b \end{bmatrix}. \tag{5}$$

由于(5)式右端的矩阵是正定的,于是从(4),(5)式得,A 是正定的.

根据数学归纳法原理,充分性得证. ∎

从定理 8 立即得到

推论 9 实二次型 $X'AX$ 是正定的充分必要条件为 A 的所有顺序主子式全大于零. ∎

例 1 判别下述实二次型是否正定:

$$f(x_1, x_2, x_3) = x_1^2 + 2x_2^2 - 3x_3^2 + 4x_1 x_2 + 2x_2 x_3.$$

解 $f(x_1, x_2, x_3)$ 的矩阵是

$$A = \begin{bmatrix} 1 & 2 & 0 \\ 2 & 2 & 1 \\ 0 & 1 & -3 \end{bmatrix}.$$

由于 A 的 2 阶顺序主子式

$$\begin{vmatrix} 1 & 2 \\ 2 & 2 \end{vmatrix} = 2 - 4 = -2 < 0,$$

因此实二次型 $f(x_1, x_2, x_3)$ 不是正定的.

例 2 证明:对于任一实可逆矩阵 C,都有 $C'C$ 是正定矩阵.

证明 显然,$C'C$ 是对称矩阵.由于 $C'C=C'IC$,且 C 是实可逆矩阵,因此
$$C'C \simeq I,$$
从而 $C'C$ 是正定矩阵. ∎

实二次型除了有正定的以外,还有其他一些类型.

定义 4 n 元实二次型 $X'AX$ 称为是**半正定**(**负定**,**半负定**)的,如果对于 $\mathbf{R}^n$ 中任一非零列向量 α,都有
$$\alpha'A\alpha \geqslant 0 \quad (\alpha'A\alpha < 0, \alpha'A\alpha \leqslant 0).$$
如果 $X'AX$ 既不是半正定的,又不是半负定的,则称它是**不定的**.

定义 5 实对称矩阵 A 称为**半正定**(**负定**,**半负定**,**不定**)的,如果实二次型 $X'AX$ 是半正定(负定,半负定,不定)的.

例 3 判别下列 3 元实二次型属于哪种类型:

(1) $y_1^2 + y_2^2$;   (2) y_1^2;

(3) $y_1^2 + y_2^2 - y_3^2$;   (4) $-y_1^2 - y_2^2 - y_3^2$;

(5) $-y_1^2 - y_2^2$.

解 (1) 半正定; (2) 半正定; (3) 不定;

(4) 负定;   (5) 半负定.

习 题 6.3

1. 证明:如果 A,B 都是 n 级正定矩阵,则 $A+B$ 也是正定矩阵.

2. 证明:如果 A 是正定矩阵,则 A^{-1} 也是正定矩阵.

3. 证明:如果 A 是 n 级正定矩阵,则 A^* 也是正定矩阵.

4. 设 A 是 n 级实对称矩阵,它的 n 个特征值的绝对值中最大者记作 $S_r(A)$.证明:当 $t > S_r(A)$ 时,$tI+A$ 是正定矩阵.

5. 证明:正定矩阵的迹大于零.

6. 判断下列实二次型是否正定:

(1) $f(x_1,x_2,x_3) = 5x_1^2 + 6x_2^2 + 4x_3^2 - 4x_1x_2 - 4x_2x_3$;

(2) $f(x_1,x_2,x_3) = 10x_1^2 + 8x_1x_2 + 24x_1x_3 + 2x_2^2 - 28x_2x_3 + x_3^2$;

(3) $f(x_1,x_2,x_3) = 3x_1^2 + 4x_2^2 + 5x_3^2 + 4x_1x_2 - 4x_2x_3$.

7. t 满足什么条件时,下列实二次型是正定的?

(1) $f(x_1,x_2,x_3) = x_1^2 + x_2^2 + 5x_3^2 + 2tx_1x_2 - 2x_1x_3 + 4x_2x_3$;

(2) $f(x_1,x_2,x_3) = x_1^2 + 4x_2^2 + 2x_3^2 + 2tx_1x_2 + 2x_1x_3$.

*8. 证明:n 级实对称矩阵 A 是正定的充分必要条件为:有可逆实对称矩阵 C 使得 $A = C^2$.

*9. 证明：如果 A 是正定矩阵，则存在正定矩阵 C，使得 $A=C^2$.

10. 证明：如果 A 是 n 级正定矩阵，B 是 n 级半正定矩阵，则 $A+B$ 是正定矩阵.

11. 判断 $I+J$ 是否正定矩阵，其中 J 是元素全为 1 的 n 级矩阵.

12. 证明：n 级实对称矩阵 A 是负定的充分必要条件为：它的偶数阶顺序主子式全大于零，奇数阶顺序主子式全小于零.

第七章 线性空间

现实世界的空间形式中表现为"线性"的有直线、平面. 研究直线和平面的工具是向量. 空间中所有向量组成的集合有加法、数量乘法运算, 它们满足加法交换律、结合律等 8 条运算法则.

现实世界的数量关系中"线性"问题可以用线性方程组来处理. 研究线性方程组的工具是 n 维向量(即 n 元有序数组). 数域 K 上所有 n 元有序数组组成的集合 K^n, 有加法、数量乘法运算, 它们满足加法交换律、结合律等 8 条运算法则.

矩阵在研究线性方程组中发挥了重要作用, 因此矩阵也是研究线性问题的有力工具. 矩阵有加法、数量乘法、乘法三种运算. 数域 K 上所有 $s \times n$ 矩阵组成的集合中, 矩阵的加法、数量乘法运算满足加法交换律、结合律等 8 条运算法则.

从上述受到启发, 本章我们将建立一个数学模型: 线性空间, 研究线性空间的结构. 它是研究客观世界中线性问题的重要理论. 即使对于非线性问题, 经过局部化后, 就可以运用线性空间的理论, 或者用线性空间的理论研究非线性问题的某一侧面.

§1 线性空间的结构

观察

前面讲的几何空间中的向量, n 维向量, 矩阵三个例子有共同之处: 一个集合, 一个数域, 两种运算(加法与数量乘法), 8 条运算法则. 由此抽象出线性空间的概念.

抽象

为了把运算这个概念精确化, 我们先简单介绍映射的概念(在第八章开头将详细介绍有关映射的概念).

设 S 和 S' 是两个集合, 如果存在一个法则 f, 使得 S 中每一个元素 a, 都有 S' 中惟一确定的元素 b 与它对应, 则称 f 是 S 到 S' 的一个**映射**, 记作

$$f: S \to S'$$
$$a \mapsto b,$$

其中 b 称为 a 在 f 下的**像**, a 称为 b 在 f 下的一个**原像**. a 在 f 下的像用符号 $f(a)$ 或 fa 表示, 于是映射 f 也可以记成

$$f(a) = b, \quad a \in S.$$

设 V 是一个非空集合,令
$$V \times V \xlongequal{\text{def}} \{(\alpha,\beta) | \alpha,\beta \in V\},$$
集合 $V \times V$ 到 V 的一个映射称为 V 上的一个**代数运算**.

定义 1 设 V 是一个非空集合,K 是一个数域. 在 V 上定义了一种代数运算:$(\alpha,\beta) \mapsto \gamma$,叫做**加法**,把 γ 称为 α 与 β 的**和**,记作 $\gamma = \alpha + \beta$. 在 K 与 V 之间定义了一种运算,即 $K \times V$ 到 V 的一个映射:$(k,\alpha) \mapsto \delta$,叫做**数量乘法**,把 δ 称为 k 与 α 的**数量乘积**,记作 $\delta = k\alpha$. 如果加法和数量乘法满足下述 8 条运算法则:对任意的 $\alpha,\beta,\gamma \in V$,任意的 $k,l \in K$,有

1° $\alpha + \beta = \beta + \alpha$ (加法交换律);

2° $(\alpha+\beta)+\gamma = \alpha+(\beta+\gamma)$ (加法结合律);

3° V 中有一个元素,记作 0,它使得
$$\alpha + 0 = \alpha, \quad \forall \alpha \in V,$$
具有这个性质的元素 0 称为 V 的**零元素**;

4° 对于 $\alpha \in V$,存在 $\beta \in V$,使得
$$\alpha + \beta = 0,$$
具有这个性质的元素 β 称为 α 的**负元素**;

5° $1\alpha = \alpha$;

6° $(kl)\alpha = k(l\alpha)$;

7° $(k+l)\alpha = k\alpha + l\alpha$;

8° $k(\alpha+\beta) = k\alpha + k\beta$,

则称 V 是数域 K 上的一个**线性空间**.

借助几何语言,把线性空间的元素称为**向量**,线性空间又可称为**向量空间**. 数域 K 上线性空间 V 的加法与数量乘法运算统称为**线性运算**.

几何空间中以原点为起点的所有向量组成的集合,对于向量的加法与数量乘法运算,成为实数域 **R** 上的一个线性空间.

数域 K 上所有 n 元有序数组组成的集合 K^n,对于有序数组的加法与数量乘法运算,成为数域 K 上的一个线性空间. 在第三章中,我们把 K^n 称为数域 K 上的 n 维向量空间.

数域 K 上所有 $s \times n$ 矩阵组成的集合,对于矩阵的加法与数量乘法运算,成为数域 K 上的一个线性空间,记作 $M_{s \times n}(K)$.

下面我们再举一些线性空间的例子.

例 1 设 X 为实数域 **R** 的任一非空子集,定义域为 X 的所有实值函数组成的集合记作 $\mathbf{R}^X$,它对于函数的加法,以及实数与函数的数量乘法,成为 **R** 上的一个线性空间.

例 2 设 X 为任意一个非空集合,K 是一个数域,从 X 到 K 的每一个映射称为 X 上的一个 K 值函数. X 上的所有 K 值函数组成的集合记作 K^X. 在 K^X 中定义加法与数量乘法运算如下:对于 $f, g \in K^X, k \in K$,规定

$$(f+g)(x) \stackrel{\text{def}}{=\!=\!=} f(x)+g(x), \quad \forall\, x\in X,$$
$$(kf)(x) \stackrel{\text{def}}{=\!=\!=} k(f(x)), \quad \forall\, x\in X,$$

容易验证它们满足加法交换律、结合律等 8 条运算法则. 因此 K^X 是 K 上的一个线性空间. K^X 的零元素是零函数,记作 0,即
$$0(x)=0, \quad \forall\, x\in X.$$

例 3 数域 K 上所有一元多项式组成的集合记作 $K[x]$,它对于多项式的加法,以及 K 中元素与多项式的数量乘法,成为 K 上一个线性空间.

例 4 复数域 **C** 可以看成是实数域 **R** 上的一个线性空间,其加法是复数的加法,其数量乘法是实数 a 与复数 z 相乘.

例 5 数域 K 可以看成是自身上的线性空间,其加法就是数域 K 中的加法,数量乘法就是 K 中的乘法.

上述例子表明,线性空间这一数学模型适用性很广. 从现在开始,我们将从线性空间的定义出发,作逻辑推理,深入揭示线性空间的性质和结构,它们对于所有的具体的线性空间都成立.

分析

设 V 是数域 K 上的任一线性空间.

1. V 中零元素是惟一的.

证明 假设 $0_1, 0_2$ 是 V 中两个零元素,则
$$0_1+0_2=0_1,$$
$$0_1+0_2=0_2+0_1=0_2,$$
因此 $0_1=0_2$. ∎

2. V 中每个元素 α 的负元素是惟一的.

证明 假设 β_1, β_2 都是 α 的负元素,则
$$(\beta_1+\alpha)+\beta_2=(\alpha+\beta_1)+\beta_2=0+\beta_2=\beta_2+0=\beta_2,$$
$$\beta_1+(\alpha+\beta_2)=\beta_1+0=\beta_1.$$
根据加法结合律,得 $\beta_1=\beta_2$. ∎

今后把 α 的惟一的负元素记成 $-\alpha$.

利用负元素,可以在 V 中定义**减法**如下:对于 $\alpha,\beta\in V$,
$$\alpha-\beta \stackrel{\text{def}}{=\!=\!=} \alpha+(-\beta).$$

3. $0\alpha=0, \forall\, \alpha\in V$.

证明 $\qquad 0\alpha+\alpha=0\alpha+1\alpha=(0+1)\alpha=1\alpha=\alpha.$

上式两边加上 $(-\alpha)$,得
$$(0\alpha+\alpha)+(-\alpha)=\alpha+(-\alpha).$$

根据加法结合律和运算法则 4°, 3°, 得
$$0\alpha = 0. \blacksquare$$

4. $k0 = 0, \forall k \in K.$

证明
$$k0 + k0 = k(0+0) = k0.$$
上式两边加上 $-k0$, 得
$$(k0 + k0) + (-k0) = k0 + (-k0).$$
根据加法结合律和运算法则 4°, 3°, 得
$$k0 = 0. \blacksquare$$

5. 如果 $k\alpha = 0$, 那么 $k = 0$ 或 $\alpha = 0$.

证明 假设 $k \neq 0$, 则
$$\alpha = 1\alpha = (k^{-1}k)\alpha = k^{-1}(k\alpha) = k^{-1}0 = 0. \blacksquare$$

6. $(-1)\alpha = -\alpha, \forall \alpha \in V.$

证明 $\alpha + (-1)\alpha = 1\alpha + (-1)\alpha = [1 + (-1)]\alpha = 0\alpha = 0.$
从 α 的负元素的惟一性, 得 $(-1)\alpha = -\alpha. \blacksquare$

设 $\alpha_1, \alpha_2, \cdots, \alpha_s$ 是 V 中一个向量组, 任给 K 中一组数 $k_1, k_2, \cdots, k_s$, 向量 $k_1\alpha_1 + k_2\alpha_2 + \cdots + k_s\alpha_s$ 称为 $\alpha_1, \alpha_2, \cdots, \alpha_s$ 的一个**线性组合**, 其中 $k_1, k_2, \cdots, k_s$ 称为**系数**.

对于 $\beta \in V$, 如果有 K 中一组数 $c_1, c_2, \cdots, c_s$, 使得
$$\beta = c_1\alpha_1 + c_2\alpha_2 + \cdots + c_s\alpha_s,$$
则称 β 可以由 $\alpha_1, \alpha_2, \cdots, \alpha_s$ **线性表出**.

定义 2 V 中向量组 $\alpha_1, \alpha_2, \cdots, \alpha_s (s \geq 1)$ 称为是**线性相关的**, 如果有 K 中不全为零的数 $k_1, k_2, \cdots, k_s$, 使得
$$k_1\alpha_1 + k_2\alpha_2 + \cdots + k_s\alpha_s = 0. \tag{1}$$
否则, 向量组 $\alpha_1, \alpha_2, \cdots, \alpha_s$ 称为是**线性无关**的. 即, 如果从
$$k_1\alpha_1 + k_2\alpha_2 + \cdots + k_s\alpha_s = 0$$
可以推出 $k_1 = k_2 = \cdots = k_s = 0$, 则称向量组 $\alpha_1, \alpha_2, \cdots, \alpha_s$ 是线性无关的.

我们把对应于 $s = 0$ 的空向量组定义成线性无关的, 这可以为今后的讨论带来方便.

V 的非空有限子集 W 称为**线性相关**(**线性无关**)的, 如果对于 W 中元素的一种编号(从而每一种编号)所得的向量组是线性相关(线性无关)的.

定义 3 设 W 是 V 的任一无限子集, 如果 W 有一个有限子集是线性相关的, 则称 W 是**线性相关**的; 如果 W 的任何有限子集都是线性无关的, 则称 W 是**线性无关**的.

例 6 单个向量 α 线性相关 $\Leftrightarrow \alpha = 0$.

例 7 包含零向量的向量集一定线性相关.

与第三章 §2 的方法类似, 我们可以证明下述结论.

命题 1 元素个数大于或等于 2 的向量集 W 线性相关当且仅当 W 中至少有一个向量可以由其余向量中的有限个线性表出.

命题 2 设向量组 $\alpha_1,\alpha_2,\cdots,\alpha_s$ 线性无关,则向量 β 可以由 $\alpha_1,\alpha_2,\cdots,\alpha_s$ 线性表出的充分必要条件是 $\alpha_1,\alpha_2,\cdots,\alpha_s,\beta$ 线性相关.

与第三章§3的方法类似,我们引出下述概念,并且可以证明下述结论.

定义 4 设 W_1,W_2 都是 V 的非空子集,如果 W_1 中每一个向量都可以由 W_2 中有限多个向量线性表出,则称 W_1 可以由 W_2 **线性表出**. 如果 W_1 与 W_2 可以互相线性表出,则称 W_1 与 W_2 是**等价**的.

容易证明,线性表出有传递性,从而 V 中向量集的等价具有传递性. 显然,向量集的等价有反身性和对称性.

引理 1 设向量组 $\beta_1,\beta_2,\cdots,\beta_r$ 可以由向量组 $\alpha_1,\alpha_2,\cdots,\alpha_s$ 线性表出. 如果 $r>s$,那么向量组 $\beta_1,\beta_2,\cdots,\beta_r$ 线性相关.

推论 3 设向量组 $\beta_1,\beta_2,\cdots,\beta_r$ 可以由向量组 $\alpha_1,\alpha_2,\cdots,\alpha_s$ 线性表出. 如果 $\beta_1,\beta_2,\cdots,\beta_r$ 线性无关,则 $r\leqslant s$.

推论 4 等价的线性无关的向量组所含向量的个数相等.

定义 5 向量组(集)的一个部分组(子集)称为一个**极大线性无关组**(集),如果这个部分组(子集)本身是线性无关的,但是从这个向量组(集)的其余向量(如果还有的话)中任取一个添进去,得到的新的部分组(子集)都线性相关.

推论 5 向量组(集)与它的极大线性无关组(集)等价.

从推论5得,向量组(集)的任意两个极大线性无关组(集)等价. 从而有

推论 6 向量组的任意两个极大线性无关组所含向量的个数相等.

定义 6 向量组的一个极大线性无关组所含向量的个数称为这个**向量组的秩**.

全由零向量组成的向量组的秩为零.

向量组 $\alpha_1,\alpha_2,\cdots,\alpha_s$ 的秩记作 $\mathrm{rank}\{\alpha_1,\alpha_2,\cdots,\alpha_s\}$.

命题 7 向量组线性无关的充分必要条件是它的秩等于它所含向量的个数.

命题 8 如果向量组(I)可以由向量组(II)线性表出,则(I)的秩 $\leqslant$ (II)的秩.

推论 9 等价的向量组有相同的秩.

观察

几何空间的结构被它的一个基(3个不共面的向量)决定.

数域 K 上 n 元齐次线性方程组的解空间的结构被它的一个基(一个基础解系)决定.

数域 K 上 n 维向量空间 K^n 的任一非零子空间 U 的结构被 U 的一个基决定.

由这些受到启发,猜想数域 K 上任一线性空间 V 也有基,且 V 的结构由它的一个基决定.

论证

设 V 是数域 K 上的任一线性空间.

定义 7 V 中的向量集 S 如果满足下述两个条件：

1° 向量集 S 是线性无关的；

2° V 中每一个向量可以由 S 中有限多个向量线性表出，

则称 S 是 V 的一个**基**.

只含有零向量的线性空间的基为空集.

可以证明：数域 K 上任一线性空间 V 都有基. 证明可看丘维声编著《高等代数（下册）》第 176～177 页.

例 8 数域 K 上所有 $s \times n$ 矩阵形成的线性空间 $M_{s \times n}(K)$ 中，所有基本矩阵组成的子集
$$\{E_{11}, E_{12}, \cdots, E_{1n}, \cdots, E_{s1}, E_{s2}, \cdots, E_{sn}\}$$
是 $M_{s \times n}(K)$ 的一个基.

证明 每个 $s \times n$ 矩阵 $A = (a_{ij})$ 可以表示成
$$A = \sum_{i=1}^{s} \sum_{j=1}^{n} a_{ij} E_{ij}.$$

假如 $\sum_{i=1}^{s} \sum_{j=1}^{n} k_{ij} E_{ij} = 0$，则矩阵 (k_{ij}) 是零矩阵，从而
$$k_{ij} = 0, \quad 1 \leqslant i \leqslant s, \quad 1 \leqslant j \leqslant n.$$

因此 $\{E_{11}, E_{12}, \cdots, E_{1n}, \cdots, E_{s1}, E_{s2}, \cdots, E_{sn}\}$ 线性无关，从而它是 $M_{s \times n}(K)$ 的一个基. ∎

例 9 数域 K 上所有一元多项式形成的线性空间 $K[x]$ 中，子集
$$S = \{1, x, x^2, \cdots, x^n, \cdots\}$$
是 $K[x]$ 的一个基.

证明 K 上每一个一元多项式 $f(x)$ 可以写成
$$f(x) = a_0 + a_1 x + a_2 x^2 + \cdots + a_n x^n.$$

任取 S 的一个有限子集 $\{x^{i_1}, x^{i_2}, \cdots, x^{i_m}\}$. 假设
$$k_1 x^{i_1} + k_2 x^{i_2} + \cdots + k_m x^{i_m} = 0,$$
则据一元多项式的定义得，$k_1 = k_2 = \cdots = k_m = 0$，从而这个子集线性无关，因此 S 线性无关，于是 S 是 $K[x]$ 的一个基. ∎

定义 8 V 称为**有限维**的，如果 V 有一个基包含有限多个向量；否则，V 称为**无限维**的.

例 8 中的 $M_{s \times n}(K)$ 是有限维的，例 9 中的 $K[x]$ 是无限维的（容易看出，$K[x]$ 不可能有一个基是包含有限多个无素）.

定理 10 如果 V 是有限维的，则 V 的任意两个基所含向量的个数相等.

证明 由定义 8 知，V 有一个基包含有限多个向量：$\alpha_1, \alpha_2, \cdots, \alpha_n$. 设向量集 S 是 V 的另一个基. 假如 S 包含的向量个数多于 n 个，则 S 中可取出 $n+1$ 个向量：$\beta_1, \beta_2, \cdots, \beta_{n+1}$. 它们可以由 $\alpha_1, \alpha_2, \cdots, \alpha_n$ 线性表出. 据引理 1 得，$\beta_1, \beta_2, \cdots, \beta_{n+1}$ 线性相关. 这与 S 线性无关矛盾，因此 $|S| \leqslant n$. 设 $S = \{\beta_1, \beta_2, \cdots, \beta_m\}$. 据推论 4 得，$m = n$. ∎

定义 9 设 V 是有限维的，则 V 的一个基所含向量的个数称为 V 的**维数**，记作 $\dim_K V$,

简记作 $\dim V$.

只含零向量的线性空间的维数为 0.

由例 8 知道，$\dim M_{s\times n}(K)=sn$.

维数对于研究有限维线性空间的结构起着重要的作用.

命题 11 如果 $\dim V=n$，则 V 中任意 $n+1$ 个向量都线性相关.

证明 从定理 10 的证明过程可看出. ∎

命题 12 如果 $\dim V=n$，则 V 中任意 n 个线性无关的向量都是 V 的一个基.

证明 在 V 中任取 n 个线性无关的向量 $\alpha_1,\alpha_2,\cdots,\alpha_n$. 对于任意 $\beta\in V$，据命题 11 得，α_1，$\alpha_2,\cdots,\alpha_n,\beta$ 线性相关. 从而据命题 2 得，β 可以由 $\alpha_1,\alpha_2,\cdots,\alpha_n$ 线性表出. 因此 $\alpha_1,\alpha_2,\cdots,\alpha_n$ 是 V 的一个基. ∎

基对于研究线性空间的结构起着重要作用.

命题 13 设 $\alpha_1,\alpha_2,\cdots,\alpha_n$ 是 V 的一个基，则 V 中每一个向量 α 可以惟一地表示成 α_1，$\alpha_2,\cdots,\alpha_n$ 的线性组合.

证明 由基的定义知道，α 可以由 $\alpha_1,\alpha_2,\cdots,\alpha_n$ 线性表出. 假如有两种表出方式：
$$\alpha=a_1\alpha_1+a_2\alpha_2+\cdots+a_n\alpha_n,$$
$$\alpha=b_1\alpha_1+b_2\alpha_2+\cdots+b_n\alpha_n,$$

则得
$$0=(a_1-b_1)\alpha_1+(a_2-b_2)\alpha_2+\cdots+(a_n-b_n)\alpha_n.$$

由于 $\alpha_1,\alpha_2,\cdots,\alpha_n$ 线性无关，因此
$$a_1-b_1=0,\quad a_2-b_2=0,\quad \cdots,\quad a_n-b_n=0.$$

由此得出表出方式惟一. ∎

我们把 α 由基 $\alpha_1,\alpha_2,\cdots,\alpha_n$ 线性表出的系数组成的 n 元有序数组 $(a_1,a_2,\cdots,a_n)$ 称为 α 在基 $\alpha_1,\alpha_2,\cdots,\alpha_n$ 下的**坐标**. 通常把向量 α 的坐标写成列向量的形式.

由上述看出，有限维线性空间 V 中给定一个基，则 V 中每一个向量都可以惟一地表示成这个基的线性组合，从而 V 的结构就很清楚了.

思考

n 维线性空间 V 中给定两个基，V 中每一个向量分别在这两个基下的坐标有什么关系？

分析

设 $\alpha_1,\alpha_2,\cdots,\alpha_n$ 与 $\beta_1,\beta_2,\cdots,\beta_n$ 是 V 的两个基. V 中向量 α 在这两个基下的坐标分别为
$$X=(x_1,x_2,\cdots,x_n)',\quad Y=(y_1,y_2,\cdots,y_n)'.$$

为了求 X 与 Y 之间的关系,首先把这两个基之间的关系搞清楚. 由于 $\alpha_1, \alpha_2, \cdots, \alpha_n$ 是 V 的一个基,因此有

$$\begin{cases} \beta_1 = a_{11}\alpha_1 + a_{21}\alpha_2 + \cdots + a_{n1}\alpha_n, \\ \beta_2 = a_{12}\alpha_1 + a_{22}\alpha_2 + \cdots + a_{n2}\alpha_n, \\ \cdots\cdots\cdots\cdots\cdots\cdots\cdots\cdots\cdots\cdots\cdots\cdots \\ \beta_n = a_{1n}\alpha_1 + a_{2n}\alpha_2 + \cdots + a_{nn}\alpha_n. \end{cases} \quad (2)$$

为了使推导过程简洁,我们引进一种形式写法:

$$x_1\alpha_1 + x_2\alpha_2 + \cdots + x_n\alpha_n \xlongequal{\text{def}} (\alpha_1, \alpha_2, \cdots, \alpha_n)\begin{bmatrix} x_1 \\ x_2 \\ \vdots \\ x_n \end{bmatrix}. \quad (3)$$

进而可以把(2)式写成

$$(\beta_1, \beta_2, \cdots, \beta_n) = (\alpha_1, \alpha_2, \cdots, \alpha_n)\begin{bmatrix} a_{11} & a_{12} & \cdots & a_{1n} \\ a_{21} & a_{22} & \cdots & a_{2n} \\ \vdots & \vdots & & \vdots \\ a_{n1} & a_{n2} & \cdots & a_{nn} \end{bmatrix}. \quad (4)$$

我们把(4)式右端的 n 级矩阵记作 A,称它是基 $\alpha_1, \alpha_2, \cdots, \alpha_n$ 到基 $\beta_1, \beta_2, \cdots, \beta_n$ 的**过渡矩阵**. 于是(4)式可写成

$$(\beta_1, \beta_2, \cdots, \beta_n) = (\alpha_1, \alpha_2, \cdots, \alpha_n)A. \quad (5)$$

形式写法是模仿矩阵乘法的定义,因此类似于矩阵乘法的结合律,左(右)分配律,乘法与数量乘法的关系的证明方法,可以证明形式写法满足以下规则:

设 $\alpha_1, \alpha_2, \cdots, \alpha_n$ 与 $\beta_1, \beta_2, \cdots, \beta_n$ 是 V 中两个向量组,A, B 是数域 K 上两个 n 级矩阵,$k \in K$,则

$$[(\alpha_1, \alpha_2, \cdots, \alpha_n)A]B = (\alpha_1, \alpha_2, \cdots, \alpha_n)(AB), \quad (6)$$

$$(\alpha_1, \alpha_2, \cdots, \alpha_n)A + (\alpha_1, \alpha_2, \cdots, \alpha_n)B$$
$$= (\alpha_1, \alpha_2, \cdots, \alpha_n)(A + B), \quad (7)$$

$$(\alpha_1, \alpha_2, \cdots, \alpha_n)A + (\beta_1, \beta_2, \cdots, \beta_n)A$$
$$= (\alpha_1 + \beta_1, \alpha_2 + \beta_2, \cdots, \alpha_n + \beta_n)A, \quad (8)$$

$$[k(\alpha_1, \alpha_2, \cdots, \alpha_n)]A = (\alpha_1, \alpha_2, \cdots, \alpha_n)(kA)$$
$$= k[(\alpha_1, \alpha_2, \cdots, \alpha_n)A], \quad (9)$$

其中

$$(\alpha_1, \alpha_2, \cdots, \alpha_n) + (\beta_1, \beta_2, \cdots, \beta_n)$$
$$\xlongequal{\text{def}} (\alpha_1 + \beta_1, \alpha_2 + \beta_2, \cdots, \alpha_n + \beta_n), \quad (10)$$

$$k(\alpha_1,\alpha_2,\cdots,\alpha_n) \stackrel{\text{def}}{=\!=\!=} (k\alpha_1,k\alpha_2,\cdots,k\alpha_n). \tag{11}$$

命题 14 设 $\alpha_1,\alpha_2,\cdots,\alpha_n$ 是 V 的一个基,且
$$(\beta_1,\beta_2,\cdots,\beta_n)=(\alpha_1,\alpha_2,\cdots,\alpha_n)A,$$
则 $\beta_1,\beta_2,\cdots,\beta_n$ 是 V 的一个基当且仅当 A 是可逆矩阵.

证明 由于 $\alpha_1,\alpha_2,\cdots,\alpha_n$ 线性无关,并且有

$$k_1\beta_1+k_2\beta_2+\cdots+k_n\beta_n=(\beta_1,\beta_2,\cdots,\beta_n)\begin{bmatrix}k_1\\k_2\\\vdots\\k_n\end{bmatrix}$$

$$=(\alpha_1,\alpha_2,\cdots,\alpha_n)A\begin{bmatrix}k_1\\k_2\\\vdots\\k_n\end{bmatrix},$$

因此

$\beta_1,\beta_2,\cdots,\beta_n$ 是 V 的一个基 $\iff \beta_1,\beta_2,\cdots,\beta_n$ 线性无关

$\iff$ 从 $k_1\beta_1+k_2\beta_2+\cdots+k_n\beta_n=0$ 可推出 $k_1=k_2=\cdots=k_n=0$

$\iff$ 从 $(\alpha_1,\alpha_2,\cdots,\alpha_n)A\begin{bmatrix}k_1\\k_2\\\vdots\\k_n\end{bmatrix}=0$ 可推出 $\begin{bmatrix}k_1\\k_2\\\vdots\\k_n\end{bmatrix}=0$

$\iff$ 从 $A\begin{bmatrix}k_1\\k_2\\\vdots\\k_n\end{bmatrix}=0$ 可推出 $\begin{bmatrix}k_1\\k_2\\\vdots\\k_n\end{bmatrix}=0$

$\iff$ 齐次线性方程组 $AZ=0$ 只有零解

$\iff |A|\neq 0$

$\iff A$ 是可逆矩阵. ∎

命题 14 的必要性表明,基 $\alpha_1,\alpha_2,\cdots,\alpha_n$ 到基 $\beta_1,\beta_2,\cdots,\beta_n$ 的过渡矩阵 A 是可逆矩阵.

现在可以给出向量 α 分别在基 $\alpha_1,\alpha_2,\cdots,\alpha_n$ 与基 $\beta_1,\beta_2,\cdots,\beta_n$ 下的坐标 X,Y 之间的关系:由于
$$\alpha=(\alpha_1,\alpha_2,\cdots,\alpha_n)X,\quad \alpha=(\beta_1,\beta_2,\cdots,\beta_n)Y,$$
并且基 $\alpha_1,\alpha_2,\cdots,\alpha_n$ 到基 $\beta_1,\beta_2,\cdots,\beta_n$ 的过渡矩阵是 A,因此
$$(\alpha_1,\alpha_2,\cdots,\alpha_n)X=(\beta_1,\beta_2,\cdots,\beta_n)Y$$

$$= (\alpha_1, \alpha_2, \cdots, \alpha_n)AY.$$

由于同一个向量由基 $\alpha_1, \alpha_2, \cdots, \alpha_n$ 线性表出的方式惟一,从上式得

$$X = AY. \tag{12}$$

从(12)式得

$$Y = A^{-1}X. \tag{13}$$

习 题 7.1

1. 判断下述集合对于所指的运算是否形成实数域 **R** 上的线性空间:

(1) **R**$[x]$ 中所有 2 次多项式组成的集合,对于多项式的加法与数量乘法;

(2) 所有正实数组成的集合 **R**$^+$,加法与数量乘法分别定义为
$$a \oplus b = ab, \quad \forall a,b \in \mathbf{R}^+,$$
$$k \odot a = a^k, \quad \forall a \in \mathbf{R}^+, k \in \mathbf{R};$$

(3) 区间 $[a,b]$ 上的所有连续函数组成的集合,记作 $C[a,b]$,对于函数的加法与数量乘法.

2. 判断实数域 **R** 上的线性空间 **R**$^{\mathbf{R}}$ 中的下列函数组是否线性无关?

(1) $1, \cos^2 x, \cos 2x$;

(2) $1, \cos x, \cos 2x, \cos 3x$;

(3) $1, \sin x, \cos x$;

(4) $\sin x, \cos x, \sin^2 x, \cos^2 x$;

(5) $1, e^x, e^{2x}, e^{3x}, \cdots, e^{nx}$;

(6) $x^2, x|x|$.

3. 求第 1 题的 (2) 小题中线性空间的一个基和维数.

4. 把复数域 **C** 看成实数域 **R** 上的线性空间,求它的一个基和维数,以及每个复数 $z = a+bi$ 在这个基下的坐标.

5. 把数域 K 看成自身上的线性空间,求它的一个基和维数.

6. 说明数域 K 上所有 n 级对称矩阵组成的集合 V_1,对于矩阵的加法与数量乘法,形成 K 上一个线性空间,求 V_1 的一个基和维数.

7. 说明数域 K 上所有 n 级斜对称矩阵组成的集合 V_2,对于矩阵的加法与数量乘法,形成 K 上一个线性空间,求 V_2 的一个基和维数.

8. 说明数域 K 上所有 n 级上三角矩阵组成的集合 W,对于矩阵的加法与数量乘法,形成 K 上一个线性空间,求 W 的一个基和维数.

9. 在 K^3 中,设
$$\alpha_1 = \begin{bmatrix} 1 \\ 0 \\ -1 \end{bmatrix}, \quad \alpha_2 = \begin{bmatrix} 2 \\ 1 \\ 1 \end{bmatrix}, \quad \alpha_3 = \begin{bmatrix} 1 \\ 1 \\ 1 \end{bmatrix};$$

$$\beta_1 = \begin{bmatrix} 0 \\ 1 \\ 1 \end{bmatrix}, \quad \beta_2 = \begin{bmatrix} -1 \\ 1 \\ 0 \end{bmatrix}, \quad \beta_3 = \begin{bmatrix} 1 \\ 2 \\ 1 \end{bmatrix},$$

求基 $\alpha_1, \alpha_2, \alpha_3$ 到基 $\beta_1, \beta_2, \beta_3$ 的过渡矩阵，并且求向量 $\alpha = (2, 5, 3)'$ 分别在这两个基下的坐标 X, Y。

*10. 证明：在数域 K 上的 n 维线性空间 V 中，如果每一个向量都可由 $\alpha_1, \alpha_2, \cdots, \alpha_n$ 线性表出，则 $\alpha_1, \alpha_2, \cdots, \alpha_n$ 是 V 的一个基。

§2 子空间的交与和·子空间的直和

观察

数域 K 上 n 元齐次线性方程组 $AX = 0$ 的解空间 W 是 K^n 的子空间，意思是齐次线性方程组的解集 W 对于有序数组的加法与数量乘法封闭。

数域 K 上所有 n 级矩阵组成的集合记作 $M_n(K)$，它对于矩阵的加法与数量乘法形成 K 上一个线性空间。K 上所有 n 级对称矩阵组成的集合 V_1，对于矩阵的加法与数量乘法也形成 K 上一个线性空间（见习题 7.1 的第 6 题）。显然 V_1 是 $M_n(K)$ 的子集，并且 V_1 的加法就是 $M_n(K)$ 的加法，V_1 的数量乘法就是 $M_n(K)$ 的数量乘法。很自然地把 V_1 叫做 $M_n(K)$ 的一个子空间。

本节将介绍任意线性空间的子空间的概念，子空间的运算，以及研究如何利用子空间来刻画线性空间的结构。

抽象

定义 1 数域 K 上线性空间 V 的一个非空子集 U 如果对于 V 的加法与数量乘法也形成 K 上的线性空间，则称 U 是 V 的一个**线性子空间**，简称为**子空间**。

显然，$\{0\}$ 是 V 的一个子空间，称它为 V 的**零子空间**，也记作 0。

显然，V 是 V 的一个子空间，0 和 V 称为 V 的平凡子空间，其余的子空间称为非平凡子空间。

定理 1 数域 K 上线性空间 V 的非空子集 U 是 V 的一个子空间当且仅当 U 对于 V 的加法与数量乘法都封闭，即

1° $u_1, u_2 \in U \Longrightarrow u_1 + u_2 \in U$；

2° $u \in U, k \in K \Longrightarrow ku \in U$。

证明 必要性由定义 1 直接得出。现在证充分性。

由已知条件得，V 的加法与数量乘法都是 U 的运算。由于 V 是线性空间，因此 U 的加法满足交换律、结合律；数量乘法满足 $5°, 6°, 7°, 8°$ 这 4 条法则。

由于 U 是非空集,因此有 $u \in U$. 由已知条件得,$0u \in U$. 由于 V 是线性空间,因此 $0u = 0$. 从而 $0 \in U$,于是 V 的零元素是 U 的零元素.

任取 $\alpha \in U$,由已知条件得,$(-1)\alpha \in U$. 由于 V 是线性空间,因此 $(-1)\alpha = -\alpha$,从而 $-\alpha \in U$,于是 α 在 V 中的负元素 $-\alpha$ 也是 α 在 U 中的负元素.

综上述得,U 是 K 上一个线性空间. 从而 U 是 V 的一个子空间. ∎

例 1 数域 K 上所有次数小于 n 的一元多项式组成的集合记作 $K[x]_n$,证明 $K[x]_n$ 是 $K[x]$ 的一个子空间.

证明 显然 $K[x]_n$ 非空集. 由于两个次数小于 n 的一元多项式的和的次数仍小于 n,且任一数 k 与一个次数小于 n 的一元多项式的乘积的次数仍小于 n,因此 $K[x]_n$ 对于多项式的加法与数量乘法都封闭,从而 $K[x]_n$ 是 $K[x]$ 的一个子空间. ∎

命题 2 设 U 是数域 K 上 n 维线性空间 V 的一个子空间,则
$$\dim U \leqslant \dim V.$$

证明 由于 n 维线性空间 V 中任意 $n+1$ 个向量都线性相关,因此 U 的一个基所含向量的个数一定小于或等于 n,从而
$$\dim U \leqslant \dim V. \quad \blacksquare$$

命题 3 设 U 是数域 K 上 n 维线性空间 V 的一个子空间,如果 $\dim U = \dim V$,则 $U = V$.

证明 由于 $\dim U = \dim V = n$,因此 U 的一个基 $\delta_1, \delta_2, \cdots, \delta_n$ 就是 V 的一个基,从而 V 中任一向量 $\alpha = a_1 \delta_1 + a_2 \delta_2 + \cdots + a_n \delta_n \in U$,因此 $V \subseteq U$. 显然 $U \subseteq V$,因此 $U = V$. ∎

命题 4 设 U 是数域 K 上 n 维线性空间 V 的一个子空间,则 U 的一个基可以扩充成 V 的一个基.

证明 设 $\alpha_1, \alpha_2, \cdots, \alpha_s$ 是 U 的一个基,则 $s \leqslant n$. 如果 $s = n$,则 $\alpha_1, \alpha_2, \cdots, \alpha_n$ 是 V 的一个基. 下面设 $s < n$. 此时 $\alpha_1, \alpha_2, \cdots, \alpha_s$ 不是 V 的一个基,于是 V 中至少有一个向量 β_1 不能由 $\alpha_1, \alpha_2, \cdots, \alpha_s$ 线性表出,从而 $\alpha_1, \alpha_2, \cdots, \alpha_s, \beta_1$ 线性无关. 如果 $s + 1 = n$,则已得到 V 的一个基. 如果 $s + 1 < n$,则同理有 $\beta_2 \in V$,使得 $\alpha_1, \alpha_2, \cdots, \alpha_s, \beta_1, \beta_2$ 线性无关. 依次下去,到某一步,得到 n 个线性无关的向量 $\alpha_1, \alpha_2, \cdots, \alpha_s, \beta_1, \beta_2, \cdots, \beta_r$,其中 $s + r = n$,这就是 V 的一个基. ∎

如何构造数域 K 上线性空间 V 的子空间?与我们在第三章 §8 中指出的方法类似,V 中给了向量组 $\alpha_1, \alpha_2, \cdots, \alpha_s$,由它们的所有线性组合组成的集合
$$\{k_1 \alpha_1 + k_2 \alpha_2 + \cdots + k_s \alpha_s \mid k_1, k_2, \cdots, k_s \in K\}$$
是 V 的一个子空间,称它是由 $\alpha_1, \alpha_2, \cdots, \alpha_s$ **生成的子空间**,记作 $\langle \alpha_1, \alpha_2, \cdots, \alpha_s \rangle$.

与第三章 §8 的方法类似,可以证明下述结论:

定理 5 在数域 K 上的线性空间 V 中,如果
$$U = \langle \alpha_1, \alpha_2, \cdots, \alpha_s \rangle,$$
则向量组 $\alpha_1, \alpha_2, \cdots, \alpha_s$ 的一个极大线性无关组是 U 的一个基,从而
$$\dim U = \mathrm{rank}\{\alpha_1, \alpha_2, \cdots, \alpha_s\}. \quad \blacksquare$$

从基的定义容易看出,如果 $\delta_1,\delta_2,\cdots,\delta_r$ 是 V 的子空间 U 的一个基,则 $U=\langle\delta_1,\delta_2,\cdots,\delta_r\rangle$. 由此看出,$V$ 的任一有限维子空间都是由向量组生成的子空间.

观察

几何空间 V 中,给了两个过原点 O 的平面 V_1,V_2,它们是 V 的子空间,如图 7-1 所示. 从 V_1 与 V_2 能得到 V 的哪些子空间呢?

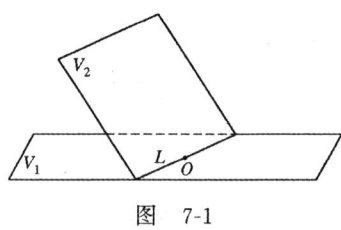

图 7-1

分析

上述几何空间的例子中,平面 V_1 与 V_2 的交线 L 是 V 的一个子空间. 一般地,我们有下述结论:

定理 6 设 V_1,V_2 都是数域 K 上线性空间 V 的子空间,则 $V_1 \cap V_2$ 也是 V 的子空间.

证明 因为 $0 \in V_1 \cap V_2$,所以 $V_1 \cap V_2$ 非空集. 设 $\alpha,\beta \in V_1 \cap V_2$,则 $\alpha,\beta \in V_i$,$i=1,2$. 从而 $\alpha+\beta \in V_i$,$i=1,2$,因此 $\alpha+\beta \in V_1 \cap V_2$. 同理可证,$V_1 \cap V_2$ 对于 V 的数量乘法封闭. 因此 $V_1 \cap V_2$ 是 V 的子空间. ∎

子空间的交适合交换律、结合律,即
$$V_1 \cap V_2 = V_2 \cap V_1, \quad (V_1 \cap V_2) \cap V_3 = V_1 \cap (V_2 \cap V_3).$$

由结合律,我们可定义多个子空间的交: $\bigcap_{i=1}^{s} V_i$,它是 V 的一个子空间.

$V_1 \cup V_2$ 是不是 V 的一个子空间? 从上述几何空间的例子看出,如果 $\alpha_i \in V_i$,且 $\alpha_i \notin L$,$i=1,2$,则虽然 $\alpha_i \in V_1 \cup V_2$,$i=1,2$,但是 $\alpha_1+\alpha_2$ 可能不属于 $V_1 \cup V_2$,因此 $V_1 \cup V_2$ 不是 V 的子空间. 如果我们想构造一个包含 $V_1 \cup V_2$ 的子空间,那么这个子空间应当包含 V_1 中任一向量 α_1 与 V_2 中任一向量 α_2 的和. 由此受到启发,我们应当考虑下述集合:
$$\{\alpha_1 + \alpha_2 \mid \alpha_1 \in V_1, \alpha_2 \in V_2\}.$$

定理 7 设 V_1,V_2 都是数域 K 上线性空间 V 的子空间,则 V 的子集
$$\{\alpha_1 + \alpha_2 \mid \alpha_1 \in V_1, \alpha_2 \in V_2\}$$
是 V 的一个子空间,称它为 V_1 与 V_2 的**和**,记作 V_1+V_2,即
$$V_1 + V_2 = \{\alpha_1 + \alpha_2 \mid \alpha_1 \in V_1, \alpha_2 \in V_2\}. \tag{1}$$

证明 由于 $0=0+0$,因此 $0 \in V_1+V_2$. 在 V_1+V_2 中任取两个向量 α,β,则 $\alpha=\alpha_1+\alpha_2$,$\beta=\beta_1+\beta_2$,其中 $\alpha_1,\beta_1 \in V_1$,$\alpha_2,\beta_2 \in V_2$. 于是 $\alpha_1+\beta_1 \in V_1$,$\alpha_2+\beta_2 \in V_2$. 因此

$$\alpha + \beta = (\alpha_1 + \alpha_2) + (\beta_1 + \beta_2)$$
$$= (\alpha_1 + \beta_1) + (\alpha_2 + \beta_2) \in V_1 + V_2.$$

同理可证 V_1+V_2 对于 V 的数量乘法封闭,因此 V_1+V_2 是 V 的一个子空间. ∎

从(1)式容易看出,子空间的和适合下述运算规则:

1° $V_1+V_2=V_2+V_1$ （交换律）;

2° $(V_1+V_2)+V_3=V_1+(V_2+V_3)$ （结合律）.

由结合律,我们可以定义多个子空间的和:

$$V_1 + V_2 + \cdots + V_s = \{\alpha_1 + \alpha_2 + \cdots + \alpha_s | \alpha_i \in V_i, i=1,2,\cdots,s\}, \tag{2}$$

它仍是 V 的一个子空间.

命题 8　设 $\alpha_1,\alpha_2,\cdots,\alpha_s$ 与 $\beta_1,\beta_2,\cdots,\beta_r$ 是数域 K 上线性空间 V 的两个向量组,则
$$\langle \alpha_1,\alpha_2,\cdots,\alpha_s \rangle + \langle \beta_1,\beta_2,\cdots,\beta_r \rangle$$
$$= \langle \alpha_1,\alpha_2,\cdots,\alpha_s,\beta_1,\beta_2,\cdots,\beta_r \rangle.$$

证明　根据向量组生成的子空间的定义以及子空间的和的定义,得到
$$\langle \alpha_1,\alpha_2,\cdots,\alpha_s \rangle + \langle \beta_1,\beta_2,\cdots,\beta_r \rangle$$
$$= \{(k_1\alpha_1 + k_2\alpha_2 + \cdots + k_s\alpha_s) + (l_1\beta_1 + l_2\beta_2 + \cdots + l_r\beta_r) |$$
$$k_i, l_j \in K, 1 \leqslant i \leqslant s, 1 \leqslant j \leqslant r\}$$
$$= \langle \alpha_1,\alpha_2,\cdots,\alpha_s,\beta_1,\beta_2,\cdots,\beta_r \rangle. \quad \blacksquare$$

观察

如图 7-1 所示,$\dim V_1 = \dim V_2 = 2$, $\dim(V_1 \cap V_2) = 1$,容易看出,$V_1 + V_2 = V$,因此 $\dim(V_1+V_2) = 3$,于是有
$$\dim V_1 + \dim V_2 = \dim(V_1+V_2) + \dim(V_1 \cap V_2).$$
对于任意 n 维线性空间,上式是否成立?回答是肯定的.

论证

定理 9（子空间的维数公式）　设 V_1,V_2 都是数域 K 上 n 维线性空间 V 的子空间,则
$$\dim V_1 + \dim V_2 = \dim(V_1+V_2) + \dim(V_1 \cap V_2). \tag{3}$$

证明　设 $V_1,V_2,V_1 \cap V_2$ 的维数分别是 n_1,n_2,m. 在 $V_1 \cap V_2$ 中取一个基 $\alpha_1,\alpha_2,\cdots,\alpha_m$,由于 $V_1 \cap V_2 \subseteq V_i, i=1,2$,因此可把 $\alpha_1,\alpha_2,\cdots,\alpha_m$ 分别扩充成 V_1,V_2 的一个基:
$$\alpha_1,\alpha_2,\cdots,\alpha_m,\beta_1,\cdots,\beta_{n_1-m},$$
$$\alpha_1,\alpha_2,\cdots,\alpha_m,\gamma_1,\cdots,\gamma_{n_2-m},$$
于是
$$V_1 + V_2 = \langle \alpha_1,\alpha_2,\cdots,\alpha_m,\beta_1,\cdots,\beta_{n_1-m} \rangle + \langle \alpha_1,\alpha_2,\cdots,\alpha_m,\gamma_1,\cdots,\gamma_{n_2-m} \rangle$$

$$= \langle \alpha_1, \alpha_2, \cdots, \alpha_m, \beta_1, \cdots, \beta_{n_1-m}, \gamma_1, \cdots, \gamma_{n_2-m} \rangle.$$

如果能证明向量 $\alpha_1, \alpha_2, \cdots, \alpha_m, \beta_1, \cdots, \beta_{n_1-m}, \gamma_1, \cdots, \gamma_{n_2-m}$ 线性无关,则它是 V_1+V_2 的一个基,从而得出

$$\dim(V_1+V_2) = m + (n_1-m) + (n_2-m) = n_1 + n_2 - m$$
$$= \dim V_1 + \dim V_2 - \dim(V_1 \cap V_2).$$

假设有等式

$$k_1\alpha_1 + k_2\alpha_2 + \cdots + k_m\alpha_m + p_1\beta_1 + \cdots + p_{n_1-m}\beta_{n_1-m}$$
$$+ q_1\gamma_1 + \cdots + q_{n_2-m}\gamma_{n_2-m} = 0, \tag{4}$$

则

$$q_1\gamma_1 + \cdots + q_{n_2-m}\gamma_{n_2-m} = -k_1\alpha_1 - \cdots - k_m\alpha_m - p_1\beta_1 - \cdots$$
$$- p_{n_1-m}\beta_{n_1-m}. \tag{5}$$

(5)式左边的向量属于 V_2,右边的向量属于 V_1,从而左边的向量属于 $V_1 \cap V_2$,因此它可由 $\alpha_1, \cdots, \alpha_m$ 线性表出:

$$q_1\gamma_1 + \cdots + q_{n_2-m}\gamma_{n_2-m} = l_1\alpha_1 + \cdots + l_m\alpha_m.$$

移项得

$$l_1\alpha_1 + l_2\alpha_2 + \cdots + l_m\alpha_m - q_1\gamma_1 - \cdots - q_{n_2-m}\gamma_{n_2-m} = 0. \tag{6}$$

由于 $\alpha_1, \alpha_2, \cdots, \alpha_m, \gamma_1, \cdots, \gamma_{n_2-m}$ 是 V_2 的一个基,因此从(6)式得出

$$l_1 = l_2 = \cdots = l_m = q_1 = \cdots = q_{n_2-m} = 0,$$

代入(4)式,得

$$k_1\alpha_1 + k_2\alpha_2 + \cdots + k_m\alpha_m + p_1\beta_1 + \cdots + p_{n_1-m}\beta_{n_1-m} = 0.$$

同理可得

$$k_1 = k_2 = \cdots = k_m = p_1 = \cdots = p_{n_1-m} = 0.$$

因此 $\alpha_1, \alpha_2, \cdots, \alpha_m, \beta_1, \cdots, \beta_{n_1-m}, \gamma_1, \cdots, \gamma_{n_2-m}$ 线性无关. ▌

推论 10 设 V_1, V_2 都是数域 K 上 n 维线性空间 V 的子空间,则
$$\dim(V_1+V_2) = \dim V_1 + \dim V_2 \Leftrightarrow V_1 \cap V_2 = 0. ▌$$

观察

几何空间 V 中,V_1 是过原点的一个平面,V_2 是过原点的一条直线,且 V_2 不在平面 V_1 上. 如图 7-2 所示,容易看出,$V_1+V_2=V$,且 V_1+V_2 中每个向量 α 能被惟一地表示成

$$\alpha = \alpha_1 + \alpha_2, \quad \alpha_1 \in V_1, \alpha_2 \in V_2.$$

由此受到启发,引出下述概念.

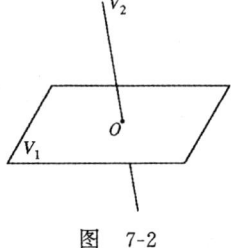

图 7-2

抽象

定义 2 设 V_1, V_2 是数域 K 上线性空间 V 的子空间,如果 V_1+V_2 中每个向量 α 能惟一地表示成
$$\alpha = \alpha_1 + \alpha_2, \quad \alpha_1 \in V_1, \alpha_2 \in V_2, \tag{7}$$
则称 V_1+V_2 是**直和**,记作 $V_1 \oplus V_2$.

定理 11 设 V_1, V_2 是数域 K 上 n 维线性空间 V 的子空间,则下列命题互相等价:
(i) V_1+V_2 是直和;
(ii) V_1+V_2 中零向量的表法惟一;
(iii) $V_1 \cap V_2 = 0$;
(iv) $\dim(V_1+V_2) = \dim V_1 + \dim V_2$;
(v) V_1 的一个基与 V_2 的一个基合起来是 V_1+V_2 的一个基.

证明 (i)$\Longrightarrow$(ii)是显然的.

(ii)$\Longrightarrow$(iii). 任取 $\alpha \in V_1 \cap V_2$,于是零向量可表成
$$0 = \alpha + (-\alpha), \quad \alpha \in V_1, -\alpha \in V_2.$$
由已知条件得,$\alpha = 0$. 因此 $V_1 \cap V_2 = 0$.

(iii)$\Longrightarrow$(i). 任取 $\alpha \in V_1+V_2$,假设 α 有两种表法:
$$\alpha = \alpha_1 + \alpha_2, \quad \alpha_1 \in V_1, \alpha_2 \in V_2,$$
$$\alpha = \beta_1 + \beta_2, \quad \beta_1 \in V_1, \beta_2 \in V_2,$$
则 $\alpha_1+\alpha_2 = \beta_1+\beta_2$,从而得到 $\alpha_1-\beta_1 = \beta_2-\alpha_2 \in V_1 \cap V_2$. 由于 $V_1 \cap V_2 = 0$,因此 $\alpha_1 = \beta_1, \alpha_2 = \beta_2$,从而 V_1+V_2 是直和.

(iii)$\Longleftrightarrow$(iv). 这由推论 10 立即得到.

(iv)$\Longrightarrow$(v). 设 $\alpha_1, \alpha_2, \cdots, \alpha_s$ 是 V_1 的一个基,$\beta_1, \beta_2, \cdots, \beta_r$ 是 V_2 的一个基,则
$$V_1+V_2 = \langle \alpha_1, \alpha_2, \cdots, \alpha_s \rangle + \langle \beta_1, \beta_2, \cdots, \beta_r \rangle$$
$$= \langle \alpha_1, \alpha_2, \cdots, \alpha_s, \beta_1, \beta_2, \cdots, \beta_r \rangle.$$
因为 $\dim(V_1+V_2) = \dim V_1 + \dim V_2 = s+r$,且 V_1+V_2 的每一个向量可由 $\alpha_1, \alpha_2, \cdots, \alpha_s, \beta_1, \beta_2, \cdots, \beta_r$ 线性表出,所以 $\alpha_1, \alpha_2, \cdots, \alpha_s, \beta_1, \beta_2, \cdots, \beta_r$ 是 V_1+V_2 的一个基(参看习题 7.1 第 10 题).

(v)$\Longrightarrow$(iv). 这是显然的. ∎

设 V_1, V_2 都是线性空间 V 的子空间,如果它们满足:
1° $V_1+V_2 = V$;
2° V_1+V_2 是直和,

则称 V 是 V_1 与 V_2 的直和,记作 $V = V_1 \oplus V_2$. 此时称 V_1 是 V_2 的一个**补空间**,也称 V_2 是 V_1 的一个补空间.

例 2 设 $V = M_n(K)$,其中 K 是数域. 分别用 V_1, V_2 表示 K 上所有 n 级对称、斜对称矩

阵组成的子空间,证明:
$$V = V_1 \oplus V_2.$$

证明 第一步,证明 $V_1+V_2=V$. 显然 $V_1+V_2 \subseteq V$. 关键要证 $V \subseteq V_1+V_2$. 任取 $A \in V = M_n(K)$,有
$$A = \frac{A+A'}{2} + \frac{A-A'}{2}. \tag{8}$$

容易验证 $\frac{A+A'}{2}$ 是对称矩阵, $\frac{A-A'}{2}$ 是斜对称矩阵,因此从(8)式得, $A \in V_1+V_2$. 从而 $V \subseteq V_1+V_2$. 因此 $V=V_1+V_2$.

第二步,证明 V_1+V_2 是直和,为此只要证 $V_1 \cap V_2 = 0$. 任取 $B \in V_1 \cap V_2$,则 $B'=B$,且 $B'=-B$,于是 $B=-B$,即 $2B=0$,从而 $B=0$. 因此 $V_1 \cap V_2 = 0$.

综上述得, $V=V_1 \oplus V_2$. ∎

子空间的直和的概念可以推广到多个子空间的情形.

定义 3 设 $V_1, V_2, \cdots, V_s$ 都是数域 K 上线性空间 V 的子空间,如果 $V_1+V_2+\cdots+V_s$ 中每一个向量 α 可惟一地表示成
$$\alpha = \alpha_1 + \alpha_2 + \cdots + \alpha_s, \quad \alpha_i \in V_i, \, i=1,2,\cdots,s, \tag{9}$$

则称 $V_1+V_2+\cdots+V_s$ 是**直和**,记作 $V_1 \oplus V_2 \oplus \cdots \oplus V_s$ 或 $\bigoplus_{i=1}^{s} V_i$.

不难证明下述结论:

定理 12 设 $V_1, V_2, \cdots, V_s$ 都是数域 K 上 n 维线性空间 V 的子空间,则下列命题互相等价:

(i) $V_1+V_2+\cdots+V_s$ 是直和;

(ii) $V_1+V_2+\cdots+V_s$ 中零向量的表法惟一;

(iii) $V_i \cap \left(\sum_{j \neq i} V_j \right) = 0, \, i=1,2,\cdots,s$;

(iv) $\dim(V_1+V_2+\cdots+V_s) = \dim V_1 + \dim V_2 + \cdots + \dim V_s$;

(v) $V_i (i=1,2,\cdots,s)$ 的一个基,合起来是 $V_1+V_2+\cdots+V_s$ 的一个基.

证明的途径是:

$$\text{(i)} \Rightarrow \text{(ii)} \Rightarrow \text{(iii)} \Rightarrow \text{(iv)} \Rightarrow \text{(v)}$$
$$\qquad\qquad\qquad \Downarrow \qquad\quad \Downarrow$$
$$\qquad\qquad\qquad \text{(i)} \qquad\quad \text{(ii)}$$

习 题 7.2

1. 判断数域 K 上下列 n 元方程的解集是否为 K^n 的子空间:

(1) $a_1 x_1 + a_2 x_2 + \cdots + a_n x_n = 0$;

(2) $a_1 x_1 + a_2 x_2 + \cdots + a_n x_n = 1$;

(3) $x_1^2 + x_2^2 + x_3^2 + \cdots + x_{n-1}^2 - x_n^2 = 0$.

2. 设 A 是数域 K 上的一个 n 级矩阵. 证明：数域 K 上所有与 A 可交换的矩阵组成的集合是 $M_n(K)$ 的一个子空间，把它记作 $C(A)$.

3. 设 $A=\mathrm{diag}\{a_1,a_2,\cdots,a_n\}$，其中 $a_1,a_2,\cdots,a_n$ 是数域 K 中两两不同的数，求 $C(A)$ 的一个基和维数.

4. 设 $V=K^4$，$V_1=\langle\alpha_1,\alpha_2,\alpha_3\rangle$，$V_2=\langle\beta_1,\beta_2\rangle$，其中

$$\alpha_1=\begin{bmatrix}1\\2\\1\\0\end{bmatrix},\quad \alpha_2=\begin{bmatrix}-1\\1\\1\\1\end{bmatrix},\quad \alpha_3=\begin{bmatrix}0\\3\\2\\1\end{bmatrix},$$

$$\beta_1=\begin{bmatrix}2\\-1\\0\\1\end{bmatrix},\quad \beta_2=\begin{bmatrix}1\\-1\\3\\7\end{bmatrix}.$$

分别求 V_1+V_2，$V_1\cap V_2$ 的一个基和维数.

5. 设 $V=K^4$，$V_1=\langle\alpha_1,\alpha_2\rangle$，$V_2=\langle\beta_1,\beta_2\rangle$，其中

$$\alpha_1=\begin{bmatrix}1\\-1\\0\\1\end{bmatrix},\quad \alpha_2=\begin{bmatrix}-2\\3\\1\\-3\end{bmatrix},\quad \beta_1=\begin{bmatrix}1\\2\\0\\-2\end{bmatrix},\quad \beta_2=\begin{bmatrix}1\\3\\1\\-3\end{bmatrix},$$

分别求 V_1+V_2，$V_1\cap V_2$ 的一个基和维数.

6. 设 $V=K^n$，齐次线性方程组

$$x_1+x_2+\cdots+x_n=0$$

的解空间记作 V_1；齐次线性方程组

$$\begin{cases}x_1-x_2=0,\\x_1-x_3=0,\\\cdots\cdots\cdots\cdots\\x_1-x_n=0\end{cases}$$

的解空间记作 V_2，证明：$V=V_1\oplus V_2$.

7. 证明：数域 K 上每一个 n 维线性空间 V 都可以表示成 n 个一维子空间的直和.

8. 用 $M_n^0(K)$ 表示 $M_n(K)$ 中迹为零的矩阵组成的集合.

(1) 证明：$M_n^0(K)$ 是线性空间 $M_n(K)$ 的一个子空间；

(2) 证明：$M_n(K)=\langle I\rangle\oplus M_n^0(K)$.

*9. 设 A 是数域 K 上的 n 级矩阵，$\lambda_1,\lambda_2,\cdots,\lambda_s$ 是 A 的全部不同的特征值，用 V_{λ_j} 表示 A 的属于 λ_j 的特征子空间. 证明：A 可对角化的充分必要条件是

$$K^n=V_{\lambda_1}\oplus V_{\lambda_2}\oplus\cdots\oplus V_{\lambda_s}.$$

§3 线性空间的同构

观察

数域 K 上 n 维线性空间 V 与数域 K 上 n 元有序数组组成的线性空间 K^n 非常相像. 例如, 对于 K^n 中向量组 $\alpha_1, \alpha_2, \cdots, \alpha_s$ 生成的子空间 $U = \langle \alpha_1, \alpha_2, \cdots, \alpha_s \rangle$, 向量组 $\alpha_1, \alpha_2, \cdots, \alpha_s$ 的一个极大线性无关组是 U 的一个基, $\dim U$ 等于 $\mathrm{rank}\{\alpha_1, \alpha_2, \cdots, \alpha_s\}$. 对于 V 中向量组生成的子空间也有同样的结论.

为什么数域 K 上 n 维线性空间 V 与 K^n 这样相像? 本节就来确切地阐述这种现象的实质.

抽象

定义 1 设 V 与 V' 都是数域 K 上的线性空间, 如果在 V 与 V' 的元素之间存在一个一一对应 σ, 使得对于任意 $\alpha, \beta \in V, k \in K$, 有

$$\sigma(\alpha + \beta) = \sigma(\alpha) + \sigma(\beta), \tag{1}$$

$$\sigma(k\alpha) = k\sigma(\alpha), \tag{2}$$

那么称 σ 是 V 到 V' 的一个**同构映射**(简称为**同构**). 如果 V 到 V' 有一个同构映射, 则称 V 与 V' 是**同构的**, 记作

$$V \cong V'.$$

数域 K 上线性空间 V 到 V' 的一个同构映射 σ 具有下列性质.

性质 1 $\sigma(0)$ 是 V' 的零元素 $0'$.

证明 因为 $0\alpha = 0$, 所以
$$\sigma(0) = \sigma(0\alpha) = 0\sigma(\alpha) = 0'. \blacksquare$$

性质 2 对于任意 $\alpha \in V$, 有 $\sigma(-\alpha) = -\sigma(\alpha)$.

证明 $\sigma(-\alpha) = \sigma((-1)\alpha) = (-1)\sigma(\alpha) = -\sigma(\alpha). \blacksquare$

性质 3 对于 V 中任一向量组 $\alpha_1, \alpha_2, \cdots, \alpha_s$, K 中任意一组数 $k_1, k_2, \cdots, k_s$, 有
$$\sigma(k_1\alpha_1 + k_2\alpha_2 + \cdots + k_s\alpha_s) = k_1\sigma(\alpha_1) + k_2\sigma(\alpha_2) + \cdots + k_s\sigma(\alpha_s).$$

证明 由定义 1 即得. $\blacksquare$

性质 4 V 中向量组 $\alpha_1, \alpha_2, \cdots, \alpha_s$ 线性相关当且仅当 $\sigma(\alpha_1), \sigma(\alpha_2), \cdots, \sigma(\alpha_s)$ 是 V' 中线性相关的向量组.

证明 因为 σ 是 V 到 V' 的一个一一对应, 所以如果 $\sigma(\alpha) = \sigma(\beta)$, 则 $\alpha = \beta$. 于是有
$$k_1\alpha_1 + k_2\alpha_2 + \cdots + k_s\alpha_s = 0$$
$$\Leftrightarrow \sigma(k_1\alpha_1 + k_2\alpha_2 + \cdots + k_s\alpha_s) = \sigma(0)$$
$$\Leftrightarrow k_1\sigma(\alpha_1) + k_2\sigma(\alpha_2) + \cdots + k_s\sigma(\alpha_s) = 0',$$

从而 $\alpha_1,\alpha_2,\cdots,\alpha_s$ 线性相关当且仅当 $\sigma(\alpha_1),\sigma(\alpha_2),\cdots,\sigma(\alpha_s)$ 线性相关. ∎

性质 5 如果 $\alpha_1,\alpha_2,\cdots,\alpha_n$ 是 V 的一个基,则 $\sigma(\alpha_1),\sigma(\alpha_2),\cdots,\sigma(\alpha_n)$ 是 V' 的一个基.

证明 据性质 4 得,$\sigma(\alpha_1),\sigma(\alpha_2),\cdots,\sigma(\alpha_n)$ 是 V' 的一个线性无关的向量组. 任取 $\beta\in V'$,由于 σ 是 V 到 V' 的一个一一对应,因此存在 $\alpha\in V$,使得 $\sigma(\alpha)=\beta$. 设

$$\alpha = a_1\alpha_1 + a_2\alpha_2 + \cdots + a_n\alpha_n,$$

则
$$\beta = \sigma(\alpha) = a_1\sigma(\alpha_1) + a_2\sigma(\alpha_2) + \cdots + a_n\sigma(\alpha_n),$$

因此 $\sigma(\alpha_1),\sigma(\alpha_2),\cdots,\sigma(\alpha_n)$ 是 V' 的一个基. ∎

定理 1 数域 K 上两个有限维线性空间同构的充分必要条件是它们的维数相同.

证明 设 V 与 V' 都是数域 K 上有限维线性空间.

必要性从性质 5 立即得出.

充分性 设 $\dim V = \dim V' = n$. 在 V,V' 中各取一个基:$\alpha_1,\alpha_2,\cdots,\alpha_n$;$\gamma_1,\gamma_2,\cdots,\gamma_n$. 令

$$\sigma: V \to V'$$

$$\alpha = \sum_{i=1}^n a_i\alpha_i \mapsto \sum_{i=1}^n a_i\gamma_i. \tag{3}$$

从(3)式看出,V 中每一个向量 α 都有 V' 中惟一的向量与 α 对应. 由于 $\gamma_1,\gamma_2,\cdots,\gamma_n$ 是 V' 的一个基,因此 V 中不同的向量对应于 V' 中不同的向量;并且 V' 中每一个向量 $\delta = \sum_{i=1}^n b_i\gamma_i$,都有 V 中向量 $\beta = \sum_{i=1}^n b_i\alpha_i$ 对应于 δ. 因此 σ 是 V 到 V' 的一个一一对应. 设 $\alpha = \sum_{i=1}^n a_i\alpha_i$,$\beta = \sum_{i=1}^n b_i\alpha_i$,$k\in K$,则

$$\sigma(\alpha+\beta) = \sigma\left(\sum_{i=1}^n (a_i+b_i)\alpha_i\right) = \sum_{i=1}^n (a_i+b_i)\gamma_i$$

$$= \sum_{i=1}^n a_i\gamma_i + \sum_{i=1}^n b_i\gamma_i$$

$$= \sigma(\alpha) + \sigma(\beta),$$

$$\sigma(k\alpha) = \sigma\left(\sum_{i=1}^n (ka_i)\alpha_i\right) = \sum_{i=1}^n (ka_i)\gamma_i$$

$$= k\sum_{i=1}^n a_i\gamma_i = k\sigma(\alpha),$$

因此 σ 是 V 到 V' 的一个同构映射,从而 $V\cong V'$. ∎

从定理 1 立即得出,数域 K 上任一 n 维线性空间 V 都与 K^n 同构,并且可以如下建立 V 到 K^n 的一个同构映射:在 V 中取一个基 $\alpha_1,\alpha_2,\cdots,\alpha_n$;$K^n$ 中取标准基 $\varepsilon_1,\varepsilon_2,\cdots,\varepsilon_n$. 令

$$\sigma: V \to K^n$$

$$\alpha = \sum_{i=1}^n a_i\alpha_i \mapsto \sum_{i=1}^n a_i\varepsilon_i = (a_1,a_2,\cdots,a_n)', \tag{4}$$

即把 V 中每一个向量 α 对应到它在 V 的一个基 $\alpha_1, \alpha_2, \cdots, \alpha_n$ 下的坐标 $(a_1, a_2, \cdots, a_n)'$，这就是 V 到 K^n 的一个同构映射. 正是因为数域 K 上任一 n 维线性空间 V 与 K^n 同构，所以 V 与 K^n 才这么相像，它们虽然元素不同，但是有关线性运算的性质却完全一样. 从而我们可以利用 K^n 的性质来研究 K 上 n 维线性空间的性质.

*命题 2 设 V 是数域 K 上 n 维线性空间，U 是 V 的一个子空间. V 中取一个基 $\alpha_1, \alpha_2, \cdots, \alpha_n$，$\sigma$ 把 V 中每一个向量 α 对应到它在基 $\alpha_1, \alpha_2, \cdots, \alpha_n$ 下的坐标. 令

$$\sigma(U) \stackrel{\text{def}}{=\!=} \{\sigma(\alpha) \,|\, \alpha \in U\},$$

则 $\sigma(U)$ 是 K^n 的一个子空间，且 $\dim U = \dim \sigma(U)$.

证明 显然 $\sigma(U)$ 是非空集. 任取 $\alpha, \beta \in U$，有 $\alpha + \beta \in U, k\alpha \in U$. 由于 σ 是 V 到 K^n 的一个同构映射，因此

$$\sigma(\alpha) + \sigma(\beta) = \sigma(\alpha + \beta) \in \sigma(U),$$
$$k\sigma(\alpha) = \sigma(k\alpha) \in \sigma(U),$$

因此 $\sigma(U)$ 是 K^n 的一个子空间.

由于 U 与 $\sigma(U)$ 都是数域 K 上有限维线性空间，且 σ 限制到 U 上是 U 到 $\sigma(U)$ 的一个同构映射，因此据定理 1 的必要性得

$$\dim U = \dim \sigma(U). \quad \blacksquare$$

同构是数域 K 上线性空间之间的一种关系. 不难证明，同构关系具有反身性、对称性和传递性.

习 题 7.3

1. 证明：数域 K 上的线性空间 $M_{s \times n}(K)$ 与 K^{sn} 同构，并且写出一个同构映射.

2. 证明：数域 K 上的线性空间 $K[x]_n$ 与 K^n 同构，并且写出一个同构映射.

3. 证明：实数域 **R** 作为它自身上的线性空间与习题 7.1 的第 1 题 (2) 小题的线性空间 $\mathbf{R}^+$ 同构，并且写出一个同构映射.

*4. 令

$$L = \left\{ \begin{bmatrix} a & b \\ -b & a \end{bmatrix} \,\middle|\, a, b \in \mathbf{R} \right\}.$$

(1) 证明：L 是实数域上线性空间 $M_2(\mathbf{R})$ 的一个子空间，并且求 L 的一个基的维数；

(2) 证明：复数域 **C** 作为实数域 **R** 上的线性空间与 L 同构，并且写出一个同构映射.

第八章 线性映射

回顾与提高

我们来详细介绍有关映射的概念和重要结论.

定义1 设 S 和 S' 是两个集合,如果存在一个法则 f,使得集合 S 中每一个元素 a,都有集合 S' 中惟一确定的元素 b 与它对应,则称 f 是 S 到 S' 的一个**映射**,记作
$$f\colon S \to S'$$
$$a \mapsto b,$$
其中 b 称为 a 在 f 下的**像**,a 称为 b 在 f 下的一个**原像**. a 在 f 下的像用符号 $f(a)$(或 fa)表示,于是映射 f 也可以记成
$$f(a) = b, \quad a \in S.$$

设 f 是集合 S 到集合 S' 的一个映射,则把 S 叫做映射 f 的**定义域**,把 S' 叫做 f 的**陪域**. S 的所有元素在 f 下的像组成的集合叫做 f 的**值域**或 f 的**像**,记作 $f(S)$ 或 $\mathrm{Im} f$,即
$$f(S) \xlongequal{\text{def}} \{f(a) \mid a \in S\}.$$
容易看出,$f(S) \subseteq S'$,即 f 的值域是 f 的陪域的子集.

设 f 是集合 S 到集合 S' 的一个映射,如果 f 的值域 $f(S)$ 与陪域 S' 相等,则称 f 是**满射**(或 f 是 S 到 S' 上的映射). 显然,f 是满射当且仅当 f 的陪域中的每一个元素都有至少一个原像.

如果定义域 S 中不同的元素在映射 f 下的像也不同,则称 f 是**单射**(或 f 是 1-1 的映射). 显然,f 是单射当且仅当从 $a_1, a_2 \in S$,且 $f(a_1) = f(a_2)$ 可以推出 $a_1 = a_2$.

如果映射 f 既是单射,又是满射,则称 f 是**双射**(或 f 是 S 到 S' 的**一一对应**). 显然,f 是双射当且仅当陪域中每一个元素都有惟一的一个原像.

映射 f 与映射 g 称为**相等**,如果它们的定义域相等,陪域相等,并且对应法则相同(即 $\forall x \in S$,有 $f(x) = g(x)$).

集合 S 到自身的每一个映射,通常称为 S 上的一个**变换**.

集合 S 到数集(数域 K 的任一非空子集)的每一个映射,通常称为 S 上的一个**函数**. 即,通常认为函数是陪域为数集的映射.

陪域 S' 中的元素 b 在映射 f 下的所有原像组成的集合称为 b 在 f 下的**原像集**,记作 $f^{-1}(b)$,它是定义域 S 的一个子集.

定义2 映射 $f\colon S \to S$ 如果把 S 中每一个元素对应到它自身,即 $\forall x \in S$,有 $f(x) = x$,

则称 f 是**恒等映射**(或 V 上的**恒等变换**),记作 1_S.

定义 3 相继施行映射 $g: S \to S'$ 和 $f: S' \to S''$,得到一个 S 到 S'' 的映射,称为 f 与 g 的**乘积**(或**合成**),记作 fg,即

$$(fg)(a) \stackrel{\text{def}}{=\!=} f(g(a)), \quad \forall\, a \in S. \tag{1}$$

容易证明,映射的乘法适合结合律. 注意映射的乘法不适合交换律.

容易直接验证,对于任意一个映射 $f: S \to S'$,有

$$f 1_S = f, \quad 1_{S'} f = f. \tag{2}$$

定义 4 设 $f: S \to S'$,如果存在一个映射 $g: S' \to S$,使得

$$fg = 1_{S'}, \quad gf = 1_S, \tag{3}$$

则称映射 f 是**可逆的**,此时称 g 是 f 的一个**逆映射**.

容易证明,如果 f 是可逆的,则它的逆映射是惟一的. 我们把 f 的逆映射记作 f^{-1}. 从(3)式得

$$f f^{-1} = 1_{S'}, \quad f^{-1} f = 1_S. \tag{4}$$

(4)式表明,当 f 是可逆映射时,它的逆映射 f^{-1} 也可逆,并且

$$(f^{-1})^{-1} = f. \tag{5}$$

定理 1 映射 $f: S \to S'$ 是可逆的充分必要条件为 f 是双射.

证明 必要性 设 $f: S \to S'$ 是可逆的,则有逆映射 $f^{-1}: S' \to S$,并且

$$f f^{-1} = 1_{S'}, \quad f^{-1} f = 1_S.$$

任给 $a' \in S'$,有 $f^{-1}(a') \in S$,且

$$f(f^{-1}(a')) = (f f^{-1})(a') = 1_{S'}(a') = a',$$

因此 a' 在 f 下有至少一个原像 $f^{-1}(a')$,从而 f 是满射.

任给 $a_1, a_2 \in S$,假如 $f(a_1) = f(a_2)$,则

$$f^{-1}(f(a_1)) = f^{-1}(f(a_2)).$$

由于 $f^{-1}(f(a_1)) = (f^{-1} f)(a_1) = 1_S(a_1) = a_1$,同理 $f^{-1}(f(a_2)) = a_2$,因此,$a_1 = a_2$,从而 f 是单射,因此 f 是双射.

充分性 设 $f: S \to S'$ 是双射. 则对于任意 $a' \in S'$,a' 在 f 下有惟一的一个原像 a,此时 $f(a) = a'$. 令

$$g: S' \to S$$
$$a' \mapsto a,$$

则 g 是 S' 到 S 的一个映射,并且

$$(fg)(a') = f(g(a')) = f(a) = a',$$

因此 $fg = 1_{S'}$.

任取 $x \in S$,由映射 g 的定义知道,$g(f(x)) = x$. 因此

$$(gf)(x) = g(f(x)) = x,$$

从而 $gf=1_S$,因此 f 是可逆的. ∎

观察

$M_n(K)$ 上的迹函数具有下述性质:
$$\operatorname{tr}(A+B) = \operatorname{tr}(A) + \operatorname{tr}(B),$$
$$\operatorname{tr}(kA) = k\operatorname{tr}(A).$$

在闭区间 $[a,b]$ 上所有连续函数组成的集合 $C[a,b]$ 中,求函数的定积分具有下述性质:
$$\int_a^b [f(x) + g(x)]\mathrm{d}x = \int_a^b f(x)\mathrm{d}x + \int_a^b g(x)\mathrm{d}x,$$
$$\int_a^b kf(x)\mathrm{d}x = k\int_a^b f(x)\mathrm{d}x.$$

注意 $M_n(K)$ 是数域 K 上的线性空间,K 可看成自身上的线性空间;$C[a,b]$ 是实数域 **R** 上的线性空间,**R** 可看成自身上的线性空间. 因此迹函数和求定积分分别是 K 上的线性空间 $M_n(K)$ 到 K 的一个映射,**R** 上的线性空间 $C[a,b]$ 到 **R** 的一个映射,并且它们都保持加法运算和数量乘法运算. 我们把这样的映射叫做**线性映射**.

本章就来研究线性映射的性质. 线性空间和线性映射是线性代数研究的基本对象,可以说线性代数是关于线性空间和线性映射的理论.

§1 线性映射及其运算

抽象

定义 1 设 V 与 V' 是数域 K 上的两个线性空间,V 到 V' 的一个映射 $\mathcal{A}$ 如果保持加法运算和数量乘法运算,即

$$\mathcal{A}(\alpha + \beta) = \mathcal{A}(\alpha) + \mathcal{A}(\beta), \quad \forall\, \alpha,\beta \in V, \tag{1}$$

$$\mathcal{A}(k\alpha) = k\mathcal{A}(\alpha), \quad \forall\, \alpha \in V, k \in K, \tag{2}$$

则称 $\mathcal{A}$ 是 V 到 V' 的一个**线性映射**.

线性空间 V 到自身的线性映射通常称为 V 上的**线性变换**.

数域 K 上的线性空间 V 到 K 的线性映射称为 V 上的**线性函数**.

例 1 线性空间 V 到 V' 的**零映射**(即 $\mathcal{A}(\alpha)=0$, $\forall\, \alpha\in V$)是线性映射,记作 **0**.

例 2 线性空间 V 上的**恒等变换** 1_V 是 V 上的一个线性变换,也可记成 I.

例 3 给定 $k\in K$,K 上线性空间 V 到自身的一个映射 $k(\alpha)=k\alpha$,称为 V 上由 k 决定的**数乘变换**. 它是 V 上的一个线性变换. 当 $k=0$ 时,便得到零变换;当 $k=1$ 时,便得到恒等变换.

例 4 设 A 是数域 K 上的一个 $s\times n$ 矩阵,令

$$A(\alpha) \xmathrel{\overset{\text{def}}{=\!=\!=}} A\alpha, \quad \forall\, \alpha \in K^n,$$

则 A 是 K^n 到 K^s 的一个线性映射.

例 5 用 $C^{(1)}(a,b)$ 表示区间 (a,b) 上所有一次可微函数组成的集合,容易验证它是实数域 $\mathbf{R}$ 上的线性空间 $\mathbf{R}^{(a,b)}$ 的一个子空间. 用 D 表示求导数,即

$$D(f(x)) = f'(x), \quad \forall\, f(x) \in C^{(1)}(a,b),$$

则 D 是 $C^{(1)}(a,b)$ 到 $\mathbf{R}^{(a,b)}$ 的一个线性映射.

例 6 σ 是线性空间 V 到 V' 的一个同构映射当且仅当 σ 是 V 到 V' 的一个可逆线性映射.

证明 由于同构映射比线性映射多一个条件:——对应(即双射),而一个映射是双射当且仅当它是可逆映射,因此命题成立. ∎

由于线性映射只比同构映射少了双射这一条件,因此同构映射的性质中,只要它的证明没有用到单射和满射的条件,那么对于线性映射也成立. 于是如果 A 是数域 K 上线性空间 V 到 V' 的线性映射,则 A 有下述性质:

1° $A(0) = 0'$,其中 $0'$ 是 V' 的零向量;

2° $A(-\alpha) = -A(\alpha), \forall\, \alpha \in V$;

3° $A(k_1\alpha_1 + k_2\alpha_2 + \cdots + k_s\alpha_s) = k_1 A(\alpha_1) + k_2 A(\alpha_2) + \cdots + k_s A(\alpha_s)$;

4° 如果 $\alpha_1, \alpha_2, \cdots, \alpha_s$ 是 V 的一个线性相关的向量组,则 $A(\alpha_1), A(\alpha_2), \cdots, A(\alpha_s)$ 是 V' 的一个线性相关的向量组;但是反之不成立. 即线性映射可能把线性无关的向量组变成线性相关的向量组;

5° 如果 V 是有限维的,且 $\alpha_1, \alpha_2, \cdots, \alpha_n$ 是 V 的一个基,则对于 V 中任一向量 $\alpha = a_1\alpha_1 + a_2\alpha_2 + \cdots + a_n\alpha_n$,有

$$A(\alpha) = a_1 A(\alpha_1) + a_2 A(\alpha_2) + \cdots + a_n A(\alpha_n). \tag{3}$$

这表明,只要知道了 V 的一个基 $\alpha_1, \alpha_2, \cdots, \alpha_n$ 在 A 下的像,那么 V 中任一向量在 A 下的像就都确定了. 即 n 维线性空间 V 到 V' 的线性映射完全被它在 V 的一个基上的作用所决定.

数域 K 上有限维线性空间 V 到 K 上任一线性空间 V' 的线性映射一定存在,而且有很多. 理由如下:

设 $\alpha_1, \alpha_2, \cdots, \alpha_n$ 是 V 的一个基,在 V' 中任意取 n 个向量 $\gamma_1, \gamma_2, \cdots, \gamma_n$(它们中可以有相同的),令

$$A: V \to V'$$
$$\alpha = \sum_{i=1}^{n} a_i \alpha_i \mapsto \sum_{i=1}^{n} a_i \gamma_i, \tag{4}$$

则 A 是 V 到 V' 的一个映射,并且容易验证 A 保持加法和数量乘法运算,因此 A 是 V 到 V' 的一个线性映射,并且有

$$A\alpha_j = \gamma_j, \quad j = 1, 2, \cdots, n. \tag{5}$$

思考

线性映射有哪些运算?

分析

命题 1 设 V,U,W 都是数域 K 上的线性空间,A 是 V 到 U 的一个线性映射,B 是 U 到 W 的一个线性映射,则 BA 是 V 到 W 的一个线性映射.

证明 显然 BA 是 V 到 W 的一个映射. 任取 $\alpha,\beta \in V, k \in K$,有
$$(BA)(\alpha+\beta) = B(A(\alpha+\beta)) = B(A\alpha + A\beta)$$
$$= B(A\alpha) + B(A\beta) = (BA)\alpha + (BA)\beta,$$
$$(BA)(k\alpha) = B(A(k\alpha)) = B(kA\alpha)$$
$$= k(B(A\alpha)) = k((BA)\alpha),$$

因此 BA 是 V 到 V' 的一个线性映射. ∎

由于映射的乘法适合结合律,不适合交换律,因此线性映射的乘法也适合结合律,不适合交换律.

命题 2 设 A 是线性空间 V 到 V' 的一个线性映射,如果 A 可逆,则 A^{-1} 是 V' 到 V 的一个线性映射.

证 A 是 V 到 V' 的可逆线性映射
$\iff A$ 是 V 到 V' 的同构映射
$\implies A^{-1}$ 是 V' 到 V 的同构映射(据同构关系的对称性)
$\implies A^{-1}$ 是 V' 到 V 的可逆线性映射. ∎

由于数域 K 上两个有限维线性空间 V 与 V' 同构的充分必要条件是它们的维数相同,因此 V 到 V' 的可逆线性映射存在的充分必要条件是 $\dim V = \dim V'$.

线性映射还有加法运算与数量乘法运算.

命题 3 设 A,B 都是数域 K 上线性空间 V 到 V' 的线性映射,$k \in K$,令
$$(A+B)\alpha \xlongequal{\text{def}} A\alpha + B\alpha, \quad \forall \alpha \in V; \tag{6}$$
$$(kA)\alpha \xlongequal{\text{def}} k(A\alpha), \quad \forall \alpha \in V, \tag{7}$$

则 $A+B, kA$ 都是 V 到 V' 的线性映射,称 $A+B$ 是 A 与 B 的**和**,称 kA 是 k 与 A 的数量乘积.

证明 显然由(6)式定义的 $A+B$ 是 V 到 V' 的一个映射. 对于任意 $\alpha,\beta \in V, l \in K$,有
$$(A+B)(\alpha+\beta) = A(\alpha+\beta) + B(\alpha+\beta)$$
$$= A\alpha + A\beta + B\alpha + B\beta$$
$$= (A+B)\alpha + (A+B)\beta,$$
$$(A+B)(l\alpha) = A(l\alpha) + B(l\alpha) = lA\alpha + lB\alpha$$
$$= l(A\alpha + B\alpha) = l(A+B)\alpha,$$

因此 $A+B$ 是 V 到 V' 的线性映射.

同理可证由(7)式定义的 kA 是 V 到 V' 的线性映射. ∎

容易验证,线性映射的加法与数量乘法满足线性空间定义中的 8 条运算法则,因此数域 K 上 V 到 V' 的所有线性映射组成的集合成为 K 上的一个线性空间,记作 $\mathrm{Hom}(V,V')$.

特别地,数域 K 上的线性空间 V 上的所有线性变换组成的集合成为 K 上的一个线性空间,记作 $\mathrm{Hom}(V,V)$. 此外, $\mathrm{Hom}(V,V)$ 还有乘法运算,并且容易验证乘法与数量乘法满足下述关系式:$\forall A,B \in \mathrm{Hom}(V,V), k \in K$,有

$$k(AB) = (kA)B = A(kB). \tag{8}$$

在 $\mathrm{Hom}(V,V')$ 中可定义减法运算如下:

$$A - B \xlongequal{\mathrm{def}} A + (-B).$$

在 $\mathrm{Hom}(V,V)$ 中,可以定义线性变换 A 的正整数指数幂:

$$A^m \xlongequal{\mathrm{def}} \underbrace{A \cdot A \cdots A}_{m\text{个}}. \tag{9}$$

还可以定义 A 的零次幂:

$$A^0 \xlongequal{\mathrm{def}} I. \tag{10}$$

容易验证:

$$A^m \cdot A^n = A^{m+n}, \quad (A^m)^n = A^{mn}, \quad m,n \in \mathbb{N}. \tag{11}$$

当 A 可逆时,可以定义

$$A^{-m} \xlongequal{\mathrm{def}} (A^{-1})^m, \quad m \in \mathbb{N}. \tag{12}$$

设 $f(x) = a_0 + a_1 x + \cdots + a_m x^m$ 是数域 K 上的一元多项式,x 用 V 上的线性变换 A 代入,得

$$f(A) = a_0 I + a_1 A + \cdots + a^m A^m. \tag{13}$$

$f(A)$ 仍是 V 上的一个线性变换,称 $f(A)$ 是 A 的一个多项式. 容易验证,A 的任意两个多项式 $f(A)$ 与 $g(A)$ 是可交换的,即

$$f(A)g(A) = g(A)f(A). \tag{14}$$

习 题 8.1

1. 判断下面所定义的 K^3 上的变换,哪些是线性变换?

(1) $A \begin{bmatrix} x_1 \\ x_2 \\ x_3 \end{bmatrix} = \begin{bmatrix} x_1 - x_2 \\ x_2 + x_3 \\ x_3^2 \end{bmatrix}$; (2) $A \begin{bmatrix} x_1 \\ x_2 \\ x_3 \end{bmatrix} = \begin{bmatrix} 2x_1 - x_2 \\ x_2 + x_3 \\ 3x_1 - x_2 + x_3 \end{bmatrix}$.

2. 判断下面所定义的 $M_n(K)$ 上的变换,哪些是线性变换?

(1) 设 $A \in M_n(K)$,令

$$\mathcal{A}(X) = XA, \quad \forall X \in M_n(K);$$

(2) 设 $B, C \in M_n(K)$,令
$$A(X) = BXC, \quad \forall X \in M_n(K).$$

*3. 判断下面定义的 $K[x]$ 上的变换是不是线性变换？给定 $a \in K$，令
$$Af(x) = f(x+a), \quad \forall f(x) \in K[x].$$

4. 设 $\mathbf{R}^+$ 是习题 7.1 第 1 题(2)小题的实线性空间，判别 $\mathbf{R}^+$ 到 $\mathbf{R}$ 的下述映射是不是线性映射？设 $a > 0$ 且 $a \neq 1$，令
$$\log_a : \mathbf{R}^+ \to \mathbf{R}$$
$$x \mapsto \log_a x.$$

*5. 在 $K[x]$ 中，令
$$Af(x) = xf(x), \quad \forall f(x) \in K[x].$$
(1) 证明 A 是 $K[x]$ 上的一个线性变换；
(2) 用 D 表示求导数，证明：
$$DA - AD = I.$$

6. 设 $\alpha_1, \alpha_2, \cdots, \alpha_n$ 是线性空间 V 的一个基，A 是 V 上的一个线性变换，证明：A 可逆当且仅当 $A\alpha_1, A\alpha_2, \cdots, A\alpha_n$ 是 V 的一个基.

7. 设 A 是线性空间 V 上的一个线性变换，证明：如果
$$A^{m-1}\alpha \neq 0, \quad A^m\alpha = 0 \quad (m > 0),$$
则 $\alpha, A\alpha, A^2\alpha, \cdots, A^{m-1}\alpha$ 线性无关.

8. 设 V 是数域 K 上的线性空间，并且 $V = U \oplus W$。对于 $\alpha \in V$，α 可惟一表示成 $\alpha = \alpha_1 + \alpha_2, \alpha_1 \in U, \alpha_2 \in W$。令
$$P_U(\alpha) = \alpha_1, \quad P_W(\alpha) = \alpha_2.$$
(1) 证明 P_U, P_W 都是 V 上的一个线性变换，称 P_U 是平行于 W 在 U 上的投影，称 P_W 是平行于 U 在 W 上的投影；
(2) 证明：
$$P_U(\delta) = \begin{cases} \delta, & \text{当 } \delta \in U, \\ 0, & \text{当 } \delta \in W; \end{cases}$$
(3) 证明：$P_U^2 = P_U$，$P_U + P_W = I$，$P_U P_W = \mathbf{0}$。
(注：如果线性变换 A 满足 $A^2 = A$，则称 A 是**幂等变换**.)

§2 线性映射的矩阵表示

观察

数域 K 上 n 维线性空间 V 上的线性变换有加法、数量乘法、乘法三种运算. 数域 K 上 n

级矩阵也有这三种运算. 线性变换与矩阵之间是不是有某种联系? 本节就来研究这个问题.

分析

设 V 是数域 K 上的 n 维线性空间,$\mathcal{A}$ 是 V 上的一个线性变换. 我们知道,$\mathcal{A}$ 被它在 V 的一个基上的作用决定. 于是取 V 的一个基 $\alpha_1, \alpha_2, \cdots, \alpha_n$. 由于 $\mathcal{A}\alpha_i \in V$,因此 $\mathcal{A}\alpha_i$ 可以被 V 的这个基 $\alpha_1, \alpha_2, \cdots, \alpha_n$ 惟一地线性表出:

$$\begin{cases} \mathcal{A}\alpha_1 = a_{11}\alpha_1 + a_{21}\alpha_2 + \cdots + a_{n1}\alpha_n, \\ \mathcal{A}\alpha_2 = a_{12}\alpha_1 + a_{22}\alpha_2 + \cdots + a_{n2}\alpha_n, \\ \cdots\cdots\cdots\cdots\cdots\cdots\cdots\cdots\cdots\cdots\cdots\cdots \\ \mathcal{A}\alpha_n = a_{1n}\alpha_1 + a_{2n}\alpha_2 + \cdots + a_{nn}\alpha_n. \end{cases} \tag{1}$$

按照形式写法,(1)式可以写成

$$(\mathcal{A}\alpha_1, \mathcal{A}\alpha_2, \cdots, \mathcal{A}\alpha_n) = (\alpha_1, \alpha_2, \cdots, \alpha_n) \begin{bmatrix} a_{11} & a_{12} & \cdots & a_{1n} \\ a_{21} & a_{22} & \cdots & a_{2n} \\ \vdots & \vdots & & \vdots \\ a_{n1} & a_{n2} & \cdots & a_{nn} \end{bmatrix}. \tag{2}$$

我们把(2)式右端的 n 级矩阵 (a_{ij}) 记作 A,把 A 称为**线性变换 $\mathcal{A}$ 在基 $\alpha_1, \alpha_2, \cdots, \alpha_n$ 下的矩阵**. A 的第 j 列是 $\mathcal{A}\alpha_j$ 在基 $\alpha_1, \alpha_2, \cdots, \alpha_n$ 下的坐标,$j=1,2,\cdots,n$. 因此 A 被线性变换 $\mathcal{A}$ 惟一决定.

我们把 $(\mathcal{A}\alpha_1, \mathcal{A}\alpha_2, \cdots, \mathcal{A}\alpha_n)$ 简记成 $\mathcal{A}(\alpha_1, \alpha_2, \cdots, \alpha_n)$. 于是从(2)式得,$n$ 级矩阵 A 是 V 上线性变换 $\mathcal{A}$ 在基 $\alpha_1, \alpha_2, \cdots, \alpha_n$ 下的矩阵当且仅当下式成立:

$$\mathcal{A}(\alpha_1, \alpha_2, \cdots, \alpha_n) = (\alpha_1, \alpha_2, \cdots, \alpha_n)A. \tag{3}$$

例1 在 $\mathbf{R}^\mathbf{R}$ 中,设

$$V = \langle 1, \sin x, \cos x \rangle.$$

求导数 D 是 V 上的线性变换(因为 $D(k_1 \cdot 1 + k_2 \sin x + k_3 \cos x) = k_2 \cos x - k_3 \sin x \in V$);$1, \sin x, \cos x$ 是 V 的一个基(因为它们线性无关). 写出 D 在基 $1, \sin x, \sin x$ 下的矩阵.

解 因为

$$\begin{cases} D(1) = 0 = 0 \cdot 1 + 0 \cdot \sin x + 0 \cdot \cos x, \\ D(\sin x) = \cos x = 0 \cdot 1 + 0 \cdot \sin x + 1 \cdot \cos x, \\ D(\cos x) = -\sin x = 0 \cdot 1 + (-1)\sin x + 0 \cdot \cos x, \end{cases}$$

所以 D 在基 $1, \sin x, \cos x$ 下的矩阵是

$$D = \begin{bmatrix} 0 & 0 & 0 \\ 0 & 0 & -1 \\ 0 & 1 & 0 \end{bmatrix}.$$

上述说明，n 维线性空间 V 上的线性变换可以用矩阵来表示. 下面我们来讨论两个有限维线性空间之间的线性映射能不能用矩阵来表示.

设 V 和 V' 分别是数域 K 上 n 维，s 维线性空间，$\mathcal{A}$ 是 V 到 V' 的一个线性映射. 在 V 中取一个基 $\alpha_1,\alpha_2,\cdots,\alpha_n$；在 V' 中取一个基 $\eta_1,\eta_2,\cdots,\eta_s$. 由于 $\mathcal{A}\alpha_i\in V'$，因此 $\mathcal{A}\alpha_i$ 可以由 V' 的基 $\eta_1,\eta_2,\cdots,\eta_s$ 惟一地线性表出：

$$\begin{cases}\mathcal{A}\alpha_1 = a_{11}\eta_1 + a_{21}\eta_2 + \cdots + a_{s1}\eta_s,\\ \mathcal{A}\alpha_2 = a_{12}\eta_1 + a_{22}\eta_2 + \cdots + a_{s2}\eta_s,\\ \cdots\cdots\cdots\cdots\cdots\cdots\cdots\cdots\cdots\cdots\cdots\cdots\\ \mathcal{A}\alpha_n = a_{1n}\eta_1 + a_{2n}\eta_2 + \cdots + a_{sn}\eta_s.\end{cases} \quad (4)$$

按照形式写法，(4) 式可以写成

$$(\mathcal{A}\alpha_1,\mathcal{A}\alpha_2,\cdots,\mathcal{A}\alpha_n) = (\eta_1,\eta_2,\cdots,\eta_s)\begin{bmatrix}a_{11} & a_{12} & \cdots & a_{1n}\\ a_{21} & a_{22} & \cdots & a_{2n}\\ \vdots & \vdots & & \vdots\\ a_{s1} & a_{s2} & \cdots & a_{sn}\end{bmatrix}. \quad (5)$$

我们把 (5) 式右端的 $s\times n$ 矩阵 (a_{ij}) 记作 A，称 A 是**线性映射 $\mathcal{A}$ 在 V 的基 $\alpha_1,\alpha_2,\cdots,\alpha_n$ 和 V' 的基 $\eta_1,\eta_2,\cdots,\eta_s$ 下的矩阵**. A 的第 j 列是 $\mathcal{A}\alpha_j$ 在基 $\eta_1,\eta_2,\cdots,\eta_s$ 下的坐标，$j=1,2,\cdots,n$，因此 A 被线性映射 $\mathcal{A}$ 惟一决定. 从 (5) 式得 $s\times n$ 矩阵 A 是 V 到 V' 的线性映射 $\mathcal{A}$ 在 V 的基 $\alpha_1,\alpha_2,\cdots,\alpha_n$ 和 V' 的基 $\eta_1,\eta_2,\cdots,\eta_s$ 下的矩阵当且仅当下式成立：

$$\mathcal{A}(\alpha_1,\alpha_2,\cdots,\alpha_n) = (\eta_1,\eta_2,\cdots,\eta_s)A. \quad (6)$$

思考

从上面看到，数域 K 上 n 维线性空间 V 到 s 维线性空间 V' 的每一个线性映射 $\mathcal{A}$ 可以用一个 $s\times n$ 矩阵 A 来表示. 我们在本章第 1 节已经知道，V 到 V' 的所有线性映射组成的集合 $\mathrm{Hom}(V,V')$ 是数域 K 上一个线性空间. 我们又知道，K 上所有 $s\times n$ 矩阵组成的集合 $M_{s\times n}(K)$ 也是数域 K 上一个线性空间. 试问：这两个线性空间之间有什么关系？

分析

在 V 中取一个基 $\alpha_1,\alpha_2,\cdots,\alpha_n$；在 V' 中取一个基 $\eta_1,\eta_2,\cdots,\eta_s$. 令

$$\sigma: \mathrm{Hom}(V,V') \to M_{s\times n}(K)$$
$$\mathcal{A} \mapsto A,$$

其中 A 是线性映射 $\mathcal{A}$ 在 V 的基 $\alpha_1,\alpha_2,\cdots,\alpha_n$ 和 V' 的基 $\eta_1,\eta_2,\cdots,\eta_s$ 下的矩阵.

显然，σ 是 $\mathrm{Hom}(V,V')$ 到 $M_{s\times n}(K)$ 的一个映射. 先看 σ 是否单射？设 V 到 V' 的线性映射 $\mathcal{B}$ 在 V 的基 $\alpha_1,\cdots,\alpha_n$ 和 V' 的基 $\eta_1,\cdots,\eta_s$ 下的矩阵为 B，则 $\sigma(\mathcal{B})=B$. 又 $\sigma(\mathcal{A})=A$. 如果 $A=B$，由于 A 的第 j 列是 $\mathcal{A}\alpha_j$ 在 V' 的基 $\eta_1,\eta_2,\cdots,\eta_s$ 下的坐标，B 的第 j 列是 $\mathcal{B}\alpha_j$ 在这个基

下的坐标,因此 $A\alpha_j = B\alpha_j, j=1,2,\cdots,n$. 从而对一切 $\alpha \in V$,有 $A\alpha = B\alpha$. 因此 $A=B$,这表明 σ 是单射.

再看 σ 是否满射. 任给 $C \in M_{s \times n}(K)$,令
$$(\gamma_1, \gamma_2, \cdots, \gamma_n) = (\eta_1, \eta_2, \cdots, \eta_s)C, \tag{7}$$

显然 $\gamma_1, \gamma_2, \cdots, \gamma_n \in V'$. 据本章 §1 中(4)式和(5)式知道,存在 V 到 V' 的一个线性映射 $\mathcal{C}$,使得 $\mathcal{C}\alpha_j = \gamma_j, j=1,2,\cdots,n$,于是
$$\mathcal{C}(\alpha_1, \alpha_2, \cdots, \alpha_n) = (\gamma_1, \gamma_2, \cdots, \gamma_n) = (\eta_1, \eta_2, \cdots, \eta_s)C. \tag{8}$$

(8)式表明,C 是线性映射 $\mathcal{C}$ 的矩阵,因此 $\sigma(\mathcal{C})=C$. 这表明 σ 是满射.

上述表明 σ 是 $\mathrm{Hom}(V,V')$ 到 $M_{s \times n}(K)$ 的一个双射. 现在来看 σ 是否保持加法与数量乘法运算.

设 $\mathcal{A}, \mathcal{B} \in \mathrm{Hom}(V,V'), k \in K$. 设 $\sigma(\mathcal{A})=A, \sigma(\mathcal{B})=B$. 由于
$$\begin{aligned}(\mathcal{A}+\mathcal{B})(\alpha_1, \alpha_2, \cdots, \alpha_n) &= (\mathcal{A}\alpha_1 + \mathcal{B}\alpha_1, \mathcal{A}\alpha_2 + \mathcal{B}\alpha_2, \cdots, \mathcal{A}\alpha_n + \mathcal{B}\alpha_n) \\ &= (\mathcal{A}\alpha_1, \mathcal{A}\alpha_2, \cdots, \mathcal{A}\alpha_n) + (\mathcal{B}\alpha_1, \mathcal{B}\alpha_2, \cdots, \mathcal{B}\alpha_n) \\ &= (\eta_1, \eta_2, \cdots, \eta_s)A + (\eta_1, \eta_2, \cdots, \eta_s)B \\ &= (\eta_1, \eta_2, \cdots, \eta_s)(A+B),\end{aligned}$$

因此线性映射 $\mathcal{A}+\mathcal{B}$ 的矩阵是 $A+B$. 从而
$$\sigma(\mathcal{A}+\mathcal{B}) = A+B = \sigma(\mathcal{A}) + \sigma(\mathcal{B}),$$

这表明 σ 保持加法运算. 我们又有
$$\begin{aligned}(k\mathcal{A})(\alpha_1, \alpha_2, \cdots, \alpha_n) &= (k\mathcal{A}\alpha_1, k\mathcal{A}\alpha_2, \cdots, k\mathcal{A}\alpha_n) \\ &= k(\mathcal{A}\alpha_1, \mathcal{A}\alpha_2, \cdots, \mathcal{A}\alpha_n) = k[(\eta_1, \eta_2, \cdots, \eta_s)A] \\ &= (\eta_1, \eta_2, \cdots, \eta_s)(kA),\end{aligned}$$

因此线性映射 $k\mathcal{A}$ 的矩阵是 kA. 从而
$$\sigma(k\mathcal{A}) = kA = k\sigma(\mathcal{A}), \tag{9}$$

这表明 σ 保持数量乘法运算.

综上述,σ 是线性空间 $\mathrm{Hom}(V,V')$ 到 $M_{s \times n}(K)$ 的一个同构映射,因此我们得到下述结论:

定理 1 设 V 和 V' 分别是数域 K 上 n 维、s 维线性空间,则
$$\mathrm{Hom}(V,V') \cong M_{s \times n}(K), \tag{10}$$

从而
$$\begin{aligned}\dim \mathrm{Hom}(V,V') &= \dim M_{s \times n}(K) = sn \\ &= (\dim V)(\dim V'). \end{aligned} \tag{11}$$ ∎

推论 2 设 V 是数域 K 上的 n 维线性空间,则
$$\mathrm{Hom}(V,V) \cong M_n(K), \tag{12}$$

且
$$\dim \mathrm{Hom}(V,V) = (\dim V)^2. \tag{13}$$

在 $\mathrm{Hom}(V,V)$ 与 $M_n(K)$ 中,都有乘法运算. 我们可以进一步证明:把线性变换 $\mathcal{A}$ 对应

到它在 V 的基 $\alpha_1,\alpha_2,\cdots,\alpha_n$ 下的矩阵 A 的映射 σ 还保持乘法运算：设线性变换 $\boldsymbol{B}$ 在 V 的基 $\alpha_1,\alpha_2,\cdots,\alpha_n$ 下的矩阵是 $B=(b_{ij})$. 由于

$$\begin{aligned}
(\boldsymbol{AB})(\alpha_1,\alpha_2,\cdots,\alpha_n) &= \boldsymbol{A}(\boldsymbol{B}\alpha_1,\boldsymbol{B}\alpha_2,\cdots,\boldsymbol{B}\alpha_n)\\
&= \boldsymbol{A}[(\alpha_1,\alpha_2,\cdots,\alpha_n)B]\\
&= \boldsymbol{A}(b_{11}\alpha_1+b_{21}\alpha_2+\cdots+b_{n1}\alpha_n,\cdots,b_{1n}\alpha_1+b_{2n}\alpha_2+\cdots+b_{nn}\alpha_n)\\
&= (b_{11}\boldsymbol{A}\alpha_1+b_{21}\boldsymbol{A}\alpha_2+\cdots+b_{n1}\boldsymbol{A}\alpha_n,\cdots,b_{1n}\boldsymbol{A}\alpha_1+b_{2n}\boldsymbol{A}\alpha_2+\cdots+b_{nn}\boldsymbol{A}\alpha_n)\\
&= (\boldsymbol{A}\alpha_1,\boldsymbol{A}\alpha_2,\cdots,\boldsymbol{A}\alpha_n)\begin{bmatrix}b_{11}&\cdots&b_{1n}\\\vdots&&\vdots\\b_{n1}&\cdots&b_{nn}\end{bmatrix}\\
&= [\boldsymbol{A}(\alpha_1,\alpha_2,\cdots,\alpha_n)]B\\
&= [(\alpha_1,\alpha_2,\cdots,\alpha_n)A]B = (\alpha_1,\alpha_2,\cdots,\alpha_n)(AB),
\end{aligned} \tag{14}$$

因此 $\boldsymbol{AB}$ 在基 $\alpha_1,\alpha_2,\cdots,\alpha_n$ 下的矩阵是 AB. 从而

$$\sigma(\boldsymbol{AB}) = AB = \sigma(\boldsymbol{A})\sigma(\boldsymbol{B}), \tag{15}$$

这表明 σ 保持乘法运算.

从 (14) 式的推导过程中还可看到，

$$\boldsymbol{A}[(\alpha_1,\alpha_2,\cdots,\alpha_n)B] = [\boldsymbol{A}(\alpha_1,\alpha_2,\cdots,\alpha_n)]B. \tag{16}$$

显然，V 上的恒等变换 $\boldsymbol{I}$ 在基 $\alpha_1,\alpha_2,\cdots,\alpha_n$ 下的矩阵是单位矩阵 I, 因此 $\sigma(\boldsymbol{I})=I$.

设 V 上线性变换 $\boldsymbol{A}$ 在基 $\alpha_1,\alpha_2,\cdots,\alpha_n$ 下的矩阵是 A, 由于

线性变换 $\boldsymbol{A}$ 可逆

$\Longleftrightarrow$ 存在 V 上的线性变换 $\boldsymbol{B}$ 使得 $\boldsymbol{AB}=\boldsymbol{BA}=\boldsymbol{I}$

$\Longleftrightarrow$ 存在 V 上的线性变换 $\boldsymbol{B}$ 使得 $\sigma(\boldsymbol{A})\sigma(\boldsymbol{B})=\sigma(\boldsymbol{B})\sigma(\boldsymbol{A})=\sigma(\boldsymbol{I})$

$\Longleftrightarrow$ 存在数域 K 上 n 级矩阵 B 使得 $AB=BA=I$

$\Longleftrightarrow$ 矩阵 A 可逆,

因此，V 上线性变换 $\boldsymbol{A}$ 可逆当且仅当它在 V 的一个基下的矩阵 A 可逆. 从上述推导过程还可看到，设线性变换 $\boldsymbol{A},\boldsymbol{B}$ 在 V 的一个基下的矩阵分别为 A,B, 则 $\boldsymbol{B}$ 是可逆线性变换 $\boldsymbol{A}$ 的逆变换当且仅当 B 是可逆矩阵 A 的逆矩阵.

评注

设 $\boldsymbol{A}$ 是数域 K 上 n 维线性空间 V 的一个线性变换，且 $\boldsymbol{A}$ 在 V 的一个基 $\alpha_1,\alpha_2,\cdots,\alpha_n$ 下的矩阵是 A. V 中任一向量 α 在基 $\alpha_1,\alpha_2,\cdots,\alpha_n$ 下的坐标记作 X, 问：$\boldsymbol{A}\alpha$ 在基 $\alpha_1,\alpha_2,\cdots,\alpha_n$ 下的坐标是什么？

由于 $\alpha=(\alpha_1,\alpha_2,\cdots,\alpha_n)X$, 因此利用 (16) 式，得到

$$\begin{aligned}
\boldsymbol{A}\alpha &= \boldsymbol{A}[(\alpha_1,\alpha_2,\cdots,\alpha_n)X] = [\boldsymbol{A}(\alpha_1,\alpha_2,\cdots,\alpha_n)]X\\
&= [(\alpha_1,\alpha_2,\cdots,\alpha_n)A]X = (\alpha_1,\alpha_2,\cdots,\alpha_n)(AX).
\end{aligned}$$

这表明 $\mathbf{A}\boldsymbol{\alpha}$ 在基 $\alpha_1,\alpha_2,\cdots,\alpha_n$ 下的坐标是 AX.

由于 V 中两个向量相等当且仅当它们在 V 的一个基下的坐标相等,因此,如果向量 γ 在基 $\alpha_1,\alpha_2,\cdots,\alpha_n$ 下的坐标为 Y,则

$$\mathbf{A}\boldsymbol{\alpha}=\gamma\iff AX=Y. \tag{17}$$

思考

数域 K 上 n 维线性空间 V 上的一个线性变换 $\mathbf{A}$ 在 V 的不同基下的矩阵有什么关系?

分析

定理 3 设 V 是数域 K 上 n 维线性空间,V 上的一个线性变换 $\mathbf{A}$ 在 V 的两个基 $\alpha_1,\alpha_2,\cdots,\alpha_n$ 与 $\eta_1,\eta_2,\cdots,\eta_n$ 下的矩阵分别为 A,B. 从基 $\alpha_1,\alpha_2,\cdots,\alpha_n$ 到基 $\eta_1,\eta_2,\cdots,\eta_n$ 的过渡矩阵是 S,则

$$B=S^{-1}AS. \tag{18}$$

证明 由已知条件,我们有

$$\mathbf{A}(\alpha_1,\alpha_2,\cdots,\alpha_n)=(\alpha_1,\alpha_2,\cdots,\alpha_n)A,$$
$$\mathbf{A}(\eta_1,\eta_2,\cdots,\eta_n)=(\eta_1,\eta_2,\cdots,\eta_n)B,$$
$$(\eta_1,\eta_2,\cdots,\eta_n)=(\alpha_1,\alpha_2,\cdots,\alpha_n)S,$$

于是

$$(\eta_1,\eta_2,\cdots,\eta_n)S^{-1}=[(\alpha_1,\alpha_2,\cdots,\alpha_n)S]S^{-1}$$
$$=(\alpha_1,\alpha_2,\cdots,\alpha_n)(SS^{-1})=(\alpha_1,\alpha_2,\cdots,\alpha_n),$$

从而

$$\mathbf{A}(\eta_1,\eta_2,\cdots,\eta_n)=\mathbf{A}[(\alpha_1,\alpha_2,\cdots,\alpha_n)S]$$
$$=[\mathbf{A}(\alpha_1,\alpha_2,\cdots,\alpha_n)]S=[(\alpha_1,\alpha_2,\cdots,\alpha_n)A]S$$
$$=(\alpha_1,\alpha_2,\cdots,\alpha_n)(AS)=[(\eta_1,\eta_2,\cdots,\eta_n)S^{-1}](AS)$$
$$=(\eta_1,\eta_2,\cdots,\eta_n)(S^{-1}AS). \tag{19}$$

(19)式表明,$\mathbf{A}$ 在基 $\eta_1,\eta_2,\cdots,\eta_n$ 下的矩阵是 $S^{-1}AS$. 由于 $\mathbf{A}$ 在基 $\eta_1,\eta_2,\cdots,\eta_n$ 下的矩阵是惟一的,因此 $B=S^{-1}AS$. ∎

定理 3 表明,同一个线性变换 $\mathbf{A}$ 在 V 的不同基下的矩阵是**相似的**.

由于相似的矩阵有相同的行列式(秩、迹、特征多项式、特征值),因此我们可以把线性变换 $\mathbf{A}$ 在 V 的一个基下的矩阵 A 的特征值(秩、迹、特征多项式、特征值)称为**线性变换 $\mathbf{A}$ 的行列式**(**秩**、**迹**、**特征多项式**、**特征值**).

为了更好地理解线性变换的特征值的几何意义,以及对无限维线性空间上的线性变换也考虑它的特征值,我们给出如下的定义:

定义 1 设 $\mathbf{A}$ 是数域 K 上线性空间 V 上的一个线性变换,如果 V 中存在一个非零向量 ξ,使得

$$\mathcal{A}\xi = \lambda_0 \xi, \quad \lambda_0 \in K, \tag{20}$$

则称 λ_0 是 $\mathcal{A}$ 的一个**特征值**，称 ξ 是 $\mathcal{A}$ 的属于特征值 λ_0 的一个**特征向量**。

从定义1看出，线性变换 $\mathcal{A}$ 的特征向量 ξ 有这样的"几何意义"：$\mathcal{A}$ 对 ξ 的作用是把 ξ "拉伸(或压缩)"λ_0 倍，这个倍数 λ_0 就是 $\mathcal{A}$ 的一个特征值。

现在设 V 是数域 K 上 n 维线性空间，V 中取定一个基 $\alpha_1, \alpha_2, \cdots, \alpha_n$。$V$ 上的一个线性变换 $\mathcal{A}$ 在基 $\alpha_1, \alpha_2, \cdots, \alpha_n$ 下的矩阵是 A，向量 ξ 在基 $\alpha_1, \alpha_2, \cdots, \alpha_n$ 下的坐标是 X，$\lambda_0 \in K$。从(17)式得出

$$\mathcal{A}\xi = \lambda_0 \xi \iff AX = \lambda_0 X. \tag{21}$$

由此得出

$$\lambda_0 \text{ 是 } \mathcal{A} \text{ 的一个特征值} \iff \lambda_0 \text{ 是 } A \text{ 的一个特征值}; \tag{22}$$

ξ 是 $\mathcal{A}$ 的属于特征值 λ_0 的一个特征向量

$$\iff \xi \text{ 的坐标 } X \text{ 是 } A \text{ 的属于特征值 } \lambda_0 \text{ 的一个特征向量}. \tag{23}$$

(22)式说明，对于有限维线性空间，用线性变换的矩阵的特征值定义成线性变换的特征值，与定义1是一致的。

(22)式和(23)式给出了求有限维线性空间上的线性变换 $\mathcal{A}$ 的全部特征值和特征向量的方法：只要去求 $\mathcal{A}$ 在 V 的一个基下的矩阵 A 的全部特征值和特征向量。但是要注意：矩阵 A 的特征向量 X 是线性变换 $\mathcal{A}$ 的特征向量 ξ 的坐标。

例2 设 V 是数域 K 上 3 维线性空间，$\mathcal{A}$ 是 V 上一个线性变换，$\mathcal{A}$ 在 V 的一个基 $\alpha_1, \alpha_2, \alpha_3$ 下的矩阵是

$$A = \begin{bmatrix} 2 & -2 & 2 \\ -2 & -1 & 4 \\ 2 & 4 & -1 \end{bmatrix},$$

求 $\mathcal{A}$ 的全部特征值和特征向量。

解 A 的特征多项式为

$$|\lambda I - A| = \begin{vmatrix} \lambda - 2 & 2 & -2 \\ 2 & \lambda + 1 & -4 \\ -2 & -4 & \lambda + 1 \end{vmatrix} = (\lambda - 3)^2 (\lambda + 6),$$

于是 A 的全部特征值是 3(二重)，-6。

对于特征值 3，解齐次线性方程组 $(3I - A)X = 0$，得到一个基础解系：

$$\begin{bmatrix} -2 \\ 1 \\ 0 \end{bmatrix}, \begin{bmatrix} 2 \\ 0 \\ 1 \end{bmatrix}.$$

令

$$\xi_1 = -2\alpha_1 + \alpha_2, \quad \xi_2 = 2\alpha_1 + \alpha_3,$$

则 $\mathcal{A}$ 的属于特征值 3 的全部特征向量是

$$\{k_1 \xi_1 + k_2 \xi_2 \mid k_1, k_2 \in K, \text{且 } k_1, k_2 \text{ 不全为 } 0\}.$$

对于特征值 -6，求出 $(-6I-A)X=0$ 的一个基础解系：
$$\begin{bmatrix} 1 \\ 2 \\ -2 \end{bmatrix}.$$

令
$$\xi_3 = \alpha_1 + 2\alpha_2 - 2\alpha_3,$$

则 A 的属于特征值 -6 的全部特征向量是
$$\{k\xi_3 \mid k \in K, 且 k \neq 0\}.$$

设 A 是数域 K 上线性空间 V 上的一个线性变换，λ_0 是 A 的一个特征值．令
$$V_{\lambda_0} \xlongequal{\text{def}} \{\alpha \mid A\alpha = \lambda_0 \alpha, \alpha \in V\}, \tag{24}$$

则易验证 V_{λ_0} 是 V 的一个子空间，称 V_{λ_0} 是 A 的属于特征值 λ_0 的**特征子空间**．V_{λ_0} 中的全部非零向量就是 A 的属于 λ_0 的全部特征值．

无论是理论上，还是实际应用上，都希望对于线性变换 A，在 V 中能找到一个适当的基，使得 A 在这个基下的矩阵具有最简单的形式．由于 A 在 V 的不同基下的矩阵是相似的，因此这个问题也就是求 A 在 V 的一个基下的矩阵 A 的相似标准形．我们曾在第五章讨论过 n 级矩阵 A 的相似标准形问题，给出了 A 的相似标准形为对角矩阵（即 A 可对角化）的充分必要条件．但是对于不可以对角化的矩阵 A，它的相似标准形是什么？我们尚未进行讨论．从现在开始，我们将对线性变换 A，研究如何找 V 的一个适当的基，使得 A 在这个基下的矩阵具有最简单的形式．

如果 V 中存在一个基，使得线性变换 A 在这个基下的矩阵是对角矩阵，则称 **A 可对角化**．

设线性变换 A 在 V 的一个基 $\alpha_1, \alpha_2, \cdots, \alpha_n$ 下的矩阵为 A，则 A 可对角化当且仅当 A 可对角化．于是从 n 级矩阵 A 可对角化的充分必要条件（见第五章§4 的定理 1，定理 5，第七章习题 7.2 的第 9 题），以及 V 与 K^n 同构的性质，可以得出线性变换 A 可对角化的充分必要条件如下：

定理 4 设 A 是数域 K 上 n 维线性空间 V 上的一个线性变换，则

A 可对角化 $\Longleftrightarrow A$ 有 n 个线性无关的特征向量

$\Longleftrightarrow V$ 中存在由 A 的特征向量组成的一个基

$\Longleftrightarrow A$ 的属于不同特征值的特征子空间的维数之和等于 n

$\Longleftrightarrow V = V_{\lambda_1} \oplus V_{\lambda_2} \oplus \cdots \oplus V_{\lambda_s}$,

其中 $\lambda_1, \lambda_2, \cdots, \lambda_s$ 是 A 的所有不同的特征值． ∎

如果 A 可对角化，则 A 有 n 个线性无关的特征向量 $\xi_1, \xi_2, \cdots, \xi_n$，其中 $A\xi_i = \lambda_i \xi_i, i = 1, 2, \cdots, n$．于是

$$A(\xi_1,\xi_2,\cdots,\xi_n) = (\xi_1,\xi_2,\cdots,\xi_n)\begin{bmatrix} \lambda_1 & 0 & 0 & \cdots & 0 \\ 0 & \lambda_2 & 0 & \cdots & 0 \\ \vdots & \vdots & \vdots & & \vdots \\ 0 & 0 & 0 & \cdots & \lambda_n \end{bmatrix}. \tag{25}$$

从(25)式看出,其右端的对角矩阵的主对角元恰好是 A 的全部特征值(重根按重数计算).因此这个对角矩阵除了主对角线上元素的排列次序外,是由线性变换 A 惟一决定的,我们把这个对角矩阵称为线性变换 A **的标准形**.

例 3 例 2 中的线性变换 A 是否可对角化?如果 A 可对角化,求 A 的标准形.

解 在例 2 中已求出 A 的属于特征值 3 的两个线性无关的特征向量 ξ_1,ξ_2,A 的属于 -6 的一个特征向量 ξ_3.我们从第五章 §4 知道,矩阵 A 的属于不同特征值的特征向量是线性无关的.利用线性空间同构的性质得出,ξ_1,ξ_2,ξ_3 也是线性无关的.因此 A 可对角化.

由于 A 的全部特征值是 3(二重),-6,因此 A 的标准形是

$$\begin{bmatrix} 3 & 0 & 0 \\ 0 & 3 & 0 \\ 0 & 0 & -6 \end{bmatrix}.$$

对于不可以对角化的线性变换 A,能不能在 V 中找到一个适当的基,使得 A 在这个基下的矩阵具有最简单形式呢?这个最简单形式当然不是对角矩阵了,那么它是什么样的矩阵呢?这个问题在下面一节来讨论.

习 题 8.2

1. 设 A 是 K^3 上的一个线性变换:

$$A\begin{bmatrix} x_1 \\ x_2 \\ x_3 \end{bmatrix} = \begin{bmatrix} x_1 + 2x_2 \\ x_3 - x_2 \\ x_2 - x_3 \end{bmatrix},$$

求 A 在标准基 $\varepsilon_1,\varepsilon_2,\varepsilon_3$ 下的矩阵.

2. 在 $\mathbf{R}^{\mathbf{R}}$ 中,由下述两个函数

$$f_1 = e^{ax}\cos bx, \quad f_2 = e^{ax}\sin bx$$

生成的 2 维子空间记作 V,说明求导数 D 是 V 上的一个线性变换,并且求 D 在 V 的一个基 f_1,f_2 下的矩阵.

3. A 是 $M_2(K)$ 上的一个线性变换:

$$A(X) = \begin{bmatrix} a & b \\ c & d \end{bmatrix} X, \quad \forall\, X \in M_2(K),$$

求 A 在基 $E_{11},E_{12},E_{21},E_{22}$ 下的矩阵.

4. 设 V 是数域 K 上的 n 维线性空间,设有 V 上的线性变换 A 与 V 中的向量 α,使得 $A^{n-1}\alpha \neq 0$,且 $A^n\alpha = 0$.证明:V 中存在一个基,使得 A 在这个基下的矩阵是

$$\begin{bmatrix} 0 & 1 & 0 & \cdots & 0 \\ 0 & 0 & 1 & \cdots & 0 \\ \vdots & \vdots & \vdots & & \vdots \\ 0 & 0 & 0 & \cdots & 1 \\ 0 & 0 & 0 & \cdots & 0 \end{bmatrix}.$$

*5. 设 A 是数域 K 上 n 维线性空间 V 上的一个线性变换.证明:在 $K[x]$ 中存在一个次数不超过 n^2 的非零多项式 $f(x)$,使得

$$f(A) = 0.$$

6. 设 V 是数域 K 上 n 维线性空间,K 可看成是自身上的线性空间,V 到 K 的线性映射称为 V 上的线性函数.把 $\mathrm{Hom}(V,K)$ 记成 V^*,称 V^* 是 V 的**对偶空间**.证明:$V^* \cong V$.

7. 设 A 是数域 K 上 n 维线性空间 V 上的一个线性变换,A 在 V 的一个基下的矩阵是 A.证明:A 是幂等变换当且仅当 A 是幂等矩阵.

8. 已知 K^3 上线性变换 A 在标准基 $\varepsilon_1, \varepsilon_2, \varepsilon_3$ 下的矩阵是

$$A = \begin{bmatrix} 15 & -11 & 5 \\ 20 & -15 & 8 \\ 8 & -7 & 6 \end{bmatrix}.$$

设 $\eta_1 = (2,3,1)'$,$\eta_2 = (3,4,1)'$,$\eta_3 = (1,2,2)'$,求 A 在基 η_1, η_2, η_3 下的矩阵 B.

9. 设 V 是数域 K 上 3 维线性空间,V 上的一个线性变换 A 在 V 的一个基 $\alpha_1, \alpha_2, \alpha_3$ 下的矩阵为 A,求 A 的全部特征值和特征向量.

(1) $A = \begin{bmatrix} 2 & 2 & -2 \\ 2 & 5 & -4 \\ -2 & -4 & 5 \end{bmatrix}$; (2) $A = \begin{bmatrix} 2 & 3 & 2 \\ 1 & 8 & 2 \\ -2 & -14 & -3 \end{bmatrix}.$

10. 第 9 题中的线性变换 A 是否可对角化?如果 A 可对角化,求 A 的标准形.

11. 设 $\alpha_1, \alpha_2, \alpha_3, \alpha_4$ 是数域 K 上 4 维线性空间 V 的一个基,V 上的线性变换 A 在这个基下的矩阵为

$$A = \begin{bmatrix} 1 & 0 & 0 & 0 \\ 0 & 0 & 0 & 0 \\ 1 & 0 & 0 & 0 \\ 0 & 0 & 0 & 1 \end{bmatrix}.$$

(1) 求 A 的全部特征值与特征向量;

(2) 求 V 的一个基,使得 A 在这个基下的矩阵为对角矩阵,并且写出这个对角矩阵.

*12. 设 V 是数域 K 上任意一个线性空间(可以是无限维的),A 是 V 上的一个线性变换.证明:A 的属于不同特征值的特征向量是线性无关的.

*§3 约当(Jordan)标准形

观察

用 $\mathbf{R}[x]_3$ 表示次数小于 3 的实系数一元多项式组成的集合,它是实数域 $\mathbf{R}$ 上的一个线性空间. 求导数 D 是 $\mathbf{R}[x]_3$ 上的一个线性变换. $\mathbf{R}[x]_3$ 中取一个基 $1, x, \frac{1}{2}x^2$,由于

$$D(1) = 0, \quad D(x) = 1, \quad D\left(\frac{1}{2}x^2\right) = x,$$

因此 D 在基 $1, x, \frac{1}{2}x^2$ 下的矩阵是

$$D = \begin{bmatrix} 0 & 1 & 0 \\ 0 & 0 & 1 \\ 0 & 0 & 0 \end{bmatrix}. \tag{1}$$

D 的特征多项式是

$$|\lambda I - D| = \begin{vmatrix} \lambda & -1 & 0 \\ 0 & \lambda & -1 \\ 0 & 0 & \lambda \end{vmatrix} = \lambda^3,$$

因此 D 的全部特征值是 0(三重).

由于 $\mathrm{rank}(D)=2$,因此齐次线性方程组 $(0I-D)X=0$ 的解空间 W 的维数为
$$\dim W = 3 - 2 = 1,$$

从而 D 不可以对角化. D 在基 $1, x, \frac{1}{2}x^2$ 下的矩阵 D 已经是比较简单的矩阵,像(1)式这样的矩阵 D 称为一个**约当(Jordan)块**.

抽象

定义 1 数域 K 上的一个 r 级矩阵如果形如

$$\begin{bmatrix} a & 1 & 0 & \cdots & 0 & 0 \\ 0 & a & 1 & \cdots & 0 & 0 \\ \vdots & \vdots & \vdots & & \vdots & \vdots \\ 0 & 0 & 0 & \cdots & a & 1 \\ 0 & 0 & 0 & \cdots & 0 & a \end{bmatrix}, \tag{2}$$

则称它为一个 r 级**约当(Jordan)块**,记作 $J_r(a)$,其中 a 是主对角线上元素,r 是矩阵的级数.

1 级约当块就是 1 级矩阵 (a).

由一些约当(Jordan)块组成的分块对角矩阵称为**约当(Jordan)形矩阵**.

对角矩阵可以看成是由 1 级约当块组成的约当形矩阵.

可以证明下述结论(参看丘维声编著《高等代数(下册)》第十章 §4)：

定理 1 设 $\mathcal{A}$ 是复数域上 n 维线性空间 V 上的一个线性变换,则 V 中存在一个基,使得 $\mathcal{A}$ 在这个基下的矩阵为约当形矩阵,其主对角元为 $\mathcal{A}$ 的全部特征值,主对角元为 λ_j 的约当块的总数 $N(\lambda_j)$ 为

$$N(\lambda_j) = \dim V - \mathrm{rank}(\mathcal{A} - \lambda_j \mathbf{I}), \tag{3}$$

其中 t 级约当块 $J_t(\lambda_j)$ 的个数 $N(t;\lambda_j)$ 为

$$\begin{aligned} N(t;\lambda_j) = &\,\mathrm{rank}(\mathcal{A} - \lambda_j \mathbf{I})^{t+1} + \mathrm{rank}(\mathcal{A} - \lambda_j \mathbf{I})^{t-1} \\ &- 2\,\mathrm{rank}(\mathcal{A} - \lambda_j \mathbf{I})^t. \end{aligned} \tag{4}$$

这个约当形矩阵除去约当块的排列次序外,是被 $\mathcal{A}$ 惟一决定的,称它为 $\mathcal{A}$ 的**约当标准形**.

用矩阵的语言来叙述上述结果就是：

定理 2 复数域上的 n 级矩阵 A 一定相似于一个约当形矩阵,其主对角元是 A 的全部特征值,主对角元为 λ_j 的约当块的总数

$$N(\lambda_j) = n - \mathrm{rank}(A - \lambda_j I), \tag{5}$$

其中 t 级约当块 $J_t(\lambda_j)$ 的个数为

$$\begin{aligned} N(t;\lambda_j) = &\,\mathrm{rank}(A - \lambda_j I)^{t+1} + \mathrm{rank}(A - \lambda_j I)^{t-1} \\ &- 2\,\mathrm{rank}(A - \lambda_j I)^t. \end{aligned} \tag{6}$$

这个约当形矩阵除去约当块的排列次序外,是被 A 惟一决定的,称它为 A 的**约当标准形**.

示范

例 1 求复数域上下述矩阵的约当标准形：

$$A = \begin{bmatrix} 2 & 3 & 2 \\ 1 & 8 & 2 \\ -2 & -14 & -3 \end{bmatrix}.$$

解 A 的特征多项式 $f(\lambda)$ 是

$$|\lambda I - A| = \begin{vmatrix} \lambda - 2 & -3 & -2 \\ -1 & \lambda - 8 & -2 \\ 2 & 14 & \lambda + 3 \end{vmatrix} = (\lambda - 1)(\lambda - 3)^2,$$

于是 A 的全部特征值是 $1, 3$(二重).

对于特征值 $\lambda_1 = 1$,它是 $f(\lambda)$ 的 1 重根,因此它在 A 的约当标准形的主对角线上只出现 1 次.

对于特征值 $\lambda_2 = 3$,先求 $\mathrm{rank}(A - 3I)$：

$$A - 3I = \begin{bmatrix} -1 & 3 & 2 \\ 1 & 5 & 2 \\ -2 & -14 & -6 \end{bmatrix} \to \begin{bmatrix} -1 & 3 & 2 \\ 0 & 8 & 4 \\ 0 & 0 & 0 \end{bmatrix}.$$

因此 rank$(A-3I)=2$. 从而主对角元为 3 的约当块的总数为
$$N(\lambda_2) = 3 - 2 = 1.$$

综上述得，A 的约当标准形为 $\begin{bmatrix} 1 & 0 & 0 \\ 0 & 3 & 1 \\ 0 & 0 & 3 \end{bmatrix}$.

习 题 8.3

1. 求下列复数域上矩阵的约当标准形：

(1) $\begin{bmatrix} 4 & -5 & 2 \\ 5 & -7 & 3 \\ 6 & -9 & 4 \end{bmatrix}$; (2) $\begin{bmatrix} 1 & -3 & 4 \\ 4 & -7 & 8 \\ 6 & -7 & 7 \end{bmatrix}$;

(3) $\begin{bmatrix} 0 & 1 & 0 \\ -4 & 4 & 0 \\ -2 & 1 & 2 \end{bmatrix}$; (3) $\begin{bmatrix} 1 & -3 & 3 \\ -2 & -6 & 13 \\ -1 & -4 & 8 \end{bmatrix}$.

2. 证明：n 级复矩阵 A 的迹等于 A 的 n 个特征值的和.

第九章 欧几里得空间和酉空间

在第四章§6 我们指出,在实数域上的 n 维向量空间 $\mathbf{R}^n$ 中,规定了一个内积,就有了长度、正交等度量概念.

在实数域上的任意线性空间 V 中,是否也可以通过规定一个内积,来引进度量概念?复数域上的线性空间是否也可以引进度量概念呢?本章就来讨论这些问题.

§1 欧几里得空间的结构

我们把第四章§6 讲的 $\mathbf{R}^n$ 中标准内积的 4 条性质作为任一实线性空间 V 的内积的定义.

定义 1 设 V 是实数域 $\mathbf{R}$ 上的任一线性空间. V 上的一个二元函数记作 (α,β),如果它满足下述 4 条性质: $\forall\,\alpha,\beta,\gamma\in V, k\in\mathbf{R}$,有

1° $(\alpha,\beta)=(\beta,\alpha)$ (**对称性**);

2° $(\alpha+\gamma,\beta)=(\alpha,\beta)+(\gamma,\beta)$ (**线性性之一**);

3° $(k\alpha,\beta)=k(\alpha,\beta)$ (**线性性之二**);

4° $(\alpha,\alpha)\geqslant 0$,等号成立当且仅当 $\alpha=0$ (**正定性**),

则称这个二元函数 (α,β) 是 V 上的一个**内积**.

从内积的定义容易得出
$$(k_1\alpha_1 + k_2\alpha_2,\beta) = k_1(\alpha_1,\beta) + k_2(\alpha_2,\beta),$$
$$(\alpha,k_1\beta_1 + k_2\beta_2) = k_1(\alpha,\beta_1) + k_2(\alpha,\beta_2).$$

例 1 $\mathbf{R}^3$ 中,设 $\alpha=(a_1,a_2,a_3),\beta=(b_1,b_2,b_3)$,规定
$$(\alpha,\beta) \xlongequal{\text{def}} a_1b_1 + 2a_2b_2 + 3a_3b_3, \tag{1}$$
容易验证,(α,β) 是 $\mathbf{R}^3$ 上的一个内积,它与 $\mathbf{R}^3$ 上的标准内积不同.

例 2 在实数域 $\mathbf{R}$ 上的线性空间 $M_n(\mathbf{R})$ 中,规定一个二元函数为
$$(A,B) \xlongequal{\text{def}} \operatorname{tr}(AB'), \tag{2}$$
容易验证,(A,B) 是 $M_n(\mathbf{R})$ 上的一个内积.

例 3 在 $C[a,b]$ 中,规定一个二元函数为
$$(f,g) \xlongequal{\text{def}} \int_a^b f(x)g(x)\mathrm{d}x, \tag{3}$$
容易验证,(f,g) 是 $C[a,b]$ 上的一个内积.

定义 2 实数域 $\mathbf{R}$ 上的线性空间 V 如果给定了一个内积,则称 V 是一个**实内积空间**. 有限维的实内积空间 V 称为**欧几里得空间**,此时把线性空间 V 的维数叫做欧几里得空间 V 的**维数**.

在实内积空间 V 中,由于有了内积的概念,因此就会有长度、角度、正交、距离等度量概念.

定义 3 非负实数 $\sqrt{(\alpha,\alpha)}$ 称为向量 α 的**长度**,记作 $|\alpha|$(或者 $\|\alpha\|$).

根据内积的正定性,零向量的长度为 0,非零向量的长度是正数. 我们有
$$|k\alpha| = |k||\alpha|, \quad \forall \alpha \in V, k \in \mathbf{R}.$$

证明 $|k\alpha| = \sqrt{(k\alpha,k\alpha)} = \sqrt{k^2(\alpha,\alpha)} = |k||\alpha|.$ ∎

长度为 1 的向量称为**单位向量**. 如果 $\alpha \neq 0$, 则 $\frac{1}{|\alpha|}\alpha$ 是一个单位向量. 把 α 变成 $\frac{1}{|\alpha|}\alpha$ 称为把 α **单位化**.

定理 1(Cauchy-Buniakowski **不等式**) 在实内积空间 V 中,对于任意向量 α,β,有
$$|(\alpha,\beta)| \leqslant |\alpha||\beta|, \tag{4}$$
等号成立当且仅当 α,β 线性相关.

证明 如果 α,β 线性相关, 则 $\alpha=0$ 或者 $\beta=k\alpha$. 如果 $\alpha=0$, 则
$$|(0,\beta)| = |0(0,\beta)| = 0 = |0||\beta|;$$
如果 $\beta=k\alpha$, 则
$$|(\alpha,\beta)| = |(\alpha,k\alpha)| = |k(\alpha,\alpha)| = |k||\alpha|^2 = |\alpha||k\alpha| = |\alpha||\beta|.$$

如果 α,β 线性无关, 则对一切实数 t, 有 $\beta \neq t\alpha$, 从而有 $t\alpha-\beta \neq 0$. 根据内积的正定性得, $\forall t \in \mathbf{R}$, 有
$$0 < (t\alpha-\beta, t\alpha-\beta) = t^2|\alpha|^2 - 2t(\alpha,\beta) + |\beta|^2, \tag{5}$$
于是(5)式右端的 t 的 2 次多项式的判别式小于 0, 即
$$4(\alpha,\beta)^2 - 4|\alpha|^2|\beta|^2 < 0.$$
由此得出
$$|(\alpha,\beta)| < |\alpha||\beta|.$$ ∎

定义 4 实内积空间中, 两个非零向量 α,β 的**夹角** $\langle\alpha,\beta\rangle$ 规定为
$$\langle\alpha,\beta\rangle \stackrel{\text{def}}{=\!=\!=} \arccos \frac{(\alpha,\beta)}{|\alpha||\beta|}, \tag{6}$$
于是 $0 \leqslant \langle\alpha,\beta\rangle \leqslant \pi$.

从(6)式得出
$$\langle\alpha,\beta\rangle = \frac{\pi}{2} \Longleftrightarrow (\alpha,\beta) = 0,$$
于是, 有

定义 5 如果 $(\alpha,\beta)=0$, 则称 α 与 β **正交**, 记为 $\alpha \perp \beta$.

推论 2 在实内积空间 V 中, **三角形不等式**成立, 即对于任意 $\alpha,\beta \in V$, 有
$$|\alpha+\beta| \leqslant |\alpha| + |\beta|. \tag{7}$$

证明 $|\alpha+\beta|^2 = (\alpha+\beta, \alpha+\beta) = |\alpha|^2 + 2(\alpha,\beta) + |\beta|^2$

$$\leqslant |\alpha|^2 + 2|\alpha||\beta| + |\beta|^2 = (|\alpha| + |\beta|)^2.$$

由此得出 $|\alpha + \beta| \leqslant |\alpha| + |\beta|$. ∎

推论 3 在实内积空间 V 中,**勾股定理**成立,即如果 α 与 β 正交,则

$$|\alpha + \beta|^2 = |\alpha|^2 + |\beta|^2. \tag{8}$$

证明 $|\alpha + \beta|^2 = (\alpha + \beta, \alpha + \beta) = |\alpha|^2 + |\beta|^2.$ ∎

定义 6 在实内积空间 V 中,对于任意 $\alpha, \beta \in V$,规定

$$d(\alpha, \beta) \stackrel{\text{def}}{=\!=} |\alpha - \beta|, \tag{9}$$

称 $d(\alpha, \beta)$ 是 α 与 β 的**距离**.

容易验证,对任意 $\alpha, \beta, \gamma \in V$,有

1° $d(\alpha, \beta) = d(\beta, \alpha)$ (对称性);

2° $d(\alpha, \beta) \geqslant 0$,等号成立当且仅当 $\alpha = \beta$ (正定性);

3° $d(\alpha, \gamma) \leqslant d(\alpha, \beta) + d(\beta, \gamma)$ (三角形不等式).

思考

在第四章 §6 我们指出,欧几里得空间 $\mathbf{R}^n$ 有标准正交基. 任意欧几里得空间 V 是否也有标准正交基?

论证

在欧几里得空间 V 中,由两两正交的非零向量组成的向量组称为**正交向量组**. 由两两正交的单位向量组成的向量组称为**正交单位向量组**.

命题 4 在欧几里得空间 V 中,正交向量组一定线性无关.

证明 与第四章 §6 的命题 2 的证明一样. ∎

在 n 维欧几里得空间 V 中,n 个向量组成的正交向量组一定是 V 的一个基,称它为**正交基**;n 个单位向量组成的正交向量组称为 V 的一个**标准正交基**.

与第四章 §6 的定理 4 的证明方法完全一样,可以证明下述结论:

定理 5 设 $\alpha_1, \alpha_2, \cdots, \alpha_s$ 是欧几里得空间 V 的一个线性无关的向量组,令

$$\begin{aligned}
\beta_1 &= \alpha_1, \\
\beta_2 &= \alpha_2 - \frac{(\alpha_2, \beta_1)}{(\beta_1, \beta_1)} \beta_1, \\
&\cdots\cdots\cdots\cdots\cdots\cdots\cdots, \\
\beta_s &= \alpha_s - \sum_{j=1}^{s-1} \frac{(\alpha_s, \beta_j)}{(\beta_j, \beta_j)} \beta_j,
\end{aligned} \tag{10}$$

则 $\beta_1, \beta_2, \cdots, \beta_s$ 是正交向量组,并且 $\beta_1, \beta_2, \cdots, \beta_s$ 与 $\alpha_1, \alpha_2, \cdots, \alpha_s$ 等价. ∎

定理 5 中把线性无关的向量组 $\alpha_1, \alpha_2, \cdots, \alpha_s$ 变成与它等价的正交向量组 $\beta_1, \beta_2, \cdots, \beta_s$ 的过程称为**施密特(Schmidt)正交化**. 只要再将每个 β_j 单位化,就可得到一个与 $\alpha_1, \alpha_2, \cdots, \alpha_s$ 等

价的正交单位向量组 $\eta_1,\eta_2,\cdots,\eta_s$. 因此把 n 维欧几里得空间 V 的一个基 $\alpha_1,\alpha_2,\cdots,\alpha_n$ 经过施密特(Schmidt)正交化过程,以及单位化,就可得到 V 的一个标准正交基 $\eta_1,\eta_2,\cdots,\eta_n$.

由定义知道,n 维欧几里得空间 V 中,向量组 $\eta_1,\eta_2,\cdots,\eta_n$ 是 V 的一个标准正交基当且仅当

$$(\eta_i,\eta_j)=\delta_{ij}, \quad i,j=1,2,\cdots,n. \tag{11}$$

利用标准正交基容易计算向量的内积. 设 α,β 在 V 的标准正交基 $\eta_1,\eta_2,\cdots,\eta_n$ 下的坐标分别是 $X=(x_1,x_2,\cdots,x_n)',Y=(y_1,y_2,\cdots,y_n)'$,则

$$(\alpha,\beta)=\left(\sum_{i=1}^n x_i\eta_i,\sum_{j=1}^n y_j\eta_j\right)=\sum_{i=1}^n\sum_{j=1}^n x_iy_j(\eta_i,\eta_j)$$

$$=\sum_{i=1}^n x_iy_i=X'Y. \tag{12}$$

利用标准正交基,向量的坐标的分量可以用内积表达. 设 α 在标准正交基 $\eta_1,\eta_2,\cdots,\eta_n$ 下的坐标为 $(x_1,x_2,\cdots,x_n)'$,则

$$\alpha=\sum_{i=1}^n x_i\eta_i.$$

两边用 η_j 作内积,得

$$(\alpha,\eta_j)=\left(\sum_{i=1}^n x_i\eta_i,\eta_j\right)=\sum_{i=1}^n x_i(\eta_i,\eta_j)=x_j,$$

因此

$$\alpha=\sum_{i=1}^n(\alpha,\eta_i)\eta_i. \tag{13}$$

(13)式称为 α 的**傅里叶(Fourier)展开**,其中每个系数 (α,η_i) 都称为 α 的**傅里叶(Fourier)系数**.

命题 6 欧几里得空间 V 中,标准正交基到标准正交基的过渡矩阵是正交矩阵.

证明 设 $\eta_1,\eta_2,\cdots,\eta_n$ 与 $\beta_1,\beta_2,\cdots,\beta_n$ 是 V 的两个标准正交基,P 是基 $\eta_1,\eta_2,\cdots,\eta_n$ 到基 $\beta_1,\beta_2,\cdots,\beta_n$ 的过渡矩阵,即

$$(\beta_1,\beta_2,\cdots,\beta_n)=(\eta_1,\eta_2,\cdots,\eta_n)P, \tag{14}$$

于是 P 的第 j 列 Y_j 是 β_j 在标准正交基 $\eta_1,\eta_2,\cdots,\eta_n$ 下的坐标,$j=1,2,\cdots,n$,从而

$$(\beta_i,\beta_j)=Y_i'Y_j, \quad i,j=1,2,\cdots,n. \tag{15}$$

由于 $\beta_1,\beta_2,\cdots,\beta_n$ 是标准正交基,因此

$$(\beta_i,\beta_j)=\delta_{ij}, \quad i,j=1,2,\cdots,n. \tag{16}$$

从(15)式和(16)式得

$$Y_i'Y_j=\delta_{ij}, \quad i,j=1,2,\cdots,n. \tag{17}$$

据第四章 §6 的定理 1 得,P 是正交矩阵. ∎

命题 7 n 维欧几里得空间 V 中,设 $\eta_1,\eta_2,\cdots,\eta_n$ 是 V 的一个标准正交基,向量组 β_1,

$\beta_2,\cdots,\beta_n$ 满足
$$(\beta_1,\beta_2,\cdots,\beta_n)=(\eta_1,\eta_2,\cdots,\eta_n)P,$$
其中 P 是正交矩阵,则 $\beta_1,\beta_2,\cdots,\beta_n$ 是 V 的一个标准正交基.

证明 P 的第 j 列 Y_j 是 β_j 在标准正交基 $\eta_1,\eta_2,\cdots,\eta_n$ 下的坐标,$j=1,2,\cdots,n$. 由于 P 是正交矩阵,因此
$$Y_i'Y_j=\delta_{ij},\quad i,j=1,2,\cdots,n, \tag{18}$$
于是
$$(\beta_i,\beta_j)=Y_i'Y_j=\delta_{ij},\quad i,j=1,2,\cdots,n, \tag{19}$$
因此 $\beta_1,\beta_2,\cdots,\beta_n$ 是 V 的一个标准正交基. ∎

思考

对于实数域上的一个线性空间 V,当指定不同的内积时,V 便成为不同的实内积空间,这些实内积空间之间有什么关系? 不同的实线性空间,各自指定了一个内积,成为实内积空间后,它们之间又有什么关系?

分析

定义 7 设 V 和 V' 都是实内积空间,如果存在 V 到 V' 的一个双射 σ,使得对于任意 $\alpha,\beta\in V, k\in\mathbf{R}$,有
$$\sigma(\alpha+\beta)=\sigma(\alpha)+\sigma(\beta),$$
$$\sigma(k\alpha)=k\sigma(\alpha),$$
$$(\sigma(\alpha),\sigma(\beta))=(\alpha,\beta),$$
则称 σ 是实内积空间 V 到 V' 的一个**同构映射**,此时称 V 与 V' 是**同构的**,记作 $V\cong V'$.

从定义 7 看出,实内积空间 V 到 V' 的一个同构映射 σ 首先是实线性空间 V 到 V' 的一个同构映射,其次 σ 还保持内积,因此 σ 既具有线性空间的同构映射的性质,又还具有与内积有关的性质,譬如 σ 把 V 的一个标准正交基映成 V' 的一个标准正交基. 理由如下:设 $\eta_1,\eta_2,\cdots,\eta_n$ 是欧几里得空间 V 的一个标准正交基,则
$$(\eta_i,\eta_j)=\delta_{ij},\quad i,j=1,2,\cdots,n.$$
从而
$$(\sigma(\eta_i),\sigma(\eta_j))=(\eta_i,\eta_j)=\delta_{ij},\quad i,j=1,2,\cdots,n.$$
因此 $\sigma(\eta_1),\sigma(\eta_2),\cdots,\sigma(\eta_n)$ 不仅是 V' 的一个基(据线性空间的同构映射的性质),而且是 V' 的一个标准正交基.

定理 8 两个欧几里得空间同构的充分必要条件是它们的维数相同.

证明 设 V 与 V' 都是欧几里得空间.

必要性 由于 V 与 V' 作为线性空间也同构,因此它们的维数相同.

充分性 在 V 与 V' 中各取一个标准正交基：$\eta_1, \eta_2, \cdots, \eta_n$ 与 $\delta_1, \delta_2, \cdots, \delta_n$. 令
$$\sigma: V \to V'$$
$$\alpha = \sum_{i=1}^n x_i \eta_i \mapsto \sum_{i=1}^n x_i \delta_i,$$

则 σ 是线性空间 V 到 V' 的一个同构映射. 设 $\beta = \sum_{i=1}^n y_i \eta_i$，则 $\sigma(\beta) = \sum_{i=1}^n y_i \delta_i$. 又有 $\sigma(\alpha) = \sum_{i=1}^n x_i \delta_i$，于是

$$(\sigma(\alpha), \sigma(\beta)) = \sum_{i=1}^n x_i y_i = (\alpha, \beta).$$

因此 σ 是实内积空间 V 到 V' 的一个同构映射，从而 $V \cong V'$. ∎

从定理 8 得出，任一 n 维欧几里得空间 V 都与装备了标准内积的欧几里得空间 $\mathbf{R}^n$ 同构，并且一个同构映射是：

$$\sigma: V \to \mathbf{R}^n$$
$$\alpha = \sum_{i=1}^n x_i \eta_i \mapsto (x_1, x_2, \cdots, x_n)',$$

其中 $\eta_1, \eta_2, \cdots, \eta_n$ 是 V 的一个标准正交基.

可以证明，同构作为实内积空间之间的关系具有反身性、对称性、传递性.

习 题 9.1

1. 在 $\mathbf{R}^2$ 中，对于任意 $\alpha = (x_1, x_2), \beta = (y_1, y_2)$，规定
$$(\alpha, \beta) \stackrel{\text{def}}{=\!=\!=} x_1 y_1 - x_1 y_2 - x_2 y_1 + 4 x_2 y_2,$$
判断 (α, β) 是不是 $\mathbf{R}^2$ 上的一个内积.

2. 在实线性空间 $M_n(\mathbf{R})$ 中，规定一个二元函数为
$$f(A, B) \stackrel{\text{def}}{=\!=\!=} \operatorname{tr}(AB),$$
判断 $f(A, B)$ 是不是 $M_n(\mathbf{R})$ 上的一个内积.

3. 在 $\mathbf{R}^n$ 中，对于任意两个列向量 α, β，规定
$$(\alpha, \beta) \stackrel{\text{def}}{=\!=\!=} \alpha' A \beta,$$
其中 A 是一个 n 级正定矩阵. 证明：(α, β) 是 $\mathbf{R}^n$ 上的一个内积.

4. 在 $\mathbf{R}^4$ 中，给定了标准内积，求 α 与 β 的夹角 $\langle \alpha, \beta \rangle$，其中
$$\alpha = (1, -1, 4, 0), \quad \beta = (3, 1, -2, 2).$$

5. 在 $\mathbf{R}[x]_3$ 中，给定一个内积为
$$(f(x), g(x)) \stackrel{\text{def}}{=\!=\!=} \int_{-1}^1 f(x) g(x) \mathrm{d} x,$$

求 $\mathbf{R}[x]_3$ 的一个标准正交基.

6. 设 V 是 3 维欧几里得空间,$\alpha_1,\alpha_2,\alpha_3$ 是 V 的一个基. 令

$$A = \begin{bmatrix} (\alpha_1,\alpha_1) & (\alpha_1,\alpha_2) & (\alpha_1,\alpha_3) \\ (\alpha_2,\alpha_1) & (\alpha_2,\alpha_2) & (\alpha_2,\alpha_3) \\ (\alpha_3,\alpha_1) & (\alpha_3,\alpha_2) & (\alpha_3,\alpha_3) \end{bmatrix},$$

称 A 是基 $\alpha_1,\alpha_2,\alpha_3$ 的**度量矩阵**. 设

$$A = \begin{bmatrix} 1 & 0 & 1 \\ 0 & 10 & -2 \\ 1 & -2 & 2 \end{bmatrix},$$

求 V 的一个标准正交基.

7. 设 η_1,η_2,η_3 是 3 维欧几里得空间 V 的一个标准正交基,令

$$\beta_1 = \frac{1}{3}(2\eta_1 - \eta_2 + 2\eta_3),$$

$$\beta_2 = \frac{1}{3}(2\eta_1 + 2\eta_2 - \eta_3),$$

$$\beta_3 = \frac{1}{3}(\eta_1 - 2\eta_2 - 2\eta_3).$$

证明:β_1,β_2,β_3 是 V 的一个标准正交基.

8. 设 $\eta_1,\eta_2,\eta_3,\eta_4,\eta_5$ 是 5 维欧几里得空间 V 的一个标准正交基,$V_1=\langle\alpha_1,\alpha_2,\alpha_3\rangle$,其中

$$\alpha_1 = \eta_1 + 2\eta_3 - \eta_5,$$
$$\alpha_2 = \eta_2 - \eta_3 + \eta_4,$$
$$\alpha_3 = -\eta_2 + \eta_3 + \eta_5,$$

(1) 求 (α_i,α_j),$1 \leq i,j \leq 3$;

(2) 求 V_1 的一个正交基.

*9. 在 $\mathbf{R}^2$ 中指定一个内积为

$$(\alpha,\beta) \xlongequal{\text{def}} x_1y_1 + 2x_2y_2,$$

其中 $\alpha=(x_1,x_2)',\beta=(y_1,y_2)'$,把这个欧几里得空间记作 V. 找出 V 到指定标准内积的欧几里得空间 $\mathbf{R}^2$ 的一个同构映射.

§2 正交补・正交投影

观察

几何空间中,设 U 是过原点 O 的一个平面,l 是过原点 O 且与平面 U 垂直的直线,则 l 的每一个向量与平面 U 的每一个向量都正交,我们称 l 是 U 的**正交补**.

一般的欧几里得空间 V 中,它的任一子空间 U 有没有正交补的概念?它有什么性质?本节就来讨论这一问题.

分析

设 V 是一个实内积空间,V_1 是 V 的任一线性子空间. 显然 V_1 中的每两个向量有内积(按照 V 上指定的内积进行计算),因此 V_1 也成为实内积空间,称 V_1 是实内积空间 V 的一个子空间.

定义 1 设 V 是实内积空间,S 是 V 的一个非空子集. 我们把 V 中与 S 的每一个向量都正交的所有向量组成的集合叫做 S 的**正交补**,记作 $S^\perp$. 即

$$S^\perp \stackrel{\text{def}}{=\!=} \{\alpha \in V \mid (\alpha, \beta) = 0, \forall\, \beta \in S\}. \tag{1}$$

容易验证,$S^\perp$ 是 V 的一个子空间.

定理 1 设 U 是 n 维欧几里得空间 V 的一个子空间,则

$$V = U \oplus U^\perp. \tag{2}$$

证明 U 中取一个标准正交基 $\eta_1, \cdots, \eta_m$,可以把它扩充成 V 的一个标准正交基 $\eta_1, \cdots, \eta_m, \eta_{m+1}, \cdots, \eta_n$(先将 $\eta_1, \cdots, \eta_m$ 扩充成 V 的一个基,然后进行施密特正交化和单位化,就可得到 V 的一个标准正交基). 于是

$$\begin{aligned} V &= \langle \eta_1, \eta_2, \cdots, \eta_m, \eta_{m+1}, \cdots, \eta_n \rangle \\ &= \langle \eta_1, \eta_2, \cdots, \eta_m \rangle + \langle \eta_{m+1}, \cdots, \eta_n \rangle \\ &= U + \langle \eta_{m+1}, \cdots, \eta_n \rangle. \end{aligned}$$

显然 $\langle \eta_{m+1}, \cdots, \eta_n \rangle$ 中每个向量都与 U 中每个向量正交,因此 $\langle \eta_{m+1}, \cdots, \eta_n \rangle \subseteq U^\perp$. 反之,任取 $U^\perp$ 中一个向量 β,设

$$\beta = b_1 \eta_1 + b_2 \eta_2 + \cdots + b_m \eta_m + b_{m+1} \eta_{m+1} + \cdots + b_n \eta_n.$$

由于 $(\beta, \eta_j) = 0, j = 1, 2, \cdots, m$,因此 $b_j = 0, j = 1, 2, \cdots, m$. 从而 $\beta = b_{m+1} \eta_{m+1} + \cdots + b_n \eta_n \in \langle \eta_{m+1}, \cdots, \eta_n \rangle$. 于是

$$U^\perp = \langle \eta_{m+1}, \cdots, \eta_n \rangle.$$

因此 $V = U + U^\perp$.

任取 $\alpha \in U \cap U^\perp$. 由于 $\alpha \in U^\perp$,因此 α 与 U 中每个向量正交. 又由于 $\alpha \in U$,因此 $(\alpha, \alpha) = 0$. 由内积的正定性得,$\alpha = 0$. 因此 $U \cap U^\perp = 0$,从而 $V = U \oplus U^\perp$. ∎

定理 1 从子空间的角度揭示了欧几里得空间 V 的结构:V 是它的任一子空间 U 与 $U^\perp$ 的直和,于是 V 中每个向量 α 可以惟一地分解成

$$\alpha = \alpha_1 + \alpha_2, \quad \alpha_1 \in U, \alpha_2 \in U^\perp, \tag{3}$$

从而有 V 上的线性变换 $P_U: \alpha \mapsto \alpha_1$. 我们把 P_U 称为 **V 在 U 上的正交投影**,把 α_1 称为 **α 在 U 上的正交投影**. 从(3)式得出,$\alpha_1 \in U$ 是 α 在 U 上的正交投影当且仅当 $\alpha - \alpha_1 \in U^\perp$.

定理 2 设 U 是欧几里得空间 V 的一个子空间,对于 $\alpha \in V$,$\alpha_1 \in U$ 是 α 在 U 上的正交

投影当且仅当
$$d(\alpha,\alpha_1) \leqslant d(\alpha,\gamma), \quad \forall \gamma \in U. \tag{4}$$

证明 **必要性** 设 $\alpha_1 \in U$ 是 α 在 U 上的正交投影，则 $\alpha-\alpha_1 \in U^\perp$. 从而 $\forall \gamma \in U$，有
$$(\alpha-\alpha_1) \perp (\alpha_1-\gamma).$$

由勾股定理得
$$|\alpha-\alpha_1|^2 + |\alpha_1-\gamma|^2 = |(\alpha-\alpha_1)+(\alpha_1-\gamma)|^2$$
$$= |\alpha-\gamma|^2.$$

由此得出，$|\alpha-\alpha_1| \leqslant |\alpha-\gamma|$，即 $d(\alpha,\alpha_1) \leqslant d(\alpha,\gamma)$.

充分性 设(4)式成立. 假设 δ 是 α 在 U 上的正交投影，据必要性得，$d(\alpha,\delta) \leqslant d(\alpha,\alpha_1)$. 结合(4)式得
$$d(\alpha,\delta) = d(\alpha,\alpha_1).$$

由于 $(\alpha-\delta) \in U^\perp$，$(\delta-\alpha_1) \in U$，因此
$$|\alpha-\alpha_1|^2 = |(\alpha-\delta)+(\delta-\alpha_1)|^2 = |\alpha-\delta|^2 + |\delta-\alpha_1|^2.$$

由此得出，$|\delta-\alpha_1|^2 = 0$. 因此 $\delta=\alpha_1$. ∎

正交投影有重要的应用.

实际问题中从观测数据列出的线性方程组 $AX=\beta$ 可能无解，其中，$A=(a_{ij})_{s\times n}$，$\beta=(b_1,\cdots,b_s)'$. 把 A 的行向量组记作 $\gamma_1,\gamma_2,\cdots,\gamma_s$. 当 $AX=\beta$ 无解时，由于实际问题的需要，我们想找一个列向量 $\alpha=(c_1,c_2,\cdots,c_n)'$，使得当 $x_1=c_1,x_2=c_2,\cdots,x_n=c_n$ 时，下述式子
$$\sum_{i=1}^{s}[(a_{i1}c_1+a_{i2}c_2+\cdots+a_{in}c_n)-b_i]^2 \tag{5}$$

达到最小值，这个列向量 α 称为线性方程组的**最小二乘解**. 如何求 $AX=\beta$ 的最小二乘解？

(5)式是平方和的形式，这使人联想到它是欧几里得空间 $\mathbf{R}^s$(指定的内积是标准内积)中某个向量的长度的平方. 这个向量的第 i 个分量是
$$(a_{i1}c_1+a_{i2}c_2+\cdots+a_{in}c_n)-b_i = \gamma_i\alpha - b_i, \quad i=1,2,\cdots,s,$$
因此这个向量是
$$\begin{bmatrix} \gamma_1\alpha-b_1 \\ \gamma_2\alpha-b_2 \\ \vdots \\ \gamma_s\alpha-b_s \end{bmatrix} = \begin{bmatrix} \gamma_1\alpha \\ \gamma_2\alpha \\ \vdots \\ \gamma_s\alpha \end{bmatrix} - \begin{bmatrix} b_1 \\ b_2 \\ \vdots \\ b_s \end{bmatrix} = A\alpha - \beta, \tag{6}$$

于是 α 是 $AX=\beta$ 的最小二乘解当且仅当 $A\alpha-\beta$ 的长度 $|A\alpha-\beta|$ 最小，即对任意 $X \in \mathbf{R}^n$，有
$$|A\alpha-\beta| \leqslant |AX-\beta|.$$

设 A 的列向量组是 $\alpha_1,\alpha_2,\cdots,\alpha_n$，则 $X \in \mathbf{R}^n$ 当且仅当
$$AX = x_1\alpha_1 + x_2\alpha_2 + \cdots + x_n\alpha_n \in \langle \alpha_1,\alpha_2,\cdots,\alpha_n \rangle.$$

把 A 的列空间 $\langle \alpha_1,\alpha_2,\cdots,\alpha_n \rangle$ 记作 U，于是

α 是 $AX = \beta$ 的最小二乘解

$\iff |A\alpha - \beta| \leqslant |AX - \beta|, \forall X \in \mathbf{R}^n$

$\iff |A\alpha - \beta| \leqslant |\gamma - \beta|, \forall \gamma \in U$

$\iff d(A\alpha, \beta) \leqslant d(\gamma, \beta), \forall \gamma \in U$

$\iff A\alpha$ 是 β 在 U 上的正交投影

$\iff \beta - A\alpha \in U^\perp$

$\iff (\beta - A\alpha, \alpha_j) = 0, j = 1, 2, \cdots, n$

$\iff \alpha_j'(\beta - A\alpha) = 0, j = 1, 2, \cdots, n$

$\iff A'(\beta - A\alpha) = 0$

$\iff A'A\alpha = A'\beta$

$\iff \alpha$ 是 $(A'A)X = A'\beta$ 的解.

由于

$$\mathrm{rank}(A'A, A'\beta) = \mathrm{rank}(A'(A, \beta)) \leqslant \mathrm{rank}(A') = \mathrm{rank}(A'A),$$
$$\mathrm{rank}(A'A, A'\beta) \geqslant \mathrm{rank}(A'A),$$

因此 $\mathrm{rank}(A'A, A'\beta) = \mathrm{rank}(A'A)$，从而线性方程 $(A'A)X = A'\beta$ 一定有解. 这样我们把求线性方程组 $AX = \beta$ 的最小二乘解的问题归结为求线性方程组 $(A'A)X = A'\beta$ 的解.

习 题 9.2

1. 设 U 是欧几里得空间 $\mathbf{R}^4$（指定标准内积）的一个子空间，$U = \langle \alpha_1, \alpha_2 \rangle$，其中

$$\alpha_1 = (1, 1, 2, 1), \quad \alpha_2 = (1, 0, 0, -2).$$

求 $U^\perp$ 的维数和一个正交基.

2. 设 V 是一个 n 维欧几里得空间，$\alpha \in V$ 且 $\alpha \neq 0$，求 $\langle \alpha \rangle^\perp$ 的维数.

3. 设 U 是 n 维欧几里得空间 V 的一个子空间，证明：

$$(U^\perp)^\perp = U.$$

4. 证明：欧几里得空间 $\mathbf{R}^n$（指定标准内积）的任一子空间 U 是一个齐次线性方程组的解空间.

5. 设 U 是 n 维欧几里得空间 V 的一个子空间，在 U 中取一个标准正交基 $\eta_1, \eta_2, \cdots, \eta_m$，则 α 在 U 上的正交投影 α_1 为

$$\alpha_1 = \sum_{i=1}^m (\alpha, \eta_i) \eta_i.$$

6. 在欧几里得空间 $\mathbf{R}^3$（指定标准内积）中，设 $U = \langle \gamma_1, \gamma_2 \rangle$，其中 $\gamma_1 = (1, 2, 1)$，$\gamma_2 = (1, 0, -2)$. 求 $\alpha = (1, -3, 0)$ 在 U 上的正交投影 α_1.

*7. 设 U 是欧几里得空间 V 的一个子空间，则 V 在 U 上的正交投影 P 具有下述性质：

$$(P\alpha, \beta) = (\alpha, P\beta), \quad \forall \alpha, \beta \in V.$$

§3 正交变换

观察

平面到自身上的一个变换 σ 如果保持两点间的距离不变,则称 σ 是平面上的正交变换. 在实内积空间中也有正交变换的概念. 本节来讨论正交变换.

分析

定义 1 实内积空间 V 到自身的满射 A 如果保持向量的内积不变,即
$$(A\alpha, A\beta) = (\alpha, \beta), \quad \forall\, \alpha, \beta \in V, \tag{1}$$
则称 A 是 V 上的一个**正交变换**.

从定义 1 容易看出,V 上的正交变换保持向量的长度不变.

命题 1 实内积空间 V 上的正交变换 A 一定是线性变换.

证明 先证 $A(\alpha+\beta) = A\alpha + A\beta$. 由于
$$\begin{aligned}
&|A(\alpha+\beta) - (A\alpha + A\beta)|^2 \\
&= |A(\alpha+\beta)|^2 - 2(A(\alpha+\beta), A\alpha + A\beta) \\
&\quad + |A\alpha + A\beta|^2 \\
&= |\alpha+\beta|^2 - 2(A(\alpha+\beta), A\alpha) - 2(A(\alpha+\beta), A\beta) \\
&\quad + |A\alpha|^2 + 2(A\alpha, A\beta) + |A\beta|^2 \\
&= |\alpha+\beta|^2 - 2(\alpha+\beta, \alpha) - 2(\alpha+\beta, \beta) \\
&\quad + |\alpha|^2 + 2(\alpha, \beta) + |\beta|^2 \\
&= |\alpha+\beta|^2 - 2(\alpha+\beta, \alpha+\beta) + |\alpha+\beta|^2 = 0,
\end{aligned}$$
因此 $A(\alpha+\beta) - (A\alpha + A\beta) = 0$, 即 $A(\alpha+\beta) = A\alpha + A\beta$.

同理可证,$A(k\alpha) = kA\alpha, \forall\, \alpha \in V, k \in \mathbf{R}$. 因此 A 是 V 上的一个线性变换. ∎

命题 2 实内积空间 V 上的正交变换 A 一定是单射,从而 A 是可逆的.

证明 设 $A\alpha = A\beta$, 则 $A(\alpha-\beta) = 0$. 从而
$$|\alpha-\beta| = |A(\alpha-\beta)| = |0| = 0.$$
因此 $\alpha-\beta = 0$, 即 $\alpha = \beta$. 这证明了 A 是单射. 又由定义知, A 是满射. 因此 A 是双射, 从而 A 是可逆的. ∎

从命题 1, 命题 2 以及定义 1 立即得出

命题 3 实内积空间 V 上的一个变换 A 是正交变换当且仅当 A 是 V 到自身的一个同构映射. ∎

从实内积空间之间同构关系的对称性和传递性得出, 正交变换的逆变换仍是正交变换; 正交变换的乘积仍是正交变换.

容易看出,正交变换还保持两个非零向量的夹角不变,保持正交性不变,保持两个向量之间的距离不变.

命题 4 n 维欧几里空间 V 上的线性变换 A 是正交变换
$\Longleftrightarrow A$ 把 V 的标准正交基映成标准正交基
$\Longleftrightarrow A$ 在 V 的标准正交基下的矩阵 A 是正交矩阵.

证明 第一个等价条件的必要性. 设 A 是 V 上的一个正交变换,则 A 是实内积空间 V 到自身的一个同构映射,从而 A 把 V 的标准正交基映成标准正交基.

充分性 设 V 上的线性变换 A 把 V 的一个标准正交基 $\eta_1, \eta_2, \cdots, \eta_n$ 映成标准正交基 $\gamma_1, \gamma_2, \cdots, \gamma_n$,则 A 是满射. 对于任意 $\alpha, \beta \in V$,设 $\alpha = \sum_{i=1}^{n} x_i \eta_i, \beta = \sum_{i=1}^{n} y_i \eta_i$,则

$$A\alpha = \sum_{i=1}^{n} x_i A\eta_i = \sum_{i=1}^{n} x_i \gamma_i, \quad A\beta = \sum_{i=1}^{n} y_i A\eta_i = \sum_{i=1}^{n} y_i \gamma_i.$$

因此
$$(A\alpha, A\beta) = \sum_{i=1}^{n} x_i y_i = (\alpha, \beta),$$

从而 A 是 V 上的正交变换.

第二个等价条件. 设 $\eta_1, \eta_2, \cdots, \eta_n$ 是 V 的一个标准正交基,并且 $A(\eta_1, \eta_2, \cdots, \eta_s) = (\eta_1, \eta_2, \cdots, \eta_n)A$. 则据本章 §1 命题 6 和命题 7 得

$A\eta_1, A\eta_2, \cdots, A\eta_n$ 是 V 的一个标准正交基
$\Longleftrightarrow A$ 是正交矩阵. ∎

既然欧几得空间 V 上的正交变换 A 在 V 的任一标准正交基下的矩阵 A 是正交矩阵,而正交矩阵的行列式等于 1 或者 -1,因此正交变换的行列式等于 1 或 -1. 行列式等于 1 的正交变换称为**第一类的**(或**旋转**);行列式等于 -1 的正交变换称为**第二类的**.

习 题 9.3

1. 设 V 是实内积空间,证明:V 上的正交变换 A 如果有特征值,则它的特征值必为 1 或 -1.

2. 设 V 是 n 维欧几里得空间,η 是 V 中一个单位向量,设 P 是 V 在 $\langle \eta \rangle$ 上的正交投影. 令

$$A = I - 2P,$$

则 A 称为关于超平面 $\langle \eta \rangle^{\perp}$ 的**镜面反射**(n 维线性空间的任一 $(n-1)$ 维子空间称为一个**超平面**),简称为镜面反射. 证明:镜面反射是正交变换,并且是第二类的.

*3. 设 A 是 n 维欧几里得空间 V 上的一个正交变换,并且 1 是 A 的一个特征值,A 的属于 1 的特征子空间 V_1 的维数是 $n-1$. 证明:A 是镜面反射.

4. 证明:实内积空间 V 到自身的满射 A 是正交变换当且仅当 A 是保持向量长度不变的线性变换.

*5. 实内积空间 V 上的线性变换 A 如果满足
$$(A\alpha,\beta)=(\alpha,A\beta), \quad \forall\, \alpha,\beta\in V,$$
则称 A 是**对称变换**. 证明: n 维欧几里得空间 V 上的线性变换 A 是对称变换当且仅当 A 在 V 的任一标准正交基下的矩阵是对称矩阵.

§4 酉 空 间

思考

在复数域上的线性空间 V 中,如何引进度量概念? 关键是要引进内积的概念. 能不能照搬实数域上线性空间的内积的定义? 如果照搬,那么对于 $\alpha\neq 0$,有
$$(i\alpha,i\alpha)=i^2(\alpha,\alpha)=-(\alpha,\alpha)<0,$$
$$(i\alpha,i\alpha)>0,$$
这是矛盾的. 修改的办法是把对称性用下述性质代替:
$$(\alpha,\beta)=\overline{(\beta,\alpha)}.$$
这一性质称为**埃尔米特(Hermite)性**,于是
$$(i\alpha,i\alpha)=i\overline{(\alpha,i\alpha)}=i\overline{(\overline{i\alpha,\alpha})}=i\bar{i}(\alpha,\alpha)=(\alpha,\alpha)>0,$$
这样就没有矛盾了.

抽象

定义 1 复数域上线性空间 V 上的一个二元函数记作 (α,β),如果它满足下述 4 条性质: $\forall\, \alpha,\beta,\gamma\in V, k\in \mathbf{C}$,有

1° $(\alpha,\beta)=\overline{(\beta,\alpha)}$ (**埃尔米特性**);

2° $(\alpha+\gamma,\beta)=(\alpha,\beta)+(\gamma,\beta)$ (**线性性之一**);

3° $(k\alpha,\beta)=k(\alpha,\beta)$ (**线性性之二**);

4° (α,α) 是非负实数, $(\alpha,\alpha)=0$ 当且仅当 $\alpha=0$ (**正定性**),

则称这个二元函数 (α,β) 是 V 上的一个**内积**. 复线性空间 V 上如果指定了一个内积,则称 V 是**酉空间**.

例 1 $\mathbf{C}^n$ 中,对于任意 $X=(x_1,x_2,\cdots,x_n), Y=(y_1,y_2,\cdots,y_n)$,规定
$$(X,Y)\xlongequal{\text{def}} x_1\bar{y}_1+x_2\bar{y}_2+\cdots+x_n\bar{y}_n, \tag{1}$$
容易验证, (X,Y) 是 $\mathbf{C}^n$ 上的一个内积,这个内积称为 $\mathbf{C}^n$ 上的**标准内积**. $\mathbf{C}^n$ 装备了这个标准内积,便成为一个酉空间.

例 2 用 $\widetilde{C}[a,b]$ 表示区间 $[a,b]$ 上所有连续复值函数组成的线性空间,规定
$$(f(x),g(x))\xlongequal{\text{def}} \int_a^b f(x)\overline{g(x)}\mathrm{d}x, \tag{2}$$

容易验证,$(f(x),g(x))$ 是 $\widetilde{C}[a,b]$ 上的一个内积,此时 $\widetilde{C}[a,b]$ 成为一个酉空间.

例3 我们用 A^* 表示矩阵 A 中所有元素取共轭复数后再转置(即 $\overline{A}'$). 在 $M_n(\mathbf{C})$ 中,规定

$$(A,B) \xequal{\text{def}} \operatorname{tr}(AB^*), \tag{3}$$

容易验证,(A,B) 是 $M_n(\mathbf{C})$ 上的一个内积. 此时 $M_n(\mathbf{C})$ 成为一个酉空间.

与实内积空间类似,酉空间 V 中由于有了内积的概念,从而就有长度、角度、正交、距离等度量概念.

定义 2 非负实数 $\sqrt{(\alpha,\alpha)}$ 称为向量 α 的**长度**,记作 $|\alpha|$(或者 $\|\alpha\|$).

显然 $|0|=0$;当 $\alpha\neq 0$ 时,$|\alpha|>0$. 容易证明:

$$|k\alpha| = |k||\alpha|, \quad \forall \alpha \in V, k \in \mathbf{C}. \tag{4}$$

定理 1(Cauchy-Buniakowski 不等式) 在酉空间 V 中,对于任意向量 α,β,有

$$|(\alpha,\beta)| \leqslant |\alpha||\beta|. \tag{5}$$

等号成立当且仅当 α,β 线性相关.

证明 当 α,β 线性相关时,与实内积空间的情形一样,可证出

$$|(\alpha,\beta)| = |\alpha||\beta|.$$

如果 α,β 线性无关,则对任意复数 t,有 $\alpha+t\beta\neq 0$. 从而

$$0 < |\alpha + t\beta|^2 = |\alpha|^2 + \bar{t}(\alpha,\beta) + t(\beta,\alpha) + t\bar{t}|\beta|^2. \tag{6}$$

特别地,取 $t = -\dfrac{(\alpha,\beta)}{|\beta|^2}$,代入(6)式得

$$0 < |\alpha|^2 - \frac{|(\alpha,\beta)|^2}{|\beta|^2} - \frac{|(\alpha,\beta)|^2}{|\beta|^2} + \frac{|(\alpha,\beta)|^2}{|\beta|^2}$$

$$= |\alpha|^2 - \frac{|(\alpha,\beta)|^2}{|\beta|^2},$$

由此得出,$|(\alpha,\beta)| < |\alpha||\beta|$. ∎

定义 3 酉空间 V 中,两个非零向量 α,β 的**夹角** $\langle\alpha,\beta\rangle$ 规定为

$$\langle\alpha,\beta\rangle \xequal{\text{def}} \arccos\frac{|(\alpha,\beta)|}{|\alpha||\beta|}, \tag{7}$$

于是

$$0 \leqslant \langle\alpha,\beta\rangle \leqslant \frac{\pi}{2}.$$

从(7)式得出,$\langle\alpha,\beta\rangle = \dfrac{\pi}{2} \iff (\alpha,\beta) = 0$.

定义 4 在酉空间 V 中,如果 $(\alpha,\beta)=0$,则称 α 与 β **正交**,记作 $\alpha \perp \beta$.

与实内积空间一样,我们可以证明在酉空间中,有**三角形不等式**和**勾股定理**. 我们可以定义两个向量 α,β 的**距离** $d(\alpha,\beta) \xequal{\text{def}} |\alpha-\beta|$.

与实内积空间一样,在酉空间 V 中,有**正交向量组**的概念,并且可以证明:正交向量组一定线性无关. 从而有**正交基**、**标准正交基**的概念,利用施密特正交化和单位化,可把 V 的

一个基变成与它等价的标准正交基.

n 维酉空间 V 中,向量组 $\eta_1,\eta_2,\cdots,\eta_n$ 是 V 的一个标准正交基当且仅当
$$(\eta_i,\eta_j)=\delta_{ij},\quad i,j=1,2,\cdots,n. \tag{8}$$

利用标准正交基 $\eta_1,\eta_2,\cdots,\eta_n$,容易计算向量的内积. 设 α,β 在 $\eta_1,\eta_2,\cdots,\eta_n$ 下的坐标分别是 $X=(x_1,x_2,\cdots,x_n)',Y=(y_1,y_2,\cdots,y_n)'$,则
$$\begin{aligned}(\alpha,\beta)&=\Big(\sum_{i=1}^n x_i\eta_i,\sum_{j=1}^n y_j\eta_j\Big)\\&=\sum_{i=1}^n\sum_{j=1}^n x_i\bar{y}_j(\eta_i,\eta_j)\\&=\sum_{i=1}^n x_i\bar{y}_i=Y^*X.\end{aligned} \tag{9}$$

利用标准正交基,向量的坐标的分量可以用内积表达. 设 α 在标准正交基 $\eta_1,\eta_2,\cdots,\eta_n$ 下的坐标是 $(x_1,x_2,\cdots,x_n)'$,则 $\alpha=\sum_{i=1}^n x_i\eta_i$. 两边用 η_j 作内积,得
$$(\alpha,\eta_j)=\sum_{i=1}^n x_i(\eta_i,\eta_j)=x_j,$$

因此
$$\alpha=\sum_{i=1}^n(\alpha,\eta_i)\eta_i. \tag{10}$$

(10)式称为 α 的**傅里叶(Fourier)展开**,其中每个系数 (α,η_i) 称为 α 的**傅里叶(Fourier)系数**.

n 维酉空间 V 中,设 $\eta_1,\eta_2,\cdots,\eta_n$ 是 V 的一个标准正交基,向量组 $\beta_1,\beta_2,\cdots,\beta_n$ 满足
$$(\beta_1,\beta_2,\cdots,\beta_n)=(\eta_1,\eta_2,\cdots,\eta_n)P, \tag{11}$$

则 β_i 在标准正交基 $\eta_1,\eta_2,\cdots,\eta_n$ 下的坐标是 P 的第 i 列 $X_i,i=1,2,\cdots,n$,于是

$\beta_1,\beta_2,\cdots,\beta_n$ 是 V 的一个标准正交基

$\Longleftrightarrow (\beta_i,\beta_j)=\delta_{ij},i,j=1,2,\cdots,n$

$\Longleftrightarrow X_j^*X_i=\delta_{ij},i,j=1,2,\cdots,n$

$\Longleftrightarrow \begin{bmatrix}X_1^*X_1 & X_1^*X_2 & \cdots & X_1^*X_n \\ X_2^*X_1 & X_2^*X_2 & \cdots & X_2^*X_n \\ \vdots & \vdots & & \vdots \\ X_n^*X_1 & X_n^*X_2 & \cdots & X_n^*X_n\end{bmatrix}=\begin{bmatrix}1 & 0 & \cdots & 0 \\ 0 & 1 & \cdots & 0 \\ \vdots & \vdots & & \vdots \\ 0 & 0 & \cdots & 1\end{bmatrix}$

$\Longleftrightarrow \begin{bmatrix}X_1^* \\ X_2^* \\ \vdots \\ X_n^*\end{bmatrix}(X_1,X_2,\cdots,X_n)=I$

$\Longleftrightarrow P^*P=I. \tag{12}$

定义 5 复数域上 n 级矩阵 P 如果满足
$$P^*P = I,$$
则称 P 是**酉矩阵**.

从定义 5 得出

n 级复矩阵 P 是酉矩阵 $\iff P^*P = I$

$\iff P$ 可逆,且 $P^{-1} = P^*$

$\iff PP^* = I.$

上面的讨论表明,n 维酉空间 V 中,标准正交基到标准正交基的过渡矩阵是酉矩阵. 反之,如果向量组 $\beta_1, \beta_2, \cdots, \beta_n$ 满足(11)式,且 P 是酉矩阵,则 $\beta_1, \beta_2, \cdots, \beta_n$ 是 V 的一个标准正交基.

与实内积空间的情形一样,酉空间有**同构**的概念,并且同样可以证明:两个有限维酉空间同构的充分必要条件是它们的维数相同.

与实内积空间的情形一样,酉空间中有**正交补**的概念,并且同样可以证明:n 维酉空间 V 等于它的任一子空间 U 与 $U^\perp$ 的直和:$V = U \oplus U^\perp$. 从而在 n 维酉空间 V 中,有 **V 在 U 上的正交投影**,**向量 α 在 U 上的正交投影**等概念,并且同样可以证明:$\alpha_1 \in U$ 是 α 在 U 上的正交投影当且仅当

$$d(\alpha, \alpha_1) \leqslant d(\alpha, \gamma), \quad \forall \gamma \in U. \tag{13}$$

类似于实内积空间上的正交变换,在酉空间中是酉变换.

定义 6 酉空间 V 到自身的满射 $\mathcal{A}$ 如果保持内积不变,即
$$(\mathcal{A}\alpha, \mathcal{A}\beta) = (\alpha, \beta), \quad \forall \alpha, \beta \in V,$$
则称 $\mathcal{A}$ 是 V 上的一个**酉变换**.

与正交变换的情形一样,可以证明:

命题 2 酉空间 V 上的酉变换一定是线性变换,并且是单射,从而是可逆的.

于是,酉空间 V 上的变换 $\mathcal{A}$ 是酉变换当且仅当 $\mathcal{A}$ 是 V 到自身的一个同构映射,从而酉变换的逆变换还是酉变换;酉变换的乘积还是酉变换.

与正交变换的情形一样,可以证明

命题 3 n 维酉空间 V 上的线性变换 $\mathcal{A}$ 是酉变换

$\iff \mathcal{A}$ 把 V 的标准正交基映成标准正交基

$\iff \mathcal{A}$ 在 V 的标准正交基下的矩阵是酉矩阵.

习 题 9.4

1. 在酉空间 $\mathbf{C}^3$(指定标准内积)中,设
$$\alpha = (1, -1, 1), \quad \beta = (1, 0, i),$$
求 $|\alpha|, |\beta|, \alpha$ 与 β 的夹角 $\langle \alpha, \beta \rangle$.

2. 在酉空间 $\mathbf{C}^2$（指定标准内积）中，设
$$\alpha_1 = (1, -1), \quad \alpha_2 = (1, i),$$
求与 α_1, α_2 等价的一个标准正交基 η_1, η_2.

3. 在酉空间 $\mathbf{C}^3$（指定标准内积）中，设
$$\alpha_1 = (1, -1, 1), \quad \alpha_2 = (1, 0, i),$$
求与 α_1, α_2 等价的一个正交向量组 β_1, β_2.

4. 写出 1 级酉矩阵的形式.

5. 证明：酉矩阵的行列式的模为 1.

6. 证明：酉变换的特征值的模为 1.

7. n 级复矩阵 A 如果满足
$$A^* = A,$$
则称 A 是**埃尔米特(Hermite)矩阵**（或者**自伴矩阵**），写出 2 级 Hermite 矩阵的形式.

*8. 酉空间 V 上的线性变换 A 如果满足
$$(A\alpha, \beta) = (\alpha, A\beta), \quad \forall \alpha, \beta \in V,$$
则称 A 是**埃尔米特(Hermite)变换**（或者**自伴变换**）. 证明：n 维酉空间 V 上的线性变换 A 是 Hermite 变换当且仅当 A 在 V 的标准正交基下的矩阵是 Hermite 矩阵.

*9. 证明：酉空间 V 上的 Hermite 变换 A 的特征值一定是实数.

*§5 双线性函数

观察

实数域上线性空间 V 上的一个内积是 V 上的一个二元函数，它的两条线性性质表明这个二元函数关于第一个变量是线性的；又从它的对称性可得出，它对于第二个变量也是线性的. 这样的二元函数称为双线性函数.

抽象

定义 1 设 V 是数域 K 上一个线性空间，V 上的一个二元函数 f（即 f 是 $V \times V$ 到 K 的一个映射）如果满足：$\forall \alpha_1, \alpha_2, \alpha, \beta, \beta_1, \beta_2 \in V, k_1, k_2 \in K$，有

(i) $f(k_1\alpha_1 + k_2\alpha_2, \beta) = k_1 f(\alpha_1, \beta) + k_2 f(\alpha_2, \beta)$；

(ii) $f(\alpha, k_1\beta_1 + k_2\beta_2) = k_1 f(\alpha, \beta_1) + k_2 f(\alpha, \beta_2)$，

则称 f 是 V 上的一个**双线性函数**，f 也可写成 $f(\alpha, \beta)$.

实数域上线性空间 V 上的每一个内积都是 V 上的一个双线性函数，但是复数域上线性空间 V 上的内积不是 V 上的双线性函数.

设 V 是数域 K 上 n 维线性空间，f 是 V 上的一个双线性函数. V 中取一个基 $\alpha_1, \alpha_2, \cdots,$

α_n. 设 α,β 在此基下的坐标分别为 $X=(x_1,x_2,\cdots,x_n)', Y=(y_1,y_2,\cdots,y_n)'$,则

$$f(\alpha,\beta) = f\left(\sum_{i=1}^n x_i\alpha_i, \sum_{j=1}^n y_j\alpha_j\right) = \sum_{i=1}^n \sum_{j=1}^n x_i y_j f(\alpha_i,\alpha_j). \tag{1}$$

令

$$A = \begin{bmatrix} f(\alpha_1,\alpha_1) & f(\alpha_1,\alpha_2) & \cdots & f(\alpha_1,\alpha_n) \\ f(\alpha_2,\alpha_1) & f(\alpha_2,\alpha_2) & \cdots & f(\alpha_2,\alpha_n) \\ \vdots & \vdots & & \vdots \\ f(\alpha_n,\alpha_1) & f(\alpha_n,\alpha_2) & \cdots & f(\alpha_n,\alpha_n) \end{bmatrix}, \tag{2}$$

称 A 是双线性函数 f 在基 $\alpha_1,\alpha_2,\cdots,\alpha_n$ 下的**度量矩阵**,它是由 f 及基 $\alpha_1,\alpha_2,\cdots,\alpha_n$ 惟一决定的.

从(1)式得

$$f(\alpha,\beta) = X'AY. \tag{3}$$

(3)式和(1)式都是双线性函数 f 在基 $\alpha_1,\alpha_2,\cdots,\alpha_n$ 下的表达式.

容易看出,如果对任意 $X,Y\in K^n$,都有 $X'AY=X'BY$,则 $A=B$(利用 $\varepsilon_i' A\varepsilon_j = a_{ij}$,即可证得).

定理1 设 f 是数域 K 上 n 维线性空间 V 上的一个双线性函数,V 中取两个基:$\alpha_1,\alpha_2,\cdots,\alpha_n$ 与 $\beta_1,\beta_2,\cdots,\beta_n$. 设

$$(\beta_1,\beta_2,\cdots,\beta_n) = (\alpha_1,\alpha_2,\cdots,\alpha_n)P, \tag{4}$$

f 在这两个基下的度量矩阵分别为 A,B,则

$$B = P'AP. \tag{5}$$

证明 设 $\alpha=(\alpha_1,\alpha_2,\cdots,\alpha_n)X=(\beta_1,\beta_2,\cdots,\beta_n)X_0, \beta=(\alpha_1,\alpha_2,\cdots,\alpha_n)Y=(\beta_1,\beta_2,\cdots,\beta_n)Y_0$,则

$$X = PX_0, \quad Y = PY_0,$$

从而 $f(\alpha,\beta) = X'AY = (PX_0)'A(PY_0) = X_0'(P'AP)Y_0$.

又有 $f(\alpha,\beta)=X_0'BY_0$,由此得出,$X_0'BY_0 = X_0'(P'AP)Y_0$,其中 X_0,Y_0 是 K^n 中任意向量,因此 $B=P'AP$. ∎

定理1表明,V 上的双线性函数 f 在不同基下的度量矩阵是合同的.

定义2 设 f 是数域 K 上线性空间 V 上的一个双线性函数,V 的下述子集

$$\{\alpha \in V \mid f(\alpha,\beta) = 0, \forall \beta \in V\} \tag{6}$$

称为 f 在 V 中的**左根**,记作 $\mathrm{rad}_L V$;V 的另一个子集

$$\{\beta \in V \mid f(\alpha,\beta) = 0, \forall \alpha \in V\} \tag{7}$$

称为 f 在 V 中的**右根**,记作 $\mathrm{rad}_R V$.

容易看出,f 的左根、右根都是 V 的子空间.

例1 在 $\mathbf{R}^3$ 中,设 $\alpha=(x_1,x_2,x_3)', \beta=(y_1,y_2,y_3)'$. 令

$$f(\alpha,\beta) = x_1 y_1 - x_3 y_3 = (x_1, x_2, x_3) \begin{bmatrix} 1 & 0 & 0 \\ 0 & 0 & 0 \\ 0 & 0 & -1 \end{bmatrix} \begin{bmatrix} y_1 \\ y_2 \\ y_3 \end{bmatrix}.$$

容易验证,f 是 $\mathbf{R}^3$ 上的一个双线性函数. 令 $\alpha_1 = (0,1,0)$,则对于 $\mathbf{R}^3$ 中任意 $\beta = (y_1, y_2, y_3)'$,都有

$$f(\alpha_1, \beta) = 0 \cdot y_1 - 0 \cdot y_3 = 0.$$

因此 α_1 属于 f 的左根.

定义 3 如果 V 上的双线性函数 f 的左根和右根都是零子空间,则称 f 是**非退化的**.

定理 2 设 f 是数域 K 上 n 维线性空间 V 上的一个双线性函数,f 在基 $\alpha_1, \alpha_2, \cdots, \alpha_n$ 下的度量矩阵为 A,则 f 是非退化的当且仅当 A 是满秩矩阵.

证明 先证 f 的左根为 0 当且仅当 A 满秩. 设

$$\alpha = (\alpha_1, \alpha_2, \cdots, \alpha_n) X, \quad \beta = (\alpha_1, \alpha_2, \cdots, \alpha_n) Y,$$

则 $f(\alpha, \beta) = X'AY$,于是

f 的左根 $\mathrm{rad}_L(V) = 0$

$\Leftrightarrow$ 从 $f(\alpha, \beta) = 0, \forall \beta \in V$ 可以推出 $\alpha = 0$

$\Leftrightarrow$ 从 $X'AY = 0, \forall Y \in K^n$ 可以推出 $X = 0$

$\Leftrightarrow$ 从 $X'A\varepsilon_i = 0, i = 1, 2, \cdots, n$ 可以推出 $X = 0$

$\Leftrightarrow$ 从 $X'A(\varepsilon_1, \varepsilon_2, \cdots, \varepsilon_n) = 0$ 可以推出 $X = 0$

$\Leftrightarrow$ 从 $X'AI = 0$ 可以推出 $X = 0$

$\Leftrightarrow$ 从 $A'X = 0$ 可以推出 $X = 0$

$\Leftrightarrow$ 齐次线性方程组 $A'X = 0$ 只有零解

$\Leftrightarrow \mathrm{rank}(A') = n$

$\Leftrightarrow \mathrm{rank}(A) = n.$

同理可证,f 的右根为 0 当且仅当 A 满秩. 因此 f 非退化当且仅当它的度量矩阵 A 满秩. ∎

从定理 2 的证明中还可得出,f 的左根等于 0 当且仅当 f 的右根等于 0.

定义 4 设 f 是数域 K 上线性空间 V 上的一个双线性函数,如果

$$f(\alpha, \beta) = f(\beta, \alpha), \quad \forall \alpha, \beta \in V, \tag{8}$$

则称 f 是**对称的**;如果

$$f(\alpha, \beta) = -f(\beta, \alpha), \quad \forall \alpha, \beta \in V, \tag{9}$$

则称 f 是**斜对称的**(或**反对称的**).

实数域上线性空间 V 上的每一个内积都是对称双线性函数.

设双线性函数 f 在 V 的基 $\alpha_1, \alpha_2, \cdots, \alpha_n$ 下的度量矩阵为 A,如果 f 是对称的,则

$$f(\alpha_i, \alpha_j) = f(\alpha_j, \alpha_i), \quad i, j = 1, 2, \cdots, n,$$

因此 A 是对称矩阵. 反之,如果 A 是对称矩阵,则对任意 $\alpha = (\alpha_1, \cdots, \alpha_n) X, \beta = (\alpha_1, \cdots, \alpha_n) Y$,

有
$$f(\alpha,\beta) = X'AY = (X'AY)' = Y'A'(X')'$$
$$= Y'AX = f(\beta,\alpha),$$

因此 f 是对称的. 这样我们证明了:

双线性函数 f 是对称的 $\iff f$ 的度量矩阵是对称矩阵.

同理可证:

双线性函数 f 是斜对称的 $\iff f$ 的度量矩阵是斜对称矩阵.

定理 3 设 f 是数域 K 上 n 维线性空间 V 上的一个对称双线性函数,则 V 中存在一个基,使得 f 在此基下的度量矩阵是对角矩阵.

证明 任取 V 的一个基 $\alpha_1, \alpha_2, \cdots, \alpha_n$,设 f 在这个基下的度量矩阵为 A,则 A 是对称矩阵. 由于任一数域 K 上的对称矩阵一定合同于一个对角矩阵,因此存在 K 上可逆矩阵 C,使得 $C'AC=D$,其中 D 为对角矩阵. 令
$$(\eta_1, \eta_2, \cdots, \eta_n) = (\alpha_1, \alpha_2, \cdots, \alpha_n)C,$$
由于 C 是可逆的,因此 $\eta_1, \eta_2, \cdots, \eta_n$ 也是 V 的一个基. f 在基 $\eta_1, \eta_2, \cdots, \eta_n$ 下的度量矩阵为
$$C'AC = D. \quad\blacksquare$$

实数域上的线性空间 V 上的内积除了对称双线性函数外,还要求它满足正定性,即 $\forall \alpha \in V$,有
$$(\alpha,\alpha) \geqslant 0, \quad \text{等号成立当且仅当 } \alpha = 0.$$
因此,实线性空间 V 上的内积是 V 上的一个正定对称双线性函数.

我们已经分别在实数域上和复数域上的线性空间中,通过引进内积的概念,使得这些空间中有长度、角度、正交、距离等度量概念. 对于任意数域 K 上的线性空间 V 中,能不能也引进度量概念?即便是对于实数域上线性空间 V,在有的实际问题里,也不用正定对称双线性函数引进度量概念. 例如,作为爱因斯坦(Einstein)相对论基础的"时-空"空间,即闵可夫斯基(Minkowski)空间 V,它是实数域上的 4 维线性空间,并且指定了一个非退化的对称双线性函数 f 作为度量,也称为内积. 这样做的目的是使得洛伦兹变换保持 V 上的内积不变,从而保持时-空间隔的平方(即, $f(\alpha-\beta,\alpha-\beta)$,其中 $\alpha,\beta \in V$)不变.

定义 5 数域 K 上线性空间 V 如果指定了一个对称双线性函数 f,则称 V 是一个**正交空间**,称 f 是 V 上的一个**内积**(或**度量**). 用 (V,f) 表示指定的内积为 f 的正交空间,如果 f 是非退化的,则 (V,f) 称为**正则的**;否则称为**非正则的**.

例如,在闵可夫斯基空间中,内积 f 是
$$f(\alpha,\beta) = x_1y_1 + x_2y_2 + x_3y_3 - c^2t_1t_2, \tag{10}$$
其中 c 是光速,$\alpha = (t_1, x_1, x_2, x_3), \beta = (t_2, y_1, y_2, y_3)$.

在正交空间中,由于内积 f 不要求有正定性,因此就无法引进长度、角度、距离等度量概念,但是仍有正交这一概念.

定义 6 在正交空间 (V,f) 中,如果 $f(\alpha,\beta)=0$,则称 α 与 β **正交**,记作 $\alpha \perp \beta$.

由于 f 是对称的,于是从 $f(\alpha,\beta)=0$ 可推出 $f(\beta,\alpha)=0$,从而如果 α 与 β 正交,则 β 与 α 也正交.

在正交空间中,一个非零向量有可能与自身正交. 例如,在 $\mathbf{R}^4$ 中,对于 $\alpha=(x_1,x_2,x_3,x_4), \beta=(y_1,y_2,y_3,y_4)$,令

$$f(\alpha,\beta) \xlongequal{\text{def}} x_1y_1 - x_2y_2 - x_3y_3 - x_4y_4, \tag{11}$$

容易验证,f 是 $\mathbf{R}^4$ 上一个非退化的对称双线性函数. 在正交空间 $(\mathbf{R}^4,f)$ 中,设 $\alpha_1=(1,1,0,0)$,则

$$f(\alpha_1,\alpha_1) = 1^2 - 1^2 = 0,$$

从而 α_1 与自身正交. 这样的非零向量称为**迷向向量**.

定义 7 数域 K 上线性空间 V 如果指定了一个斜对称双线性函数 f,则称 V 是一个**辛空间**,用 (V,f) 表示,称 f 是 V 上的一个**内积**(或**辛内积**);如果 f 是非退化的,则称 (V,f) 是**正则**的;否则称为**非正则**的.

例如,$\mathbf{R}^2$ 中,对于 $\alpha=(x_1,x_2), \beta=(y_1,y_2)$,令

$$f(\alpha,\beta) \xlongequal{\text{def}} x_1y_2 - x_2y_1, \tag{12}$$

容易验证,f 是 $\mathbf{R}^2$ 上一个非退化的斜对称双线性函数. 于是 $(\mathbf{R}^2,f)$ 成为一个辛空间.

与正交空间一样,辛空间中有正交的概念,但没有长度、角度、距离等概念,辛空间中也有迷向向量.

习 题 9.5

1. 在 K^4 中,设 $\alpha=(x_1,x_2,x_3,x_4)', \beta=(y_1,y_2,y_3,y_4)'$,令

$$f(\alpha,\beta) = x_1y_1 + x_2y_2 + x_3y_3 - x_4y_4,$$

(1) 证明 f 是 K^4 上的一个双线性函数;
(2) 求 f 在标准基 $\varepsilon_1,\varepsilon_2,\varepsilon_3,\varepsilon_4$ 下的度量矩阵;
(3) 说明 f 是非退化的;
(4) 说明 f 是对称的;
(5) 求一个向量 $\alpha\neq 0$,使得 $f(\alpha,\alpha)=0$.

2. 设 f 是数域 K 上线性空间 V 上的一个双线性函数,证明:f 是斜对称的当且仅当 $\forall \alpha\in V$,有 $f(\alpha,\alpha)=0$.

3. 证明:如果 f 是实数域 $\mathbf{R}$ 上 n 维线性空间 V 上的对称双线性函数,则 V 中存在一个基 $\eta_1,\eta_2,\cdots,\eta_n$,使得 f 在此基下的表达式为

$$f(\alpha,\beta) = x_1y_1 + x_2y_2 + \cdots + x_py_p - x_{p+1}y_{p+1} - \cdots - x_ry_r,$$

其中 $0\leqslant p\leqslant r\leqslant n,(x_1,x_2,\cdots,x_n)',(y_1,y_2,\cdots,y_n)'$ 分别为 α,β 在基 $\eta_1,\eta_2,\cdots,\eta_n$ 下的坐标.

习题答案与提示

第一章 线性方程组

习题 1.1

1. (1) $(2,-1,1)$; (2) $(1,-2,3)$; (3) $(2,-1,1,-3)$;
(4) $(5,-2,1)$; (5) $(-8,3,6,0)$.

2. (1) 应当分别给 A_1, A_2, A_3 投资 $\frac{5}{6}, \frac{5}{3}, 7.5$ 千元;

(2) 相应的线性方程组的解是 $(-5,10,5)$,单位为千元. 这不是实际问题的可行解(因为出现 -5).

3. (1) 无解;

(2) 有无穷多个解,一般解是

$$\begin{cases} x_1 = x_3 - x_4 - 3, \\ x_2 = x_3 + x_4 - 4, \end{cases}$$ 其中 x_3, x_4 是自由未知量;

(3) 无解;

(4) 有无穷多个解,一般解是

$$\begin{cases} x_1 = -\frac{11}{7}x_3 + \frac{23}{7}, \\ x_2 = -\frac{5}{7}x_3 - \frac{1}{7}, \end{cases}$$ 其中 x_3 是自由未知量.

习题 1.2

1. 原线性方程组有解当且仅当 $a=-1$. 此时它的一般解是

$$\begin{cases} x_1 = -\frac{18}{7}x_3 + \frac{1}{7}, \\ x_2 = -\frac{1}{7}x_3 + \frac{2}{7}, \end{cases}$$ 其中 x_3 是自由未知量.

2. 原线性方程组有惟一解当且仅当 $a \neq -\frac{2}{3}$;

原线性方程组无解当且仅当 $a = -\frac{2}{3}$.

3. (1) 原线性方程组有惟一解: $\left(\frac{1}{2}, \frac{1}{2}\right)$;

(2) 把第 3 个方程改成 $x-4y=3$,则新方程组无解. 答案不惟一;

(3) 请读者画出三条直线,并且看它们是否相交于坐标为 $\left(\frac{1}{2}, \frac{1}{2}\right)$ 的点.

4. 原线性方程组有解当且仅当 $a=-2$. 此时,它的一般解为

$$\begin{cases} x_1 = -3x_3 - 2, \\ x_2 = 2x_3 + 5, \\ x_4 = -10, \end{cases}$$

其中 x_3 是自由未知量.

*5. 原线性方程组有解当且仅当 $c=0$ 且 $d=2$. 此时,它的一般解为

$$\begin{cases} x_1 = x_3 + x_4 + 5x_5 - 2, \\ x_2 = -2x_3 - 2x_4 - 6x_5 + 3, \end{cases}$$

其中 x_3, x_4, x_5 是自由未知量.

*6. 不存在满足要求的 2 次多项式.

7. (1) 有非零解. 它的一般解是

$$\begin{cases} x_1 = -\dfrac{1}{3}x_4, \\ x_2 = -\dfrac{2}{3}x_4, \\ x_3 = -\dfrac{1}{3}x_4, \end{cases} \quad \text{其中 } x_4 \text{ 是自由未知量};$$

(2) 有非零解,它的一般解是

$$\begin{cases} x_1 = \dfrac{55}{41}x_4, \\ x_2 = \dfrac{10}{41}x_4, \\ x_3 = -\dfrac{33}{41}x_4, \end{cases} \quad \text{其中 } x_4 \text{ 是自由未知量}.$$

习 题 1.3

1. 显然 $0 = 0 + i \in \mathbf{Q}(i)$, $1 = 1 + 0i \in \mathbf{Q}(i)$,易验证 $\mathbf{Q}(i)$ 对加、减、乘、除 4 种运算封闭,从而 $\mathbf{Q}(i)$ 是一个数域.

2. 最大的数域是复数域 $\mathbf{C}$.

第二章 行 列 式

习 题 2.1

1. (1) 6,偶;   (2) 11,奇;   (3) 15,奇;
(4) 21,奇;   (5) 28,偶;   (6) 36,偶;
(7) 0,偶;   (8) 15,奇;   (9) 18,偶.

2. (1) $\dfrac{(n-1)(n-2)}{2}$;   (2) $n-1$.

3. 依次是 $(6,2),(5,2),(3,2),(2,1)$(答案不惟一,但必定是偶数次).

4. 逆序数是 $\dfrac{n(n-1)}{2}$. 当 $n=4k$ 或 $4k+1$ 时,是偶排列;当 $n=4k+2$ 或 $4k+3$ 时,是奇排列.

*5. $\dfrac{n(n-1)}{2} - r$.   **6.** (1) 11;   (2) 0;   (3) 0.

7. 系数行列式的值为 23,因此有惟一解:$(2,-1)$.

习 题 2.2

1. (1) $a_{14}a_{23}a_{32}a_{41}$;   (2) $(-1)^{\frac{n(n-1)}{2}} a_1 a_2 \cdots a_{n-1} a_n$;
(3) $(-1)^{n-1} b_1 b_2 \cdots b_{n-1} b_n$;   (4) $(-1)^{\frac{(n-1)(n-2)}{2}} a_1 a_2 \cdots a_{n-1} a_n$;

(5) $5!$.

2. (1) -49;　　(2) 103;　　(3) $a_{11}a_{22}a_{33}$;　　(4) $c(a_1b_2-a_2b_1)$.

*__3.__ 0.

4. 不一定带负号,这一项所带符号为$(-1)^{\frac{n(n-1)}{2}}$.

当 $n=4k$ 或 $4k+1$ 时,这一项带正号;

当 $n=4k+2$ 或 $4k+3$ 时,这一项带负号.

习　题　2.3

1. (1) 8;　　(2) $4\frac{2}{3}$;　　(3) 155;　　(4) 160.

2. (1) $[a+(n-1)](a-1)^{n-1}$;　　(2) $(-1)^{n-1}b^{n-1}\left(\sum_{i=1}^{n}a_i-b\right)$.

3. **提示**　利用行列式的性质3(对于列来用).

*__4.__ (1) $a_1-a_2b_2-a_3b_3-\cdots-a_nb_n$;　　(2) $(-1)^{n-1}a_1a_2\cdots a_n\left(\sum_{i=1}^{n}\frac{x_i}{a_i}-1\right)$.

习　题　2.4

1. (1) -726;　　(2) -100;　　(3) $(\lambda-1)^2(\lambda-10)$;　　(4) $(\lambda-1)(\lambda-3)^2$.

2. $(-1)^{n-1}(n-1)!\left(\sum_{i=1}^{n}a_i\right)$.　　**3.** $\prod_{1\leqslant j<i\leqslant n}(a_i-a_j)$.

5. $D_n=n+1$.　　(**提示**　当 $n>1$ 时,先将第2列至第 n 列都加到第1列上,然后按第1列展开.)

6. $(n+1)a^n$.　　*__7.__ 方程的全部根是 $a_1, a_2, \cdots, a_{n-1}$.

*__8.__ $-2(n-2)!$.　　(**提示**　把第1行的 (-1) 倍分别加到第2行至第 n 行上,然后按第2列展开.)

习　题　2.5

1. 有惟一解.　　**2.** 有惟一解.　　**3.** 有非零解$\Leftrightarrow \lambda=1$ 或 $\lambda=3$.

4. 有非零解$\Leftrightarrow b=0$ 或 $a=1$.　　**5.** 有惟一解$\Leftrightarrow b\neq 0$ 且 $a\neq 1$.

*__6.__ 当 $b=0$ 时,无解;当 $a=1$ 时,若 $b\neq\frac{1}{2}$,无解;若 $b=\frac{1}{2}$,有无穷多个解.

*__7.__ 有惟一解$\Leftrightarrow b\neq 0$ 且 $a\neq 1$. 当 $b=0$ 时,有无穷多个解;当 $b\neq 0$ 且 $a=1$ 时,无解.

习　题　2.6

1. 154.

2. $\begin{vmatrix} a_{11} & \cdots & a_{1k} \\ \vdots & & \vdots \\ a_{k1} & \cdots & a_{kk} \end{vmatrix} \cdot \begin{vmatrix} b_{11} & \cdots & b_{1r} \\ \vdots & & \vdots \\ b_{r1} & \cdots & b_{rr} \end{vmatrix}$.　(**提示**　按前 k 列展开.)

*__3.__ $(-1)^{kr}\begin{vmatrix} a_{11} & \cdots & a_{1k} \\ \vdots & & \vdots \\ a_{k1} & \cdots & a_{kk} \end{vmatrix}\begin{vmatrix} b_{11} & \cdots & b_{1r} \\ \vdots & & \vdots \\ b_{r1} & \cdots & b_{rr} \end{vmatrix}$.　(**提示**　按前 k 行展开.)

*__4.__ (1) $\prod_{k=1}^{n-2}k!$;　　(2) $(n-1)\prod_{k=1}^{n-2}k!$.

第三章 线性方程组的进一步理论

习 题 3.1

1. (1) $(0,0,0,0)'$ (2) $(0,0,0,0)'$.
2. $\gamma = (-21, 7, 15, 13)'$.
3. (1) $\beta = 2\alpha_1 - \alpha_2 - 3\alpha_3$,表出方式惟一；   (2) β 不能由 $\alpha_1, \alpha_2, \alpha_3$ 线性表出；
   (3) $\beta = -\alpha_1 - 5\alpha_2$,表出方式有无穷多种.
4. **提示** 线性方程组 $x_1\varepsilon_1 + x_2\varepsilon_2 + \cdots + x_n\varepsilon_n = \alpha$ 有惟一解,因此 α 能够由 $\varepsilon_1, \varepsilon_2, \cdots, \varepsilon_n$ 线性表出,且表出方式惟一.这种表出方式是：$\alpha = a_1\varepsilon_1 + a_2\varepsilon_2 + \cdots + a_n\varepsilon_n$.
5. **提示** 与第 4 题证法类似.
$$\alpha = (a_1 - a_2)\alpha_1 + (a_2 - a_3)\alpha_2 + (a_3 - a_4)\alpha_3 + a_4\alpha_4.$$
6. **提示** $\alpha_i = 0\alpha_1 + \cdots + 0\alpha_{i-1} + 1 \cdot \alpha_i + 0\alpha_{i+1} + \cdots + 0\alpha_s$.

习 题 3.2

1. (1) 不对.对于任何一个向量组,系数全为 0 的线性组合都等于零向量；
   (2) 不对.有一组不全为零的数不够,应该是对任意一组不全为零的数 $k_1, k_2, \cdots, k_s$ 都有 $k_1\alpha_1 + k_2\alpha_2 + \cdots + k_s\alpha_s \neq 0, \alpha_1, \alpha_2, \cdots, \alpha_s$ 才是线性无关的；
   (3) 不对.例如,几何空间中,设 α_1, α_2 共线, α_3 与 α_1 不共线,这时 $\alpha_1, \alpha_2, \alpha_3$ 共面,即它们线性相关.但是 α_3 不能由 α_1, α_2 线性表出.
2. (1) 线性无关；   (2) 线性相关, $\alpha_1 = -\alpha_2 - \alpha_3 + \alpha_4$；
   (3) 线性相关, $\alpha_3 = 3\alpha_1 - 2\alpha_2$；   (4) 线性无关.
3. **提示** 设 4 个向量的坐标分别为 $\alpha_1, \alpha_2, \alpha_3, \alpha_4$.去说明齐次线性方程组 $x_1\alpha_1 + x_2\alpha_2 + x_3\alpha_3 + x_4\alpha_4 = 0$ 有非零解.
*4. **提示** 任取 $n+1$ 个向量 $\alpha_1, \alpha_2, \cdots, \alpha_{n+1}$,去说明齐次线性方程组 $x_1\alpha_1 + x_2\alpha_2 + \cdots + x_{n+1}\alpha_{n+1} = 0$ 有非零解.
5. **提示** 仿照本节例 2 的证法.
6. 向量组 $\alpha_1 + \alpha_2, \alpha_2 + \alpha_3, \alpha_3 + \alpha_4, \alpha_4 + \alpha_1$ 线性相关. (**提示** 仿照本节例 2 的方法,但是相应的齐次线性方程组的系数行列式等于 0,从而它有非零解.)
*7. **提示** 充分性 设 $\alpha_1, \alpha_2, \cdots, \alpha_s$ 线性无关.设
$$\beta = k_1\alpha_1 + k_2\alpha_2 + \cdots + k_s\alpha_s, \quad \beta = l_1\alpha_1 + l_2\alpha_2 + \cdots + l_s\alpha_s,$$
去证 $k_1 = l_1, \cdots, k_s = l_s$. 从而表出方式惟一.
必要性 设 β 可惟一表示成 $\beta = l_1\alpha_1 + l_2\alpha_2 + \cdots + l_s\alpha_s$. 设
$$k_1\alpha_1 + k_2\alpha_2 + \cdots + k_s\alpha_s = 0.$$
把上面两个式子相加,利用 β 的表示法惟一去证 $k_1 = 0, \cdots, k_s = 0$. 从而 $\alpha_1, \alpha_2, \cdots, \alpha_s$ 线性无关.
*8. **提示** 用线性无关的定义去证.
*9. **提示** 当 $r = n$ 时,以 $\alpha_1, \alpha_2, \cdots, \alpha_n$ 为列向量组的矩阵的行列式是 n 阶范德蒙行列式；当 $r < n$ 时,令
$$\beta_1 = \begin{bmatrix} 1 \\ a_1 \\ \vdots \\ a_1^{r-1} \end{bmatrix}, \quad \beta_2 = \begin{bmatrix} 1 \\ a_2 \\ \vdots \\ a_2^{r-1} \end{bmatrix}, \quad \cdots, \quad \beta_r = \begin{bmatrix} 1 \\ a_r \\ \vdots \\ a_r^{r-1} \end{bmatrix}.$$

习题答案与提示   243

同上面的道理，$\beta_1,\beta_2,\cdots,\beta_r$ 线性无关. 从而它的延伸组 $\alpha_1,\alpha_2,\cdots,\alpha_r$ 也线性无关.

习 题 3.3

1. **提示** 由于齐次线性方程组 $x_1\alpha_1+x_2\alpha_2=0$ 的系数矩阵是阶梯形矩阵，其非零行个数 2 等于未知量个数，因此方程组只有零解. 从而 α_1,α_2 线性无关. 类似的方法，可知 $x_1\alpha_1+x_2\alpha_2+x_3\alpha_3=0$ 有非零解，从而 $\alpha_1,\alpha_2,\alpha_3$ 线性相关. 因此 α_1,α_2 是向量组 $\alpha_1,\alpha_2,\alpha_3$ 的一个极大线性无关组. 从而 $\mathrm{rank}\{\alpha_1,\alpha_2,\alpha_3\}=2$.

2. α_1,α_3(或 α_2,α_3)是 $\alpha_1,\alpha_2,\alpha_3$ 的一个极大线性无关组，$\mathrm{rank}\{\alpha_1,\alpha_2,\alpha_3\}=2$.
   （**提示** 先证 α_1,α_3 线性无关；然后容易看出 α_1,α_2 线性相关，从而 $\alpha_1,\alpha_3,\alpha_2$ 线性相关.）

3. **提示** 去证：从其余向量中任取一个添进去，所得到的 $r+1$ 个向量形成的向量组一定线性相关.

4. **证明** 设 $\beta_1,\beta_2,\cdots,\beta_r$ 线性无关. 据习题 3.1 的第 4 题结论得 $\beta_1,\beta_2,\cdots,\beta_r$ 可以由 $\varepsilon_1,\varepsilon_2,\cdots,\varepsilon_n$ 线性表出. 据本节推论 3 得，$r\leqslant n$.

5. **提示** 用第 4 题结论得 $\alpha_1,\alpha_2,\cdots,\alpha_n,\beta$ 一定线性相关.

*6. **提示** 由已知条件得 $\varepsilon_1,\varepsilon_2,\cdots,\varepsilon_n$ 可以由 $\alpha_1,\alpha_2,\cdots,\alpha_n$ 线性表出，于是有
$$n=\mathrm{rank}\{\varepsilon_1,\varepsilon_2,\cdots,\varepsilon_n\}\leqslant \mathrm{rank}\{\alpha_1,\alpha_2,\cdots,\alpha_n\}\leqslant n.$$

*7. **提示** 先证这 r 个向量组成的向量组的秩是 r，从而这 r 个向量线性无关.

*8. **提示** 充分性由克莱姆法则立即得出. 关于必要性，利用第 6 题的结论得出，$\alpha_1,\alpha_2,\cdots,\alpha_n$ 线性无关.

*9. **提示** 设 $\alpha_{i_1},\alpha_{i_2},\cdots,\alpha_{i_m};\beta_{j_1},\beta_{j_2},\cdots,\beta_{j_t}$ 分别是 $\alpha_1,\alpha_2,\cdots,\alpha_s;\beta_1,\beta_2,\cdots,\beta_r$ 的一个极大线性无关组，则 $\alpha_1,\alpha_2,\cdots,\alpha_s,\beta_1,\beta_2,\cdots,\beta_r$ 可以由 $\alpha_{i_1},\alpha_{i_2},\cdots,\alpha_{i_m},\beta_{j_1},\beta_{j_2},\cdots,\beta_{j_t}$ 线性表出.

习 题 3.4

1. (1) 秩是 3；第 1,2,3 列构成列向量组的一个极大线性无关组.
   (2) 秩是 2；第 1,2 列构成列向量组的一个极大线性无关组.

2. (1) 秩是 3；$\alpha_1,\alpha_2,\alpha_3$ 是一个极大线性无关组.
   (2) 秩是 2；α_1,α_3 是一个极大线性无关组.
   (3) 秩是 2；α_1,α_2 是一个极大线性无关组.

3. 当 $\lambda\neq 3$ 时，秩为 3；当 $\lambda=3$ 时，秩为 2. （**提示** 该矩阵有一个 2 阶子式不等于零. 去计算第 1,3,4 列形成的 3 阶子式. $\lambda\neq 3$ 时，此 3 阶子式不等于零；$\lambda=3$ 时，把矩阵经过初等行变换化成阶梯形矩阵.）

4. **提示** A 的子矩阵的子式也是 A 的子式.

5. 秩是 4；A 的前 4 列构成列向量组的一个极大线性无关组. （**提示** 仿照本节例 2 的方法.）

6. 秩是 3；A 的前 3 列构成列向量组的一个极大线性无关组.

习 题 3.5

1. 有惟一解. （**提示** 仿照本节例 1 的方法判断方程组有解.）
2. 有解，且有无穷多个解.
3. 无解. （**提示** 求出增广矩阵 $\tilde{A}$ 的秩为 4.）
4. **提示** 设线性方程组的增广矩阵为 $\tilde{A}$，容易看出 $\tilde{A}$ 是 B 的子矩阵.

习 题 3.6

1. 每一题中，基础解系的取法都不惟一，但它们等价.

(1) $\eta_1 = \begin{bmatrix} -5 \\ 3 \\ 14 \\ 0 \end{bmatrix}$, $\eta_2 = \begin{bmatrix} 1 \\ -1 \\ 0 \\ 2 \end{bmatrix}$, $W = \{k_1\eta_1 + k_2\eta_2 \mid k_1, k_2 \in K\}$;

(2) $\eta_1 = \begin{bmatrix} -7 \\ -2 \\ 5 \\ 9 \end{bmatrix}$, $W = \{k_1\eta_1 \mid k_1 \in K\}$; (3) $\eta_1 = \begin{bmatrix} 1 \\ 1 \\ 0 \\ -1 \end{bmatrix}$, $W = \{k_1\eta_1 \mid k_1 \in K\}$;

(4) $\eta_1 = \begin{bmatrix} 3 \\ 1 \\ 0 \\ 0 \\ 0 \end{bmatrix}$, $\eta_2 = \begin{bmatrix} -1 \\ 0 \\ 1 \\ 0 \\ 0 \end{bmatrix}$, $\eta_3 = \begin{bmatrix} 2 \\ 0 \\ 0 \\ 1 \\ 0 \end{bmatrix}$, $\eta_4 = \begin{bmatrix} 1 \\ 0 \\ 0 \\ 0 \\ 1 \end{bmatrix}$,

$W = \{k_1\eta_1 + k_2\eta_2 + k_3\eta_3 + k_4\eta_4 \mid k_1, k_2, k_3, k_4 \in K\}$.

2. **提示** 设 $\gamma_1, \gamma_2, \cdots, \gamma_m$ 线性无关,且与 $\eta_1, \eta_2, \cdots, \eta_t$ 等价,则 $m = t$,且 $\gamma_1, \gamma_2, \cdots, \gamma_t$ 都是方程组(1)的解. 再去说明方程组(1)的每一个解 η 可以由 $\gamma_1, \gamma_2, \cdots, \gamma_t$ 线性表出.

3. **提示** 设 $\gamma_1, \gamma_2, \cdots, \gamma_{n-r}$ 是齐次线性方程组(1)的解向量,且它们线性无关. 任取方程组(1)的一个解向量 η,去证 $\gamma_1, \gamma_2, \cdots, \gamma_{n-r}, \eta$ 线性相关. 为此只要去证它的秩小于 $n - r + 1$.

4. **提示** 取齐次线性方程组(1)的一个基础解系 $\eta_1, \eta_2, \cdots, \eta_{n-r}$.

*5. **提示** 利用行列式按一行展开的定理,去证 η_1 是齐次线性方程组的一个解. 由于 $A_{kl} \neq 0$,因此 η_1 是非零解. 去计算基础解系所含解的个数,然后用第3题结论.

习 题 3.7

1. 每题的答案均不惟一.

(1) $U = \left\{ \begin{bmatrix} 1 \\ -2 \\ 0 \\ 0 \end{bmatrix} + k_1 \begin{bmatrix} -9 \\ 1 \\ 7 \\ 0 \end{bmatrix} + k_2 \begin{bmatrix} 1 \\ -1 \\ 0 \\ 2 \end{bmatrix} \middle| k_1, k_2 \in K \right\}$;

(2) $U = \left\{ \begin{bmatrix} 3 \\ 1 \\ -2 \\ 0 \end{bmatrix} + k \begin{bmatrix} 5 \\ -2 \\ -1 \\ 3 \end{bmatrix} \middle| k \in K \right\}$;

(3) $U = \left\{ \begin{bmatrix} 4 \\ 0 \\ 0 \\ 0 \\ 0 \end{bmatrix} + k_1 \begin{bmatrix} 4 \\ 1 \\ 0 \\ 0 \\ 0 \end{bmatrix} + k_2 \begin{bmatrix} -2 \\ 0 \\ 1 \\ 0 \\ 0 \end{bmatrix} + k_3 \begin{bmatrix} 3 \\ 0 \\ 0 \\ 1 \\ 0 \end{bmatrix} + k_4 \begin{bmatrix} -6 \\ 0 \\ 0 \\ 0 \\ 1 \end{bmatrix} \middle| \begin{array}{l} k_i \in K, \\ i = 1, 2, 3, 4 \end{array} \right\}$.

2. **提示** 用克莱姆法则.

3. **提示** $u_1\gamma_1 + u_2\gamma_2 + \cdots + u_t\gamma_t = (1 - u_2 - \cdots - u_t)\gamma_1 + u_2\gamma_2 + \cdots + u_t\gamma_t$.

4. **提示** $\gamma = \gamma_0 + k_1\eta_1 + k_2\eta_2 + \cdots + k_t\eta_t$.

$= \gamma_0 + k_1(\gamma_1 - \gamma_0) + k_2(\gamma_2 - \gamma_0) + \cdots + k_t(\gamma_t - \gamma_0).$

习 题 3.8

1. $\varepsilon_1, \varepsilon_2, \cdots, \varepsilon_r$ 是 U 的一个基，$\dim U = r$.
2. **提示** 先说明 $\alpha_1, \alpha_2, \cdots, \alpha_n$ 线性无关，然后用习题 3.3 第 5 题的结论.
3. α_1, α_3 是 $\langle \alpha_1, \alpha_2, \alpha_3, \alpha_4 \rangle$ 的一个基，$\dim \langle \alpha_1, \alpha_2, \alpha_3, \alpha_4 \rangle = 2$.
4. A 的列空间的维数是 3；第 1,2,3 列构成一个基.

第四章 矩阵的运算

习 题 4.1

1. $\begin{bmatrix} \lambda & 1 & 0 \\ 0 & \lambda & 1 \\ 0 & 0 & 0 \end{bmatrix}$. 2. $\begin{bmatrix} r & \lambda & \lambda & \lambda \\ \lambda & r & \lambda & \lambda \\ \lambda & \lambda & r & \lambda \\ \lambda & \lambda & \lambda & r \end{bmatrix}$. 3. $M = (k - \lambda)I + \lambda J$.

4. (1) $\begin{bmatrix} 12 & 26 \\ -27 & 2 \\ 23 & 4 \end{bmatrix}$; (2) $\begin{bmatrix} 0 & 0 \\ 0 & 0 \end{bmatrix}$; (3) $\begin{bmatrix} 0 & 5 \\ 0 & 0 \end{bmatrix}$;

(4) 20; (5) $\begin{bmatrix} 4 & 7 & 9 \\ 4 & 7 & 9 \\ 4 & 7 & 9 \end{bmatrix}$; (6) $\begin{bmatrix} a_1 + a_2 + a_3 \\ b_1 + b_2 + b_3 \\ c_1 + c_2 + c_3 \end{bmatrix}$;

(7) $(a_1 + b_1 + c_1, a_2 + b_2 + c_2, a_3 + b_3 + c_3)$; (8) $\begin{bmatrix} d_1 a_1 & d_1 a_2 & d_1 a_3 \\ d_2 b_1 & d_2 b_2 & d_2 b_3 \\ d_3 c_1 & d_3 c_2 & d_3 c_3 \end{bmatrix}$;

(9) $\begin{bmatrix} a_1 d_1 & a_2 d_2 & a_3 d_3 \\ b_1 d_1 & b_2 d_2 & b_3 d_3 \\ c_1 d_1 & c_2 d_2 & c_3 d_3 \end{bmatrix}$; (10) $\begin{bmatrix} 7 & 28 & 67 \\ 0 & 40 & 104 \\ 0 & 0 & 72 \end{bmatrix}$;

(11) $\begin{bmatrix} a_1 & a_2 & a_3 & a_4 \\ ka_1 + b_1 & ka_2 + b_2 & ka_3 + b_3 & ka_4 + b_4 \\ c_1 & c_2 & c_3 & c_4 \end{bmatrix}$;

(12) $\begin{bmatrix} a_1 + a_2 k & a_2 & a_3 \\ b_1 + b_2 k & b_2 & b_3 \\ c_1 + c_2 k & c_2 & c_3 \end{bmatrix}$; (13) $\begin{bmatrix} b_1 & b_2 & b_3 & b_4 \\ a_1 & a_2 & a_3 & a_4 \\ c_1 & c_2 & c_3 & c_4 \end{bmatrix}$;

(14) $\begin{bmatrix} a_2 & a_1 & a_3 \\ b_2 & b_1 & b_3 \\ c_2 & c_1 & c_3 \end{bmatrix}$; (15) $\begin{bmatrix} -1 & 5 \\ -1 & 6 \end{bmatrix}$.

5. $AB = \begin{bmatrix} 19 & 22 \\ 43 & 50 \end{bmatrix}$, $BA = \begin{bmatrix} 23 & 34 \\ 31 & 46 \end{bmatrix}$, $AB - BA = \begin{bmatrix} -4 & -12 \\ 12 & 4 \end{bmatrix}$.

6. $a_{11} x^2 + 2a_{12} xy + a_{22} y^2 + 2a_1 x + 2a_2 y + a_0$.

7. (1) $\begin{bmatrix} 1 & 0 \\ 0 & 1 \end{bmatrix}$; (2) $\begin{bmatrix} 0 & 0 \\ 0 & 0 \end{bmatrix}$; (3) $\begin{bmatrix} 1 & 1 \\ 0 & 0 \end{bmatrix}$; (4) $\begin{bmatrix} 1 & n \\ 0 & 1 \end{bmatrix}$;

(5) 设 $A=\begin{bmatrix}0&1&0\\0&0&1\\0&0&0\end{bmatrix}$, 则 $A^2=\begin{bmatrix}0&0&1\\0&0&0\\0&0&0\end{bmatrix}$; $A^n=0$, 当 $n\geq 3$;

(6) 设 $A=\begin{bmatrix}\lambda&1&0\\0&\lambda&1\\0&0&\lambda\end{bmatrix}$, $B=\begin{bmatrix}0&1&0\\0&0&1\\0&0&0\end{bmatrix}$,

则 $A^n=(\lambda I+B)^n=\lambda^n I+n\lambda^{n-1}IB+\dfrac{n(n-1)}{2}\lambda^{n-2}IB^2$

$=\begin{bmatrix}\lambda^n&n\lambda^{n-1}&\dfrac{n(n-1)}{2}\lambda^{n-2}\\0&\lambda^n&n\lambda^{n-1}\\0&0&\lambda^n\end{bmatrix}$, $n>1$;

(7) $\begin{bmatrix}2&0\\0&2\end{bmatrix}$; (8) $4I$.

8. I. **10. 提示** $A^2=A\Longleftrightarrow\dfrac{1}{4}(B+I)^2=\dfrac{1}{2}(B+I)$.

*11. **提示** 由已知条件得,齐次线性方程组 $AX=0$ 的解空间是 K^n. 用解空间的维数公式去证 $\text{rank}(A)=0$.

习 题 4.2

1. 提示 用对角矩阵去左(右)乘一个矩阵的规律.

*2. **提示** 容易看出,方阵 A 为上三角矩阵当且仅当 $A(i;j)=0$, 当 $i>j$.

*3. **提示** 设矩阵 $A=(a_{ij})$ 与所有 n 级矩阵可交换. 显然, A 必为 n 级矩阵. 从 $E_{1j}A=AE_{1j}$, $j=1,2,\cdots,n$, 可推出结论.

4. 提示 用对称矩阵的定义, 以及矩阵乘法与转置的关系.

5. 提示 用对称矩阵的定义, 以及矩阵的加法、数量乘法与转置的关系.

6. 提示 用对称矩阵的定义. **7. 提示** 用对称矩阵和斜对称矩阵的定义.

8. 提示 $A=\dfrac{A+A'}{2}+\dfrac{A-A'}{2}$.

关于惟一性. 假如 $A=A_1+A_2$, 其中 A_1 是对称矩阵, A_2 是斜对称矩阵. 于是 $A'=(A_1+A_2)'=A_1'+A_2'=A_1-A_2$. 从而可解出 A_1,A_2.

*9. **提示** $A^2(i;i)=\sum\limits_{k=1}^{n}A(i;k)A(k;i)=\sum\limits_{k=1}^{n}[A(i;k)]^2$.

习 题 4.3

1. 提示 分别取 A,B 的列向量组的一个极大线性无关组.

*2. **证明** 设 A 的行向量组的一个极大线性无关组是 $\gamma_{i_1},\gamma_{i_2},\cdots,\gamma_{i_r}$, 从而

$$A=\begin{bmatrix}\gamma_1\\\gamma_2\\\vdots\\\gamma_s\end{bmatrix}=\begin{bmatrix}k_{11}\gamma_{i_1}+k_{12}\gamma_{i_2}+\cdots+k_{1r}\gamma_{i_r}\\k_{21}\gamma_{i_1}+k_{22}\gamma_{i_2}+\cdots+k_{2r}\gamma_{i_r}\\\cdots\cdots\cdots\cdots\cdots\cdots\cdots\cdots\\k_{s1}\gamma_{i_1}+k_{s2}\gamma_{i_2}+\cdots+k_{sr}\gamma_{i_r}\end{bmatrix}.$$

3. **提示** 用本节定理 3.　4. **提示** 用本节定理 3.

5. **提示** $|I+A|=|AA'+A|=|A(A'+I)|.$

6. **提示** $|I-A|=|AA'-A|=|A(A'-I)|.$

7. **提示**

$$A = \begin{bmatrix} 3 & x_1+x_2+x_3 & x_1^2+x_2^2+x_3^2 \\ x_1+x_2+x_3 & x_1^2+x_2^2+x_3^2 & x_1^3+x_2^3+x_3^3 \\ x_1^2+x_2^2+x_3^2 & x_1^3+x_2^3+x_3^3 & x_1^4+x_2^4+x_3^4 \end{bmatrix}$$

$$= \begin{bmatrix} 1 & 1 & 1 \\ x_1 & x_2 & x_3 \\ x_1^2 & x_2^2 & x_3^2 \end{bmatrix} \begin{bmatrix} 1 & x_1 & x_1^2 \\ 1 & x_2 & x_2^2 \\ 1 & x_3 & x_3^2 \end{bmatrix}.$$

*8. **提示** 设 $i=\sqrt{-1}$. 令

$$B = \begin{bmatrix} 1 & 1 & 1 & 1 \\ 1 & i & i^2 & i^3 \\ 1 & i^2 & i^4 & i^6 \\ 1 & i^3 & i^6 & i^9 \end{bmatrix}.$$

设 $f(x)=a_0+a_1x+a_2x^2+a_3x^3$. 去计算 AB.

习　题　4.4

1. $k=0$ 时，kI 不可逆；$k\neq 0$ 时，kI 可逆，此时 $(kI)^{-1}=k^{-1}I$.

2. (1) 不可逆；　　(2) 不可逆.

3. (1) 可逆,逆矩阵是 $\begin{bmatrix} -11 & 7 \\ 8 & -5 \end{bmatrix}$;　　(2) 可逆,逆矩阵是 $\begin{bmatrix} 0 & 1 \\ 1 & 0 \end{bmatrix}$.

4. **提示** 利用 $AA^*=|A|I$, 以及命题 5.

5. **提示** 计算 $(I-A)(I+A+A^2)$, 然后用命题 5.

6. **提示** 由 A 满足的式子可得出 $A(A^2-2A+3I)=I$. 然后用命题 5.

7. **提示** 由已知条件得 $A\left(-A^3+\dfrac{5}{2}A-2I\right)=I$. 然后用命题 5.

8. **提示** 根据对称(斜对称)矩阵的定义,并且用性质 4.

9. (1) $\begin{bmatrix} \dfrac{5}{6} & \dfrac{1}{6} & \dfrac{1}{6} \\ \dfrac{13}{6} & \dfrac{5}{6} & -\dfrac{1}{6} \\ -\dfrac{1}{6} & \dfrac{1}{6} & \dfrac{1}{6} \end{bmatrix}$;　　(2) $\begin{bmatrix} 1 & 1 & 3 \\ 2 & 3 & 7 \\ 3 & 4 & 9 \end{bmatrix}$;

(3) $\begin{bmatrix} \dfrac{1}{3} & -\dfrac{2}{3} & -\dfrac{1}{3} \\ -\dfrac{10}{3} & \dfrac{17}{3} & \dfrac{1}{3} \\ \dfrac{4}{3} & -\dfrac{8}{3} & -\dfrac{1}{3} \end{bmatrix}$;　　(4) $\dfrac{1}{4}\begin{bmatrix} 1 & 1 & 1 & 1 \\ 1 & 1 & -1 & -1 \\ 1 & -1 & 1 & -1 \\ 1 & -1 & -1 & 1 \end{bmatrix}.$

10. (1) $X = \begin{bmatrix} \frac{13}{7} & \frac{2}{7} \\ \frac{10}{7} & -\frac{13}{7} \\ \frac{18}{7} & -\frac{1}{7} \end{bmatrix}$;　　(2) $\begin{bmatrix} \frac{1}{7} & \frac{20}{7} & \frac{1}{7} \\ -\frac{8}{7} & \frac{57}{7} & \frac{20}{7} \end{bmatrix}$;

(3) $\begin{bmatrix} \frac{2}{7} & -\frac{37}{7} & -\frac{8}{7} \\ -\frac{1}{7} & -\frac{34}{7} & -\frac{6}{7} \\ \frac{3}{7} & -\frac{38}{7} & -\frac{6}{7} \end{bmatrix}$.

11. 提示　把可逆上三角矩阵经过初等行变换化成简化行阶梯形矩阵 I.

*****12.** 提示　$(I-A)(I+A+A^2+\cdots+A^{k-1})=I-A^k$.

习 题 4.5

1. 提示　若 $A=0$，则结论显然成立．下设 $A\neq 0$，设 $\mathrm{rank}(A)=r$．先考虑 $r<n$ 的情形．由于 $AB=0$，因此 B 的列向量组 $\beta_1,\beta_2,\cdots,\beta_m$ 中每个向量都是 n 元齐次线性方程组 $AX=0$ 的解，从而 $\beta_1,\beta_2,\cdots,\beta_m$ 可以由 $AX=0$ 的一个基础解系 $\eta_1,\eta_2,\cdots,\eta_{n-r}$ 线性表出．

2. 提示　由于 $A\neq 0$，因此存在一个 $n\times m$ 非零矩阵 B 使得 $AB=0$ 的充分必要条件是：齐次线性方程组 $AX=0$ 有非零解．

*****3.** (1) 提示　由于 $BC=0$，因此 $C'B'=0$．由于 $\mathrm{rank}(C')=n$，因此 n 元齐次线性方程组 $C'X=0$ 只有零解．

(2) 提示　利用第(1)小题结论．

*****4.** 提示　由于 $(I+A)(I-A)=I^2-A^2=0$，于是可利用第 1 题的结论．又由于 $(I+A)+(I-A)=2I$，于是可利用习题 4.3 的第 1 题结论．

*****5.** 提示　与第 4 题证法类似．

6. 提示　$\mathrm{rank}[(A'A,A'\beta)]=\mathrm{rank}[A'(A,\beta)]\leqslant\mathrm{rank}(A')$．然后利用本章§3 的命题 2.

7. 提示　A 的行向量组的极大线性无关组含 1 个向量．利用分块矩阵的乘法．

8. 提示　利用 $AA^*=|A|I$．若 $|A|\neq 0$，则容易证明结论．若 $|A|=0$，则 $AA^*=0$．此时利用第 1 题的结论．

9. 提示　若 $\mathrm{rank}(A)=n$，则 A 可逆，从而 A^* 也可逆．若 $\mathrm{rank}(A)=n-1$，则 A 有一个 $n-1$ 阶子式不等于 0，从而 $A^*\neq 0$．此时由于 $|A|=0$，因此 $AA^*=|A|I=0$．利用第 1 题的结论．若 $\mathrm{rank}(A)<n-1$，则易知 $A^*=0$.

12. 提示　利用 B 可逆当且仅当 $|B|\neq 0$．计算 $|B|$ 时可利用习题 2.6 第 3 题的结论．

*****13.** 提示　$\begin{bmatrix} I_n & B \\ A & I_s \end{bmatrix} \xrightarrow{①+(-B)\cdot ②} \begin{bmatrix} I_n-BA & 0 \\ A & I_s \end{bmatrix}$

*****14.** 提示　利用本节例 3 的结论和第 13 题的结论．

习 题 4.6

1. (1)～(7)都是正交矩阵；　(8) 不是正交矩阵．

2. (1) 1;　　(2) 1;　　(3) -1;　　(4) -1;

习题答案与提示　249

　　(5) 1；　　　　(6) -1；　　　(7) -1；　　　(8) -2.

*4. 提示　利用本节公式(4)，以及对称矩阵、对合矩阵的定义(对合矩阵的定义见习题 4.5 第 4 题).

*5. 提示　设 $A=(a_{ij})$ 的列向量组是 $\alpha_1,\alpha_2,\cdots,\alpha_n$. 由于 $(\alpha_1,\alpha_1)=1$，因此 $a_{11}=\pm 1$. 由于 $(\alpha_1,\alpha_2)=0$，$(\alpha_2,\alpha_2)=1$，则可求出 α_2. 由于 $(\alpha_1,\alpha_3)=0$，$(\alpha_2,\alpha_3)=0$，$(\alpha_3,\alpha_3)=1$，则可求出 α_3. 依次下去，可求出 $\alpha_4,\cdots,\alpha_n$.

6. (1) -9；　　　　　　　　(2) 0.

7. (1) $\left(\dfrac{3}{26}\sqrt{26},\,0,\,-\dfrac{1}{26}\sqrt{26},\,\dfrac{2}{13}\sqrt{26}\right)$；

　　(2) $\left(\dfrac{1}{6}\sqrt{30},\,\dfrac{1}{30}\sqrt{30},\,-\dfrac{1}{15}\sqrt{30},\,0\right)$.

10. 提示　用内积的正定性.

11. $\eta_1=\begin{bmatrix}\dfrac{1}{5}\sqrt{5}\\[4pt]-\dfrac{2}{5}\sqrt{5}\\[4pt]0\end{bmatrix}$，$\eta_2=\begin{bmatrix}\dfrac{4}{15}\sqrt{5}\\[4pt]\dfrac{2}{15}\sqrt{5}\\[4pt]-\dfrac{\sqrt{5}}{3}\end{bmatrix}$.

12. $\eta_1=\begin{bmatrix}\dfrac{\sqrt{2}}{2}\\[4pt]\dfrac{\sqrt{2}}{2}\\[4pt]0\\[4pt]0\end{bmatrix}$，$\eta_2=\begin{bmatrix}\dfrac{\sqrt{6}}{6}\\[4pt]-\dfrac{\sqrt{6}}{6}\\[4pt]\dfrac{\sqrt{6}}{3}\\[4pt]0\end{bmatrix}$，$\eta_3=\begin{bmatrix}\dfrac{\sqrt{3}}{6}\\[4pt]-\dfrac{\sqrt{3}}{6}\\[4pt]-\dfrac{\sqrt{3}}{6}\\[4pt]-\dfrac{\sqrt{3}}{2}\end{bmatrix}$.

13. 提示　去计算 $|A\alpha|^2=(A\alpha,A\alpha)=(A\alpha)'(A\alpha)$.

*14. 提示　可分解性的证明，把 A 的列向量组 $\alpha_1,\alpha_2,\cdots,\alpha_n$ 进行施密特正交化和单位化. 惟一性证明，假如有两个分解式：$A=TB, A=T_1B_1$，利用第 5 题结论去证 $T=T_1, B=B_1$.

第五章　矩阵的相抵与相似

习　题　5.1

1. (1) $\begin{bmatrix}I_2 & 0\\ 0 & 0\end{bmatrix}$；　　(2) $(I_3,0)$；　　(3) $\begin{bmatrix}I_2\\ 0\end{bmatrix}$.

2. 提示　利用推论 3.　　**3. 提示**　利用推论 3 和矩阵的左、右分配律.

*4. 提示　设 $\operatorname{rank}(A)=r$，$\operatorname{rank}(B)=s$，则有 s 级可逆矩阵 P 与 n 级可逆矩阵 Q，使得

$$AB=P\begin{bmatrix}I_r & 0\\ 0 & 0\end{bmatrix}QB.$$

令 $QB=H=\begin{bmatrix}H_1\\ H_2\end{bmatrix}$，其中 H_1 是 $r\times m$ 矩阵. 去计算 $\operatorname{rank}(AB)$.

*5. 提示　利用第 4 题结论.

习 题 5.2

1. 提示 用矩阵相似的定义. **2. 提示** 去计算 $A^{-1}(AB)A$.

7. 提示 用反证法. 假设 A 可逆, 则从原式得
$$A^{-1}(AB-BA) = A^{-1}A,$$
即 $B - A^{-1}BA = I$. 然后考虑它们的迹.

8. 提示 设 B 与幂等矩阵 A 相似, 则有可逆矩阵 U, 使得
$$U^{-1}AU = B.$$
然后根据幂等矩阵的定义去证.

习 题 5.3

1. (1) A 的全部特征值是 1(二重), 10.

A 的属于 1 的全部特征向量是
$$\left\{ k_1 \begin{bmatrix} -2 \\ 1 \\ 0 \end{bmatrix} + k_2 \begin{bmatrix} 2 \\ 0 \\ 1 \end{bmatrix} \,\middle|\, k_1, k_2 \in K, 且不全为 0 \right\},$$

A 的属于 10 的全部特征向量是
$$\left\{ k_3 \begin{bmatrix} 1 \\ 2 \\ -2 \end{bmatrix} \,\middle|\, k_3 \in K, 且 k_3 \neq 0 \right\};$$

注: 特征向量的答案不惟一, 以下同.

(2) A 的全部特征值是 $1, 3$(二重).

A 的属于 1 的全部特征向量是
$$\left\{ k_1 \begin{bmatrix} 2 \\ 0 \\ -1 \end{bmatrix} \,\middle|\, k_1 \in K 且 k_1 \neq 0 \right\},$$

A 的属于 3 的全部特征向量是
$$\left\{ k_2 \begin{bmatrix} 1 \\ -1 \\ 2 \end{bmatrix} \,\middle|\, k_2 \in K 且 k_2 \neq 0 \right\};$$

(3) A 的全部特征值是 2(二重), 11.

A 的属于 2 的全部特征向量是
$$\left\{ k_1 \begin{bmatrix} 1 \\ -2 \\ 0 \end{bmatrix} + k_2 \begin{bmatrix} 1 \\ 0 \\ -1 \end{bmatrix} \,\middle|\, k_1, k_2 \in K 且不全为 0 \right\},$$

A 的属于 11 的全部特征向量是
$$\left\{ k_3 \begin{bmatrix} 2 \\ 1 \\ 2 \end{bmatrix} \,\middle|\, k_3 \in K 且 k_3 \neq 0 \right\};$$

(4) A 的全部特征值是 -1(三重).

A 的属于 -1 的全部特征向量是
$$\left\{ k \begin{bmatrix} 1 \\ 1 \\ -1 \end{bmatrix} \middle| k \in K \text{ 且 } k \neq 0 \right\};$$

(5) A 的全部特征值是 $0, 1, -1$.

A 的属于 0 的全部特征向量是
$$\left\{ k_1 \begin{bmatrix} 1 \\ 1 \\ -1 \end{bmatrix} \middle| k_1 \in K \text{ 且 } k_1 \neq 0 \right\},$$

A 的属于 1 的全部特征向量是
$$\left\{ k_2 \begin{bmatrix} 1 \\ 1 \\ 1 \end{bmatrix} \middle| k_2 \in K \text{ 且 } k_2 \neq 0 \right\},$$

A 的属于 -1 的全部特征向量是
$$\left\{ k_3 \begin{bmatrix} 1 \\ -1 \\ -1 \end{bmatrix} \middle| k_3 \in K \text{ 且 } k_3 \neq 0 \right\}.$$

2. (1) A 的全部特征值是 $1+\sqrt{3}\,\mathrm{i}, 1-\sqrt{3}\,\mathrm{i}$.

A 的属于 $1+\sqrt{3}\,\mathrm{i}$ 的全部特征向量是
$$\left\{ k_1 \begin{bmatrix} \mathrm{i} \\ 1 \end{bmatrix} \middle| k_1 \in \mathbf{C} \text{ 且 } k_1 \neq 0 \right\},$$

A 的属于 $1-\sqrt{3}\,\mathrm{i}$ 的全部特征向量是
$$\left\{ k_2 \begin{bmatrix} -\mathrm{i} \\ 1 \end{bmatrix} \middle| k_2 \in \mathbf{C} \text{ 且 } k_2 \neq 0 \right\},$$

如果把 A 看成实数域上的矩阵,它没有特征值;

(2) A 的全部特征值是 $1, \mathrm{i}, -\mathrm{i}$.

A 的属于 1 的全部特征向量是
$$\left\{ k_1 \begin{bmatrix} 2 \\ -1 \\ 1 \end{bmatrix} \middle| k_1 \in \mathbf{C} \text{ 且 } k_1 \neq 0 \right\},$$

A 的属于 i 的全部特征向量是
$$\left\{ k_2 \begin{bmatrix} 1-2\mathrm{i} \\ -1+\mathrm{i} \\ -2 \end{bmatrix} \middle| k_2 \in \mathbf{C} \text{ 且 } k_2 \neq 0 \right\},$$

A 的属于 $-\mathrm{i}$ 的全部特征向量是

$$\left\{ k_3 \begin{bmatrix} 1+2i \\ -1-i \\ -2 \end{bmatrix} \middle| k_3 \in \mathbf{C} \text{ 且 } k_3 \neq 0 \right\},$$

如果把 A 看成实数域上的矩阵,它只有一个特征值 1.

3. 提示　在 $A\alpha = \lambda_0 \alpha$ 两边取复数共轭,注意 $\overline{A\alpha} = \overline{A}\,\overline{\alpha}$,其中 $\overline{A}$ 表示把 A 的每个元素取复数共轭得到的矩阵.

4. 提示　由于 $|0I - A| = |-A| = (-1)^n |A|$,于是可证 0 是 A 的一个特征值.再任取 A 的一个特征值 λ_0,从 $A\alpha = \lambda_0 \alpha$(其中 $\alpha \neq 0$)去证 $\lambda_0 = 0$.

*5. 提示　先证：如果 λ_0 是 n 级幂等矩阵 A 的特征值,则 λ_0 等于 0 或 1.再证：设 rank$(A) = r$,若 $r = 0$,则 0 是 A 的特征值；若 $r = n$,则 1 是 A 的特征值；若 $0 < r < n$,则 0 和 1 都是 A 的特征值.在证 1 是 A 的特征值时,利用习题 4.5 第 1 题的结论,去证 $|I - A| = 0$.

*6. 提示　复数域上的方阵一定有特征值(因为它的特征多项式在复数域中必有根),设 λ_0 是周期矩阵 A 的任一特征值,则存在 $\alpha \neq 0$ 使 $A\alpha = \lambda_0 \alpha$.去证 $\lambda_0^m = 1$.

7. 提示　$|\lambda I - A'| = |(\lambda I - A)'|$.

8. (1) 提示　因为 $|0I - A| = |-A| \neq 0$,所以 0 不是 A 的特征值；
   (2) 提示　如果 λ_0 是 A 的特征值,则存在 $\alpha \neq 0$,使得 $A\alpha = \lambda_0 \alpha$.在此式两边左乘 A^{-1}.

9. 提示　0 是 A 的特征值 $\iff |0I - A| = 0$.

*10. (1) 提示　如果 A 有特征值 λ_0,则存在 $\alpha \neq 0$,使得 $A\alpha = \lambda_0 \alpha$.此式两边取转置得,$\alpha' A' = \lambda_0 \alpha'$.把上面两个式子相乘得,
$$(\alpha' A')(A\alpha) = (\lambda_0 \alpha')(\lambda_0 \alpha);$$
   (2) 提示　$|1 \cdot I - A| = |AA' - AI| = |A(A' - I)|$；
   (3) 提示　$|(-1)I - A| = |-AA' - AI|$.

11. (1) 提示　在 $A\alpha = \lambda_0 \alpha$ 两边乘以 k；
    (2) 提示　把 $A\alpha = \lambda_0 \alpha (\alpha \neq 0)$ 两边左乘 A,得 $A^2 \alpha = \lambda_0 A\alpha = \lambda_0^2 \alpha$,再左乘 A,得 $A^3 \alpha = \lambda_0^3 \alpha$.
    (3) 提示　设 $A\alpha = \lambda_0 \alpha (\alpha \neq 0)$,去计算 $f(A)\alpha$.

*12. 提示　设 $\lambda_0 \neq 0$ 是 AB 的一个特征值,则存在 $\alpha \neq 0$,使得 $(AB)\alpha = \lambda_0 \alpha$.两边左乘 B,得 $(BA)(B\alpha) = \lambda_0(B\alpha)$.

习　题　5.4

1. 习题 5.3 的第 1 题中,
   (1) A 可对角化.令
   $$U = \begin{bmatrix} -2 & 2 & 1 \\ 1 & 0 & 2 \\ 0 & 1 & -2 \end{bmatrix},$$
   则
   $$U^{-1}AU = \text{diag}\{1, 1, 10\};$$
   (2) A 不可以对角化；
   (3) A 可对角化.令

$$U = \begin{bmatrix} 1 & 1 & 2 \\ -2 & 0 & 1 \\ 0 & -1 & 2 \end{bmatrix},$$

则
$$U^{-1}AU = \mathrm{diag}\{2,2,11\};$$

(4) A 不可以对角化；

(5) A 可对角化. 令

$$U = \begin{bmatrix} 1 & 1 & 1 \\ 1 & 1 & -1 \\ -1 & 1 & -1 \end{bmatrix},$$

则
$$U^{-1}AU = \mathrm{diag}\{0,1,-1\}.$$

习题 5.3 的第 2 题中，

(1) 复数域上的矩阵 A 可对角化. 令

$$U = \begin{bmatrix} \mathrm{i} & -\mathrm{i} \\ 1 & 1 \end{bmatrix},$$

则
$$U^{-1}AU = \mathrm{diag}\{1+\sqrt{3}\,\mathrm{i},1-\sqrt{3}\,\mathrm{i}\},$$

实数域上的矩阵 A 不可以对角化；

(2) 复数域上的矩阵 A 可对角化. 令

$$U = \begin{bmatrix} 2 & 1-2\mathrm{i} & 1+2\mathrm{i} \\ -1 & -1+\mathrm{i} & -1-\mathrm{i} \\ -1 & -2 & -2 \end{bmatrix},$$

则
$$U^{-1}AU = \mathrm{diag}\{1,\mathrm{i},-\mathrm{i}\}.$$

2. **提示** 求出 A 的全部特征值，然后用推论 6 判断，A 可对角化.

3. $A^m = \begin{bmatrix} 2^{m+1}-3^m & 2(3^m-2^m) \\ 2^m-3^m & 2(3^m-2^{m-1}) \end{bmatrix}.$

4. **提示** 设 α,β 分别是 A 的属于 λ_1,λ_2 的特征向量，且 $\lambda_1 \neq \lambda_2$. 假如 $\alpha+\beta$ 是 A 的特征向量，则有 $\lambda_3 \in K$，使得 $A(\alpha+\beta) = \lambda_3(\alpha+\beta)$.

5. **提示** 据已知条件得，A 可对角化. 设

$$U^{-1}AU = \mathrm{diag}\{\lambda_1,\lambda_2,\cdots,\lambda_n\}.$$

利用第 4 题的结论和已知条件，去证 $\lambda_1 = \lambda_2 = \cdots = \lambda_n$.

6. **提示** 设 n 级幂零矩阵 A 的秩为 $r(r \neq 0)$，则齐次线性方程组 $AX=0$ 的解空间的维数等于 $n-r$. 注意幂零矩阵的特征值都是 0. 利用定理 5 去证.

习 题 5.5

1. (1) $I = \begin{bmatrix} \dfrac{2}{5}\sqrt{5} & \dfrac{2}{15}\sqrt{5} & \dfrac{1}{3} \\ -\dfrac{1}{5}\sqrt{5} & \dfrac{4}{15}\sqrt{5} & \dfrac{2}{3} \\ 0 & \dfrac{1}{3}\sqrt{5} & -\dfrac{2}{3} \end{bmatrix},\quad T^{-1}AT = \begin{bmatrix} 1 & 0 & 0 \\ 0 & 1 & 0 \\ 0 & 0 & -8 \end{bmatrix};$

(2) $T = \begin{bmatrix} \frac{1}{5}\sqrt{5} & \frac{4}{15}\sqrt{5} & \frac{2}{3} \\ -\frac{2}{5}\sqrt{5} & \frac{2}{15}\sqrt{5} & \frac{1}{3} \\ 0 & -\frac{1}{3}\sqrt{5} & \frac{2}{3} \end{bmatrix}$, $T^{-1}AT = \begin{bmatrix} -3 & 0 & 0 \\ 0 & -3 & 0 \\ 0 & 0 & 6 \end{bmatrix}$;

(3) $T = \begin{bmatrix} \frac{2}{3} & \frac{2}{3} & \frac{1}{3} \\ \frac{1}{3} & -\frac{2}{3} & \frac{2}{3} \\ -\frac{2}{3} & \frac{1}{3} & \frac{2}{3} \end{bmatrix}$, $T^{-1}AT = \begin{bmatrix} 2 & 0 & 0 \\ 0 & 5 & 0 \\ 0 & 0 & -1 \end{bmatrix}$;

(4) $T = \begin{bmatrix} \frac{1}{2}\sqrt{2} & 0 & \frac{1}{2} & \frac{1}{2} \\ 0 & \frac{1}{2}\sqrt{2} & -\frac{1}{2} & \frac{1}{2} \\ \frac{1}{2}\sqrt{2} & 0 & -\frac{1}{2} & -\frac{1}{2} \\ 0 & \frac{1}{2}\sqrt{2} & \frac{1}{2} & -\frac{1}{2} \end{bmatrix}$, $T^{-1}AT = \begin{bmatrix} 4 & 0 & 0 & 0 \\ 0 & 4 & 0 & 0 \\ 0 & 0 & 2 & 0 \\ 0 & 0 & 0 & 6 \end{bmatrix}$.

2. 提示 实对称矩阵一定可对角化,考虑 A,B 的相似标准形.
3. 提示 由已知条件得,有正交矩阵 T,使得 $T^{-1}AT = D$,其中 D 是对角矩阵.
*4. 提示 类似于定理 3 的证明方法.
*5. 提示 利用定理 3 的结论,注意幂零矩阵的特征值都是 0.

第六章 二次型·矩阵的合同

习　题　6.1

1. (1) 令

$$\begin{bmatrix} x_1 \\ x_2 \\ x_3 \end{bmatrix} = \begin{bmatrix} \frac{2}{5}\sqrt{5} & \frac{2}{15}\sqrt{5} & \frac{1}{3} \\ -\frac{1}{5}\sqrt{5} & \frac{4}{15}\sqrt{5} & \frac{2}{3} \\ 0 & \frac{1}{3}\sqrt{5} & -\frac{2}{3} \end{bmatrix} \begin{bmatrix} y_1 \\ y_2 \\ y_3 \end{bmatrix},$$

则 $f(x_1,x_2,x_3) = y_1^2 + y_2^2 + 10y_3^2$.

注：所作的正交替换不惟一,以下同.

(2) 令

$$\begin{bmatrix} x_1 \\ x_2 \\ x_3 \\ x_4 \end{bmatrix} = \begin{bmatrix} \frac{\sqrt{2}}{2} & 0 & \frac{\sqrt{2}}{2} & 0 \\ \frac{\sqrt{2}}{2} & 0 & -\frac{\sqrt{2}}{2} & 0 \\ 0 & \frac{\sqrt{2}}{2} & 0 & \frac{\sqrt{2}}{2} \\ 0 & -\frac{\sqrt{2}}{2} & 0 & \frac{\sqrt{2}}{2} \end{bmatrix} \begin{bmatrix} y_1 \\ y_2 \\ y_3 \\ y_4 \end{bmatrix},$$

则 $f(x_1,x_2,x_3,x_4)=y_1^2+y_2^2-y_3^2-y_4^2$.

*2. 令 $\begin{bmatrix} x \\ y \\ z \end{bmatrix} = \begin{bmatrix} 0 & \frac{\sqrt{2}}{2} & \frac{\sqrt{2}}{2} \\ 1 & 0 & 0 \\ 0 & \frac{\sqrt{2}}{2} & -\frac{\sqrt{2}}{2} \end{bmatrix} \begin{bmatrix} x^* \\ y^* \\ z^* \end{bmatrix}$,

则在新的直角坐标系中,二次曲面的方程为
$$6x^{*2}+6y^{*2}-2z^{*2}=1.$$
由此看出,这是单叶双曲面.

3. (1) 令 $\begin{cases} x_1=y_1-y_2+2y_3, \\ x_2=y_2-y_3, \\ x_3=y_3, \end{cases}$ 则 $f(x_1,x_2,x_3)=y_1^2+y_2^2-2y_3^2$.

注:所作的非退化线性替换及标准形不惟一,以下同.

(2) 令 $\begin{cases} x_1=y_1-y_2-y_3, \\ x_2=y_2+y_3, \\ x_3=y_3, \end{cases}$ 则 $f(x_1,x_2,x_3)=y_1^2-y_2^2$.

(3) 令 $\begin{cases} x_1=z_1-z_2-z_3, \\ x_2=z_1+z_2-z_3, \\ x_3=z_3, \end{cases}$ 则 $f(x_1,x_2,x_3)=z_1^2-z_2^2-z_3^2$.

(4) 令 $\begin{cases} x_1=y_1-y_2, \\ x_2=y_1+y_2, \\ x_3=y_3-y_4, \\ x_4=y_3+y_4, \end{cases}$ 则 $f(x_1,x_2,x_3,x_4)=2y_1^2-2y_2^2-2y_3^2+2y_4^2$.

4. 提示 对于二次型 $a_1x_1^2+a_2x_2^2+a_3x_3^2$,作非退化线性替换变成
$$a_2y_1^2+a_3y_2^2+a_1y_3^2.$$

5. 提示 必要性是显然的. 充分性的证明,去计算 $\varepsilon_i'A\varepsilon_i$,$(\varepsilon_i+\varepsilon_j)'A(\varepsilon_i+\varepsilon_j)$,然后利用已知条件,就可证出 A 是斜对称矩阵.

6. 提示 利用第 5 题的充分性.

7. 提示 利用 n 级对称矩阵合同于对角矩阵.

8. (1) 令 $\begin{cases} x_1=y_1+y_2+\frac{2}{3}y_3, \\ x_2=y_2+\frac{2}{3}y_3, \\ x_3=\phantom{y_1+y_2+\frac{2}{3}}y_3, \end{cases}$ 则 $f(x_1,x_2,x_3)=y_1^2-3y_2^2+\frac{7}{3}y_3^2$.

(2) 令 $\begin{cases} x_1=y_1-\frac{1}{2}y_2-y_3, \\ x_2=y_1+\frac{1}{2}y_2-y_3, \\ x_3=\phantom{y_1+\frac{1}{2}y_2+}y_3, \end{cases}$ 则 $f(x_1,x_2,x_3)=y_1^2-\frac{1}{4}y_2^2-y_3^2$.

*9. 提示 对斜对称矩阵的级数作第二数学归纳法.

*10. 提示 利用第 9 题的结论.

*11. **提示** 取 α 为 A 的属于 λ_i 的一个特征向量.

习 题 6.2

1. (1) 令 $y_1=z_1, y_2=z_2, y_3=\dfrac{1}{\sqrt{2}}z_3$, 则得 $z_1^2+z_2^2-z_3^2$;

   (2) 已经是规范形: $y_1^2-y_2^2$;　　(3) 已经是规范形: $z_1^2-z_2^2-z_3^2$;

   (4) 令 $y_1=\dfrac{1}{\sqrt{2}}z_1, y_2=\dfrac{1}{\sqrt{2}}z_3, y_3=\dfrac{1}{\sqrt{2}}z_4, y_4=\dfrac{1}{\sqrt{2}}z_2$, 则得
   $$z_1^2+z_2^2-z_3^2-z_4^2.$$

2. 共分成10类,每一类的合同规范形分别为

$$\begin{bmatrix}0&0&0\\0&0&0\\0&0&0\end{bmatrix}, \begin{bmatrix}-1&0&0\\0&0&0\\0&0&0\end{bmatrix}, \begin{bmatrix}1&0&0\\0&0&0\\0&0&0\end{bmatrix}, \begin{bmatrix}-1&0&0\\0&-1&0\\0&0&0\end{bmatrix},$$

$$\begin{bmatrix}1&0&0\\0&-1&0\\0&0&0\end{bmatrix}, \begin{bmatrix}1&0&0\\0&1&0\\0&0&0\end{bmatrix}, \begin{bmatrix}-1&0&0\\0&-1&0\\0&0&-1\end{bmatrix},$$

$$\begin{bmatrix}1&0&0\\0&-1&0\\0&0&-1\end{bmatrix}, \begin{bmatrix}1&0&0\\0&1&0\\0&0&-1\end{bmatrix}, \begin{bmatrix}1&0&0\\0&1&0\\0&0&1\end{bmatrix}.$$

*3. $\dfrac{1}{2}(n+1)(n+2)$.

4. **提示** 考虑 $X'AX$ 的规范形,由已知条件可得,正惯性指数 p 满足 $0<p<r$.

5. **提示** 考虑 $X'AX$ 的规范形,由于 $|A|<0$,因此 $X'AX$ 的秩为 n,且负惯性指数为奇数.

*6. **提示** 充分性,用规范形. 必要性,设 n 元实二次型
$$X'AX = (a_1x_1+a_2x_2+\cdots+a_nx_n)(b_1x_1+b_2x_2+\cdots+b_nx_n),$$

情形 1　$(a_1,a_2,\cdots,a_n)$ 与 $(b_1,b_2,\cdots,b_n)$ 线性相关;

情形 2　$(a_1,a_2,\cdots,a_n)$ 与 $(b_1,b_2,\cdots,b_n)$ 线性无关,此时不妨设 $\begin{vmatrix}a_1&a_2\\b_1&b_2\end{vmatrix}\neq 0$.

7. **提示** 先把 $X'AX$ 化成标准形 $d_1y_1^2+d_2y_2^2+\cdots+d_ry_r^2$, $d_i\neq 0$, $i=1,2,\cdots,r$. 然后再作非退化线性替换:
$$y_i=\dfrac{1}{\sqrt{d_i}}z_i, \quad i=1,2,\cdots,r,$$
$$y_j=z_j, \quad j=r+1,\cdots,n.$$

习 题 6.3

1. **提示** 对任意 $\alpha\in\mathbf{R}^n$ 且 $\alpha\neq 0$,去证 $\alpha'(A+B)\alpha>0$.
2. **提示** 先证: A^{-1} 是对称矩阵,然后利用实对称矩阵 A 是正定的 $\Longleftrightarrow A\simeq I$.
3. **提示** 利用 $AA^*=|A|I$,对任意 $\alpha\in\mathbf{R}^n$ 且 $\alpha\neq 0$,去计算 $\alpha'A^*\alpha$.
4. **提示** 去证当 $t>S_r(A)$ 时, $tI+A$ 的特征值全大于零.
5. **提示** 因为 A 是 n 级实对称矩阵,所以有正交矩阵 T,使得

习题答案与提示　　257

$$T^{-1}AT = \text{diag}\{\lambda_1, \lambda_2, \cdots, \lambda_n\},$$

其中 $\lambda_1, \lambda_2, \cdots, \lambda_n$ 是 A 的全部特征值.

6. (1) 正定； (2) 不是正定的； (3) 正定.

7. (1) $-\dfrac{4}{5} < t < 0$； (2) $-\sqrt{2} < t < \sqrt{2}$.

*__8.__ **提示**　n 级实对称矩阵 A 是正定的 $\Longleftrightarrow$ 存在正交矩阵 T，使得

$$A = T^{-1} \text{diag}\{\lambda_1, \lambda_2, \cdots, \lambda_n\} T,$$

且 $\lambda_1, \lambda_2, \cdots, \lambda_n$ 全大于零.

*__9.__ **提示**　从第 8 题的证明过程可看出.

10. **提示**　对任意 $\alpha \in \mathbf{R}^n$，且 $\alpha \neq 0$，去证 $\alpha'(A+B)\alpha > 0$.

11. **提示**　先证 J 半正定，然后用第 10 题结论.

12. **提示**　A 负定 $\Longleftrightarrow -A$ 正定.

第七章　线性空间

习　题　7.1

1. (1) 不是.　**提示**　$2x^2 + (-2x^2 + x) = x$, 不是 2 次多项式.
 (2) 是.　(3) 是.

2. (1) 线性相关.　**提示**　利用二倍角公式 $\cos 2x = 2\cos^2 x - 1$.
 (2) 线性无关.　**提示**　设 $k_0 + k_1 \cos x + k_2 \cos 2x + k_3 \cos 3x = 0$, 选取 x 的 4 个恰当的值，代入上式得出 k_0, k_1, k_2, k_3 的 4 个方程的齐次线性方程组，说明它只有零解.
 (3) 线性无关.　**提示**　类似于第(2)小题的方法.
 (4) 线性无关.　**提示**　解法一　类似于第(2)小题方法；
 解法二　设 $k_1 \sin x + k_2 \cos x + k_3 \sin^2 x + k_4 \cos^2 x = 0$,
 在此式两边分别求 1 阶、2 阶、3 阶导数，然后令 x 取一个恰当的值，代入上述 4 个等式，得出 k_1, k_2, k_3, k_4 的 4 个方程的齐次线性方程组，说明它只有零解.
 (5) 线性无关.　(6) 线性无关.

3. 取定一个正实数 $a \neq 1$，则 a 是这个线性空间的一个基，从而维数是 1.

4. $1, i$ 是一个基，维数是 2. 复数 $z = a + bi$ 在基 $1, i$ 下的坐标是 (a, b).

5. 1 是一个基，从而维数是 1.

6. $E_{11}, E_{22}, \cdots, E_{nn}, E_{12} + E_{21}, \cdots, E_{1n} + E_{n1}, \cdots, E_{n-1,n} + E_{n,n-1}$ 是 V_1 的一个基，从而 V_1 的维数是 $\dfrac{n(n+1)}{2}$.

7. V_2 的一个基是：
$$E_{12} - E_{21}, \cdots, E_{1n} - E_{n1}, E_{23} - E_{32}, \cdots, E_{2n} - E_{n2}, \cdots, E_{n-1,n} - E_{n,n-1}.$$
V_1 的维数是 $\dfrac{n(n-1)}{2}$.

8. W 的一个基是：
$$E_{11}, E_{12}, \cdots, E_{1n}, E_{22}, E_{23}, \cdots, E_{2n}, \cdots, E_{n-1,n-1}, E_{n-1,n}, E_{nn}.$$
W 的维数是 $\dfrac{n(n+1)}{2}$.

9. 提示 设 $A=(\alpha_1,\alpha_2,\alpha_3)$, $B=(\beta_1,\beta_2,\beta_3)$, 由于
$$(\beta_1,\beta_2,\beta_3)=(\alpha_1,\alpha_2,\alpha_3)P,$$
因此 $B=AP$. 解这个矩阵方程可求得
$$P=\begin{bmatrix} 0 & 1 & 1 \\ -1 & -3 & -2 \\ 2 & 4 & 4 \end{bmatrix}.$$
由于 $\alpha=(\beta_1,\beta_2,\beta_3)Y$, 因此 $BY=\alpha$. 解之, 得 $Y=(1,0,2)'$. 进而
$$X=PY=(2,-5,10)'.$$

*10. 提示 在 V 中取一个基 $\delta_1,\delta_2,\cdots,\delta_n$, 由已知条件得, $\delta_1,\delta_2,\cdots,\delta_n$ 可由 $\alpha_1,\alpha_2,\cdots,\alpha_n$ 线性表出, 从而 rank$\{\delta_1,\delta_2,\cdots,\delta_n\}\leqslant$rank$\{\alpha_1,\alpha_2,\cdots,\alpha_n\}$, 由此求出 rank$\{\alpha_1,\alpha_2,\cdots,\alpha_n\}$, 进而判断 $\alpha_1,\alpha_2,\cdots,\alpha_n$ 必线性无关.

习 题 7.2

1. (1) 是;   (2) 不是;   (3) 不是.
2. 提示 去证 $C(A)$ 非空集, 对加法封闭, 对数乘封闭.
3. 提示 利用习题 4.2 的第 1 题的结论. $C(A)$ 的一个基为 $E_{11},E_{22},\cdots,E_{nn}$; 于是 $\dim C(A)=n$.
4. 提示 因为 $V_1+V_2=\langle\alpha_1,\alpha_2,\alpha_3\rangle+\langle\beta_1,\beta_2\rangle=\langle\alpha_1,\alpha_2,\alpha_3,\beta_1,\beta_2\rangle$, 所以向量组 $\alpha_1,\alpha_2,\alpha_3,\beta_1,\beta_2$ 的一个极大线性无关组就是 V_1+V_2 的一个基, 这个向量组的秩就是 $\dim(V_1+V_2)$. 于是把矩阵 $A=(\alpha_1,\alpha_2,\alpha_3,\beta_1,\beta_2)$ 经过初等行变换化成简化行阶梯形矩阵, 便可求出 V_1+V_2 的一个基为 $\alpha_1,\alpha_2,\beta_1$, 从而 $\dim(V_1+V_2)=3$; 并且还可从中看出, β_2 能表成 $\alpha_1,\alpha_2,\beta_1$ 的线性组合:
$$\beta_2=-\alpha_1+4\alpha_2+3\beta_1.$$
从而
$$\alpha_1-4\alpha_2=3\beta_1-\beta_2\in V_1\cap V_2.$$
易计算出
$$\dim(V_1\cap V_2)=\dim V_1+\dim V_2-\dim(V_1+V_2)=1,$$
因此 $\alpha_1-4\alpha_2=(5,-2,-3,-4)'$ 是 $V_1\cap V_2$ 的一个基.

5. V_1+V_2 的一个基是 $\alpha_1,\alpha_2,\beta_1$, $\dim(V_1+V_2)=3$;
$V_1\cap V_2$ 的一个基是 $(0,1,1,-1)'$, $\dim(V_1\cap V_2)=1$.

6. 提示 先证 $V=V_1+V_2$, 关键是证 V 中任一向量 $\alpha=(a_1,a_2,\cdots,a_n)'$ 能表示成 $\alpha_1+\alpha_2$, 其中 $\alpha_1\in V_1,\alpha_2\in V_2$. 可令
$$\alpha_2=\left(\frac{1}{n}\sum_{i=1}^n a_i,\frac{1}{n}\sum_{i=1}^n a_i,\cdots,\frac{1}{n}\sum_{i=1}^n a_i\right)'.$$
再去证 $V_1\cap V_2=0$.

7. 提示 取 V 的一个基 $\alpha_1,\alpha_2,\cdots,\alpha_n$. 先说明
$$V=\langle\alpha_1\rangle+\langle\alpha_2\rangle+\cdots+\langle\alpha_n\rangle,$$
再说明上式右边的和是直和.

8. (1) **提示** 去证 $M_n^0(K)$ 非空集, 对加法封闭, 对数乘封闭;
  (2) **提示** 先证 $M_n(K)=\langle I\rangle+M_n^0(K)$, 关键是证任一 n 级矩阵 $A=(a_{ij})$ 能表示成 A_1+A_2, 其中 $A_1\in\langle I\rangle, A_2\in M_n^0(K)$. 再证 $\langle I\rangle\cap M_n^0(K)=0$.

*9. 提示 充分性 利用第五章 §4 的定理 5.

必要性　设 A 可对角化,据第五章 §4 的定理 5 得,
$$\dim V_{\lambda_1} + \dim V_{\lambda_2} + \cdots + \dim V_{\lambda_s} = n.$$
在 $V_{\lambda_1}, V_{\lambda_2}, \cdots, V_{\lambda_s}$ 中各取一个基,它们合起来是 n 个线性无关的向量,成为 K^n 的一个基.因此 $K^n = V_{\lambda_1} + V_{\lambda_2} + \cdots + V_{\lambda_s}$.从而 $V_{\lambda_1} + V_{\lambda_2} + \cdots + V_{\lambda_s}$ 是直和.

习 题 7.3

1. **提示**　因为 $\dim M_{s \times n}(K) = sn = \dim K^{sn}$,所以 $M_{s \times n}(K) \cong K^{sn}$. $M_{s \times n}(K)$ 到 K^{sn} 的一个同构映射 σ 是:对于 $A = (a_{ij})$,
$$\sigma(A) = (a_{11}, a_{12}, \cdots, a_{1n}, a_{21}, a_{22}, \cdots, a_{2n}, \cdots, a_{s1}, a_{s2}, \cdots, a_{sn}).$$

2. **提示**　因为 $\dim K[x]_n = n = \dim K^n$,所以 $K[x]_n \cong K^n$. 一个同构映射 σ 是:对于 $f(x) = a_0 + a_1 x + a_2 x^2 + \cdots + a_{n-1} x^{n-1}$,
$$\sigma(f(x)) = (a_0, a_1, a_2, \cdots, a_{n-1}).$$

3. **提示**　对于任意实数 x,令 $\sigma: x \mapsto 2^x$,则 σ 是 **R** 到 $\mathbf{R}^+$ 的一个同构映射.

*4. (1) **提示**　显然 L 非空集,易看出 L 对于加法、数量乘法都封闭. L 的一个基是 $E_{11} + E_{22}, E_{12} - E_{21}$; $\dim L = 2$.

(2) **提示**　因为 $\dim_{\mathbf{R}} \mathbf{C} = 2 = \dim L$,所以 $\mathbf{C} \cong L$. 一个同构映射 σ 是:
$$\sigma(a+bi) = \begin{bmatrix} a & b \\ -b & a \end{bmatrix}.$$

第八章　线 性 映 射

习 题 8.1

1. (1) 不是；　(2) 是.　　2. (1) 是；　(2) 是.　　*3. 是.　　4. 是.

*5. (1) **提示**　按线性变换的定义验证.　　(2) **提示**　直接计算.

6. **提示**　**必要性**　利用 V 上的线性变换 $\mathscr{A}$ 可逆当且仅当 $\mathscr{A}$ 是 V 到自身的一个同构映射.**充分性**　去证 $\mathscr{A}$ 是单射,满射.

7. **提示**　设 $k_0 \alpha + k_1 \mathscr{A} \alpha + k_2 \mathscr{A}^2 \alpha + \cdots + k_{m-1} \mathscr{A}^{m-1} \alpha = 0$,此式两边用 $\mathscr{A}^{m-1}$ 作用,得 $k_0 \mathscr{A}^{m-1} \alpha = 0$,由此得出 $k_0 = 0$.从而有 $k_1 \mathscr{A} \alpha + k_2 \mathscr{A}^2 \alpha + \cdots + k_{m-1} \mathscr{A}^{m-1} \alpha = 0$.

8. (1) **提示**　按线性变换的定义验证.

(2) **提示**　当 $\delta \in U$ 时, $\delta = \delta + 0$;当 $\delta \in W$ 时, $\delta = 0 + \delta$.

(3) **提示**　任取 $\alpha \in V$,设 $\alpha = \alpha_1 + \alpha_2, \alpha_1 \in U, \alpha_2 \in W$.然后直接计算 $\mathscr{P}_U^2(\alpha), (\mathscr{P}_U + \mathscr{P}_W)\alpha, (\mathscr{P}_U \mathscr{P}_W)\alpha$.

习 题 8.2

1. $\begin{bmatrix} 1 & 2 & 0 \\ 0 & -1 & 1 \\ 0 & 1 & -1 \end{bmatrix}$.　　2. $\begin{bmatrix} a & b \\ -b & a \end{bmatrix}$.　　3. $\begin{bmatrix} a & 0 & b & 0 \\ 0 & a & 0 & b \\ c & 0 & d & 0 \\ 0 & c & 0 & d \end{bmatrix}$.

4. **提示**　据习题 8.1 的第 7 题结论得, $\alpha, \mathscr{A}\alpha, \cdots, \mathscr{A}^{n-1}\alpha$ 线性无关,从而它们是 V 的一个基.考虑 $\mathscr{A}$ 在基 $\mathscr{A}^{n-1}\alpha, \cdots, \mathscr{A}\alpha, \alpha$ 下的矩阵.

*5. **提示** 由于 $\dim \operatorname{Hom}(V,V) = (\dim V)^2 = n^2$,因此 V 上的 n^2+1 个线性变换必定线性相关. 从而有不全为 0 的数 $k_0, k_1, \cdots, k_{n^2}$,使得

$$k_0 I + k_1 A + k_2 A^2 + \cdots + k_{n^2} A^{n^2} = 0.$$

6. **提示** $\dim V^* = \dim \operatorname{Hom}(V,K) = (\dim V)(\dim K) = \dim V.$

7. **提示** 线性变换与它的矩阵的对应是保持乘法的.

8. **提示** 先求基 $\varepsilon_1, \varepsilon_2, \varepsilon_3$ 到基 η_1, η_2, η_3 的过渡矩阵 S,然后求 S^{-1},最后求 $B = S^{-1}AS$,得出

$$B = \begin{bmatrix} 1 & 0 & 0 \\ 0 & 2 & 0 \\ 0 & 0 & 3 \end{bmatrix}.$$

9. (1) A 的全部特征值是 1(二重),10.

   A 的属于特征值 1 的全部特征向量是

   $$\{k_1(-2\alpha_1 + \alpha_2) + k_2(2\alpha_1 + \alpha_3) | k_1, k_2 \in K, \text{且 } k_1, k_2 \text{ 不全为 } 0\};$$

   A 的属于特征值 10 的全部特征向量是

   $$\{k(\alpha_1 + 2\alpha_2 - 2\alpha_3) | k \in K, \text{且 } k \neq 0\}.$$

   (2) A 的全部特征值是 1,3(二重).

   A 的属于 1 的全部特征向量是

   $$\{k(-2\alpha_1 + \alpha_3) | k \in K, \text{且 } k \neq 0\};$$

   A 的属于 3 的全部特征向量是

   $$\{k(\alpha_1 - \alpha_2 + 2\alpha_3) | k \in K, \text{且 } k \neq 0\}.$$

10. (1) A 可对角化,A 的标准形是

$$\begin{bmatrix} 1 & 0 & 0 \\ 0 & 1 & 0 \\ 0 & 0 & 10 \end{bmatrix};$$

   (2) A 不可以对角化.

11. (1) A 的全部特征值是 1(二重),0(二重).

   A 的属于 1 的全部特征向量是

   $$\{k_1(\alpha_1 + \alpha_3) + k_2\alpha_4 | k_1, k_2 \in K, \text{且 } k_1, k_2 \text{ 不全为 } 0\};$$

   A 的属于 0 的全部特征向量是

   $$\{l_1\alpha_2 + l_2\alpha_3 | l_1, l_2 \in K, \text{且 } l_1, l_2 \text{ 不全为 } 0\}.$$

   (2) A 在 V 的一个基 $\alpha_1 + \alpha_3, \alpha_4, \alpha_2, \alpha_3$ 下的矩阵为

$$\begin{bmatrix} 1 & 0 & 0 & 0 \\ 0 & 1 & 0 & 0 \\ 0 & 0 & 0 & 0 \\ 0 & 0 & 0 & 0 \end{bmatrix}.$$

*12. **提示** 设 λ_1, λ_2 是 A 的不同特征值,ξ_1, ξ_2 分别是 A 的属于 λ_1, λ_2 的一个特征向量. 假设 $k_1\xi_1 + k_2\xi_2 = 0$,去证 $k_1 = k_2 = 0$.

习 题 8.3

1. (1) $\begin{bmatrix} 1 & 0 & 0 \\ 0 & 0 & 1 \\ 0 & 0 & 0 \end{bmatrix}$； (2) $\begin{bmatrix} 3 & 0 & 0 \\ 0 & -1 & 1 \\ 0 & 0 & -1 \end{bmatrix}$； (3) $\begin{bmatrix} 2 & 0 & 0 \\ 0 & 2 & 1 \\ 0 & 0 & 2 \end{bmatrix}$； (4) $\begin{bmatrix} 1 & 1 & 0 \\ 0 & 1 & 1 \\ 0 & 0 & 1 \end{bmatrix}$.

2. 提示 利用 A 相似于它的约当标准形.

第九章 欧几里得空间和酉空间

习 题 9.1

1. 是. 提示 按照内积的定义逐条验证. 关于正定性，把 (α,α) 的表达式配方.
2. 不是. 提示 $f(A,B)$ 不满足正定性.
4. $\arccos\left(-\dfrac{1}{3}\right)$. 5. $\dfrac{\sqrt{2}}{2}, \dfrac{\sqrt{6}}{2}x, \dfrac{3\sqrt{10}}{4}x^2 - \dfrac{\sqrt{10}}{4}$.
6. $\alpha_1, \dfrac{\sqrt{10}}{10}\alpha_2, -\dfrac{\sqrt{15}}{3}\alpha_1 + \dfrac{\sqrt{15}}{15}\alpha_2 + \dfrac{\sqrt{15}}{3}\alpha_3$.
7. 提示 证法一 验证 $(\beta_i,\beta_j)=\delta_{ij}, 1 \leqslant i,j \leqslant 3$. 证法二 用命题 7.
8. (1) $(\alpha_1,\alpha_1)=6, (\alpha_1,\alpha_2)=(\alpha_2,\alpha_1)=-2, (\alpha_1,\alpha_3)=(\alpha_3,\alpha_1)=1$,
   $(\alpha_2,\alpha_2)=3, (\alpha_2,\alpha_3)=(\alpha_3,\alpha_2)=-2, (\alpha_3,\alpha_3)=3$.
   (2) $\alpha_1, \dfrac{1}{3}\alpha_1+\alpha_2, \dfrac{1}{14}\alpha_1+\dfrac{5}{7}\alpha_2+\alpha_3$.
*9. 提示 先求出 V 的一个标准正交基：$\varepsilon_1, \dfrac{1}{\sqrt{2}}\varepsilon_2$，其中 $\varepsilon_1=(1,0)', \varepsilon_2=(0,1)'$. 然后求出 $\alpha=(x_1,x_2)'$ 在 V 的标准正交基 $\varepsilon_1, \dfrac{1}{\sqrt{2}}\varepsilon_2$ 下的坐标为 $(x_1,\sqrt{2}\,x_2)'$. 把 α 对应到它的坐标的映射 σ 就是 V 到 $\mathbf{R}^2$ 的一个同构映射.

习 题 9.2

1. $\dim U^\perp = 2$, $U^\perp$ 的一个正交基是
$$\beta_1 = (0,-2,1,0), \quad \beta_2 = \left(2, -\dfrac{3}{5}, -\dfrac{6}{5}, 1\right).$$
提示 $\gamma \in U^\perp \Longleftrightarrow \begin{bmatrix} \alpha_1 \\ \alpha_2 \end{bmatrix}\gamma' = 0 \Longleftrightarrow \gamma'$ 是 $\begin{bmatrix} \alpha_1 \\ \alpha_2 \end{bmatrix}X = 0$ 的解.
2. $n-1$. 3. 提示 显然 $U \subseteq (U^\perp)^\perp$. 然后去证 $\dim U = \dim (U^\perp)^\perp$.
4. 提示 取 $U^\perp$ 的一个基 $\eta_1, \eta_2, \cdots, \eta_m$. 令 $A=(\eta_1, \eta_2, \cdots, \eta_m)$，则 U 是齐次线性方程组 $A'X=0$ 的解空间.
5. 提示 由于 $\eta_1, \eta_2, \cdots, \eta_m$ 是 U 的一个标准正交基，因此 $\alpha_1 = \sum\limits_{i=1}^{m}(\alpha_1, \eta_i)\eta_i$. 再去证 $(\alpha_1, \eta_i) = (\alpha, \eta_i)$.
6. $\alpha_1 = \left(-\dfrac{23}{29}, -\dfrac{48}{29}, -\dfrac{26}{29}\right)$. 提示 利用第 5 题的结论；先求 U 的一个标准正交基 η_1, η_2.
*7. 提示 利用 $\alpha_1 \in U$ 是 α 在 U 上的正交投影当且仅当 $\alpha-\alpha_1 \in U^\perp$.

习 题 9.3

1. 提示 设 ξ 是 A 的属于特征值 λ_1 的特征向量. 用两种方法计算 $(A\xi,A\xi)$.

2. 提示 注意利用 $P\alpha=(\alpha,\eta)\eta$(这是习题 9.2 第 5 题的结论),去证 $(A\alpha,A\beta)=(\alpha,\beta)$. 再去证 A 是满射:任取 $\gamma\in V$,令 $\alpha=\gamma-2P\gamma$,则 $A\alpha=\gamma$.

为了证明 A 是第二类的,在 $\langle\eta\rangle^\perp$ 中取一个基 $\alpha_2,\cdots,\alpha_n$,去求 A 在 V 的一个基 $\eta,\alpha_2,\cdots,\alpha_n$ 下的矩阵,然后计算它的行列式.

*3. 提示 $V_1^\perp$ 是 1 维的,设 $V_1^\perp=\langle\eta\rangle$. V_1 中取一个基 $\alpha_1,\alpha_2,\cdots,\alpha_{n-1}$,则 $\alpha_1,\alpha_2,\cdots,\alpha_{n-1},\eta$ 是 V 的一个基. 设 P 是 V 在 $\langle\eta\rangle$ 上的正交投影,则

$$A\alpha_i = \alpha_i = (I-2P)\alpha_i, \quad i=1,2,\cdots,n-1.$$

由于 $\qquad\qquad\qquad\quad (A\eta,A\alpha_i)=(\eta,\alpha_i)=0,$

又 $\qquad\qquad\qquad\qquad (A\eta,A\alpha_i)=(A\eta,\alpha_i),$

因此 $\qquad\qquad\qquad\quad (A\eta,\alpha_i)=0,\ i=1,2,\cdots,n-1.$

从而 $A\eta\in V_1^\perp=\langle\eta\rangle$. 由于 A 是正交变换,因此 $|A\eta|=|\eta|$,从而 $A\eta=\pm\eta$. 由于 $\dim V_1=n-1$,因此 $A\eta\neq\eta$. 从而 $A\eta=-\eta=(I-2P)\eta$,因此 $A=I-2P$,从而 A 是镜面反射.

4. 提示 必要性显然,充分性,去证 A 保持内积:用两种方法计算 $|A(\alpha+\beta)|^2$,即可证得 $(A\alpha,A\beta)=(\alpha,\beta)$.

*5. 提示 设 A 在 V 的标准正交基 $\eta_1,\eta_2,\cdots,\eta_n$ 下的矩阵为 A,则 $A\eta_i$ 在标准正交基 $\eta_1,\eta_2,\cdots,\eta_n$ 下的坐标的第 j 个分量为 $a_{ji}=(A\eta_i,\eta_j)$,$1\leqslant i,j\leqslant n$.

习 题 9.4

1. $|\alpha|=\sqrt{3}$,$|\beta|=\sqrt{2}$,α 与 β 的夹角 $\langle\alpha,\beta\rangle=\arccos\dfrac{\sqrt{3}}{3}$.

2. $\eta_1=\left(\dfrac{\sqrt{2}}{2},-\dfrac{\sqrt{2}}{2}\right)$,$\eta_2=\left(\dfrac{1+i}{2},\dfrac{1+i}{2}\right)$. **3.** $\beta_1=(1,-1,1)$,$\beta_2=\left(\dfrac{2-i}{3},\dfrac{1+i}{3},\dfrac{-1+2i}{3}\right)$.

4. $(e^{i\theta})$,其中 θ 是实数. **5. 提示** 对于复矩阵 A,有 $|\overline{A}|=\overline{|A|}$.

6. 提示 设 ξ 是 A 的属于特征值 λ_1 的特征向量. 用两种方法计算 $(A\xi,A\xi)$.

7. $\begin{bmatrix} a & b+ci \\ b-ci & d \end{bmatrix}$,其中 a,b,c,d 是任意实数.

*8. 提示 设 $\eta_1,\eta_2,\cdots,\eta_n$ 是 V 的一个标准正交基,

$$A(\eta_1,\eta_2,\cdots,\eta_n)=(\eta_1,\eta_2,\cdots,\eta_n)A,$$

则 $A\eta_i$ 在基 $\eta_1,\eta_2,\cdots,\eta_n$ 下的坐标的第 j 个分量 $a_{ji}=(A\eta_i,\eta_j)$.

*9. 提示 设 ξ 是 A 的属于特征值 λ_1 的特征向量,用两种方法计算 $(A\xi,\xi)$.

习 题 9.5

1. (2) $\begin{bmatrix} 1 & 0 & 0 & 0 \\ 0 & 1 & 0 & 0 \\ 0 & 0 & 1 & 0 \\ 0 & 0 & 0 & -1 \end{bmatrix}$;

(3) **提示** 度量矩阵是满秩的; (4) **提示** 度量矩阵是对称的;

(5) $\alpha=(1,0,0,1)$ (答案不惟一).

2. 提示 从 $f(\alpha,\alpha)=-f(\alpha,\alpha)$ 立即得出 $f(\alpha,\alpha)=0$.

3. 提示 实数域上的对称矩阵合同于一个主对角元为 $1,-1,0$ 的对角矩阵.